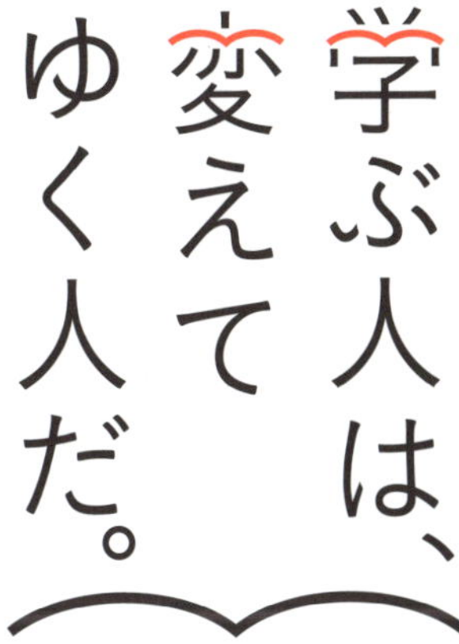

目の前にある問題はもちろん、
人生の問いや、
社会の課題を自ら見つけ、
挑み続けるために、人は学ぶ。
「学び」で、
少しずつ世界は変えてゆける。
いつでも、どこでも、誰でも、
学ぶことができる世の中へ。

旺文社

物　理

［物理基礎・物理］

基礎問題精講

四訂版

大川 保博・宇都 史訓　共著

Basic Exercises in Physics

旺文社

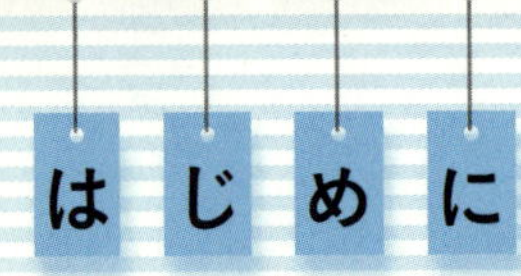

はじめに

物理は，基本法則や基本事項をどのように学習するかが非常に大切な科目です。正確でていねいな学習をすれば，ほとんどの標準的な問題が解けるようになります。これを実現するため，基礎問題精講は，高校物理の基礎をしっかり理解したい人たちを対象に，次の２点に最も注意を払ってかかれています。

1　最も重要な現象を扱う基礎問を系統的に学習できるように配置

ふだんの学習で利用し，基礎を固めながら，同時に入試問題にも十分対応できるように，入試問題から必要十分な基礎問(105 問)を厳選しました。また，基礎問順に学習を進めることによって確実にレベルアップできるように，問題を系統的に配置しました。

2　正確な基礎知識の充実と応用力の向上

精講は「実戦で役に立つ，正確に解ける」を方針としてまとめられています。基本法則を正確に理解するためのポイントや，基本法則を正しく用いるために，必ず考えなければいけないことを着眼点で具体的に解説しました。難しいテーマでは，考え方の流れを順序立てて示しながら，関連する式とあわせて理解できるようにしました。また，1 問の演習内容にとどまらない応用力が身につくように発展や参照ページを入れて構成しました。

なお，高校の教科書は物理基礎と物理に分けられていますが，本書ではこのように分けずに，全範囲を系統的に学習できるように分野ごとに配置しました。

みなさんには，これらを組み合わせて，学習をくり返すことをすすめます。きっと，「基礎力が応用力に直結する」ということが，実感できることでしょう。そして，本書が希望する大学への道を切り開く出発点となることを願っています。

大川　保博
宇都　史訓

本書の特長と使い方

本書は，国公立大２次・私立大の入試問題を分析し，入試によく出る標準的な問題の解き方をわかりやすく，ていねいに解説したものです。「基礎問」といっても，決して「やさしい問題」というわけではありません。総合力を身につけるためにおさえておく必要のある重要問題を精選してありますから，本書をマスターすれば，応用問題にも対応できる実力を十分に身につけることができます。また，巻末にはセンター試験や共通テストの試行調査で出題された実験・考察問題も収録し，共通テストに必要な思考力も養えます。

学習の進度に応じて，どの項目からでも学習できるので，自分にあった学習計画を立て，効果的に活用してください。

物理基礎・物理の全範囲から，総合力を身につけるために必要な典型的な重要問題を厳選し 必修基礎問 実戦基礎問 に分けました。さらに，使いやすいように 物理基礎 物理 の範囲を問題ごとに示しました。実戦基礎問 は，少し応用力の必要な問題になっていますが，どちらの問題もマスターするようにしましょう。

問題に関連する知識を整理し，必要に応じて，その知識を使うための実戦的な手段も説明しました。また，重要事項・必須事項については Point として示しました。さらに，基本法則や公式の，実戦的に重要なポイントのまとめや考え方を 着眼点 で示し，レベルアップするための基本事項や発展的な内容を 発展 で示しました。

解法の手順，問題の具体的な解き方をまとめ，出題者のねらいにストレートに近づく糸口を早く見つける方法を示しました。答 は下に示してあります。解けなかった場合はもちろん，答が合っていた場合にも読んでおきましょう。

章末には，演習問題を掲載しました。必修基礎問 実戦基礎問 で身につけた実力をさらに定着させてください。ていねいな 解説・答 は巻末に示してあります。

大川保博（おおかわ　やすひろ）
元河合塾専任講師。難関大や医学部に合格するための助言の的確さで，圧倒的な信頼を受けていた。2010 年にご逝去。

宇都史訓（うと　ふみのり）
河合塾講師。物理を学ぶときにつまずきやすいポイントを明確に指摘し，わかりやすく説明する講義は，多くの受験生から支持されている。著書に『物理入門問題精講』（共著，旺文社）がある。『全国大学入試問題正解 物理』の解答者。

目次

第1章 物体の運動

必修基礎問 1. 速度・加速度

1 等加速度直線運動 〈物理基礎〉

バスが停留所を発車して，直線道路上にある次の停留所に向かった。発車時刻を $t=0$ とする。最初，バスは一定の加速度 a で時刻 $t=T$ まで加速し，以後，$t=T$ の速度を保ったまま次の停留所に向かって進行した。時刻 t までに最初の停留所からバスが走行した距離を x，時刻 t におけるバスの速度を v として，以下の問いに答えよ。

(1) 時刻 $t\,(\leqq T)$ のときの v および x を a，t を用いて表せ。

(2) 時刻 $t\,(>T)$ までに一定の速度でバスが走行した距離 s を求めよ。

(3) 時刻 $t\,(>T)$ のときの x を a，t，T を用いて表せ。　　(鹿児島大　改)

精講

●**変位**　変位は物体の運動の始点から終点に引いたベクトルで，位置の変化を表す（下図）。

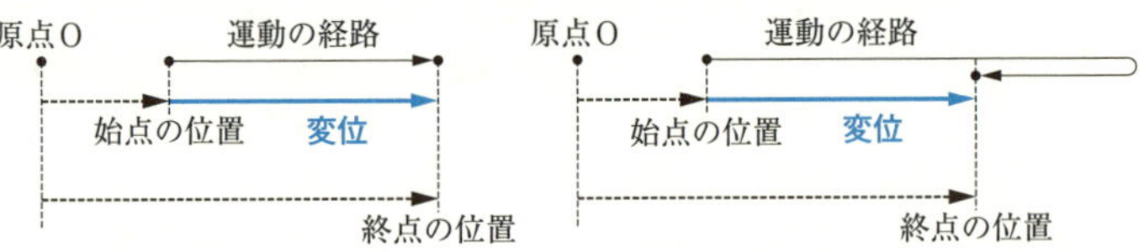

［注意］ 物体が引き返したり（上右図），曲線運動をしたりする場合でも，変位は運動した経路と関係がない。運動の経路の長さを道のり（移動距離）という。

(i) **等速直線運動の公式**　　**変位**：$\boldsymbol{s=v_0t}$ （v_0：速度，t：時間）

(ii) **等加速度直線運動の公式**

変位：$\boldsymbol{s=v_0t+\frac{1}{2}at^2}$ （v_0：初速度，a：加速度，t：時間）

速度：$\boldsymbol{v=v_0+at}$

変位と速度の関係式：$\boldsymbol{v^2-v_0^2=2as}$

(iii) **終点の位置 x と変位 s の関係**　　$\boldsymbol{x=x_0+s}$ （x_0：始点の位置）

Point 1

① 加速度と初期条件（初速度と始点の位置）を読みとる
② 正の向きを仮定して，公式に初速度，加速度などを代入

●**ベクトルの表記**　速度，加速度，変位などのベクトルは，仮定した座標軸の向きを正とする。正の向きの場合は正の量とし，負の向きの場合は大きさに負号を付けて，負の量として表す。

着眼点　時間 t はその運動を始めた時刻からの経過時間である。

（例）時刻 T で物体の速度が v_0 のとき，一定の大きさ a の加速度で物体が減速を始めて停止したとする。時刻 $t(>T)$ で停止するまでに物体が加速度 $-a$ で運動した距離（変位）s は，運動時間が $t-T$ だから，

$$s=v_0(t-T)+\frac{1}{2}(-a)(t-T)^2$$

(1) 時刻 t までのバスの加速度は a で，初速度は 0 であるから，等加速度直線運動の公式より，

$$v=0+at=at \quad \cdots\cdots①$$

$$x=0\cdot t+\frac{1}{2}at^2=\frac{1}{2}at^2 \quad \cdots\cdots②$$

(2) まず，初速度を考える。バスが等速直線運動（等速度運動）をする速度 v_0 は，①式に $t=T$ を代入して，$v_0=aT$ である。また，バスが等速度運動を始めたのは $t=T$ なので，等速度運動をしていた時間は $t-T$ である。よって，等速直線運動の公式より，

$$s=v_0(t-T)=aT(t-T)$$

(3) 次に，等速度運動を始めた位置を考える。はじめの停留所を原点とすると，バスが等速度運動を始めた位置 x_0 は，②式に $t=T$ を代入して，$x_0=\frac{1}{2}aT^2$ である。よって，時刻 t までにバスが走行した距離（時刻 t での位置）x は，

$$x=x_0+s=\frac{1}{2}aT^2+aT(t-T)=aT\left(t-\frac{1}{2}T\right)$$

発展　1．加速度が変化する運動では，v-t グラフを使って考えると効果大。
（→ 参照 p. 8）

2．放物運動，落体の固定面との衝突では対称性を活用する。（→ 参照 p. 46）

(1) $v=at$，$x=\frac{1}{2}at^2$　(2) $s=aT(t-T)$　(3) $x=aT\left(t-\frac{1}{2}T\right)$

必修基礎問

2 v-t グラフ

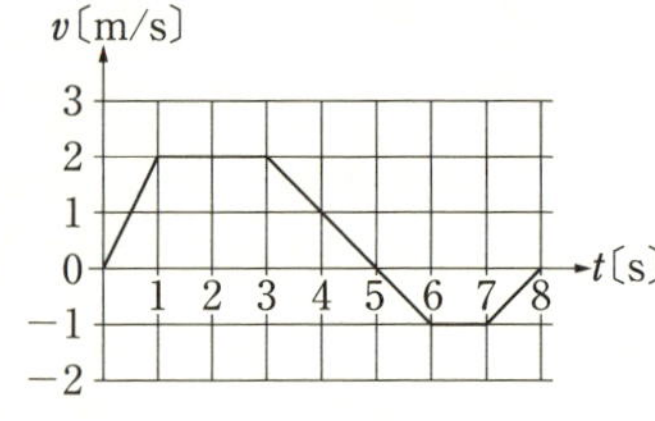

x 軸上を運動する物体Aを考える。物体Aは原点O ($x=0$〔m〕) の位置にあり，時刻 $t=0$〔s〕に動き始め，時刻 $t=8$〔s〕で停止した。右図は物体Aの速度 v と時刻 t の関係を表すグラフである。このとき，以下の問いに答えよ。ただし，x 軸の正の向きに動くときの速度を正とする。

問1　時刻 $t=5$〔s〕までの物体Aの加速度 a〔m/s²〕と時刻 t の関係を表すグラフは，次のどれか。正しいものを1つ選べ。 (1)

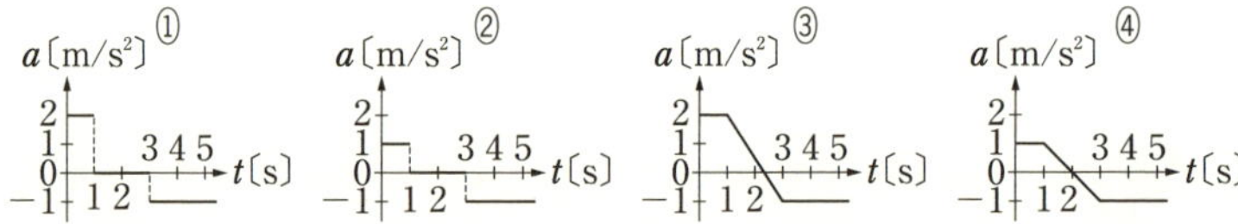

問2　原点から最も離れた物体Aの位置の x 座標は (2) である。

問3　時刻 $t=5$〔s〕までの物体Aの位置 x〔m〕と時刻 t〔s〕の関係を表すグラフは次のうちどれか。正しいものを1つ選べ。 (3)

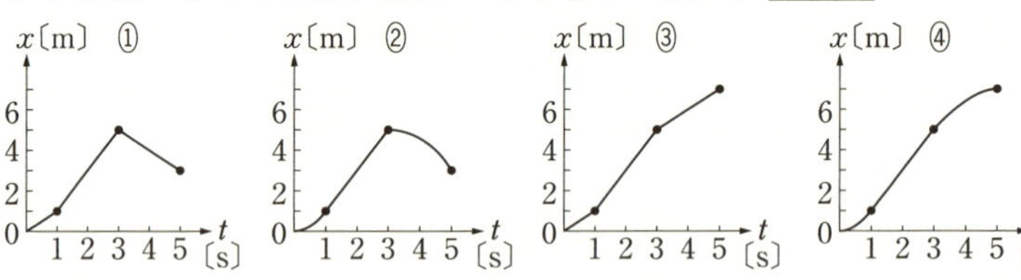

問4　時刻 $t=8$〔s〕における物体Aの x 座標は (4) で，これまでの道のりは (5) である。

（龍谷大　改）

精講

●v-t グラフ　速度（ベクトル）の時間変化を表す。

着眼点　1. v-t グラフにおける正の速度の向きが，加速度，変位の正の向きである。

（加速度の向き）⇨（v-t グラフの傾きの符号）

2. $v=0$ となる位置は，速度の向きが変わる位置（折り返し点）である。

3. 変位は，v-t グラフと t 軸が囲む正と負の面積の和である。

4. 道のりは，v-t グラフと t 軸が囲む正と負の面積の絶対値の和である。

（例） **基礎問 1** の**(3)**は，v-t グラフ（右図）を描くと，時刻 $0 \sim t$ の台形の面積から容易に求めることができる。

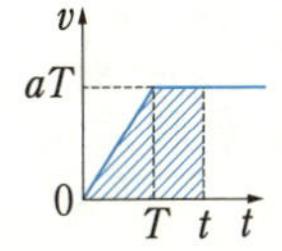

$$x=\frac{1}{2}\times\{t+(t-T)\}\times aT=aT\left(t-\frac{1}{2}T\right)$$

$\begin{cases} v\text{-}t \text{ グラフの傾き} \Longrightarrow \text{加速度（ベクトル）} \\ v\text{-}t \text{ グラフと } t \text{ 軸の囲む面積} \Longrightarrow \text{変位（ベクトル）} \end{cases}$

解説 **(1)** v-t グラフの傾きより，物体Aの加速度は，時間帯(i) $0 \sim 1$〔s〕では $a_1=\frac{2-0}{1-0}=2$〔m/s²〕，時間帯(ii) $1 \sim 3$〔s〕では $a_2=0$，時間帯(iii) $3 \sim 5$〔s〕では $a_3=\frac{0-2}{5-3}=-1$〔m/s²〕である。よって，正しい a-t グラフは①である。

(2) 原点から最も離れた位置 $x=x_{\max}$ は，折り返し点で，変位の大きさが最大になる $t=5$〔s〕の位置である。よって，v-t グラフの面積より，

$$x_{\max}=\frac{1}{2}\times(2+5)\times 2=7 \text{〔m〕}$$

［注意］ 始点が原点Oであるから，位置は変位に等しい。

(3) 各時間帯における物体の位置 x はそれぞれ，v-t グラフの面積より，

(i) $x=\frac{1}{2}\times t\times 2t=t^2$

(ii) $x=\frac{1}{2}\times\{t+(t-1)\}\times 2=2t-1$

(iii) $x=7-\frac{1}{2}(5-t)^2$

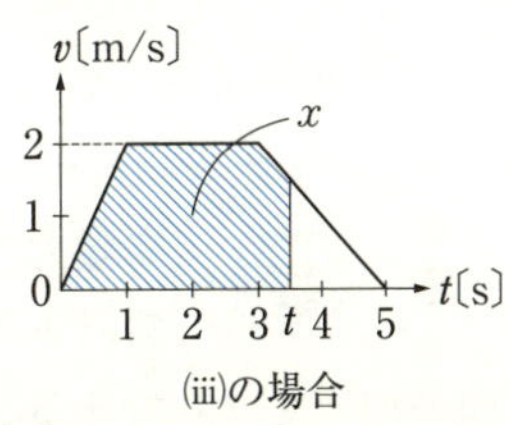

(iii)の場合

よって，正しい x-t グラフは④である。

［注意］ 時間帯の境界直前，直後で物体Aの速度は等しいので，x-t グラフはなめらかにつながる。

(4), (5) 時刻 $t=8$〔s〕までの物体Aの変位 s および道のり l は，それぞれ v-t グラフの面積より，

$$s=7+\frac{1}{2}\times(3+1)\times(-1)=5 \text{〔m〕}$$

$$l=|7|+\left|\frac{1}{2}\times(3+1)\times(-1)\right|=9 \text{〔m〕}$$

(1) ①　**(2)** 7〔m〕　**(3)** ④　**(4)** 5〔m〕　**(5)** 9〔m〕

必修基礎問 3 放物運動(モンキーハンティング)　物理

以下の［　　］に適当な式を入れよ。

図のように水平な床がある。鉛直面内に x, y 座標をとり，運動は鉛直面内で起こるとする。原点Oから距離 l だけ離れた点 A$(l,\ 0)$ の鉛直上方，高さ h の点 B$(l,\ h)$ から小球 S_1 を自由落下させると同時に，原点Oから小球 S_2 を速さ v で，x 軸から θ の角度で打ち出した。打ち出した時刻を $t=0$ とする。重力加速度の大きさを g として，以下の問いに答えよ。

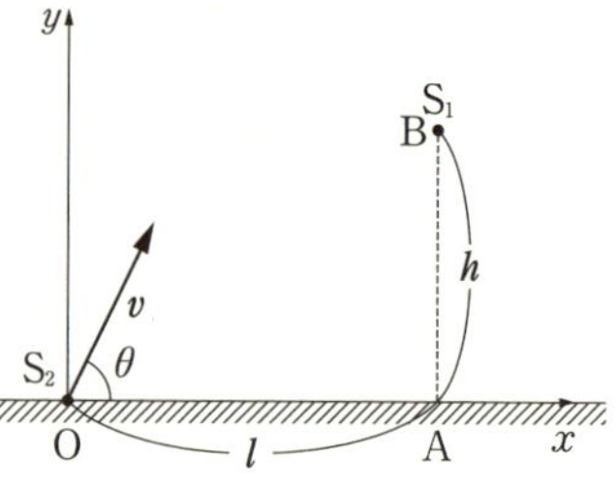

問 1　床に落ちる前，時刻 t の S_1 の位置座標を $(x_1,\ y_1)$ とすると，$x_1=l$, $y_1=$［(1)］である。また，時刻 t の S_2 の位置座標を $(x_2,\ y_2)$ とすると，$x_2=$［(2)］, $y_2=$［(3)］である。

問 2　床に落ちる前に S_1 と S_2 が衝突したとする。そのときの位置座標 $x_1=x_2$, $y_1=y_2$ から，$\tan\theta=$［(4)］となる角度で S_2 を打ち出す必要があることがわかる。

さらに，S_1 がはじめて床上の点Aで床に衝突する時刻を t_0 とすると，$t_0=$［(5)］である。ちょうどそのとき S_1 と S_2 が点Aで衝突するためには，$v^2=$［(6)］となる速さが必要である。必要ならば，公式 $\sin^2\theta+\cos^2\theta=1$ を用いてもよい。

(近畿大)

精講

●**重力加速度と放物運動**　地表近くで自由に運動する物体は，鉛直下向きに大きさ g の重力加速度をもつ。このとき，水平方向の加速度は 0 である。鉛直(加速度)方向以外の向きに初速度を与えると，物体が運動する軌道は放物線となり，この運動は放物運動と呼ばれる。

Point 3

放物運動
- 鉛直方向 ⟹ 加速度は下向きに大きさ g で等加速度運動
- 水平方向 ⟹ 等速度運動

初速度を鉛直方向と水平方向に成分分解して，鉛直方向では等加速度直線運動の公式，水平方向では等速直線運動の公式を用いる。

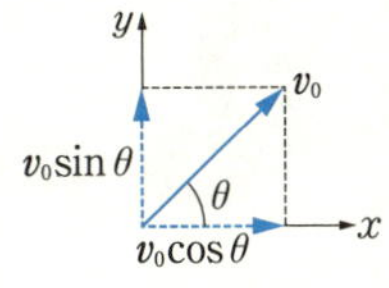

●**ベクトルの成分分解**　図のように，ベクトル（ここでは，初速度 v_0）を対角線とする座標軸に平行な辺をもつ長方形を描くと，始点で交わる2辺が分解した成分となる（破線の矢印）。初速度と x 軸とのなす角を用いて初速度の成分の大きさを求め，正，負の符号を付けて成分とする。

着眼点　2物体が衝突する条件 ⇨ 同じ時刻に同じ位置

（例）衝突点までの水平距離を l とし，自由落下する物体のはじめの高さを h とすると，

モンキーハンティング ⇨ $\tan\theta=\dfrac{h}{l}$（相手に向かって投射）

(1) S_1 の加速度の y 成分は $-g$ で，初速度は0である（自由落下と呼ぶ）。はじめの y 座標が h であるから，$y_1=h-\dfrac{1}{2}gt^2$

(2) S_2 の初速度の x 成分，y 成分はそれぞれ $v\cos\theta$，$v\sin\theta$ である。S_2 の x 軸方向の運動は，速度 $v\cos\theta$ の等速度運動だから，

$$x_2=(v\cos\theta)\cdot t=vt\cos\theta$$

(3) S_2 の y 軸方向の運動は，加速度の y 成分が $-g$，初速度の y 成分が $v\sin\theta$，はじめの y 座標が0の等加速度直線運動であるから，

$$y_2=0+(v\sin\theta)\cdot t-\frac{1}{2}gt^2=vt\sin\theta-\frac{1}{2}gt^2$$

(4) S_1 と S_2 が衝突する時刻を T とすると，$x_1=x_2$，$y_1=y_2$ から，

$$l=vT\cos\theta \quad \cdots\cdots ①$$

$$h-\frac{1}{2}gT^2=vT\sin\theta-\frac{1}{2}gT^2 \qquad \text{よって，} h=vT\sin\theta \quad \cdots\cdots ②$$

①，②式より，$\tan\theta=\dfrac{\sin\theta}{\cos\theta}=\dfrac{h}{l}$

(5) $t=t_0$ のとき，$y_1=0$ になるから，(1)より，

$$0=h-\frac{1}{2}gt_0{}^2 \qquad \text{よって，} t_0=\sqrt{\frac{2h}{g}}$$

(6) ①，②式より，公式 $\sin^2\theta+\cos^2\theta=1$ を用いて θ を消去すると，

$$T=\frac{\sqrt{h^2+l^2}}{v}$$

ちょうど S_1 と S_2 が点Aで衝突するためには，$t_0=T$ から，

$$v^2=\frac{g}{2h}(h^2+l^2)$$

(1) $h-\dfrac{1}{2}gt^2$　(2) $vt\cos\theta$　(3) $vt\sin\theta-\dfrac{1}{2}gt^2$　(4) $\dfrac{h}{l}$

(5) $\sqrt{\dfrac{2h}{g}}$　(6) $\dfrac{g}{2h}(h^2+l^2)$

実戦
基礎問

4 斜面との衝突

物理

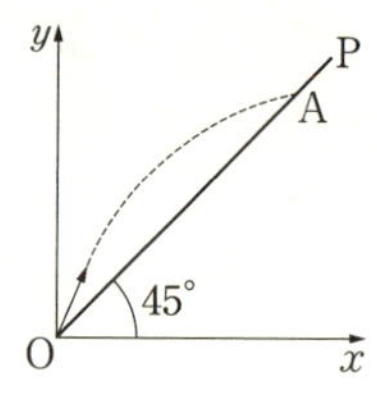

図のように，水平面と 45° をなす斜面 OP 上の点Oから，斜面の上方に向けて質点を発射したところ，質点は斜面上の点Aに衝突した。座標軸は，点Oを原点とし，x 軸を水平右向きに，y 軸を鉛直上向きにとる。質点の初速度は x-y 面内にあり，その x 成分を u とし，y 成分を v とし，重力加速度の大きさを g とする。

(1) 質点を発射してから点Aに衝突するまでの時間 t_1 を求めよ。

(2) 質点が点Aに垂直に衝突するようにしたい。u と v の比 $\dfrac{u}{v}$ をいくらにすればよいか。

(3) 次に，v を変えないで，u だけを変化させ OA を最大にするための u の値と OA の最大値を求めよ。

(学習院大)

精講

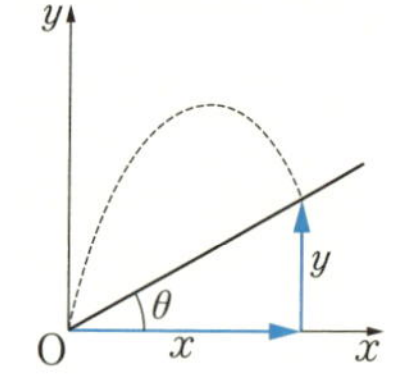

●斜面との衝突 斜面上の投射点から衝突点までの水平距離と高さは，共に初速度によって変化する。このような場合，斜面との衝突点における物体の変位の成分比と斜面の角度 θ の関係を用いる。物体の変位の x 成分，y 成分をそれぞれ x，y とすると，

$$\tan\theta=\frac{y}{x}$$

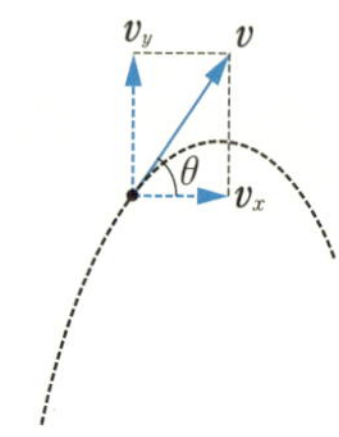

●物体の運動方向 ある瞬間における物体の運動方向は，その物体が運動することで描く軌道の接線方向で，その向きは速度の成分比で表される。物体の速度 (大きさ v) の水平成分，鉛直成分をそれぞれ v_x，v_y とし，物体の速度が水平方向となす角を θ とすると，

$$\tan\theta=\frac{v_y}{v_x}$$

Point 4

・斜面との衝突点の位置は，変位の比と斜面の角度の関係で考える
・運動の方向 (角度) ⟹ 速度の成分比

(1)　質点は原点Oから発射されたので，質点の変位は位置の座標と等しい。よって，時刻 t_1 における質点の位置 $(x_1,\ y_1)$ は，

$$x_1=ut_1 \quad \cdots\cdots ①$$

$$y_1=vt_1-\frac{1}{2}gt_1^2 \quad \cdots\cdots ②$$

この位置は点Aであり，点Aは斜面上の点であるから，$x_1=y_1$ の関係が成り立つ。①，②式より，

$$ut_1=vt_1-\frac{1}{2}gt_1^2$$

$t_1>0$ だから，　$t_1=\dfrac{2(v-u)}{g}$ 　……③

(2)　衝突直前の質点の速度の y 成分 v_1 は，③式を用いて，

$$v_1=v-gt_1=2u-v \quad \cdots\cdots ④$$

質点が斜面に垂直に衝突するための条件は，速度の成分比より，

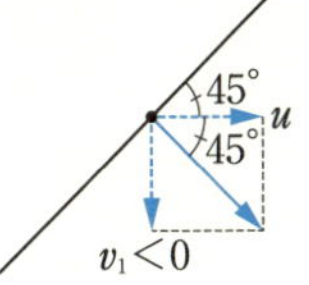

$$\tan 45°=\frac{-v_1}{u} \quad \cdots\cdots ⑤$$

④，⑤式より，　$\dfrac{u}{v}=\dfrac{1}{3}$

(3)　OA が最大のとき，質点の x 座標も最大だから，時刻 t_1 の質点の x 座標 x_1 を考える。①，③式より，

$$x_1=ut_1=\frac{2}{g}u(v-u)=-\frac{2}{g}\left\{\left(u-\frac{v}{2}\right)^2-\frac{v^2}{4}\right\}$$

したがって，$u=\dfrac{v}{2}$ のとき OA は最大値をとる。

$$(\text{OA の最大値})=\sqrt{2}\cdot x_1=\frac{\sqrt{2}\,v^2}{2g}$$

発展　斜面に平行な方向と垂直な方向に運動を分解する。
斜面に垂直な方向 ⇨ 加速度 $-g\cos\theta$ による投げ上げ運動
斜面に平行な方向 ⇨ 加速度が $-g\sin\theta$ の等加速度運動

［別解］(1)，(2)　初速度の斜面に平行な成分および垂直な成分は，u，v の成分を合成して，それぞれ $(u+v)\cos 45°$，$(v-u)\sin 45°$ である。斜面に垂直な方向の運動を投げ上げ運動と考えると，(1)は投射点に戻る時間だから，

$$(v-u)\sin 45°\cdot t_1+\frac{1}{2}(-g\cos 45°)t_1^2=0$$

(2)は，時刻 t_1 で速度の斜面に平行な成分が 0 となればよいから，

$$(u+v)\cos 45°-g\sin 45°\cdot t_1=0$$

(1)　$t_1=\dfrac{2(v-u)}{g}$　　(2)　$\dfrac{u}{v}=\dfrac{1}{3}$　　(3)　$u=\dfrac{v}{2}$，OA の最大値：$\dfrac{\sqrt{2}\,v^2}{2g}$

5 力のつりあい

物理基礎

次の各設問の ☐ に適する式を埋めよ。ただし，重力加速度の大きさを g とする。

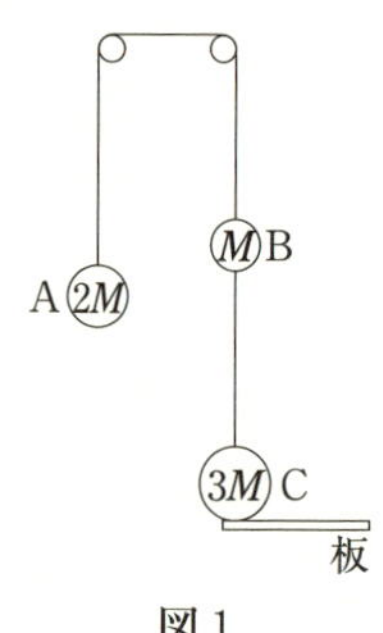

図 1

I．図 1 のように，軽い滑車と軽くて伸びない糸を用いて，質量がそれぞれ $2M$, M, $3M$ のおもり A, B, C をつり下げ，おもり C を板で支えて静止させた。おもり A と B の間の糸の張力 T_1 は ［(1)］ であり，おもり C が板から受ける鉛直上向きの力 F は ［(2)］ である。このとき，おもり B と C の間の糸の張力 T_2 は ［(3)］ である。

II．図 2 のようにばね定数 k のばね P，ばね定数 $3k$ のばね Q を直列につなぎ，P の一端を天井に取り付け，質量 M の物体 B を静かにつるしたとき，P，Q の伸びは合わせて ［(4)］ $\times \dfrac{Mg}{k}$ である。

（首都大，近畿大）

図 2

●**力のつりあい**　物体が静止しているとき，物体に働く力はつりあっている。

$$\vec{F_1}+\vec{F_2}+\vec{F_3}+\cdots=\vec{0} \quad (\vec{F_1},\ \vec{F_2},\ \vec{F_3},\ \cdots：物体に働く力)$$

実際には，各座標軸の方向に分けて，力の成分のつりあいの式を用いる。

x 成分の例：$F_{1x}+F_{2x}+F_{3x}+\cdots=0$

または，　力の正の成分の大きさの和＝力の負の成分の大きさの和

●**力の種類**　力には，重力や電気力のように接触していなくても働く力（場(ば)の力）と，接触物体から働く力（接触力）がある。接触力には糸が物体を引く力（張力），ばねの弾性力，垂直抗力，摩擦力などがある。(→ 参照 p.16，p.19)

●**重力**　大きさ：mg（m：物体の質量，g：重力加速度の大きさ）

向き：鉛直下向き

●**垂直抗力**　物体が接触面から接触面に対して垂直に受ける力。糸の張力と同様に，物体に働く力や物体の運動状態で変化する。よって，力の大きさは，N, R などと仮定して考える。

力のつりあいの式の立て方
(i) **力(矢印と大きさ)をすべてかく。**
(ii) **直交座標軸を考え，成分分解し，力のつりあいの式を立てる。**

●**フックの法則** 弾性力の大きさ：$F=kx$
(k：ばね定数，x：ばねの自然長からの伸びまたは縮み)
力の向きはばねの変位(伸び，縮み)と逆向き。

Ⅰ．(1)〜(3) おもりA，B，Cに働く力(下図)のつりあいより，

A：$T_1=2Mg$ B：$T_1=Mg+T_2$ C：$F+T_2=3Mg$

3式より，

$T_1=2Mg$，$T_2=T_1-Mg=Mg$，$F=3Mg-T_2=2Mg$

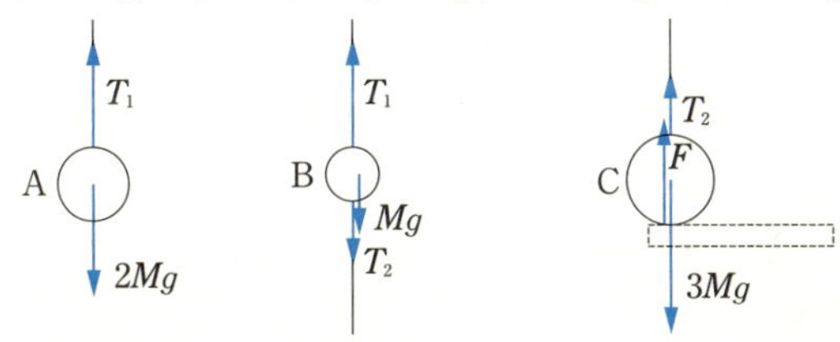

Ⅱ．(4) ばねP，Qの伸びをそれぞれx_1，x_2とすると，P，Qの接続点の力のつりあいと物体Bに働く力のつりあいより，

P，Qの接続点：$kx_1=3kx_2$ B：$3kx_2=Mg$

2式より，$x_1=\dfrac{Mg}{k}$，$x_2=\dfrac{Mg}{3k}$ よって，$x_1+x_2=\dfrac{4Mg}{3k}$

発展 1．物体系 複数の物体を1つの物体と考える。この物体(物体系)について力のつりあいを考えると，力が単純になる。

(例) (2)でB，C物体系(質量$4M$)の力のつりあいより，

$T_1+F=4Mg$ よって，$F=4Mg-T_1=2Mg$

［注意］ BとCの間の糸の張力T_2は打ち消される。

2．ばね定数の合成公式

直列ばね：$\dfrac{1}{k}=\dfrac{1}{k_1}+\dfrac{1}{k_2}+\cdots$ 並列ばね：$k=k_1+k_2+\cdots$

(例) (4)で直列ばねP，Qの合成ばね定数$\dfrac{3}{4}k$を用いると，P，Qの伸びの和をxとして，力のつりあいより，

$\dfrac{3}{4}kx=Mg$ よって，$x=\dfrac{4Mg}{3k}$

(1) $2Mg$ (2) $2Mg$ (3) Mg (4) $\dfrac{4}{3}$

必修
基礎問

6 静止摩擦力

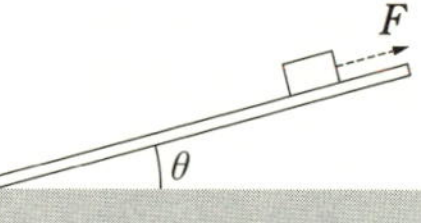

図のように，水平面との角度θを自由に変えることのできる平板があり，質量mの物体が置かれている。物体と平板の間の静止摩擦係数をμ，重力加速度の大きさをgとして，以下の問いに答えよ。ただし，Ⅰ，Ⅱでは力Fを加えないものとする。

Ⅰ．$\theta=\theta_1$ のとき，物体は平板上に静止していた。

(1) 物体が平板から受ける垂直抗力と静止摩擦力を求めよ。

Ⅱ．$\theta=\theta_0$ を越えたとき，物体は平板上を下向きに滑り出した。

(2) μをθ_0を用いて表せ。(以下の問いではμを用いて答えよ。)

Ⅲ．$\theta=\theta_2\,(>\theta_0)$ のとき，図のように，斜面に平行な力（大きさF）を加えて静止させ，静止状態を保ったまま力の大きさを変化させた。

(3) 力の大きさを $F=F_1$ より小さくすると，物体は平板上を滑り降りた。F_1を求めよ。

(4) 力の大きさを $F=F_2$ より大きくすると，物体は平板上を上り始めた。F_2を求めよ。

（静岡理工科大　改，電通大）

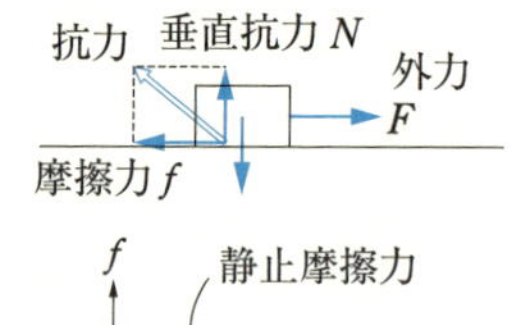

●**静止摩擦力**　面上にある物体には面から抗力が働く。抗力の，面に垂直な成分を垂直抗力，平行な成分を摩擦力という。摩擦力が働かない場合はなめらかな面といい，摩擦力が働く場合は粗い面という。

右のグラフは，粗い水平面上の物体に水平方向に外力Fを加え，Fをゆっくり大きくした場合の摩擦力の大きさfの変化である。これより，静止摩擦力には上限（最大摩擦力）があることがわかる。

f
静止摩擦力
μN
動摩擦力
0
F

Point 5

・静止摩擦力はfとおき，力のつりあいで求める

・物体が静止し続ける条件 ⟹ 静止摩擦力の大きさfの条件

$f\leqq\mu N$　(μ：静止摩擦係数，N：垂直抗力)

着眼点 1．物体が動き出す直前 ⇨ $f=\mu N$（最大摩擦力）

2．物体が静止していると仮定して，力のつりあいから求めた静止摩擦力 f が，$f>\mu N$ ⇨ 物体は動き出す。

●摩擦角 θ_0（$\mu=\tan\theta_0$） 斜面上に物体を置き，その傾斜角をゆっくり大きくしていくとき，はじめて物体が滑り出す傾斜角 θ_0 を摩擦角という。傾斜角が摩擦角より小さい場合，斜面上に静かに置いた物体は静止し続け，摩擦角より大きい場合は，物体は滑り出す。

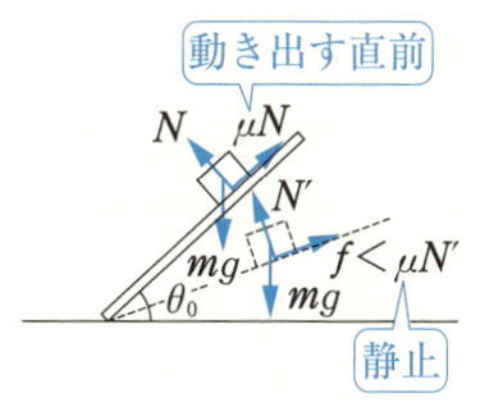

Ⅰ．(1) 物体に働く垂直抗力を N，静止摩擦力を f とすると，力のつりあいより，

斜面に垂直な方向：$N=mg\cos\theta_1$

斜面に平行な方向：$f=mg\sin\theta_1$

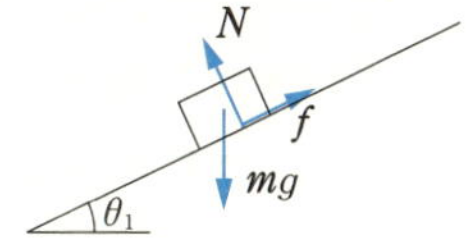

Ⅱ．(2) 物体が滑り出す直前では，最大摩擦力が働くので，$f=\mu N$ である。(1)の結果の θ_1 を θ_0 でおき換えて，

$$mg\sin\theta_0=\mu mg\cos\theta_0$$

よって，$\mu=\tan\theta_0$

Ⅲ．(3) 物体が滑り降りる直前では，最大摩擦力が斜面方向上向きに働く。物体に働く力（右図）のつりあいより，

斜面に垂直な方向：$N=mg\cos\theta_2$

斜面に平行な方向：$F_1+\mu N=mg\sin\theta_2$

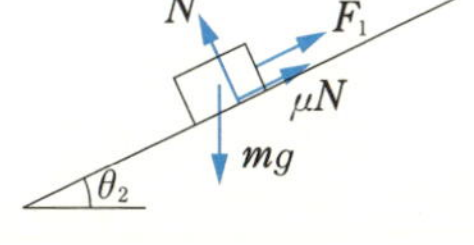

よって，$F_1=mg(\sin\theta_2-\mu\cos\theta_2)$

(4) 物体が上り始める直前では，最大摩擦力は斜面方向下向きに働く。(3)と同様に，力のつりあいより，

$$F_2=mg\sin\theta_2+\mu N=mg(\sin\theta_2+\mu\cos\theta_2)$$

発展 ［別解］(3)，(4) 斜面方向上向きの力を正として，物体が斜面から受ける静止摩擦力を f' とすると，物体の斜面に平行な方向に働く力のつりあいより，

$$F+f'=mg\sin\theta_2 \qquad \text{よって，} f'=mg\sin\theta_2-F$$

題意より，静止摩擦力の向きは F の値によって変化する（f' は正，負および0となる）から，物体が静止する条件は $|f'|\leqq\mu N$ である。

$$-\mu mg\cos\theta_2\leqq mg\sin\theta_2-F\leqq\mu mg\cos\theta_2$$

よって，$mg(\sin\theta_2-\mu\cos\theta_2)\leqq F\leqq mg(\sin\theta_2+\mu\cos\theta_2)$

(1) 垂直抗力：$mg\cos\theta_1$，静止摩擦力：$mg\sin\theta_1$　(2) $\mu=\tan\theta_0$

(3) $F_1=mg(\sin\theta_2-\mu\cos\theta_2)$　(4) $F_2=mg(\sin\theta_2+\mu\cos\theta_2)$

必修
基礎問

7 運動方程式 I

図1のように，水平な台の上に質量 M の木片を置き，台の端に取り付けた滑車を通して，伸び縮みしない軽いひもで皿と結び，皿の上に質量 m のおもりをのせる。重力加速度の大きさを g として，以下の問いに答えよ。ただし，滑車はなめらかに回転し，滑車と皿の質量は無視できるものとする。

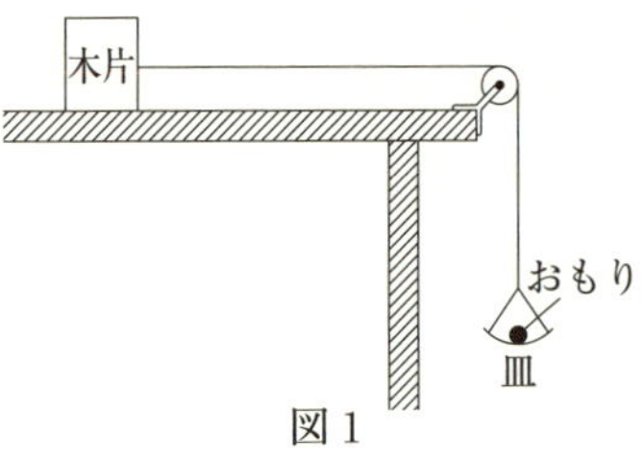

図1

I．木片と台の間に摩擦がない場合の運動を考えよう。

(1) 木片の加速度を求めよ。

(2) ひもの張力を求めよ。

II．実際には，木片と台の間には摩擦がある。静止摩擦係数 μ と動摩擦係数 μ' を求めるため，おもりの質量 m をいろいろと変えて木片の運動を調べ，次の結果を得た。

(a) $m \leqq m_1$ では，木片は運動しなかった。

(b) $m > m_1$ では，木片は等加速度運動をした。

(c) m と加速度の大きさ a の関係をグラフにすると，図2のようになった。

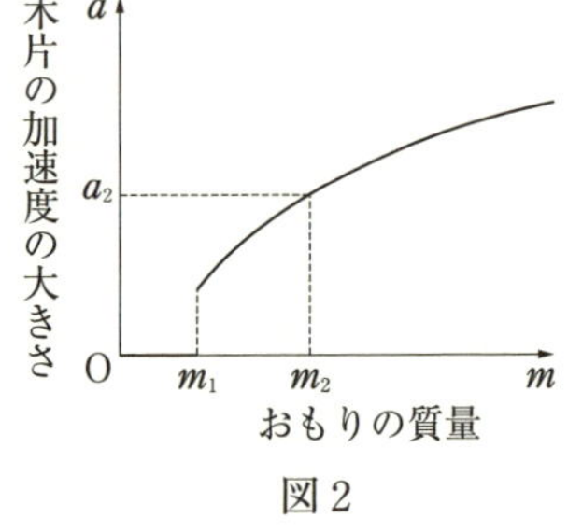

図2

(3) 木片と台の間の静止摩擦係数 μ を求めよ。

(4) $m = m_2 (> m_1)$ のとき，木片の加速度の大きさは a_2 だった。木片と台の間の動摩擦係数 μ' を求めよ。

（センター試験　改）

●運動の第2法則　物体の加速度 $\vec{a}$ は物体に働く合力 $\vec{F}$ に比例し，物体の質量 m に反比例する。

運動方程式：$m\vec{a} = \vec{F}$　（$\vec{F} = \vec{F_1} + \vec{F_2} + \cdots$，$\vec{F_1}$，$\vec{F_2}$，…：物体に働く力）

運動方程式の立て方

(i) **着目物体を決め，働く力をすべてかく。**

(ii) **直交座標を決めて，各方向での運動を知る**（運動を分解する）。

(iii) **各座標軸について，運動の法則を適用する。**

着眼点 座標軸は，加速度の方向とそれに垂直な方向にとるとよい。

Point 6

運動を分解して ｛静止または等速度運動 ⟹ 力のつりあいの式
　　　　　　　　 ｛加速度運動 ⟹ 運動方程式

●**動摩擦力** 固定面上の物体では，運動の向きと逆向きに働く。その大きさ F は，$F=\mu' N$ （μ'：動摩擦係数，N：垂直抗力）

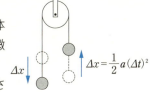

着眼点 1. 定滑車を介して糸でつながれた物体の加速度の大きさは等しい。(右図，$\varDelta x$ は微小時間 $\varDelta t$ における物体の変位の大きさ。)

2. 軽い(質量を無視できる)糸の張力の大きさはすべての部分で等しい。

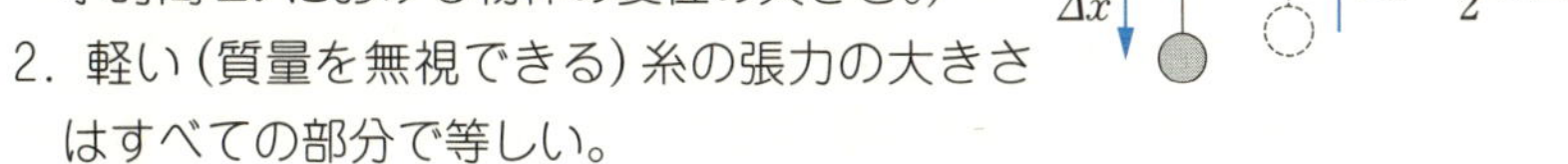

解説 Ⅰ. (1), (2) 木片とおもりの加速度の大きさを a とし，ひもの張力を T とすると，木片とおもりの運動方程式は，

木片：$Ma=T$ ……①

おもり：$ma=mg-T$ ……②

①，②式より，$a=\dfrac{m}{M+m}g$，$T=\dfrac{Mmg}{M+m}$

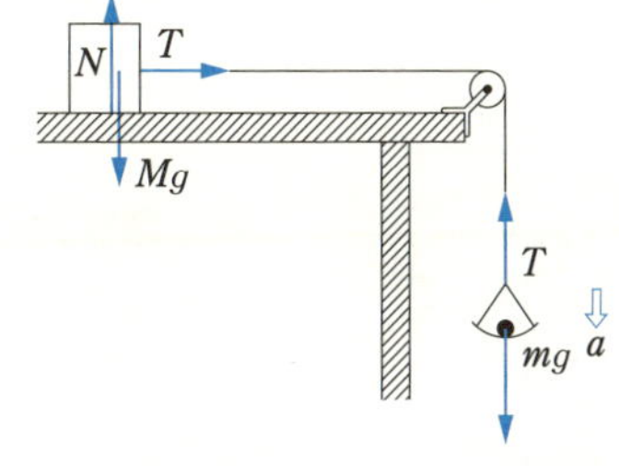

Ⅱ. (3) $m=m_1$ のとき，木片とおもりは動き出す直前である。よって，木片に働く垂直抗力を N とすると，木片には最大摩擦力 μN が働き，静止している。ひもの張力を T_1 とすると，力のつりあいより，

木片：$\begin{cases} N=Mg & \cdots\cdots③ \\ T_1=\mu N & \cdots\cdots④ \end{cases}$

おもり：$T_1=m_1 g$ ……⑤

③～⑤式より，$\mu Mg=m_1 g$ 　よって，$\mu=\dfrac{m_1}{M}$

(4) ひもの張力を T_2 とすると，木片とおもりの運動方程式は，

木片：$Ma_2=T_2-\mu' Mg$ ……⑥

おもり：$m_2 a_2=m_2 g-T_2$ ……⑦

⑥，⑦式より，$(M+m_2)a_2=m_2 g-\mu' Mg$ 　よって，$\mu'=\dfrac{m_2 g-(M+m_2)a_2}{Mg}$

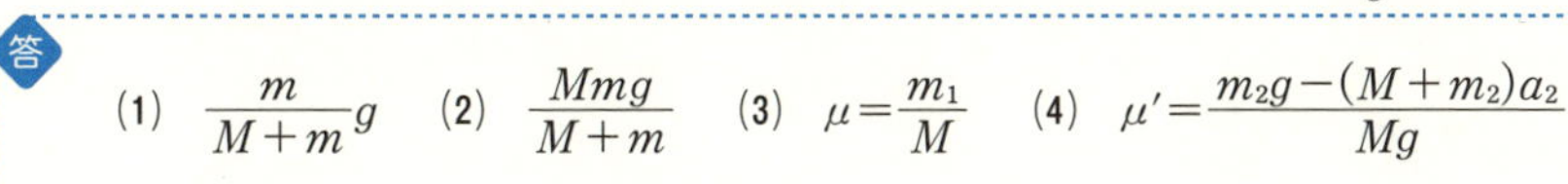
答 (1) $\dfrac{m}{M+m}g$ 　(2) $\dfrac{Mmg}{M+m}$ 　(3) $\mu=\dfrac{m_1}{M}$ 　(4) $\mu'=\dfrac{m_2 g-(M+m_2)a_2}{Mg}$

必修
基礎問

8 運動方程式Ⅱ

物理基礎

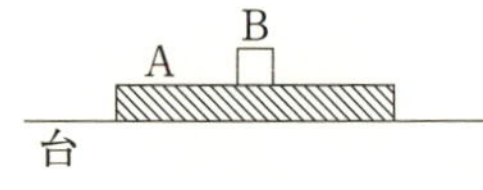

図のように，水平な台の上に，長さ $2l$ の板Aがあり，その上に小さな物体Bがのっている。板Aに水平右向きに力を加えてAを動かすことを考える。板Aの質量は $3m$，物体Bの質量は m であり，台と板Aの間の動摩擦係数は0.30であり，AとBの間の動摩擦係数は0.45である。重力加速度の大きさを g とし，次の文の空欄に入れるのに最も適当な数，式を記入せよ。

・大きさが [(1)] の力を加えると，板Aは物体Bと共に $0.2g$ の加速度で動いた。

・加える力の大きさを次第に大きくしたとき，力の大きさが $3.2mg$ を越えると，板Aと物体Bは異なる加速度で動き出した。これから，AとBの間の静止摩擦係数は [(2)] であることがわかる。

・大きさ $4.2mg$ の力を加え続けると，台に対する板Aの加速度の大きさは [(3)] であり，台に対する物体Bの加速度の大きさは [(4)] である。最初，BがAの中央にあったとすると，BがAの左端に達するのは，BがAに対して動き出してから時間 [(5)] の後である。

（関西大）

●静止摩擦力（発展） 物体が加速度運動をしていても，接触物体に対して静止（一体となって運動）しているときは，静止摩擦力が働く。そのとき，静止摩擦力は運動方程式で求まる。（→解説(1)参照）

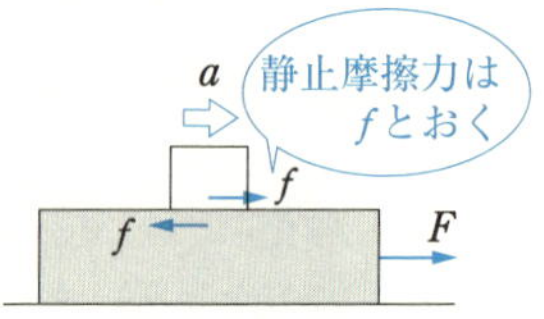

Point 7

・相手に対して静止（一体になって運動） ⟹ 静止摩擦力
・相手に対して運動 ⟹ 動摩擦力

●観測者と物体に働く力 静止または等速度運動している観測者から見た物体には，場の力と接触物体からの力だけが働き，それらの力で運動の法則が成り立つ。

1．場の力と接触物体からの力だけで立てた運動方程式

⇨ 地面（床）に対する加速度が求まる。

2．Aに対するBの運動

⇨ Aに対するBの加速度（相対加速度）で等加速度直線運動の公式を用いる。

［注意］ この場合，初速度も相対速度にしなければいけない。

●**相対加速度** 右図で，Aに対するBの相対加速度βは，

$$\beta=a_B-a_A$$

(1) 板Aに加える力の大きさをF，A，B間に働く静止摩擦力の大きさをfとすると，A，Bに働く力は右図のようになる（N，N'は垂直抗力の大きさ）。A，Bそれぞれの運動方程式は，

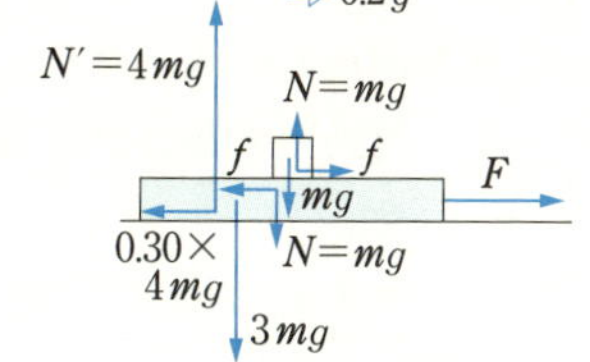

B：$m\times0.2g=f$ ……①

A：$3m\times0.2g=F-f-0.30\times4mg$ ……②

①，②式より， $F=0.6mg+0.2mg+1.2mg=2.0mg$

(2) 静止摩擦係数をμとすると，題意より，$F=3.2mg$ のとき，$f=\mu mg$ である。このときの板Aと物体Bの加速度をaとすると，(1)と同様にして，

B：$ma=\mu mg$ ……③

A：$3ma=3.2mg-\mu mg-0.30\times4mg$ ……④

③，④式より， $\mu=0.50$

(3)，(4) 題意より，$F=4.2mg$ のとき，A，B間に働く動摩擦力の大きさは$0.45mg$である。板A，物体Bの加速度をそれぞれa_A，a_Bとすると，それぞれの運動方程式は，

A：$3ma_A=4.2mg-0.45mg-0.30\times4mg$ よって，$a_A=0.85g$

B：$ma_B=0.45mg$ よって，$a_B=0.45g$

(5) 板Aに対する物体Bの相対加速度βは，(3)，(4)の結果より，

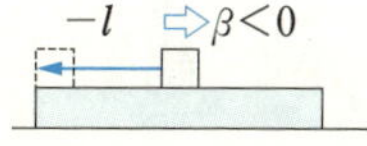

$$\beta=a_B-a_A=0.45g-0.85g=-0.40g$$

Aに対するBの初速度は0だから，Bが動き出してからAの左端に達するまでの時間をtとすると，等加速度直線運動の公式より，

$$-l=\frac{1}{2}\beta t^2 \quad よって，t=\sqrt{-\frac{2l}{\beta}}=\sqrt{\frac{5l}{g}}$$

［注意］ 運動方程式で加速度を求め，等加速度直線運動の公式を用いる場合，加速度の正の向きはそれぞれの式で，同じ向きにとる。(3)，(4)のa_A，a_Bは，水平右向きを正としたから，(5)のβも水平右向きが正であり，（相対）変位は$-l$となる。

(1) $2.0mg$ (2) 0.50 (3) $0.85g$ (4) $0.45g$ (5) $\sqrt{\frac{5l}{g}}$

必修基礎問

9 空気抵抗を受ける運動

物理基礎

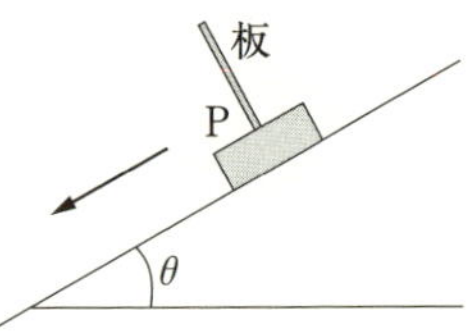

図のように，傾斜角 θ のなめらかな斜面上に軽い板を付けた質量 M の物体Pを置き，静かに放したところ，Pは斜面下向きに運動を始めた。物体PにはPの速さ v に比例する大きさ kv（k は正の比例定数）の空気抵抗力が働くものとする。

重力加速度の大きさを g として，以下の問いに答えよ。

(1) 運動中の物体Pに作用する力の名称，およびその方向を矢印で図の上に示せ。

(2) 物体Pの加速度の大きさを a，速さを v として，斜面方向のPの運動方程式をかけ。

(3) しばらくすると，物体Pは等速度運動をするようになった。そのときの速さを求めよ。

(4) 物体Pの速さの時間変化を表すグラフ（v-t グラフ）は，次の①～④のうちどれか。適当なものを1つ選べ。

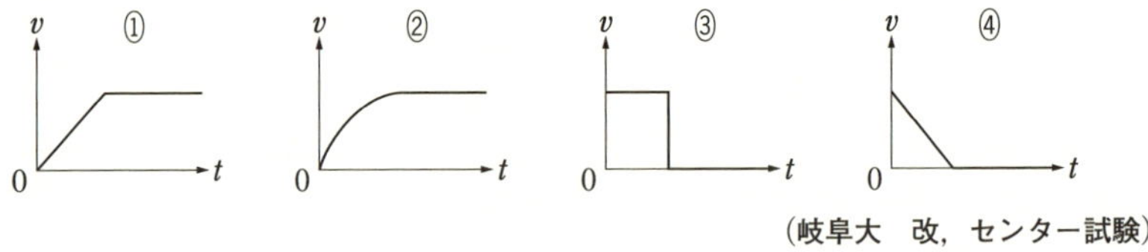

（岐阜大　改，センター試験）

●空気抵抗　空気中を運動する物体には運動の向きと逆向きに抵抗力が働く。空気の抵抗力の大きさ f は，物体の速度 v に比例する。

抵抗力の大きさ：$f=kv$　（k：比例定数）

［注意］ 流体（気体や液体）中で物体が運動するときには抵抗力が働く。

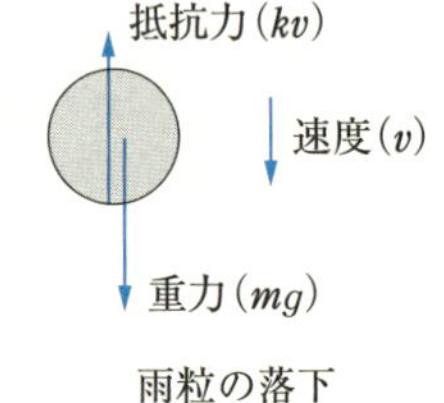

雨粒の落下

●抵抗力による運動　雨粒の落下の場合（右上図），雨粒の加速度の大きさを a とすると，運動方程式は，

$$ma=mg-kv \quad \cdots\cdots①$$

雨粒の初速度を0とすると，①式より，はじめの加速度は g である。以後，雨粒の速度 v が $v<\dfrac{mg}{k}$ である間は加速度 $a>0$ であるから，雨粒の速度は時

間 t の経過とともに単調に増加し，終端速度 $v_t=\dfrac{mg}{k}$ に近づく。この間，①式より，物体の加速度（v-t グラフの接線の傾き）が単調に減少していくから，v-t グラフは右図となる。実際には，しばらくすると，雨粒の速度は v_t となり，加速度が 0 となるから，それ以降，等速度運動を続ける。

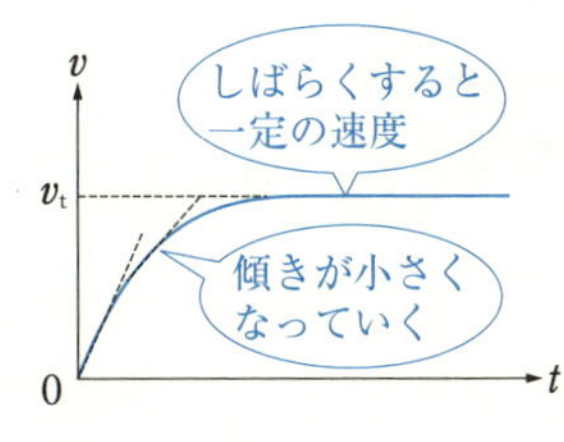

Point 8

抵抗力 $-kv$ を受ける運動 ⟹ やがて加速度 0

【参考】 雨粒の落下する加速度の大きさ a の時間変化のグラフ（a-t グラフ）は，雨粒の速度の時間変化のグラフ（v-t グラフ）の接線の傾きより，右図となる。雨粒の初速度を 0 とすると，①式より，雨粒のはじめの加速度は g である。また，雨粒の速度が終端速度 v_t となるとき，雨粒の加速度は 0 となる。

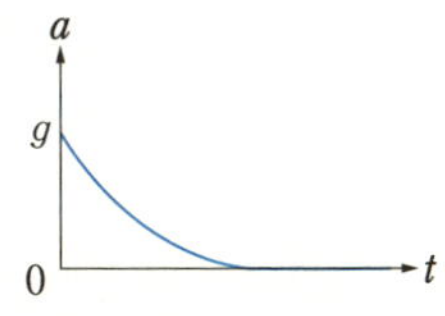

(1) 右図（図 1）。

(2) 斜面方向下向きに重力の成分 $Mg\sin\theta$ が，斜面方向上向きに空気抵抗力 kv が働くから，

$$Ma=Mg\sin\theta-kv$$

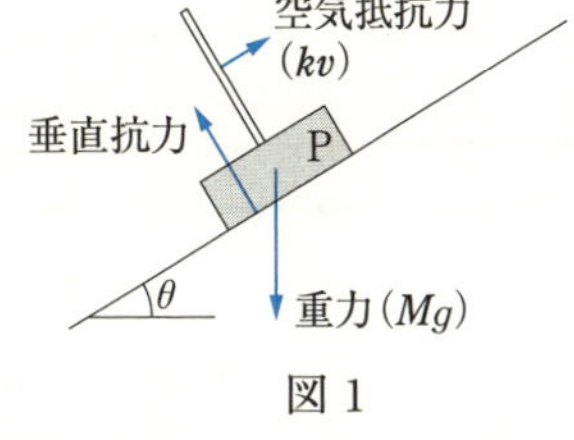

図 1

(3) 題意より，$a=0$ だから，求める速さを v_t とすると，

$$0=Mg\sin\theta-kv_t \qquad よって，\ v_t=\frac{Mg\sin\theta}{k}$$

(4) (2)，(3)の結果より，物体Pの速度は初速度 0 から単調に増加して v_t に近づく。このとき，グラフの接線の傾き（加速度）は速度が v_t に近づくにつれて小さくなるから，答のグラフは右図。

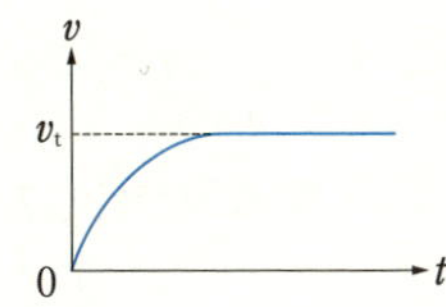

(1) 解説の図 1　(2) $Ma=Mg\sin\theta-kv$　(3) $\dfrac{Mg\sin\theta}{k}$　(4) ②

実戦基礎問 10 動滑車を介した運動

物理基礎

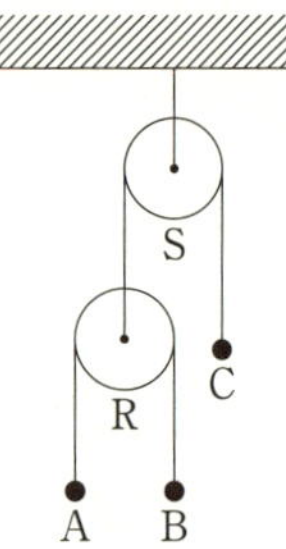

次の文中の(1)〜(4)に適する式をそれぞれかけ。

図のように，質量 M のおもりAと質量 $2M$ のおもりBを糸でつなぎ，なめらかな滑車Rにかける。さらに，この滑車Rと質量 $4M$ のおもりCを糸でつなぎ，天井からつり下げられたなめらかな滑車Sにかける。重力加速度の大きさを g として，次の問いに答えよ。ただし，滑車の質量は無視でき，空気抵抗は働かないものとする。

はじめ，おもりA，B，Cを静止させておき，同時に静かに放すとA，B，Cは異なる加速度で運動を始めた。おもりCの地面に対する加速度の大きさを a とし，滑車Rに対するおもりA，Bの加速度の大きさを β とすると，Aの地面に対する加速度は鉛直上向きに [(1)] であり，Bの地面に対する加速度は鉛直下向きに [(2)] である。よって，滑車RとおもりCを結ぶ糸の張力を T とすると，おもりA，B，Cの運動方程式はそれぞれ

おもりA：$M\times$ [(1)] $=$ [(3)]

おもりB：$2M\times$ [(2)] $=$ [(4)]

おもりC：$4Ma=4Mg-T$

である。

（大阪産業大　改）

●定滑車と動滑車　定滑車は天井などに固定されている滑車で，動滑車は糸でつながった物体とともに運動する滑車である。

動滑車を介して運動する2物体の加速度は等しくないが，動滑車とともに運動する人が見ると，2物体の加速度（相対加速度）の大きさが等しい。

Point 9

動滑車を介した2物体の運動

⟹ 動滑車に対する2物体の相対加速度の大きさが等しい

●運動方程式（地面から見た場合）　この場合，運動方程式は地面に対する加速度を用い，動滑車に対する相対加速度（大きさを β とする）は用いることができない。

着眼点　1．相対加速度の公式（→ 参照 p. 21）⇨ 地面に対する加速度

［注意］ ベクトルで正しい式を立てるようにしよう。

（例） 右図の場合，AもBも鉛直下向きを正とすると，A，Bの相対加速度はそれぞれ $-\beta$，β だから，A，Bの加速度 a_{A}，a_{B} は，

A：$-\beta=a_{\mathrm{A}}-a$ ⇨ $a_{\mathrm{A}}=a-\beta$

B：$\beta=a_{\mathrm{B}}-a$ ⇨ $a_{\mathrm{B}}=\beta+a$

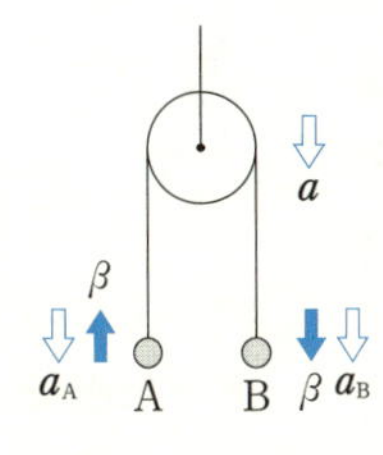

2．軽い動滑車 ⇨ 糸の張力がつりあう

（例） 動滑車の質量が0であるから，右図の場合，運動方程式より， $0\times a=2K-T$ ⇨ $2K=T$

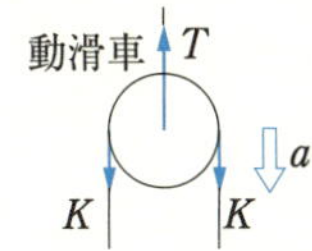

(1) 鉛直上向きの加速度を正として，求めるおもりAの加速度を a_{A} とすると，右図より相対加速度 β は，

$\beta=a_{\mathrm{A}}-a$ よって，$a_{\mathrm{A}}=\beta+a$ ……①

(2) 鉛直下向きの加速度を正として，求めるおもりBの加速度を a_{B} とすると，右図より，

$\beta=a_{\mathrm{B}}-(-a)$ よって，$a_{\mathrm{B}}=\beta-a$ ……②

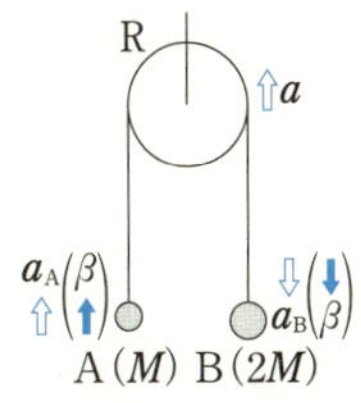

(3)，(4) 地面に対して運動方程式を立てるので，場の力と接触物体の力だけを考えればよい。おもりAとBを結ぶ糸の張力を K として，A，B，Rに働く力を右図に示す。動滑車Rの運動方程式より，

R：$0\times a=T-2K$ よって，$K=\dfrac{T}{2}$ ……③

ゆえに，A，Bの運動方程式は，①～③式より，

A：$Ma_{\mathrm{A}}=K-Mg$ ⇨ $M(\beta+a)=\dfrac{T}{2}-Mg$

B：$2Ma_{\mathrm{B}}=2Mg-K$ ⇨ $2M(\beta-a)=2Mg-\dfrac{T}{2}$

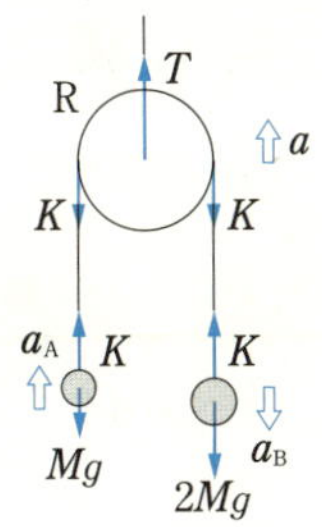

発 展 右図のように，動滑車を介して糸が天井に固定されている場合，図より，物体A（および動滑車）の変位と物体Bの変位の比は1：2となる。同様に，物体Aと物体Bの速度の比も加速度の比も 1：2 となる。

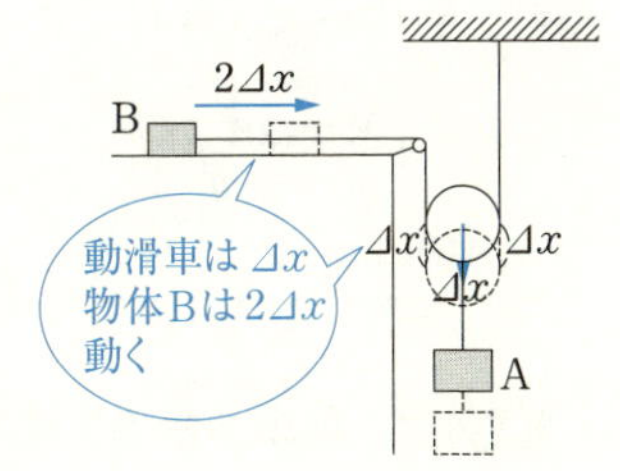

(1) $\beta+a$ (2) $\beta-a$ (3) $\dfrac{T}{2}-Mg$ (4) $2Mg-\dfrac{T}{2}$

必修基礎問

11 相対運動と慣性力

物理

次の文章の空欄に適当な語句または式を記入せよ。

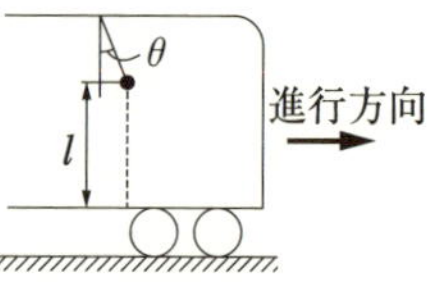

水平な直線の線路上を一定の速さで運動する電車がある。電車の中には，天井から糸でつり下げられた質量 m の小球があり，最初，糸は鉛直であった。次に，この電車を一定の加速度で減速させ，電車内にいる人が小球を観測したところ，図のように，糸が角度 θ だけ傾いた状態で静止し，小球は床から l の高さにあった。重力加速度の大きさを g とすると，このときの電車の加速度の向きは進行方向と [(1)] であり，加速度の大きさは [(2)] である。この状態で糸を切ると小球は床に落下する。車内の観測者から見ると，小球は [(3)] 運動を行って，糸を切ったときの位置（図の小球の真下）から進行方向に水平距離 [(4)] だけ離れたところで床に落ちる。（法政大）

●**慣性力Ⅰ**　加速度運動している観測者から見ると，場の力と接触物体からの力だけでは運動の法則が成り立たない。

（例）　静止している物体（質量m）の場合

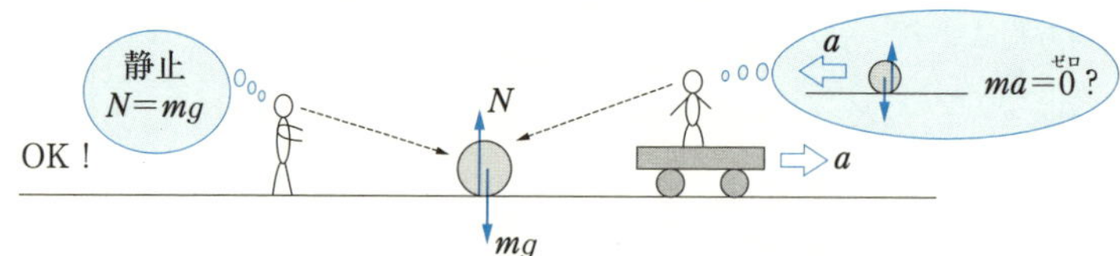

そこで，加速度 $\vec{a}$ で運動している観測者から見た物体には，$\vec{a}$ と逆向きに大きさ ma の力（慣性力）が働くと考えると，運動の法則が成り立つ。

（例）　物体が大きさFの力を受けて加速度aで運動する場合

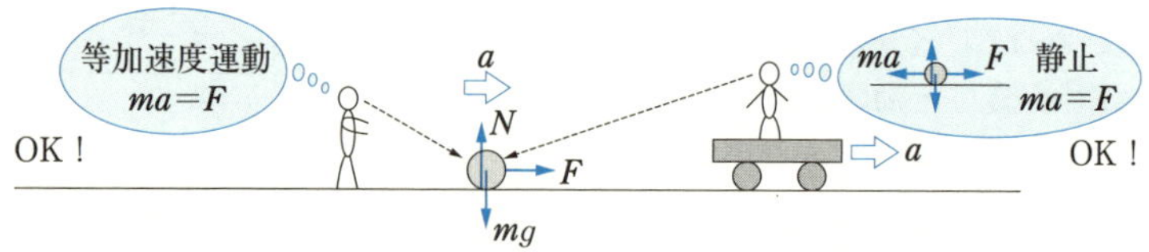

発展　電車や台の加速度が変化している場合は，瞬間の加速度で慣性力を考えればよい。

見かけの重力(加速度) 一定の慣性力と重力が働く場合，それらの合力を見かけの重力と考えることができる。

(例) 右図のように一定の慣性力 ma が働く場合

見かけの重力の大きさは，

$$F=\sqrt{(mg)^2+(ma)^2}=m\sqrt{g^2+a^2}$$

よって，見かけの重力加速度の大きさは，

$$g'=\sqrt{g^2+a^2}$$

糸を切ると，物体は見かけの重力加速度 g' で鉛直方向に対して角 θ の下方に向かって“自由落下”すると考えることもできる。

(1) 電車の中から見ると小球は静止しているので，重力 mg，糸の張力 T および慣性力がつりあっている。電車の加速度は水平方向であるから，慣性力も水平方向に働く。力がつりあう慣性力の向きは，進行方向でなければならないから，電車の加速度は進行方向と逆向きである。

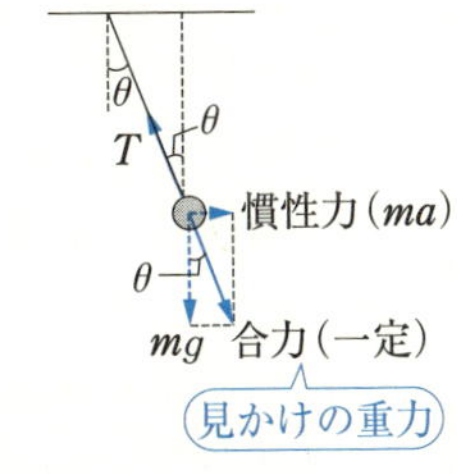

(2) 電車の加速度の大きさを a とすると，小球に働く力(上図)のつりあいより，

$$\left.\begin{array}{l}\text{水平方向：}T\sin\theta=ma\\ \text{鉛直方向：}T\cos\theta=mg\end{array}\right\}\Rightarrow \tan\theta=\frac{a}{g}$$

よって，$a=g\tan\theta$

［別解］ (2) 合力を斜辺とする力の三角形の三角比を用いてもよい。

$$\tan\theta=\frac{ma}{mg}=\frac{a}{g}$$

よって，$a=g\tan\theta$

(3) 電車の加速度が一定なので，慣性力の大きさも一定である。よって，重力と慣性力の合力も一定である。糸を切ると，小球にはこの一定の合力だけが働くので，小球は一定の加速度で運動する。また，小球の(相対)初速度が0なので，小球は等加速度直線運動を行う。

(4) (3)の結果より，電車の中で見た小球の運動の軌跡は右図となる。

よって，水平飛距離 x は，

$$x=l\tan\theta$$

【参考】 地面から見た小球の運動は，加速度が鉛直方向下向きに g で，糸を切った瞬間の電車の速度を初速度とする水平投射(右図の青実線)となる。

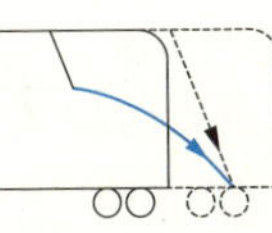

(1) 逆向き　(2) $g\tan\theta$　(3) 等加速度直線　(4) $l\tan\theta$

実戦基礎問 12 非慣性系の運動

物理

図のように，傾斜角 45° のなめらかな斜面をもつ質量 M〔kg〕の台が，なめらかで水平な床上に静止している。質量 m〔kg〕の小球を初速度 0〔m/s〕で頂点から斜面上を滑らせるとき，台は小球から力を受けて水平左向きに等加速度運動をする。その加速度の大きさを A〔m/s²〕とする。重力加速度の大きさを g〔m/s²〕として，以下の問いに答えよ。

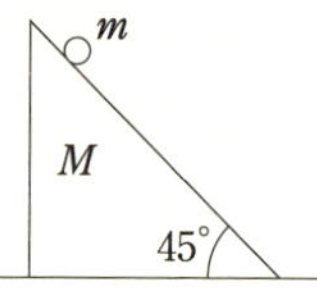

(1) 台とともに等加速度運動する観測者を考え，この観測者から斜面上の小球を見るとき，小球には，重力，台の斜面から受ける抗力のほか，慣性力が作用しているように見える。それぞれの力の向きと名称を図示せよ。力の向きは，小球の中心を起点とする矢印で記すこと。

(2) 台とともに運動する観測者から見ると，斜面上の小球は斜面方向下向きに等加速度運動をする。この運動の斜面方向下向きの加速度 a〔m/s²〕と，小球が台の斜面から受ける抗力 N〔N〕を m，g，A のうち適当なものを用いて表せ。

(3) 台についての運動方程式を合わせて考えることにより，A〔m/s²〕，a〔m/s²〕を M，m，g を用いて表せ。

(新潟大)

精講

●**慣性力 II**　台上の物体が運動を始めると同時に台が動き始める場合，床上に静止している観測者から見た物体の運動がわかりにくい。そこで，台とともに運動する観測者から見ると，台が静止して見えるのでわかりやすい。

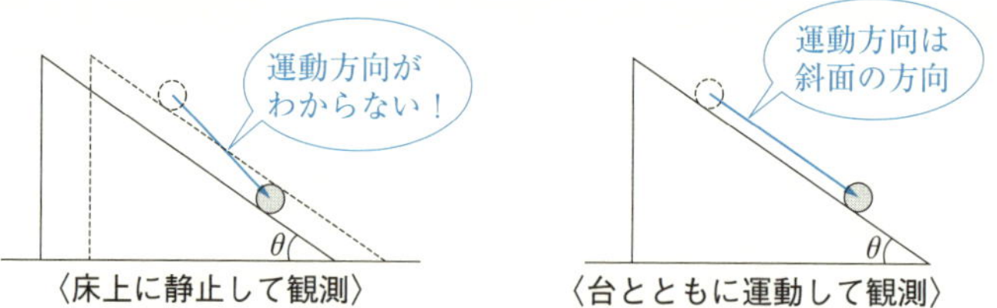

〈床上に静止して観測〉　〈台とともに運動して観測〉

Point 10

① 力をすべてかく ⟹ 台の運動方向を知る
② 台とともに運動する観測者（加速度を仮定）から見る
　⟹ 慣性力と相対加速度で運動方程式を立てる

(1) 小球および台に働く力を図1に示す。

台は小球から受ける垂直抗力Nの水平方向左向きの成分により，水平方向左向きに加速度運動を始める。よって，台とともに運動する観測者から見ると，小球には水平方向右向きに慣性力が働く。小球に働く力をすべて図示すると図2となる。

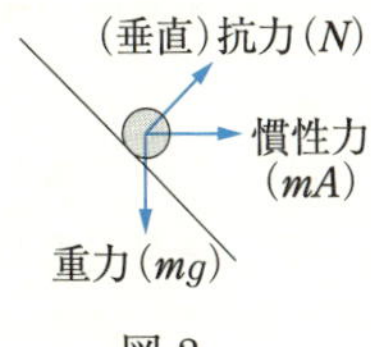

図1

(2) 小球に働く慣性力の大きさはmAだから，重力と慣性力の斜面方向下向きの成分はそれぞれ，$mg\sin 45°$，$mA\cos 45°$である。よって，小球の運動方程式は，

$$ma = mg\sin 45° + mA\cos 45° = \frac{\sqrt{2}}{2}m(g+A)$$

ゆえに，$a = \frac{\sqrt{2}}{2}(g+A)$〔m/s²〕　……①

(垂直)抗力(N)　慣性力(mA)　重力(mg)

図2

斜面に垂直な方向の力のつりあいより，

$$N + mA\sin 45° = mg\cos 45° \quad よって，N = \frac{\sqrt{2}}{2}m(g-A)〔N〕 \quad ……②$$

(3) (1)より，台の水平方向には，左向きに抗力の成分$N\sin 45°$だけが働く。よって，台の運動方程式は，

$$MA = N\sin 45° = \frac{\sqrt{2}}{2}N \quad ……③$$

②，③式より，　$A = \frac{m}{2M+m}g$〔m/s²〕　……④

①，④式より，　$a = \frac{\sqrt{2}(M+m)}{2M+m}g$〔m/s²〕

【参考】 小球の加速度の水平方向右向きの成分をa_x，鉛直方向下向きの成分をa_yとすると，小球の相対加速度の水平方向右向きおよび鉛直方向下向きの成分がそれぞれ$a\cos 45°$，$a\sin 45°$，台の加速度が$-A$であるから，相対加速度の公式より，a_x，a_yが求められる。

$$a\cos 45° = a_x - (-A) \quad よって，a_x = a\cos 45° - A \quad ……(i)$$

$$a\sin 45° = a_y - 0 \quad よって，a_y = a\sin 45° \quad ……(ii)$$

発展 (i)，(ii)式の床に対する加速度で小球の運動方程式を立てて解くこともできるが，相対加速度が斜面方向を向く条件（拘束（こうそく）条件）$\tan 45° = \frac{a_y - 0}{a_x - (-A)}$が必要で，面倒になる。

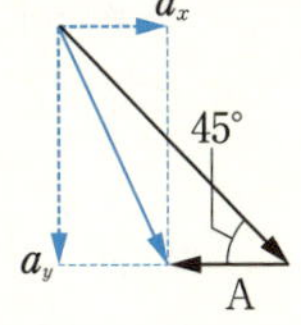

(1) 解説の図2　(2) $a = \frac{\sqrt{2}}{2}(g+A)$〔m/s²〕，$N = \frac{\sqrt{2}}{2}m(g-A)$〔N〕

(3) $A = \frac{m}{2M+m}g$〔m/s²〕，$a = \frac{\sqrt{2}(M+m)}{2M+m}g$〔m/s²〕

必修 基礎問

13 剛体のつりあいⅠ

物理

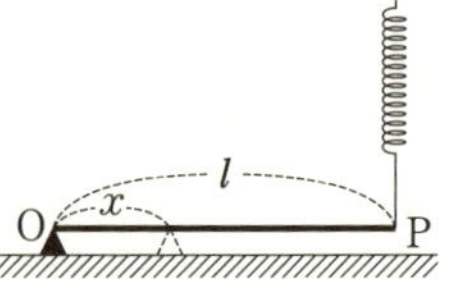

図のように，長さ l，質量 m の一様な棒がある。棒の一端を支点Oの上に置き，他端Pを鉛直につるしたばね定数 k の軽いばねで支え，棒を水平にした。重力加速度の大きさを g として，以下の問いに答えよ。

(1) このときのばねの自然長からの伸び s_0 を求めよ。

(2) 棒が支点Oから受ける垂直抗力の大きさ N を求めよ。

次に，棒を常に水平に保ちながら，棒の端から距離 $x\left(0 \leqq x \leqq \dfrac{l}{2}\right)$ の位置に支点Oを移した。

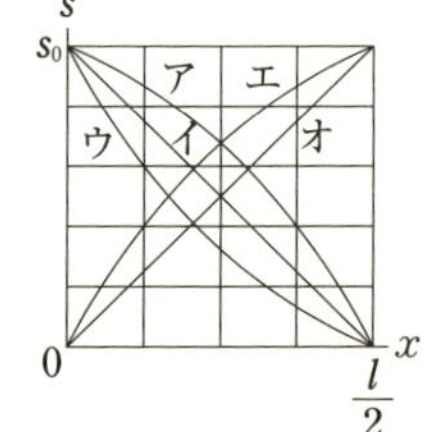

(3) ばねの自然長からの伸びを s とすると，支点Oのまわりの力のモーメントのつりあいの式は次式となる。空欄に適当な式を記入し，式を完成させよ。

$$ks \times (l-x) = \boxed{}$$

(4) ばねの自然長からの伸び s と x との関係を示すグラフをア～オの中から選べ。

（千葉工大）

●**剛体**　大きさがあり，外力によって変形しない物体。

●**力のモーメント**　物体を回転させる能力を表す物理量で，右回りまたは左回りの向きをもつ。

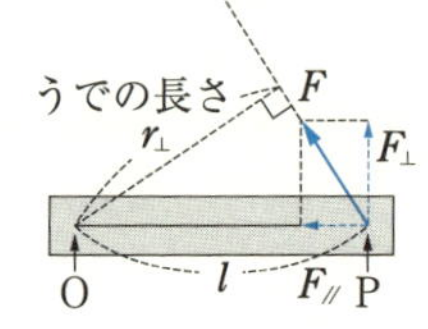

力のモーメントの大きさ M は，物体に働く力の大きさ F と，力のモーメントの中心O(任意に定めた1点)からのうでの長さ $r_{\perp}$ との積で表される。ここで，うでの長さは，力のモーメントの中心から力の作用線に下ろした垂線の長さのことである(右図)。

力のモーメントの大きさ：$M = F \times r_{\perp}$

着眼点　上図のように，力のモーメントの中心Oと力の作用点Pとの距離 $(\mathrm{OP} = l)$ が与えられている場合，力の OP 方向成分 $F_{/\!/}$ のモーメントは 0 だから，OP に垂直な力の成分を $F_{\perp}$ とすると，

$$M = F_{\perp} \times l$$

●剛体のつりあい 剛体の重心が移動しないで，かつ，重心のまわりに回転しないとき，剛体はつりあいの状態にある。

Point 11

剛体のつりあい ⟹ { 力のつりあい / 力のモーメントのつりあい }

●重心Ⅰ 剛体（大きさのある物体）の各部分に働く重力の合力が働く作用点。

（例） 密度が均一で対称的な形をした物体の重心Gは，対称中心点であり，幾何学的な重心と同じである。

円板 ⇨ 円の中心　　長方形 ⇨ 対角線の交点　　三角形 ⇨ 中線の交点

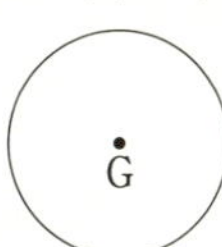

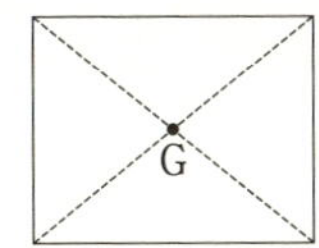

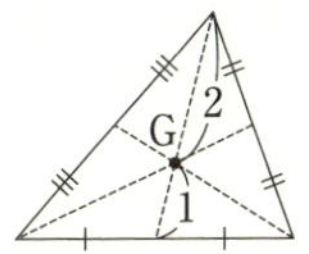

(1) 棒に働く力を右図に示す。点Oのまわりの力のモーメントのつりあいより，

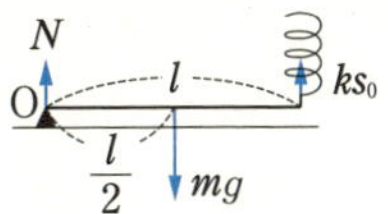

$$ks_0 \times l = mg \times \frac{l}{2} \quad よって，s_0 = \frac{mg}{2k}$$

(2) 力のつりあいより，

$$N + ks_0 = mg \quad よって，N = mg - ks_0 = \frac{1}{2}mg$$

(3) 棒の重心をGとすると，$OP = l - x$，$OG = \frac{l}{2} - x$ であるから，点Oのまわりの力のモーメントのつりあいより，

$$ks \times (l - x) = mg \times \left(\frac{l}{2} - x\right) \quad \cdots\cdots①$$

(4) ①式より，

$$s = \frac{mg(l - 2x)}{2k(l - x)} = s_0\left(2 + \frac{l}{x - l}\right)$$

これは，$x = l$，$s = 2s_0$ を漸近線とする双曲線で，$x = 0$ のとき $s = s_0$，$x = \frac{l}{2}$ のとき $s = 0$ であるから，s-x グラフはアである。

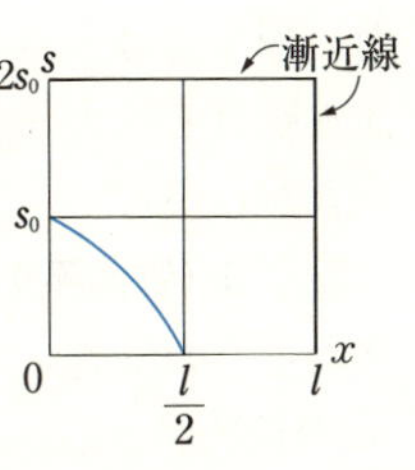

(1) $s_0 = \frac{mg}{2k}$　(2) $N = \frac{1}{2}mg$　(3) $mg \times \left(\frac{l}{2} - x\right)$　(4) ア

必修
基礎問
14 剛体のつりあいⅡ

物理

以下の問題文を読んで□の中に適当な式または数値を入れよ。ただし，棒の質量は無視でき，重力加速度の大きさを g〔m/s²〕とする。

図に示すように，長さ L〔m〕の棒の一端を壁上の点Aにつけ，他端（点B）には糸をつなぐ。棒は張力 T〔N〕で糸に引っ張られており，壁からは垂直抗力 N〔N〕を受け，壁との間に摩擦力 F〔N〕が働いている。さらに，棒には壁側から距離 a〔m〕のところに質量 m〔kg〕のおもりが付けられていて，棒と壁のなす角は常に90°に保たれた状態で静止している。

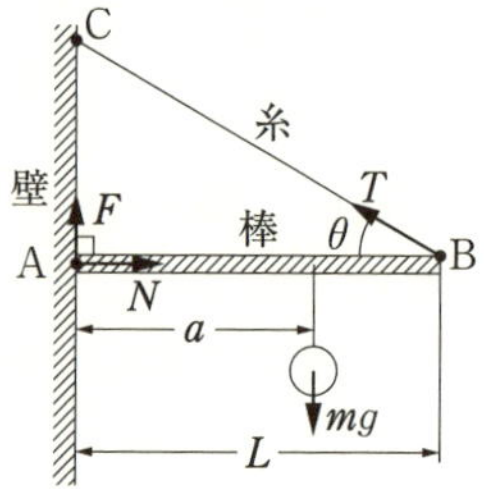

点Aのまわりの力のモーメントのつりあいから，糸に働く張力 T〔N〕は［(1)］〔N〕となる。これを用いると，棒に働く力のつりあいから，垂直抗力 N〔N〕は［(2)］〔N〕，摩擦力 F〔N〕は［(3)］〔N〕となる。

次に，糸の長さを調節して点Cの位置を壁上でずらして，$\theta=45°$ としたあと，おもりを $a=L$〔m〕の位置（点B）につけた。おもりの位置をゆっくりと左に動かして $a=\frac{1}{2}L$〔m〕となったとき，棒は静止したままだったが，これより少しでも左へ動かすと棒は滑りだした。棒と壁の静止摩擦係数を μ_0 とすると，$\mu_0=$［(4)］であることがわかる。　　（北見工大）

精講

●剛体のつりあいと力の作用線
剛体がつりあうとき，剛体に働く力の作用線は1点で交わる。このことより，棒が壁から受ける抗力 R（垂直抗力 N と摩擦力 F の合力）の向きがわかる。

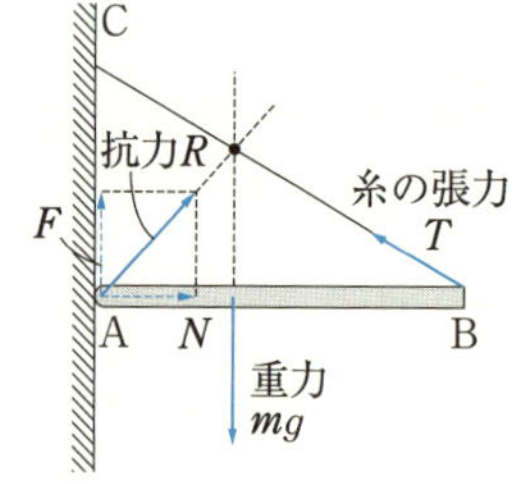

●重心Ⅱ（質点系の重心） 質点1，2，… からなる物体の重心の位置 x_G は，質量 m_1，m_2，… の質点1，2，… の位置を x_1，x_2，… とすると，

$$x_G=\frac{m_1x_1+m_2x_2+\cdots}{m_1+m_2+\cdots}$$

着眼点　複数の剛体からなる物体の重心は，それぞれの剛体をそれらの重心にある質点とみなし，質点系の重心として求める。

（例） 均一な密度と厚さをもつ円板の一部（斜線部分）の重心G

均一な円板（半径 $2r$）を考えると，分割した部分の質量の比は面積の比と等しい。小円板（半径 r）を入れると，重心は円板の中心Oになる。すなわち，重心 G_0 の小円板と重心Gの斜線部分物体との重心がOとなることを用いる。小円板と斜線部分の面積比 1：3 が質量比でもあるから，円板の中心を原点とし，重心 G_0 を通る x 軸を考えて，重心Gの位置を x とすると，

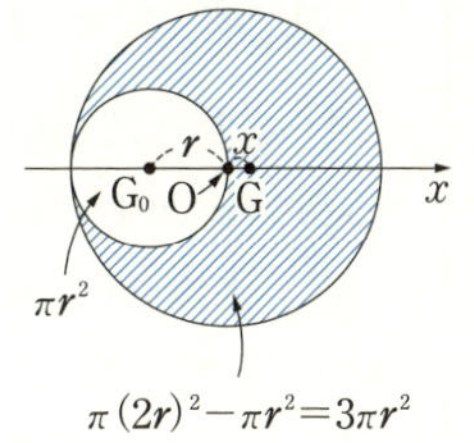

$$0=\frac{1\times(-r)+3\times x}{1+3} \qquad ゆえに，x=\frac{r}{3}$$

(1) 点Aのまわりの力のモーメントのつりあいから，

$$T\sin\theta\times L=mg\times a \qquad よって，T=\frac{mga}{L\sin\theta}〔\mathrm{N}〕$$

(2) 水平方向の力のつりあいから，

$$N=T\cos\theta \qquad よって，N=\frac{mga\cos\theta}{L\sin\theta}〔\mathrm{N}〕$$

(3) 鉛直方向の力のつりあいから，

$$F+T\sin\theta=mg \qquad よって，F=mg\left(1-\frac{a}{L}\right)〔\mathrm{N}〕$$

着眼点 力のモーメントの中心は自由にとれる。

［別解］ (1)〜(3) 点Aのまわりの力のモーメントのつりあいの代わりに，点Bのまわりの力のモーメントのつりあいを考えても，答を求めることができる。点Bのまわりの力のモーメントのつりあいから，

$$mg\times(L-a)=F\times L \qquad よって，F=mg\left(1-\frac{a}{L}\right)〔\mathrm{N}〕$$

鉛直方向の力のつりあいから，

$$F+T\sin\theta=mg \qquad よって，T=\frac{mga}{L\sin\theta}〔\mathrm{N}〕$$

水平方向の力のつりあいから，

$$N=T\cos\theta \qquad よって，N=\frac{mga\cos\theta}{L\sin\theta}〔\mathrm{N}〕$$

(4) $\theta=45°$，$a=\frac{1}{2}L$ のとき， $F=\frac{1}{2}mg$， $N=\frac{1}{2}mg$

このとき，摩擦力 F は最大摩擦力 μ_0N に等しいので，

$$\frac{1}{2}mg=\mu_0\cdot\frac{1}{2}mg \qquad よって，\mu_0=1$$

(1) $\dfrac{mga}{L\sin\theta}$ (2) $\dfrac{mga\cos\theta}{L\sin\theta}$ (3) $mg\left(1-\dfrac{a}{L}\right)$ (4) 1

実戦基礎問 15 レンガの倒れる条件 〈物理〉

図のように，傾斜角 θ を変化させることのできる粗い斜面上に底辺が b，高さが h のレンガを置いて，傾斜角を大きくしていったところ，傾斜角が θ_0 を越えたとき，レンガは滑り出すより先に倒れた。レンガと斜面の間の静止摩擦係数を μ，重力加速度の大きさを g として，以下の問いに答えよ。

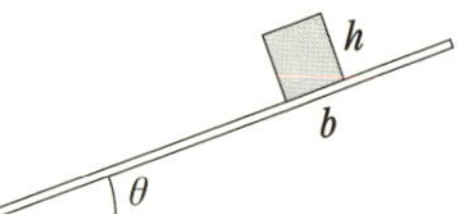

(1) 傾斜角が θ_0 のとき，質量 m のレンガが斜面から受ける垂直抗力の大きさ N と静止摩擦力の大きさ f を求めよ。

(2) (1)のとき，レンガが滑り出さない条件を μ，θ_0 を用いて表せ。

(3) (1)のとき，レンガは倒れる直前である。$\tan\theta_0$ を b，h を用いて表せ。

(4) (2), (3)の結果より，レンガが滑り出すより先に倒れる条件を，μ，b，h を用いて表せ。

（上智大　改）

●**抗力の作用点**　剛体に面から受ける力（抗力）が働くと考える1点で，その位置は力のモーメントのつりあいで求めることができる。

（例）図は，重心Gと斜面の最大傾斜線を含む鉛直な断面である。抗力の作用点Pと底面の斜面下側の点Oの距離 x を求める。垂直抗力を N，静止摩擦力を f，重力を mg とすると，点Oのまわりの力のモーメントのつりあいより，

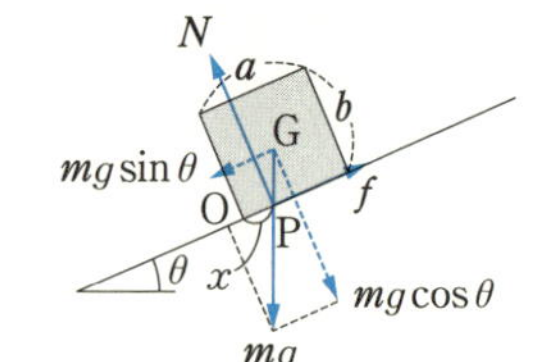

$$mg\cos\theta\times\frac{a}{2}=N\times x+mg\sin\theta\times\frac{b}{2} \quad \cdots\cdots①$$

また，力のつりあいより，$N=mg\cos\theta$ だから，①式より，

$$x=\frac{1}{2}(a-b\tan\theta) \quad \cdots\cdots②$$

●**物体が倒れない条件**　物体が倒れない条件は，抗力の作用点Pの点Oからの距離 $x\geqq 0$ のときである。したがって，斜面上で自然に倒れない条件は，②式より，

$$\frac{1}{2}(a-b\tan\theta)\geqq 0 \quad よって，\tan\theta\leqq\frac{a}{b}$$

着眼点 倒れない条件・倒れる条件は，次のように考えることもできる。
抗力のモーメントを除外して，

1．倒れない条件
⇨ 倒れない向きの力のモーメント≧倒れる向きの力のモーメント

2．倒れる条件
⇨ 倒れない向きの力のモーメント＜倒れる向きの力のモーメント

●転倒角 斜面上にある物体が倒れる直前であるときの，斜面と水平方向とのなす角 θ_0 を転倒角という。このとき，重力の作用線は図の点Oをちょうど通る。このことから，転倒角と物体の辺の長さの間には，次の関係が成り立つ。

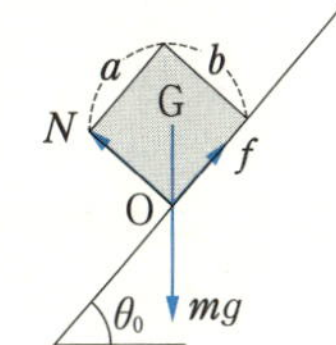

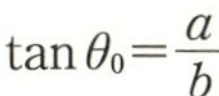

$$\tan\theta_0=\frac{a}{b}$$

(1) レンガに働く力（右図）のつりあいより，

$$N=mg\cos\theta_0$$
$$f=mg\sin\theta_0$$

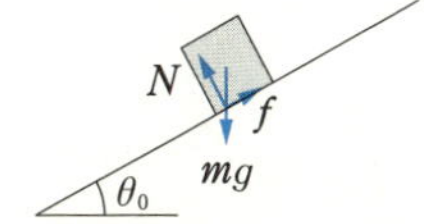

(2) レンガが滑り出さない条件 $f\leqq\mu N$ より，

$$mg\sin\theta_0\leqq\mu mg\cos\theta_0$$

よって，$\tan\theta_0\leqq\mu$

(3) 倒れる直前，垂直抗力と摩擦力は底面の斜面下側の辺上に働く。この辺を中心とする力のモーメントのつりあいより，

$$mg\cos\theta_0\times\frac{b}{2}=mg\sin\theta_0\times\frac{h}{2}$$

よって，$\tan\theta_0=\dfrac{b}{h}$

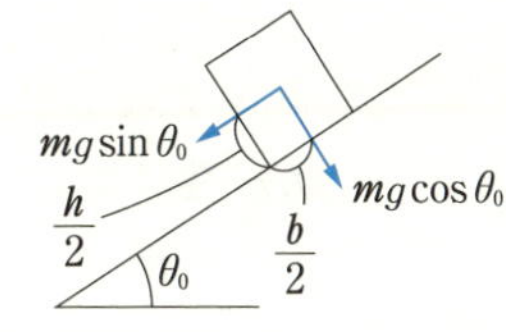

(4) レンガが滑り出すより先に倒れるためには，(2)，(3)の結果より，$\tan\theta_0=\dfrac{b}{h}$ のとき $\tan\theta_0<\mu$ であればよいので，

$$\frac{b}{h}<\mu$$

(1) $N=mg\cos\theta_0$，$f=mg\sin\theta_0$　(2) $\tan\theta_0\leqq\mu$　(3) $\tan\theta_0=\dfrac{b}{h}$

(4) $\dfrac{b}{h}<\mu$

必修基礎問 3. エネルギーと運動量

16 仕事とエネルギーⅠ

物理基礎

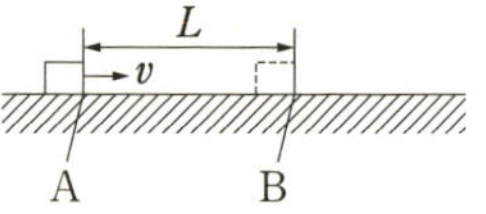

図のように，質量 m の物体が水平な粗い平面上の点Aを速さ v で通過し，距離 L だけ滑って点Bで静止した。面と物体の間の動摩擦係数を μ' とし，重力加速度の大きさを g として，以下の問いに答えよ。

(1) 点Aから点Bまで移動する間に，重力，垂直抗力および動摩擦力が物体にした仕事 W_g，W_N，W_μ をそれぞれ求めよ。

(2) L を g，v，μ' を用いて表せ。

(静岡理工科大　改)

精講

●**仕事**　物体に一定の力を加えて動かしたとき(右図)，力が物体にした仕事 W は，物体の変位の大きさと力の変位方向成分の積である。

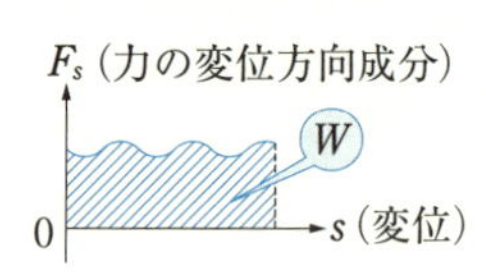

仕事 W の公式と F-s グラフ

(i) **力が一定の場合**

⇨ $W = Fs\cos\theta$

(ii) **力が一定でない場合**

⇨ **$W = F_s$-s グラフの面積**

F_s (力の変位方向成分)
W
0
s (変位)

［注意］ 仕事は正，0，負の値をとる。

(例)

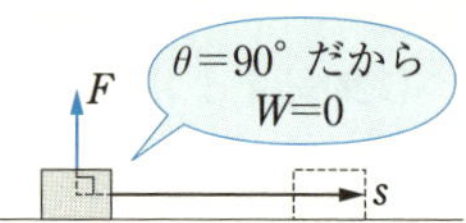

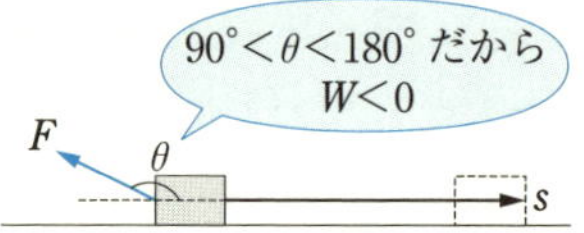

発展　仕事は変位(ベクトル)と力(ベクトル)の内積である。よって，変位と力の変位方向成分の積として求めることができる。

●**運動エネルギー**　運動している物体の仕事をする能力を表す量で，物体の質量 m に比例し，速さ v の 2 乗に比例する。

$$\text{運動エネルギー}：K = \frac{1}{2}mv^2$$

●**エネルギーの原理Ⅰ（仕事と運動エネルギーの変化）** 物体が一定の力Fを受けて直線上を運動するとき（右図），運動方程式と等加速度直線運動の公式より，

$$\left.\begin{aligned} ma&=F \\ v^2-v_0{}^2&=2as \end{aligned}\right\} \Rightarrow \frac{1}{2}mv^2-\frac{1}{2}mv_0{}^2=Fs \quad よって，\frac{1}{2}mv^2-\frac{1}{2}mv_0{}^2=W$$

この関係式は，合力が物体にした仕事が，物体の運動エネルギーの変化に等しいことを意味する。

Point 12

運動エネルギーの変化量 ＝ 物体に働く力の仕事の和

(1) 物体に働く力とその変位を右図に示す。垂直抗力Nと重力mgは変位と垂直に働くから，それぞれの仕事W_g，W_Nは，

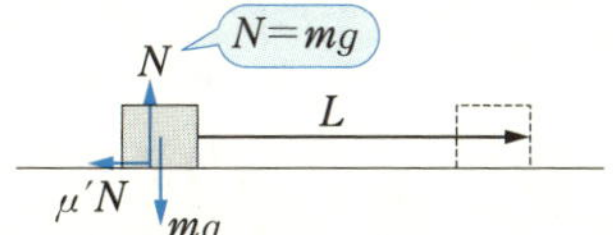

$$W_g=mg\cdot L\cos 90°=0$$
$$W_N=N\cdot L\cos 90°=0$$

また，動摩擦力$\mu' mg$のした仕事W_μは，

$$W_\mu=\mu' mg\cdot L\cos 180°=-\mu' mgL$$

(2) 物体に働く力のした仕事 $W_g+W_N+W_\mu=-\mu' mgL$ は，物体の運動エネルギーの変化量に等しいから，

$$\frac{1}{2}m\cdot 0^2-\frac{1}{2}mv^2=-\mu' mgL \qquad よって，L=\frac{v^2}{2\mu' g}$$

［別解］(2) 仕事を使わずに，運動方程式でも解くことができる。両者を比較しておこう。

水平方向右向きを正として，物体の加速度をaとすると，力のつりあい，運動方程式より，

$$\left.\begin{aligned} N&=mg \\ ma&=-\mu' N \end{aligned}\right\} \Rightarrow a=-\mu' g$$

等加速度直線運動の公式より，

$$0^2-v^2=2(-\mu' g)L \qquad よって，L=\frac{v^2}{2\mu' g}$$

(1) $W_g=0$，$W_N=0$，$W_\mu=-\mu' mgL$　(2) $L=\dfrac{v^2}{2\mu' g}$

必修
基礎問
17 仕事とエネルギーⅡ

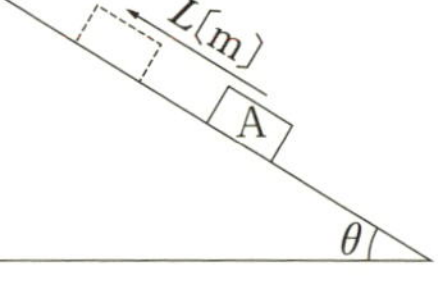

図のように，質量 m〔kg〕の物体Aが水平面との角度 θ〔rad〕の斜面上に置かれている。斜面とAとの間には動摩擦係数 μ' の摩擦がある。重力加速度の大きさを g〔m/s^2〕とする。以下の問いに答えよ。

(1) Aに，斜面に平行な上向きの，ある初速度を与えると，Aは斜面を距離 L〔m〕だけ上に進んで静止した。Aの位置エネルギーの変化分を求めよ。

(2) Aが距離 L だけ進む間に摩擦力がした仕事を求めよ。

(3) 力学的エネルギーの変化と仕事の関係から，Aに与えられた初速度の大きさを求めよ。

(高知大)

精講

●位置エネルギー 物体にする仕事が，始点と終点の位置だけで決まる力を保存力という。ゆっくりと動かすとき，保存力にさからって外力がした仕事が，位置エネルギーとして蓄えられる。

重力による位置エネルギー：$U_g=mgh$

(m：質量，g：重力加速度の大きさ，h：高さ)

ばねの弾性力による位置エネルギー(弾性エネルギー)：$U_k=\dfrac{1}{2}kx^2$

(k：ばね定数，x：ばねの自然長からの伸びまたは縮み)

発展 重力による位置エネルギーには絶対的な基準点が存在せず，位置エネルギーの変化量 $\varDelta U$ に意味がある。したがって，位置エネルギーの基準点は，物体それぞれについて自由にとることができる(下図)。

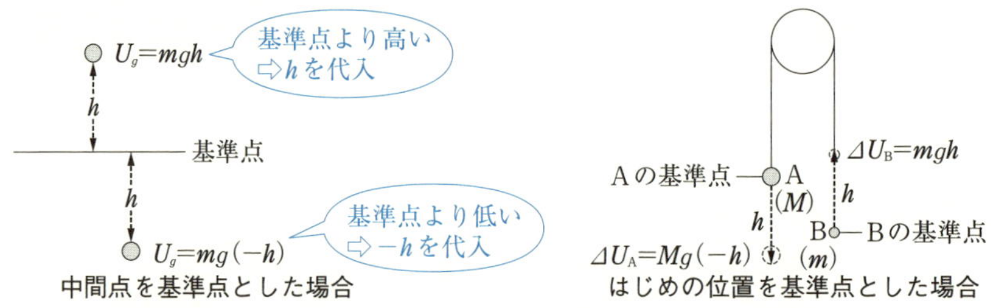

●エネルギーの原理Ⅱ(非保存力の仕事と力学的エネルギーの変化) 保存力がした仕事は保存力による位置エネルギーの減少量に等しいので，はじめの量を0付きの文字で表すと，

重力がした仕事：$W_g=mgh_0-mgh$

ばねの弾性力がした仕事：$W_k=\frac{1}{2}kx_0{}^2-\frac{1}{2}kx^2$

保存力以外の力の仕事を W' とすると，仕事と運動エネルギーの関係式 $\frac{1}{2}mv^2-\frac{1}{2}mv_0{}^2=W$ (→ 参照 p.37) で，$W=W'+W_g+W_k$ より，

$$\frac{1}{2}mv^2-\frac{1}{2}mv_0{}^2=W'+(mgh_0-mgh)+\left(\frac{1}{2}kx_0{}^2-\frac{1}{2}kx^2\right)$$

よって，$\left(\frac{1}{2}mv^2+mgh+\frac{1}{2}kx^2\right)-\left(\frac{1}{2}mv_0{}^2+mgh_0+\frac{1}{2}kx_0{}^2\right)=W'$

Point 13

力学的エネルギーの変化量 ＝ 非保存力の仕事

●力学的エネルギー　運動エネルギーと位置エネルギーの和を，力学的エネルギーという。

力学的エネルギー：$E=\frac{1}{2}mv^2+mgh+\frac{1}{2}kx^2$

(1)　はじめの位置を位置エネルギーの基準 (高さ 0) にとると，静止した位置の位置エネルギーは $mgL\sin\theta$ である。よって，A の位置エネルギーの変化分は，　$mgL\sin\theta$〔J〕

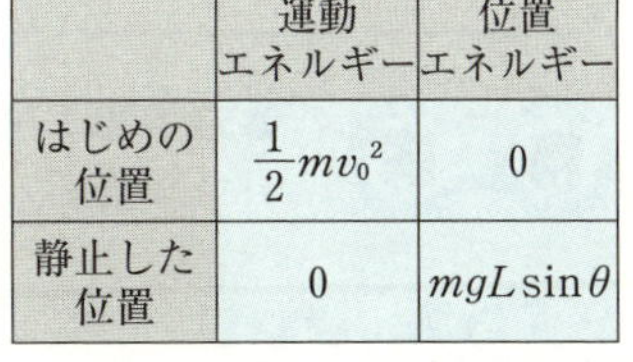

	運動エネルギー	位置エネルギー
はじめの位置	$\frac{1}{2}mv_0{}^2$	0
静止した位置	0	$mgL\sin\theta$

(2)　A に働く力を右図に示す。垂直抗力の大きさを N とすると，動摩擦力の大きさは

$$\mu' N=\mu' mg\cos\theta$$

である。A が距離 L だけ進む間に摩擦力がした仕事 W は，仕事の公式 (→ 参照 p.36) より，

$$W=\mu' mg\cos\theta\cdot L\cos 180°$$
$$=-\mu' mgL\cos\theta\text{〔J〕}$$

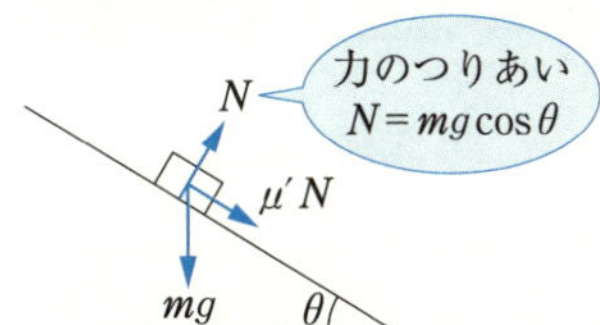

(3)　エネルギーの原理より，非保存力 (動摩擦力) の仕事 W は，物体の力学的エネルギーの変化量に等しい。よって，A に与えられた初速度の大きさを v_0 とすると，

$$(0+mgL\sin\theta)-\left(\frac{1}{2}mv_0{}^2+0\right)=W$$

すなわち，　$mgL\sin\theta-\frac{1}{2}mv_0{}^2=-\mu' mgL\cos\theta$

よって，$v_0=\sqrt{2gL(\sin\theta+\mu'\cos\theta)}$〔m/s〕

(1)　$mgL\sin\theta$〔J〕　(2)　$-\mu' mgL\cos\theta$〔J〕

(3)　$\sqrt{2gL(\sin\theta+\mu'\cos\theta)}$〔m/s〕

必修基礎問

18 力学的エネルギー保存の法則

物理基礎

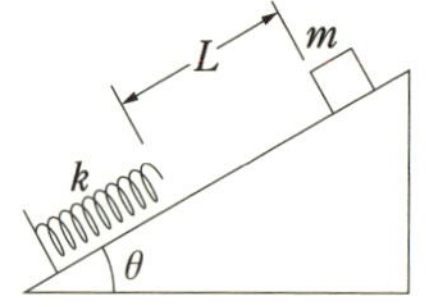

図のように，下端が固定されて自然な長さになっているばね定数kの軽いばねが，傾きθのなめらかな斜面に沿って置かれている。いま，ばねの端から斜面に沿って距離Lだけ離れた点より，質量mの小物体を静かに放した。小物体の速さは，斜面を滑った後の小物体がばねをx_0だけ押し縮めたところで0となった。重力加速度の大きさをgとして，以下の問いに答えよ。

(1) ばねに接触する直前の小物体の速さv_0をL，θおよびgを用いて表せ。

(2) 小物体の速度が0となった瞬間のばねに蓄えられているエネルギーE_kをx_0およびkを用いて表せ。

(3) 小物体を放した位置と，ばねがx_0だけ縮んだ位置における重力による位置エネルギーの差E_gを，L，θ，m，x_0およびgを用いて表せ。

(4) ばねの縮みx_0をk，L，θ，mおよびgを用いて表せ。 (山形大)

●**力学的エネルギー保存の法則**　非保存力の仕事が0のとき，力学的エネルギーが変化せず，一定に保たれる。

Point 14

非保存力の仕事＝0 ⟹ $\frac{1}{2}mv^2+mgh+\frac{1}{2}kx^2$＝一定

着眼点　1．非保存力の仕事の主なもの
⇨ 動摩擦力の仕事，運ぶ仕事（手などの外力の仕事）

2．非弾性衝突（→ 参照 p.42）でも力学的エネルギーは失われる（衝突の際に失われる力学的エネルギーは仕事の公式で考えることはできない）。

［注意］ 質量のない物体，例えば軽いばねやばねの端に取り付けられた軽い板との衝突では，力学的エネルギーを失わない（力学的エネルギーは保存される）。

力学的エネルギー保存の法則の式の立て方

(i) **物体に働く力をすべてかく。⇨「非保存力の仕事が 0」を確認**

(ii) **重力による位置エネルギーの基準点を決める。**(→ 参照 p. 38)

(iii) **はじめの位置の力学的エネルギー**

=指定された位置での力学的エネルギー

発展 ばねの弾性力による位置エネルギー U_k も，弾性力にさからって外力 F がした仕事 W_F である。右図のように，自然長から a だけばねを引き伸ばしたときの位置エネルギーは，F-s グラフの面積から求められる。

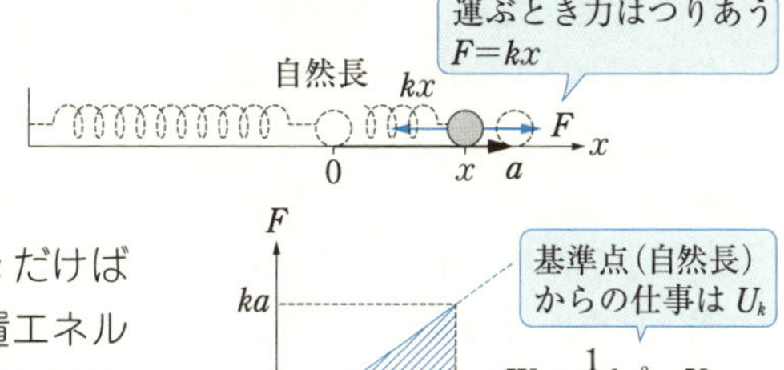

解説 (1) 小物体を放した位置のばねの上端からの高さは $L\sin\theta$ である。力学的エネルギー保存の法則より，

$$mgL\sin\theta=\frac{1}{2}mv_0^2 \qquad \text{よって，} v_0=\sqrt{2gL\sin\theta}$$

(2) ばねの弾性力による位置エネルギーの公式より， $E_k=\dfrac{1}{2}kx_0^2$

(3) 小物体を放した位置の，ばねが x_0 だけ縮んだ位置からの高さは $(L+x_0)\sin\theta$ だから，位置エネルギーの差 E_g は，

$$E_g=mg(L+x_0)\sin\theta$$

	運動エネルギー	位置エネルギー
放した位置	0	E_g
縮み x_0 の位置	0	E_k

(4) 力学的エネルギー保存の法則より，$E_g=E_k$ だから，

$$mg(L+x_0)\sin\theta=\frac{1}{2}kx_0^2$$

すなわち， $kx_0^2-2mgx_0\sin\theta-2mgL\sin\theta=0$

$x_0>0$ より，$x_0=\dfrac{mg\sin\theta+\sqrt{(mg\sin\theta)^2+2mgkL\sin\theta}}{k}$

$$=\frac{mg\sin\theta}{k}\left(1+\sqrt{1+\frac{2kL}{mg\sin\theta}}\right)$$

(1) $v_0=\sqrt{2gL\sin\theta}$ (2) $E_k=\dfrac{1}{2}kx_0^2$ (3) $E_g=mg(L+x_0)\sin\theta$

(4) $x_0=\dfrac{mg\sin\theta}{k}\left(1+\sqrt{1+\dfrac{2kL}{mg\sin\theta}}\right)$

必修基礎問 19

固定面との衝突 I

物理

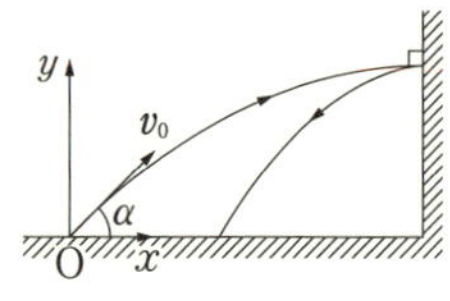

図のように，水平な床上の点Oから前方にある鉛直な壁に向けて，質量 m の小球を，初速 v_0，水平面に対する角度 α で投げ出した。その小球は壁に垂直に衝突した後，反発係数 e $(0<e<1)$ で，はね返されて床に落下した。投げ出した瞬間の時刻を $t=0$，重力加速度の大きさを g として，以下の問いに答えよ。ただし，投げ出した点Oを原点とし，座標軸 x-y を図のようにとるものとする。

(1) 小球が壁に衝突する時刻 t_1 を求めよ。

(2) 原点から壁までの水平距離 l を v_0，α，g を用いて表せ。

(3) 小球が壁に衝突した位置の床からの高さ h を l，α を用いて表せ。

(4) 壁と衝突した直後の小球の速度の x 成分 v を e，v_0，α を用いて表せ。

(5) 小球が壁から受けた力積の大きさ I を m，e，v_0，α を用いて表せ。

(6) 小球が水平面に落下した時刻 t_2 を t_1 を用いて表せ。

(7) 水平面上の落下点の壁からの距離 l' を e，l を用いて表せ。 （名城大）

●反発係数 I（固定面と物体の衝突の場合）

反発係数（はね返り係数）e は，衝突直前，直後の固定面に垂直な速度成分 v，v' の大きさの比を表す。

$$\text{反発係数：} e=-\frac{v'}{v} \quad (0\leqq e\leqq 1)$$

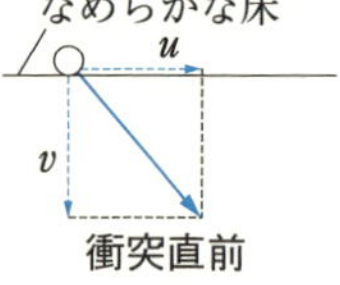

着眼点 1．なめらかな固定面との衝突では，面に平行な速度成分 u は変化しない（右図）。

2．$e=1$ の衝突を弾性衝突（完全弾性衝突）といい，力学的エネルギーが保存される。

$0\leqq e<1$ の衝突を非弾性衝突といい，力学的エネルギーが失われる。特に $e=0$ の衝突を完全非弾性衝突という。

●力積と運動量の変化 微小時間 Δt の間に平均の力 F を受けて，質量 m の物体の速度が v_0 から v に変化したとすると，運動方程式と等加速度直線運動の公式より，

$$\left.\begin{array}{l} ma=F \\ v=v_0+a\Delta t \end{array}\right\} \Rightarrow mv-mv_0=F\Delta t$$

ここで，力と時間の積 $F\Delta t$ を力積，質量と速度の積 mv を運動量という。

力積 I の公式と F-t グラフ

(i) **力 F が一定の場合**

$I=Ft$ (t：力 F が働いていた時間)

(ii) **力 F が一定でない場合**

$I=F$-t **グラフの面積**

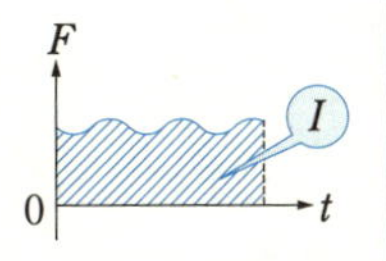

[注意] 力積，運動量はベクトル。⇨ 正の向き（直交座標軸）を仮定して扱う。

物体の運動量の変化量＝物体が受けた力積の和

解説 着眼点 鉛直な壁に垂直に衝突 ⇨ 最高点 ($v_y=0$) で衝突

(1) 衝突直前の速度の y 成分が0より，

$$0=v_0\sin\alpha-gt_1 \qquad よって，t_1=\frac{v_0\sin\alpha}{g}$$

(2) x 方向は $v_0\cos\alpha$ の等速度運動だから，

$$l=v_0\cos\alpha\cdot t_1=\frac{v_0{}^2\sin\alpha\cos\alpha}{g} \quad \cdots\cdots①$$

(3) 等加速度直線運動の公式より，$0^2-(v_0\sin\alpha)^2=2(-g)h$

①式より，$$h=\frac{(v_0\sin\alpha)^2}{2g}=\frac{l}{2}\tan\alpha$$

(4) 反発係数が e より， $v=-ev_0\cos\alpha$

(5) 力積の大きさ I は小球の運動量の x 成分の変化量より，

$$I=|m(-ev_0\cos\alpha)-m(v_0\cos\alpha)|=(1+e)mv_0\cos\alpha$$

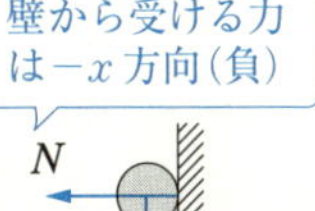

(6) 壁との衝突直前，直後で小球の速度の鉛直成分は変化しない。よって，落下する時刻は壁と衝突しない場合と同じであり，

$$0=v_0\sin\alpha\cdot t_2-\frac{1}{2}gt_2{}^2 \qquad t_2>0\ より， \qquad t_2=\frac{2v_0\sin\alpha}{g}=2t_1$$

(7) (1), (6)より，壁に衝突してから水平面に落下するまでの時間は t_1 であるから，

$$l'=|-ev_0\cos\alpha|\cdot t_1=\frac{ev_0{}^2\sin\alpha\cos\alpha}{g}=el$$

(1) $t_1=\dfrac{v_0\sin\alpha}{g}$　(2) $l=\dfrac{v_0{}^2\sin\alpha\cos\alpha}{g}$　(3) $h=\dfrac{l}{2}\tan\alpha$

(4) $v=-ev_0\cos\alpha$　(5) $I=(1+e)mv_0\cos\alpha$　(6) $t_2=2t_1$

(7) $l'=el$

必修基礎問

20 運動量保存の法則と力積

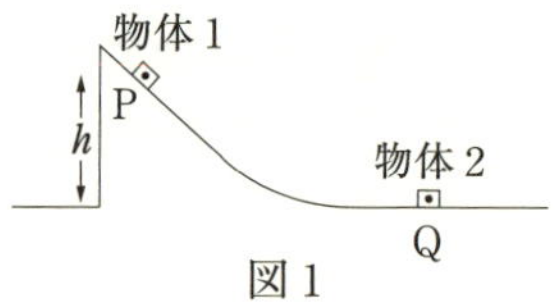

図1

図1のように，斜面が水平面となめらかにつながっている。水平面から高さ h の斜面上の点Pから物体1を静かに放し，点Qに静止していた物体2に正面衝突させた。物体には摩擦や空気抵抗は働かないものとし，物体どうしの衝突では力学的エネルギーは失われないものとする。物体1，物体2の質量をそれぞれ m，M とし，重力加速度の大きさを g として，以下の問いに答えよ。ただし，速度，加速度，あるいは力は図中右向きを正，左向きを負とする。

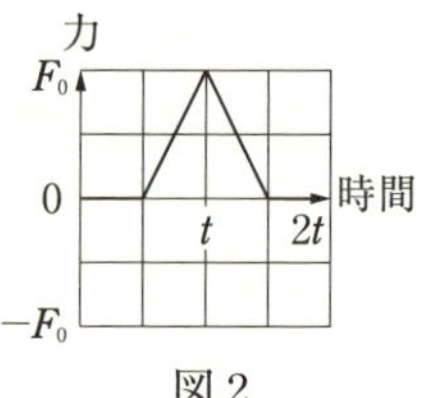

図2

(1) 物体2と衝突する直前の物体1の速度 u を求めよ。

以下の問いでは，速度 u を用いて答えよ。

(2) 物体1と物体2の衝突直後の速度をそれぞれ v_1，v_2 とする。u，v_1 および v_2 の間に成り立つ関係式を2つかき，それぞれがどういう物理量と関連する式かを記せ。

(3) 衝突直後，物体1がはね返る条件を m，M で表せ。

(4) 図2は，物体1と物体2が衝突している間に，物体1が物体2に及ぼす力 $F_{1\to2}$ の時間変化のグラフである。物体2が物体1に及ぼす力 $F_{2\to1}$ の時間変化のグラフを描け。

(5) 物体1が受けた力積と運動量変化の間に成り立つ関係式を F_0，t，m，u，v_1 を用いて表せ。

(早大　改)

●運動量保存の法則　物体A，Bが非常に短い時間 $\varDelta t$ で衝突し，A，Bの速度がそれぞれ $v\to v'$，$V\to V'$ に変化したとする。この間，A, Bが互いに及ぼしあう平均の力の大きさを F とすると，力積と運動量変化の関係式は，

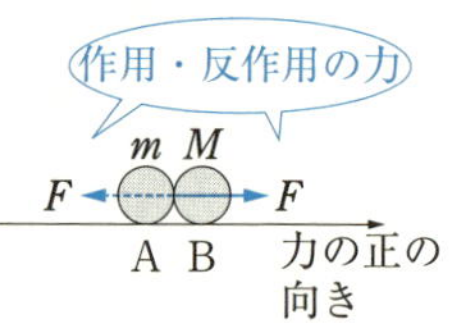

$$\left.\begin{aligned}&\text{A}: mv'-mv=-F\varDelta t\\&\text{B}: MV'-MV=F\varDelta t\end{aligned}\right\}\Rightarrow (mv'-mv)+(MV'-MV)=0$$

物体系の外力0

よって，$mv+MV=mv'+MV'$

これは衝突直前，直後において，物体A, Bの運動量の和が保存されることを

意味する。

Point 16

物体系で外力が 0(となる方向) ⟹ 運動量保存の法則

●**反発係数Ⅱ (2 物体 A，B が同一直線上で衝突する場合)** 反発係数 e は，衝突直前，直後の物体Aに対する物体Bの相対速度の大きさの比を表す。

反発係数：$e=-\dfrac{V'-v'}{V-v}$

［注意］ 運動量保存の法則の式，反発係数の式はともに速度（ベクトル）を用いる。⇨ 正の向きを仮定して扱う。

(1) 重力による位置エネルギーの基準を水平面にとる。力学的エネルギー保存の法則より，

$$mgh=\frac{1}{2}mu^2 \qquad \text{よって，}u=\sqrt{2gh}$$

(2) 運動量保存の式：$mu+M\cdot 0=mv_1+Mv_2$ ……①

衝突で力学的エネルギーを失わないから，この衝突の反発係数は 1 である。

$$\text{反発係数の式：}1=-\frac{v_1-v_2}{u-0} \qquad \text{……②}$$

u 0 m M

衝突直前

v_1 v_2 m M

衝突直後

(3) ①，②式より， $v_1=\dfrac{m-M}{M+m}u$，$v_2=\dfrac{2m}{M+m}u$

$v_1<0$ のとき，物体 1 がはね返るから， $m-M<0$ よって，$m<M$

(4) 衝突中の各瞬間において，物体 1 と物体 2 が互いに及ぼしあう力は作用・反作用の法則に従う。よって，物体 2 が物体 1 に及ぼす力の時間変化のグラフは右図の実線である。

力 F_0 $-F_{1\to 2}$ 0 t $2t$ 時間 $-F_0$

(5) (4)のグラフの面積より，物体 1 が物体 2 から受けた力積 I は， $I=\dfrac{1}{2}\times(-F_0)\times t=-\dfrac{1}{2}F_0t$

よって，力積と運動量変化の関係式は，$mv_1-mu=-\dfrac{1}{2}F_0t$

答

(1) $u=\sqrt{2gh}$ (2) 運動量保存の式：$mu=mv_1+Mv_2$，

反発係数の式：$1=-\dfrac{v_1-v_2}{u}$ (3) $m<M$ (4)  (4)の図

(5) $mv_1-mu=-\dfrac{1}{2}F_0t$

実戦
基礎問
21 固定面との衝突Ⅱ　物理

次の文中の空欄に適当な式を記入せよ。

なめらかで水平な床からの高さがHの点にある小球を初速度0で鉛直に落下させた。ただし，小球と床との反発係数（はね返り係数）をe，重力加速度の大きさをgとする。床との1回目の衝突直後における小球の速さは［(1)］である。衝突直後の小球の速さは衝突ごとにe倍になることから，床とのn回目の衝突直後における小球の速さは［(2)］である。よって，n回目の衝突から$n+1$回目の衝突までの時間は［(3)］であり，その間の最高点の高さは［(4)］である。また，n回目の衝突直後に小球のもつ運動エネルギーは1回目の衝突直前に小球がもっていた運動エネルギーの［(5)］倍である。

（芝浦工大　改）

精講　**●放物運動の v-t グラフ（鉛直投げ上げ運動の場合）**　図1のように，小球を水平面上の点から，初速度v_0で鉛直上向きに投げ上げる場合を考える。重力加速度は$-g$であるから，小球の速度の鉛直成分v_yの時間変化は，図2となる。

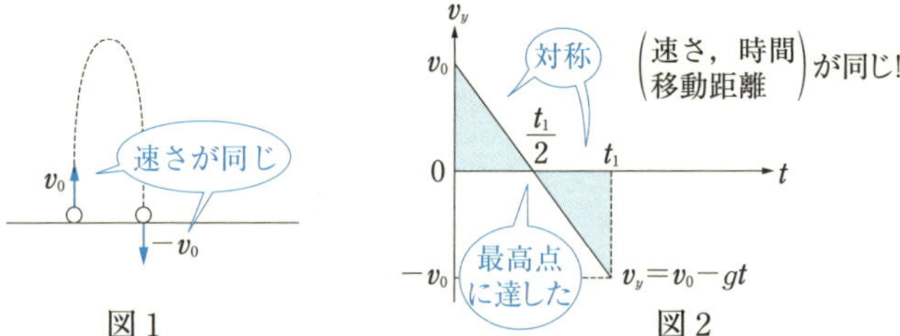

図1　　図2

Point 17

等加速度運動 ⟹ 折り返し点に関して対称
（投げ上げ運動）　（最高点）

着眼点　速さについては，力学的エネルギー保存の法則からも考えられることに注意しよう。

●等加速度運動と n 回衝突　水平な床に，n回目に衝突した直後の小球の速度の鉛直成分をv_nとすると，$n+1$回目に衝突する直前の速度の鉛直成分は$-v_n$

である。よって，$n+1$ 回目の衝突直後の速度の鉛直成分 v_{n+1} は，右図より，

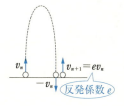

$$v_{n+1}=(-e)(-v_n)=ev_n$$

ゆえに，$\dfrac{v_{n+1}}{v_n}=e$ （公比 e の等比数列）

また，等加速度直線運動の公式より，衝突の時間間隔 t_n，最高点の高さ h_n は，それぞれ公比が e，e^2 の等比数列となる。

$$0=v_nt_n-\frac{1}{2}gt_n^2 \qquad \text{よって，} t_n=\frac{2v_n}{g} \quad \text{（公比が } e \text{ の等比数列）}$$

$$0^2-v_n^2=2(-g)h_n \qquad \text{よって，} h_n=\frac{v_n^2}{2g} \quad \text{（公比が } e^2 \text{ の等比数列）}$$

以下では鉛直上向きを正とする。

(1) 1回目の床との衝突直前，直後における小球の速度を $V_1(<0)$，$v_1(>0)$ とする。等加速度直線運動の公式より，

$$V_1^2-0^2=2(-g)(-H) \qquad V_1<0 \text{ より，} V_1=-\sqrt{2gH}$$

小球と床との反発係数が e だから，

$$v_1=-eV_1=e\sqrt{2gH}$$

(2) 題意より，

$$v_n=ev_{n-1}=e^2v_{n-2}=\cdots=e^{n-1}v_1=e^n\sqrt{2gH}$$

(3) 求める時間を t_n とすると，等加速度直線運動の公式より，

$$0=v_nt_n-\frac{1}{2}gt_n^2 \qquad \text{よって，} t_n=\frac{2v_n}{g}=2e^n\sqrt{\frac{2H}{g}}$$

(4) 求める最高点の高さを h_n とすると，等加速度直線運動の公式より，

$$0^2-v_n^2=2(-g)h_n \qquad \text{よって，} h_n=\frac{v_n^2}{2g}=e^{2n}H$$

(5) (1), (2)の結果より，1回目の衝突直前と n 回目の衝突直後における小球の運動エネルギーの比は，小球の質量を m とすると，

$$\frac{\frac{1}{2}mv_n^2}{\frac{1}{2}mV_1^2}=\frac{v_n^2}{V_1^2}=e^{2n}$$

(1) $e\sqrt{2gH}$ (2) $e^n\sqrt{2gH}$ (3) $2e^n\sqrt{\dfrac{2H}{g}}$ (4) $e^{2n}H$ (5) e^{2n}

22 エネルギーと運動量の保存 I

物理

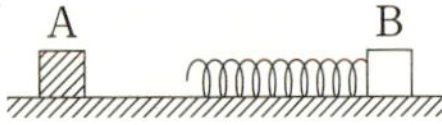

次の文章の空欄に適当な式または数値を記入し，(4)は語句を選び答えよ。

図のように，なめらかな水平面上に質量 m の物体Aと質量 $M(M>m)$ の物体Bがあり，Bにはばね定数 k の軽いばねが取り付けてある。物体A，Bは一直線上にある。いま，静止している物体Bに向かって物体Aを速さ v でばねに衝突させた。

衝突後，物体Aがばねと接触している間に，A，Bの速度が等しくなる瞬間がある。このとき物体A，Bは速さ [(1)] で運動し，ばねは最も縮んでおり，ばねは位置エネルギー [(2)] を蓄えている。

物体Aがばねに衝突してからばねを離れるまでの過程をA，Bの直接の衝突と考えると，この過程は反発係数 e が [(3)] の衝突に相当する。物体Aがばねから離れるとき，Aは図の(4){右向き，左向き}の向きに，速さ [(5)] で運動する。

(福岡大)

●運動量保存の法則と力学的エネルギー保存の法則　なめらかな水平面上での，ばねを間にはさんだ2物体A，Bの運動を考える。物体A，Bおよびばねを一体と考えると，これらには水平方向の外力が働かないことから，運動量の和が保存される。

また，はじめの軽いばねとの衝突では，力学的エネルギーは失われないので，力学的エネルギー保存の法則が成り立つ。さらに，物体Aがばねを押し縮め，それによって物体Bも動き始めるが，ばねはいったん縮んだ後，再び自然長に戻る。この間，物体A，Bおよびばねに働く非保存力(動摩擦力など)の仕事は0であるから，力学的エネルギーが常に保存されている。

(1)　物体A，Bの等しい速さを V とする。運動量保存の法則より，

$$mv=mV+MV \qquad \text{よって，} V=\frac{m}{M+m}v$$

(2)　ばねの蓄えている位置エネルギーを U とすると，物体A，Bおよびばねの力学的エネルギーの和が保存されることから，

$$\frac{1}{2}mV^2+\frac{1}{2}MV^2+U=\frac{1}{2}mv^2$$

(1)の結果より，

$$\frac{1}{2}(M+m)\left(\frac{m}{M+m}v\right)^2+U=\frac{1}{2}mv^2 \qquad \text{よって,}\ U=\frac{Mmv^2}{2(M+m)}$$

【参考】 ばねの縮みの最大値を x_{MAX} とすると，

$$\frac{1}{2}kx_{\mathrm{MAX}}{}^2=\frac{Mmv^2}{2(M+m)} \qquad \text{よって,}\ x_{\mathrm{MAX}}=v\sqrt{\frac{Mm}{k(M+m)}}$$

着眼点 (完全) 弾性衝突 (反発係数 $e=1$) では，衝突直前，直後で，力学的エネルギーが保存される。

(3) この過程の前後で，物体A，Bの運動エネルギーの和が保存されるので，A，Bの衝突は (完全) 弾性衝突に相当する。よって，反発係数 e は $e=1$ である。

(4)，(5) この過程の前後では，物体A，Bの運動量の和および運動エネルギーの和が保存される。右向きを正として，Aがばねから離れるときのA，Bの速度をそれぞれ v_A，v_B とすると，

運動量保存：$mv=mv_A+Mv_B$ ……①

力学的エネルギー保存：$\frac{1}{2}mv^2=\frac{1}{2}mv_A{}^2+\frac{1}{2}Mv_B{}^2$ ……②

①，②式より，

$$v_A=-\frac{M-m}{M+m}v,\quad v_B=\frac{2m}{M+m}v$$

$M>m$ であるから，$v_A<0$ であり，物体Aは左向きに運動することがわかる。また，その速さは，$|v_A|=\frac{M-m}{M+m}v$ である。

[別解] (4)，(5) v_A，v_B は，(3)の結論より，反発係数 ($e=1$) の式を用いても求めることができる。余裕があれば確認してみよう。

反発係数1より，$1=-\frac{v_A-v_B}{v-0}$ ……③

①，③式より，v_A，v_B が得られる。

(1) $\frac{m}{M+m}v$　(2) $\frac{Mmv^2}{2(M+m)}$　(3) 1　(4) 左向き

(5) $\frac{M-m}{M+m}v$

23 エネルギーと運動量の保存Ⅱ

物理

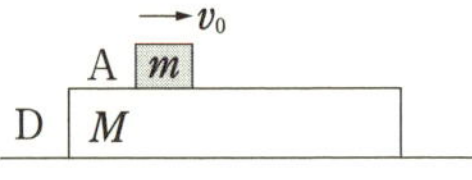

なめらかで水平な床の上に，粗くて水平な上面をもつ質量Mの台Dが置かれている。台の上に質量mの物体Aを置き，水平右向きに初速度v_0を瞬間的に与えたところ，Aが台上を運動し始めると同時に，台Dは床上をAと同じ向きに運動を始めた。時間Tの後，台Dと物体Aは一体となって等速度で運動を始めた。重力加速度の大きさをgとして，以下の問いに答えよ。

(1) 台Dと物体Aが一体となって運動する速度V_0を求めよ。

(2) 台Dと物体Aの間の動摩擦係数μ'を求めよ。

(3) 物体Aが台D上を滑った距離Lを求めよ。

(4) 物体Aに初速度を与えた時刻を0として，時刻0から時刻 $t_1(t_1>T)$ までの物体Aと台Dの速度の時間変化をグラフに描け。 (埼玉大)

精講 **●動摩擦力で失われるエネルギー(相対運動の場合)** 図のように，粗くて水平な上面をもつ台Dの上での物体Aの運動を考える。右向きを正とすると，物体Aには動摩擦力 $-\mu'N$ が働き，台Dには動摩擦力 $\mu'N$ が働くが，運動した距離が異なるため，動摩擦力がした仕事の和 W_μ は0にならない。

$$W_\mu=-\mu'N\times L_A+\mu'N\times L_D=-\mu'N\times(L_A-L_D)=-\mu'NL$$

すなわち，A，D全体で$\mu'NL$の運動(力学的)エネルギーを失う。

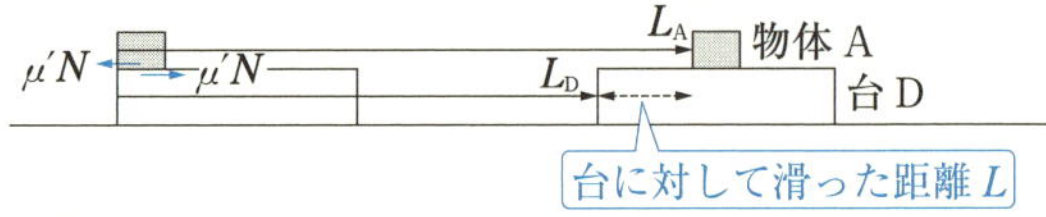

Point 18

摩擦で失うエネルギー＝台に対して滑った距離の仕事

(1) 物体Aと台Dを一体と考えると，A，Dに働く水平方向の外力が0である。よって，A，Dの運動量の和が保存される。

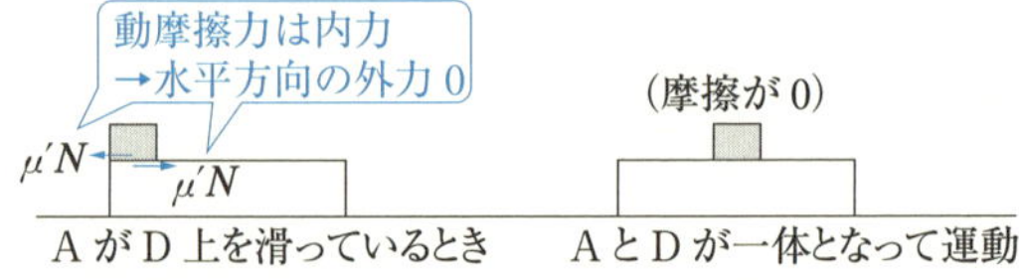

はじめ，Aだけが運動量 mv_0 をもつことから，

$$\text{運動量保存：} mv_0 = mV_0 + MV_0 \qquad \text{よって，} V_0 = \frac{m}{M+m}v_0 \qquad \cdots\cdots①$$

(2) 水平方向右向きを正とすると，物体Aに働く水平方向の力は，動摩擦力 $-\mu'N$ $(=-\mu'mg)$ だけである。力積と運動量の変化量の関係より，

$$mV_0 - mv_0 = -\mu'mgT \qquad \text{よって，} \mu' = \frac{v_0 - V_0}{gT} = \frac{Mv_0}{(M+m)gT} \qquad \cdots\cdots②$$

［別解］ (2) 台Dに着目すると，

$$MV_0 = \mu'mgT \qquad \text{よって，} \mu' = \frac{MV_0}{mgT} = \frac{Mv_0}{(M+m)gT}$$

(3) 物体Aが台Dに対して滑る間に動摩擦力がした仕事の和 $W_\mu = -\mu'mgL$ は，エネルギー保存の法則より，A，Dの運動（力学的）エネルギーの和の変化量に等しいから，

$$\left(\frac{1}{2}mV_0^2 + \frac{1}{2}MV_0^2\right) - \frac{1}{2}mv_0^2 = -\mu'mgL \qquad \cdots\cdots③$$

①，③式より，

$$\frac{1}{2}(M+m)\left(\frac{m}{M+m}v_0\right)^2 - \frac{1}{2}mv_0^2 = -\mu'mgL$$

よって，②式を用いて，$L = \dfrac{Mv_0^2}{2\mu'(M+m)g} = \dfrac{1}{2}v_0T$

(4) 物体Aは初速度 v_0 で等加速度直線運動をして時間 T 後において，その速度が V_0 となる。台Dは初速度0で等加速度直線運動をして，時間 T 後において，その速度が V_0 となる。時間 T 以降は，A，Dともに速度 V_0 で等速直線運動を行う。よって，物体Aの速度 v_A と台Dの速度 v_D の時間変化のグラフは右の図になる。

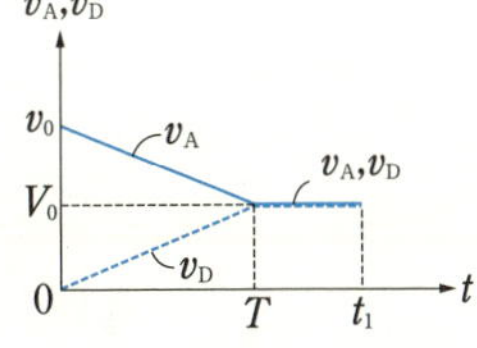

発展 1. (3) 物体Aが台Dに対して滑った距離 L は，A，Dの床に対して滑った距離（v-t グラフの面積）の差であるから，右図の斜線部分の面積で容易に求めることができる。

2. (1)〜(3) 基礎問8（→ 参照 p.20）と同様に，運動方程式からA，Dの加速度を求め，等加速度直線運動の公式を用いても解ける。

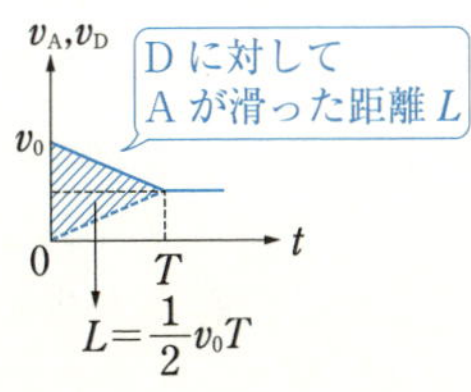

答

(1) $V_0 = \dfrac{m}{M+m}v_0$ (2) $\mu' = \dfrac{Mv_0}{(M+m)gT}$ (3) $L = \dfrac{1}{2}v_0T$

(4) 解説(4)の図

実戦基礎問 24 可動台上の物体の運動

物理

次の文中の □ に適する式または語句を記入せよ。

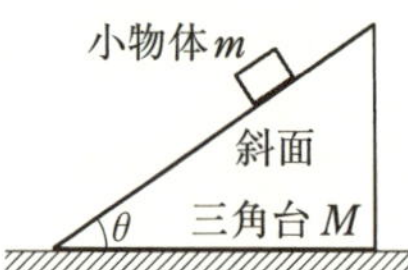

図に示すように，傾き角 θ の斜面をもつ質量 M の三角台を水平面上に置いた。三角台は固定されておらず，水平面上を自由に動くことができる。

静止している三角台の斜面上で，質量 m の小物体を静かに放して滑らせた。水平面および三角台の斜面はなめらかであるとし，重力加速度の大きさを g とする。

小物体が斜面上で高さ h だけ滑り降りたとき，小物体の三角台に対する相対速度の大きさを v，三角台の水平右向きの速さを V とすると，この過程で系の位置エネルギーの減少量は [(1)] で，運動エネルギーの増加量は [(2)] である。力学的エネルギー保存の法則より，[(1)] ＝ [(2)] が成り立つ。

また，水平方向では外力が働かないから，水平方向の [(3)] が保存される。これより，[(4)] ＝0 が成り立つ。

$M=m$ とすると，これらの式より，v を $\sin\theta$，g，h を用いて表すと，$v=$ [(5)] となる。

（岡山大）

●観測者と保存則　加速度運動をする観測者から見ると，運動の法則が成り立たないことを学んだ（→ 参照 p.26）。

力学的エネルギー保存の法則および運動量保存の法則はともに，この運動の法則に基づいて導かれたものである（→ 参照 p.36～45）。したがって，加速度運動をする観測者から見ると，これらの保存則も成り立たない。

2つの保存則が成り立つのは，原則的に，地上で静止している観測者および等速度運動している観測者から見た場合である。これらの観測者（座標系）を慣性系という。

Point 19

力学的エネルギー保存の法則，運動量保存の法則
⟹ 慣性系で成り立つ

着眼点　保存則は地面に対する速度で立てる。

(1)　高さ h だけ小物体が滑り降りたことから，位置エネルギーの減少量 ΔU は，

$$\Delta U = mgh$$

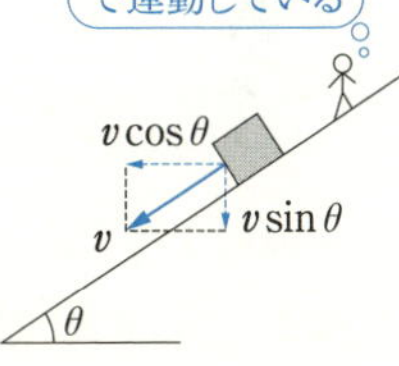

(2)　小物体の台に対する相対速度の水平成分，鉛直成分の大きさはそれぞれ $v\cos\theta$，$v\sin\theta$ である（右図）。よって，水平面に対する小物体の速度の水平方向左向きの成分を v_x，鉛直方向下向きの成分を v_y とすると，相対速度の公式より，

$$v\cos\theta = v_x - (-V) \qquad \text{よって，} v_x = v\cos\theta - V$$

$$v\sin\theta = v_y - 0 \qquad \text{よって，} v_y = v\sin\theta$$

はじめ，系の運動エネルギーは 0 であるから，運動エネルギーの増加量 ΔK は，

$$\Delta K = \frac{1}{2}m(v_x{}^2 + v_y{}^2) + \frac{1}{2}MV^2$$

$$= \frac{1}{2}m\{(v\cos\theta - V)^2 + (v\sin\theta)^2\} + \frac{1}{2}MV^2$$

題意より，

$$mgh = \frac{1}{2}m\{(v\cos\theta - V)^2 + (v\sin\theta)^2\} + \frac{1}{2}MV^2 \quad \cdots\cdots①$$

(3)　系に働く外力が 0 である方向では，系の運動量が保存される。

(4)　(3)より，水平方向の運動量の和が保存されることから，

$$0 = mv_x + M(-V) \qquad \text{よって，} m(v\cos\theta - V) - MV = 0 \quad \cdots\cdots②$$

(5)　$M = m$ を①，②式に代入して，

$$2gh = (v\cos\theta - V)^2 + (v\sin\theta)^2 + V^2 \quad \cdots\cdots③$$

$$V = \frac{1}{2}v\cos\theta \quad \cdots\cdots④$$

③，④式より，

$$2\left(\frac{1}{2}v\cos\theta\right)^2 + (v\sin\theta)^2 = 2gh \qquad \text{よって，} v = 2\sqrt{\frac{gh}{1+\sin^2\theta}}$$

(1)　mgh　(2)　$\frac{1}{2}m\{(v\cos\theta - V)^2 + (v\sin\theta)^2\} + \frac{1}{2}MV^2$

(3)　運動量　(4)　$m(v\cos\theta - V) - MV$　(5)　$2\sqrt{\frac{gh}{1+\sin^2\theta}}$

必修基礎問

4. いろいろな運動

25 円すい振り子

物理

　図のように，長さ l の軽い糸の一端を点Pに固定し，他端に質量 m の小球を取り付け，水平面内で等速円運動をさせる。そのとき，糸は鉛直下方と θ の角をなしているとする。重力加速度の大きさを g とし，g および l，m，θ のうち適当なものを用いて，以下の問いに答えよ。

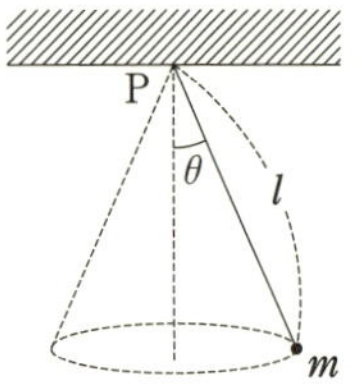

(1)　小球に働くすべての力を，床上に静止した観測者から見た場合(i)と，小球とともに回転する観測者から見た場合(ii)について矢印で図示し，それらの名称を記入せよ。

(2)　糸の張力 S と小球の速さ v を求めよ。　　(熊本大)

●角速度 ω　物体Pが半径 r の円周上を一定の速さ v で等速円運動しているとき，円の中心OとPを結ぶ動径が単位時間に回転する角度を表す。

t 秒後は ωt〔rad〕回転

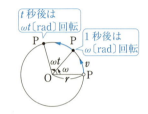

1秒後は ω〔rad〕回転

$$回転角：\theta=\omega t,\ 角速度：\omega=\frac{\theta}{t}$$

$$円運動の速さ：v=r\omega$$

●円運動の周期　周期：$T=\dfrac{2\pi r}{v}=\dfrac{2\pi}{\omega}$　$\left(回転数：f=\dfrac{1}{T}=\dfrac{\omega}{2\pi}\right)$

●向心加速度　等速円運動する物体には一定の大きさの加速度が常に向心方向(半径方向中心向き)に働いている。この加速度を向心加速度という。

$$向心加速度の大きさ：a_r=\frac{v^2}{r}=v\omega=r\omega^2$$

●円運動の運動方程式　地上に静止している観測者から見ると，物体Pの運動方程式は向心方向において，

$$ma_r=F_r\quad(F_r：Pに働く向心力の大きさ)$$

すなわち，　$m\dfrac{v^2}{r}=mv\omega=mr\omega^2=F_r$

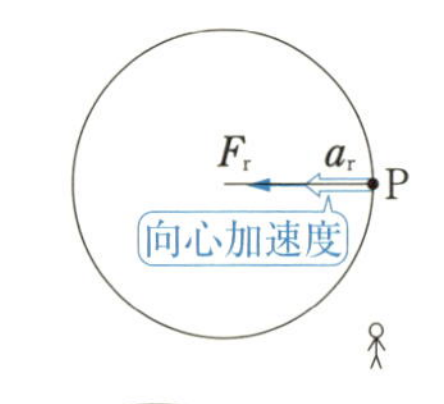

●遠心力　等速円運動する物体Pとともに運動する観測者の加速度は向心加速度 a_r である。よって，この観測者から見るPには，慣性力が遠心方向(半径方向外向き)に働く。これを遠心力という。

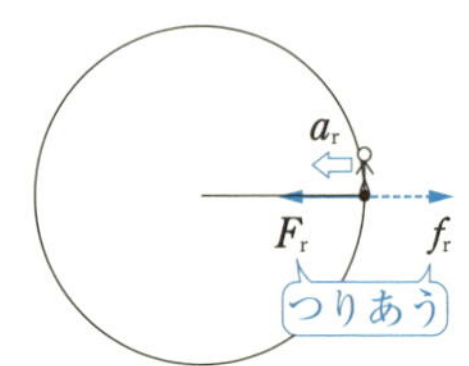

$$\text{遠心力の大きさ：} f_{\mathrm{r}} = m\frac{v^2}{r} = mv\omega = mr\omega^2$$

このとき，Pに働く半径方向の力はつりあう。

[注意] 速さが一定でない円運動では，接線方向にも慣性力が働く。

Point 20

静止している観測者 ⟹ 円運動の運動方程式
物体と同じ円運動をする観測者 ⟹ 遠心力とのつりあい

(1)(i) 床上の観測者から見ると，物体には重力と糸の張力だけが働く。よって，小球に働く力は図1となる。

(ii) 小球とともに回転する観測者から見ると，(i)の力以外に半径方向外向きに遠心力が働く。よって，小球に働く力は図2となる。

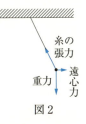

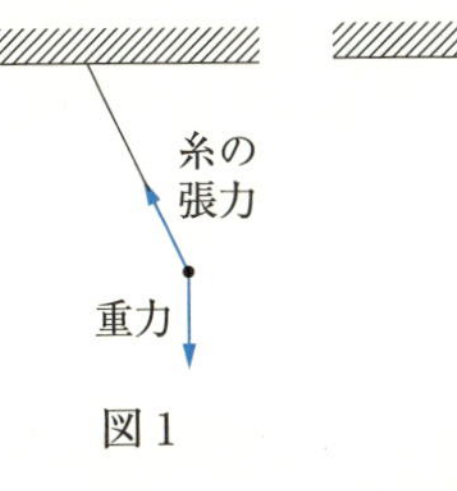

(2) 鉛直方向のつりあいより，

$$S\cos\theta = mg \qquad \text{よって，} S = \frac{mg}{\cos\theta} \qquad \cdots\cdots①$$

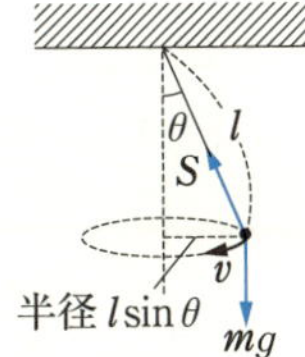

右図より，円運動の半径が $l\sin\theta$，半径方向中心向きに働く力が $S\sin\theta$ であるから，円運動の運動方程式は，

$$m\frac{v^2}{l\sin\theta} = S\sin\theta \qquad \cdots\cdots②$$

①，②式より，　$v = \sin\theta\sqrt{\dfrac{gl}{\cos\theta}}$

[別解] (2) (ii)の立場では，小球が静止して見える。よって，遠心力，重力，糸の張力の3力のつりあいで解くことができる。

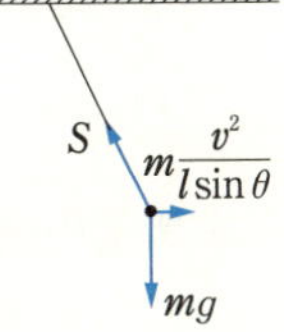

$$\text{鉛直方向：} S\cos\theta = mg \qquad \text{よって，} S = \frac{mg}{\cos\theta} \qquad \cdots\cdots①'$$

$$\text{半径方向：} S\sin\theta = m\frac{v^2}{l\sin\theta} \qquad \cdots\cdots②'$$

①′，②′式は，(i)の場合の①，②式と同じであるから，(2)と同じ解が得られる。

(1) (i) 解説の図1　(ii) 解説の図2

(2) $S = \dfrac{mg}{\cos\theta}$，$v = \sin\theta\sqrt{\dfrac{gl}{\cos\theta}}$

必修基礎問

26 鉛直面内円運動

物理

長さ l の軽くて伸びない糸の上端を点Oに固定して，下端に質量 m の小球を付け，最下点Aで小球に水平方向の初速度 v_0 を与えて，小球を鉛直面内で円運動させる。糸と鉛直線OAのなす角を θ とし，重力加速度の大きさを g として，以下の問いに答えよ。

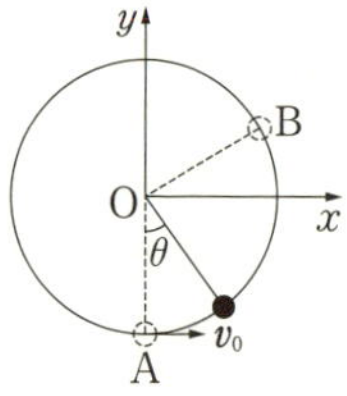

(1) 円運動しているときの小球の速さを θ の関数で表せ。

(2) 円運動しているときの糸の張力の大きさ S を θ の関数で表せ。

(3) 糸がたるむことなく小球が一回転するための v_0 の条件を求めよ。

(4) $\theta=120^\circ$ の点Bで糸がたるんだとする。点Bにおける小球の速さを求めよ。

(横浜市大)

精講

●非等速円運動　鉛直面内や斜面上での円運動の場合，物体には接線方向の力が働くため，物体は等速円運動をしない。また，そのときの運動方程式から，接線方向の加速度の大きさは変化し，時間にもとづく解が得られないことがわかっている。⇨ 非保存力が仕事をしない場合，力学的エネルギー保存の法則から速さが求められ，位置（中心角）にもとづく解を考えていく。

Point 21

非等速円運動 ⟹ {円運動の運動方程式 / 力学的エネルギー保存の法則} で解く

●非等速円運動の運動方程式　向心加速度を瞬間の速さで表し，力の向心方向成分の和を用いれば，等速円運動の場合と同じ運動方程式で表される。

発展　接線方向にも力が働く。⇨ 接線方向も加速度運動をする。⇨ したがって，中心を通る鉛直線上以外で，物体の加速度は中心を向かない。

円運動を続ける条件　次の 2 つの条件を満たせばよい。

(i) **円軌道から離れない。（糸がたるまない，面から離れない）**

(ii) **最高点を通過する。（最高点で運動エネルギーが 0 にならない）**

着眼点 1．糸でつくられた振り子や円筒内面に沿った円運動では，糸の張力または垂直抗力が角 $\theta(0<\theta<\pi)$ の単調減少関数となる（→ 参照解説の③式）。このことから，円軌道から離れずに最高点を通過する条件，すなわち円運動を続ける条件は，

最高点で 2 つの条件(i)，(ii)を満たせばよい。

⇨ 最高点で(i)の条件を満たせば，(ii)の条件は必ず満たされる。

⇨ (i)の条件（円運動の運動方程式）だけで決まる。

2．糸がたるむ ⇨ 張力 0，面から離れる ⇨ 垂直抗力 0

発展 棒でつくられた振り子が運動する場合は，物体が円軌道から離れることはない。

⇨ 円運動を続ける条件は(ii)の条件（力学的エネルギー保存の法則）だけで決まる。

(1) 角 θ の位置における小球の速さを v とし，点Aを重力による位置エネルギーの基準とすると，力学的エネルギー保存の法則より，

$$\frac{1}{2}mv_0{}^2=\frac{1}{2}mv^2+mgl(1-\cos\theta) \qquad よって，v=\sqrt{v_0{}^2-2gl(1-\cos\theta)} \quad \cdots\cdots①$$

(2) 角 θ の位置において，小球に働く力を右図に示す。小球の円運動の運動方程式より，

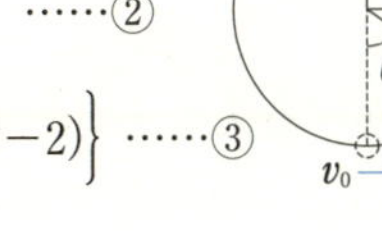

$$m\frac{v^2}{l}=S-mg\cos\theta \qquad \cdots\cdots②$$

①式より，$S=m\left(\frac{v^2}{l}+g\cos\theta\right)=m\left\{\frac{v_0{}^2}{l}+g(3\cos\theta-2)\right\}$ ……③

(3) $\theta=180°$ で $S\geqq0$ であればよいから，③式より，

$$\frac{v_0{}^2}{l}+g(3\cos180°-2)\geqq0 \qquad よって，v_0\geqq\sqrt{5gl}$$

(4) $\theta=120°$ で $S=0$ となるから，②式より，

$$m\frac{v^2}{l}=-mg\cos120°=\frac{1}{2}mg \qquad よって，v=\sqrt{\frac{1}{2}gl}$$

［別解］ (4) $\theta=120°$ で $S=0$ となるから，③式より，

$$\frac{v_0{}^2}{l}+g(3\cos120°-2)=0 \qquad よって，v_0{}^2=\frac{7}{2}gl$$

①式より，$v=\sqrt{\frac{7}{2}gl-2gl(1-\cos120°)}=\sqrt{\frac{1}{2}gl}$

(1) $\sqrt{v_0^2-2gl(1-\cos\theta)}$ (2) $S=m\left\{\frac{v_0{}^2}{l}+g(3\cos\theta-2)\right\}$

(3) $v_0\geqq\sqrt{5gl}$ (4) $\sqrt{\frac{1}{2}gl}$

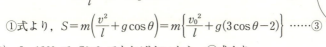

実戦基礎問

27 円筒面上の物体の運動

物理

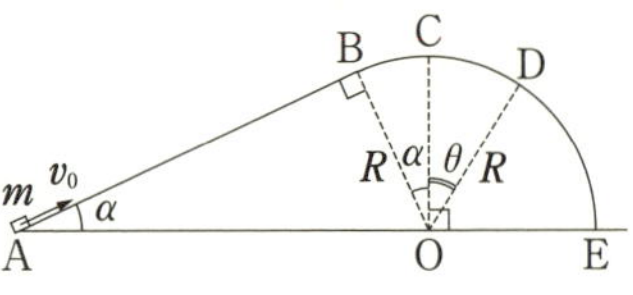

図のように，水平面 AOE と角度 α $(0°<\alpha<30°)$ をなす斜面 AB と点 O を通り紙面に垂直な中心軸をもつ，半径 R の円柱面 BCDE があり，2 つの面は点 B でなめらかにつながっている。ここで，直線 OC は鉛直である。

点 A に質量 m の物体を置き，斜面方向に初速 v_0 を与えたところ，物体は斜面を上り，点 B で離れることなく円柱面上を進んで，点 D で円柱面から離れた。ただし，重力加速度の大きさを g とする。

(1) 点 B を通過する直前，直後に，物体が面から受ける垂直抗力の大きさはいくらか。

(2) 物体が点 B で離れないための v_0 の条件を求めよ。

(3) 物体が点 C を越えて進むための v_0 の条件を求めよ。

(4) 直線 OD と鉛直線 OC のなす角を θ とする。$\cos\theta$ を求めよ。 (九州工大)

●円筒面上の非等速円運動 半円筒面上の円運動では，垂直抗力は低い位置ほど小さくなり，やがて 0 となる。物体が面から離れる位置が最高点ではないので，円筒面に沿って最高点を通過する条件は，円筒面上を上り始めた点（出発点）で物体が面から離れない条件と最高点を通過するための条件をともに満足しなければならない。

N

$N=0$ 離れる

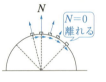

Point 22

円筒面上を滑り上がる条件

$$\Longrightarrow \begin{cases} \text{出発点で，垂直抗力 } N \geqq 0 \\ \text{最高点で，運動エネルギー } \dfrac{1}{2}mv^2>0 \end{cases}$$

着眼点 円筒面上を滑り降りる場合 ⇨ $N=0$ で離れる。

(1) 点 B を通過する直前では，物体は斜面上にあると考える。このときの垂直抗力の大きさを N_0 とすると，斜面に垂直な方向の力のつりあいより，

$$N_0 = mg\cos\alpha$$

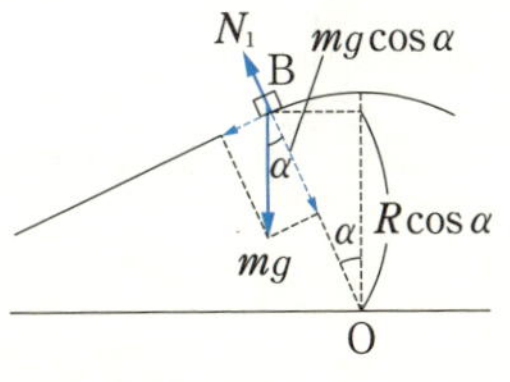

点Bを通過した直後では，物体は半径Rの円運動を始めたと考える。このときの物体の速さをvとし，垂直抗力の大きさをN_1とすると，力学的エネルギー保存の法則より，

$$\frac{1}{2}mv_0{}^2 = \frac{1}{2}mv^2 + mgR\cos\alpha \qquad よって，v = \sqrt{v_0{}^2 - 2gR\cos\alpha} \quad \cdots\cdots①$$

円運動の運動方程式より，

$$m\frac{v^2}{R} = mg\cos\alpha - N_1 \qquad よって，N_1 = m\left(g\cos\alpha - \frac{v^2}{R}\right) \quad \cdots\cdots②$$

①，②式より，　$N_1 = m\left(3g\cos\alpha - \dfrac{v_0{}^2}{R}\right)$　……③

(2)　点Bで物体が円柱面から離れないためには，$N_1 \geqq 0$ であればよいから，

$$3g\cos\alpha - \frac{v_0{}^2}{R} \geqq 0 \qquad よって，v_0 \leqq \sqrt{3gR\cos\alpha}$$

(3)　点Cを通過する瞬間の物体の速さをv_1とすると，力学的エネルギー保存の法則より，

$$\frac{1}{2}mv_0{}^2 = \frac{1}{2}mv_1{}^2 + mgR$$

物体が点Cで運動エネルギーをもてばよいから，

$$\frac{1}{2}mv_1{}^2 = \frac{1}{2}mv_0{}^2 - mgR > 0 \qquad よって，v_0 > \sqrt{2gR}$$

【参考】 (2)，(3)より，物体が円柱面から離れないで，点Cを越えて円運動するための条件は，$\sqrt{2gR} < v_0 \leqq \sqrt{3gR\cos\alpha}$ である。

(4)　円柱面上の物体の運動は最高点に関して対称であるから，(1)の結果をCD上での物体の運動に適用できる。物体は点Dで円柱面から離れるので，③式で $\alpha = \theta$ とすると，$N_1 = 0$ であるから，

$$m\left(3g\cos\theta - \frac{v_0{}^2}{R}\right) = 0 \qquad よって，\cos\theta = \frac{v_0{}^2}{3gR}$$

［別解］ 点Dでの速さをv_{D}として，(1)と同様に力学的エネルギー保存の法則より，

$$\frac{1}{2}mv_0{}^2 = \frac{1}{2}mv_{\mathrm{D}}{}^2 + mgR\cos\theta$$

また，点Dを通過する瞬間に垂直抗力が0となるから，

$$m\frac{v_{\mathrm{D}}{}^2}{R} = mg\cos\theta$$

2式より，　$\cos\theta = \dfrac{v_0{}^2}{3gR}$

(1)　直前：$mg\cos\alpha$，直後：$m\left(3g\cos\alpha - \dfrac{v_0{}^2}{R}\right)$　(2)　$v_0 \leqq \sqrt{3gR\cos\alpha}$

(3)　$v_0 > \sqrt{2gR}$　(4)　$\cos\theta = \dfrac{v_0{}^2}{3gR}$

実戦 基礎問 28 剛体の回転 〈物理

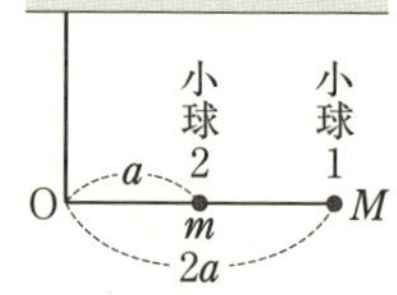

図のように，天井に鉛直に固定された支柱の下端Oのまわりに，鉛直面内で自由に回転できる長さ $2a$ の軽い棒が取り付けられている。この棒の右端には質量 M の小球1が固定されており，棒の中点には質量 m の小球2が固定されている。はじめ，小球1は支えられており，棒は水平に保たれている。重力加速度の大きさを g として，以下の問いに答えよ。なお，空気抵抗や点Oでの摩擦は無視できる。

小球1の支えを静かに外すと，棒は点Oのまわりに回転を始めた。棒が回転しているある瞬間において，小球2の速さは小球1の速さの［(1)］倍である。よって，小球2の運動エネルギーは小球1の運動エネルギーの［(2)］倍である。したがって，小球1が最下点に達したときの，その速さは［(3)］である。このとき，支柱の下端Oに棒から働く力の大きさは $(M+m)g+$［(4)］である。

(明治大)

●回転する剛体の各部分の速さ　回転する剛体の瞬間の角速度を ω とすると，回転軸から距離 x の位置にある剛体の微小部分の速さ v は，

$$v=x\omega$$

と表され，x に比例する。

着眼点　角速度 ω で回転する剛体

⇨ 各部分の角速度は ω で等しい。

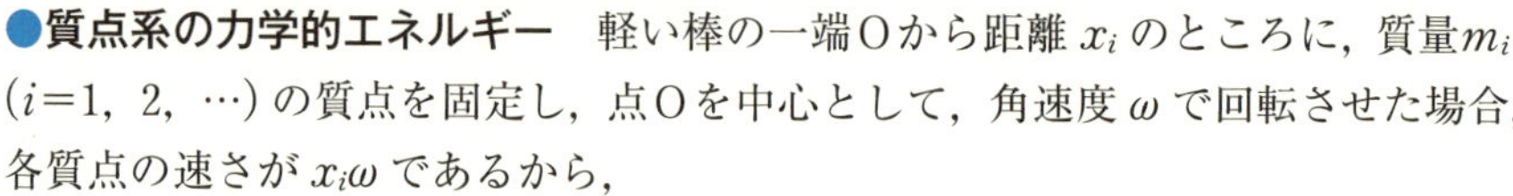

●質点系の力学的エネルギー　軽い棒の一端Oから距離 x_i のところに，質量 m_i $(i=1,\ 2,\ \cdots)$ の質点を固定し，点Oを中心として，角速度 ω で回転させた場合，各質点の速さが $x_i\omega$ であるから，

$$\text{各質点の運動エネルギー}：\frac{1}{2}m_i(x_i\omega)^2$$

この質点系が重力を受けて回転する場合，重力加速度の大きさを g，質点の高さを h_i とすると，

$$\text{各質点の力学的エネルギー}：E_i=\frac{1}{2}m_i(x_i\omega)^2+m_igh_i$$

この運動において，質点系（質点および棒）に非保存力が仕事をしない場合や非弾性衝突をしない場合，質点系の力学的エネルギー（質点の力学的エネルギー

の和）は保存される。

着眼点　非保存力の仕事＝0，非弾性衝突をしない。

⇨ $E_1 + E_2 + E_3 + \cdots =$ 一定

発 展　重力による位置エネルギーの他に，ばねの弾性力による位置エネルギー（弾性エネルギー）を考慮する場合もある。

(1)　棒の角速度を ω とすると，小球1，2の速さ v_1，v_2 は，それぞれ，

$$v_1 = 2a\omega,\quad v_2 = a\omega \qquad \text{よって，} \frac{v_2}{v_1} = \frac{1}{2} \text{ 倍}$$

(2)　小球1，2の運動エネルギーをそれぞれ K_1，K_2 とすると，(1)より，

$$K_1 = \frac{1}{2}Mv_1{}^2 = 2M(a\omega)^2,\quad K_2 = \frac{1}{2}mv_2{}^2 = \frac{1}{2}m(a\omega)^2$$

よって，$\dfrac{K_2}{K_1} = \dfrac{m}{4M}$ 倍

(3)　最下点に達したときの小球1の速さを V とすると，(1)より，小球2の速さは $\dfrac{V}{2}$ である。力学的エネルギー保存の法則より，

$$Mg \cdot 2a + mga = \frac{1}{2}MV^2 + \frac{1}{2}m\left(\frac{V}{2}\right)^2$$

よって，$V = 2\sqrt{\dfrac{2(2M+m)}{4M+m}ga}$

(4)　棒とともに回転する観測者で考えると，小球1，2には，それぞれ鉛直下向きに，重力と遠心力が働く（右図）。よって，棒と小球1，2を一体とみなして立式すると，点Oに棒から働く力の大きさ F は，小球1，2に働く重力と遠心力の和であるから，

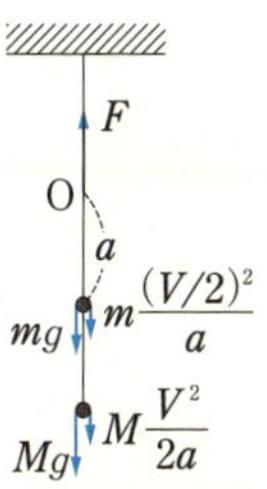

$$F = Mg + \frac{MV^2}{2a} + mg + \frac{m(V/2)^2}{a}$$

(3)の結果を代入して，

$$F = (M+m)g + \frac{2(2M+m)^2}{4M+m}g$$

(1) $\dfrac{1}{2}$　(2) $\dfrac{m}{4M}$　(3) $2\sqrt{\dfrac{2(2M+m)}{4M+m}ga}$　(4) $\dfrac{2(2M+m)^2}{4M+m}g$

必修基礎問

29 鉛直ばね振り子

物理

図のように，ばね定数kの軽いばねの上端を固定し，下端に質量mの小物体Pを取り付ける。ばねが自然長となる位置までPを持ち上げて静かに放すと，Pは上下に振動した。ばねの自然長の位置を $x=0$ とし，鉛直下向きにx軸をとる。重力加速度の大きさをgとして，以下の問いに答えよ。ただし，x軸の正の向きを力の正の向きとする。

(1) ばねの伸びがxであるとき，Pに働く合力Fを求めよ。

(2) Pの振動の周期Tを求めよ。

(3) Pの振動の中心の位置 x_0 および振動の振幅Aを求めよ。 （福岡大）

精講

●**単振動と円運動** 単振動は等速円運動の正射影で表される。半径A，角速度ωの等速円運動の正射影から，単振動の変位x，速度v_x，加速度a_xは，次図のように求めることができる（これは一例であり，時刻0の位置によってそれぞれの式は変化する）。

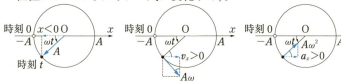

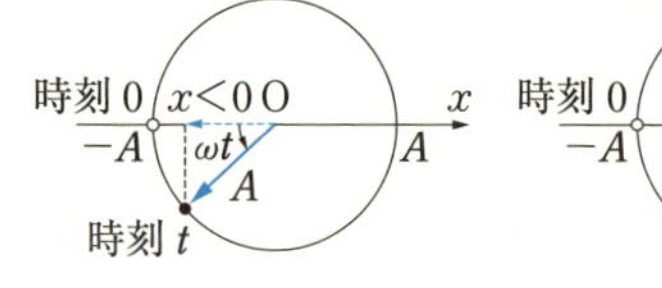

$x=-A\cos\omega t$　　$v_x=A\omega\sin\omega t$

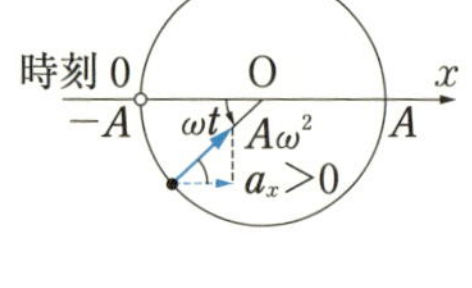

$a_x=A\omega^2\cos\omega t$

対応する物理量は，半径A➡振幅A，角速度ω➡角振動数ω（周期，中心の座標➡周期，中心の座標）で，等速円運動での基本量の関係が成り立つ。

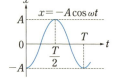

着眼点 単振動の中心 ⇨ 加速度 $a=0$，速さが最大で最大値 $v_0=A\omega$

●**単振動の加速度aと変位xの関係** $x=-A\cos\omega t$ と $a=A\omega^2\cos\omega t$ より，

$$a=-\omega^2 x$$

の関係が成り立つことがわかる。

Point 23

基本形：$\boldsymbol{a=-\omega^2 x}$ ⟹ 一般形：$\boldsymbol{a=-\omega^2(x-x_0)}$
（$\boldsymbol{x=0}$ が中心）　　（$\boldsymbol{x=x_0}$ が中心）

着眼点　単振動の加速度の式 ⇨ 単振動の3要素（中心，周期，振幅）を求める。

振幅は，物体の速度が0となる位置と中心との距離である。

（例）　なめらかな水平面上の，ばね定数 k のばねと質量 m の物体からなるばね振り子の場合

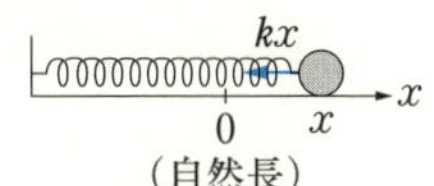

位置 x における物体の加速度を a とすると，運動方程式より，

$$ma=-kx \qquad \text{よって，}\ a=-\frac{k}{m}x$$

これを $a=-\omega^2x$ と比較すると，この単振動の中心，角振動数，周期は，

$$\text{中心：}x=0,\ \text{角振動数：}\omega=\sqrt{\frac{k}{m}},\ \text{周期：}T=\frac{2\pi}{\omega}=2\pi\sqrt{\frac{m}{k}}$$

と求められる。

(1)　Pに働く力を右図に示す。よって，合力 F は，

$$F=mg-kx$$

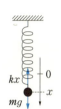

(2)　Pの加速度を a とすると，Pの運動方程式より，

$$ma=mg-kx$$

よって，$a=-\dfrac{k}{m}\left(x-\dfrac{mg}{k}\right)$　……①

単振動の角振動数を ω として，単振動する物体の加速度 a と中心からの変位 X との関係式 $a=-\omega^2X$ と①式を比較すると，

$$\omega=\sqrt{\frac{k}{m}} \qquad \text{よって，}\ T=\frac{2\pi}{\omega}=2\pi\sqrt{\frac{m}{k}}$$

(3)　単振動の中心 $x=x_0$ では $a=0$ となるから，①式より，

$$x_0-\frac{mg}{k}=0 \qquad \text{よって，}\ x_0=\frac{mg}{k}$$

また，振幅は，Pの速さが0である位置 $x=0$ と振動の中心との距離であるから，

$$A=|x_0-0|=\frac{mg}{k}$$

【参考】　単振動の中心 $x=\dfrac{mg}{k}$ で，Pの速さは最大値 $v_0=A\omega=g\sqrt{\dfrac{m}{k}}$ をとる。

(1)　$F=mg-kx$　　(2)　$T=2\pi\sqrt{\dfrac{m}{k}}$　　(3)　$x_0=\dfrac{mg}{k}$，$A=\dfrac{mg}{k}$

必修基礎問

30 単振り子

図のように，長さ l の伸び縮みしない軽い糸を天井の点Pに固定し，その下端に質量 m の小球を取り付ける。点Pの鉛直下方で小球が静止する位置を原点Oとし，水平右向きに x 軸をとる。糸をたるまないようにして，小球を位置 $x=A$ まで移動させ静かに放した。重力加速度の大きさを g として，以下の問いに答えよ。ただし，$A \ll l$ とする。

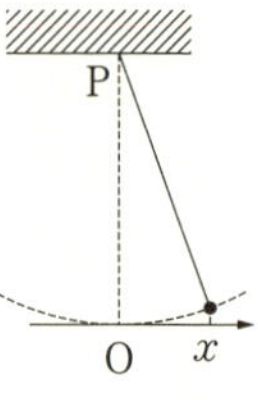

(1) 小球の位置が x にあるとき，小球に働く接線方向の力を求めよ。ただし，小球の点Oからの変位の向きを力の正の向きとする。

(2) 小球の運動は x 軸方向での単振動とみなせる。振動の中心の x 座標，周期，振幅を求めよ。

(3) 小球を静かに放した時刻を $t=0$ として，原点Oをはじめて通過する時刻 t_1 を求めよ。

(4) 小球の位置 x の時間変化のグラフを描け。 (静岡大 改)

精講

●単振動の運動時間 位置 $x=0$ を中心とする，振幅 A，角振動数 ω の単振動は，半径 A，角速度 ω の等速円運動に対応させて考える。例えば，振幅 A，角振動数 $\omega=\sqrt{\dfrac{k}{m}}$ の単振動の場合(右図)，$x=A$ から，$x=0$ まで運動するのに要した時間 t_1 は，これに対応する円運動の中心角(動径の回転角) $\dfrac{\pi}{2}$ が ωt_1 であることを用いて，

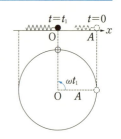

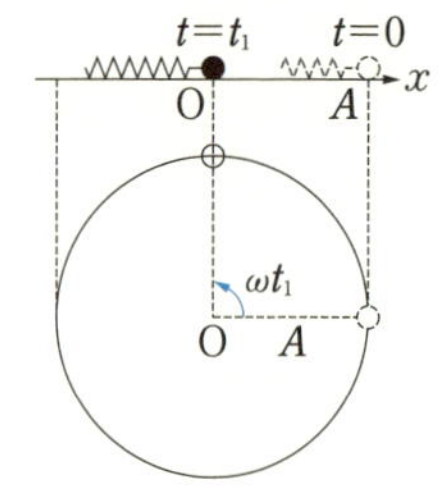

$$\omega t_1=\frac{\pi}{2} \qquad よって，\ t_1=\frac{\pi}{2\omega}=\frac{\pi}{2}\sqrt{\frac{m}{k}}$$

解説

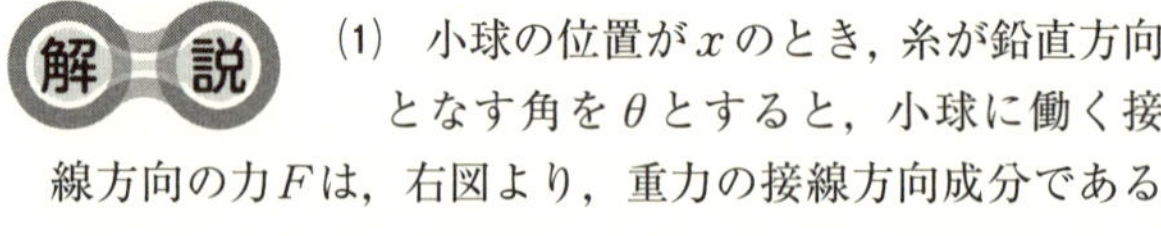

(1) 小球の位置が x のとき，糸が鉛直方向となす角を θ とすると，小球に働く接線方向の力 F は，右図より，重力の接線方向成分である。

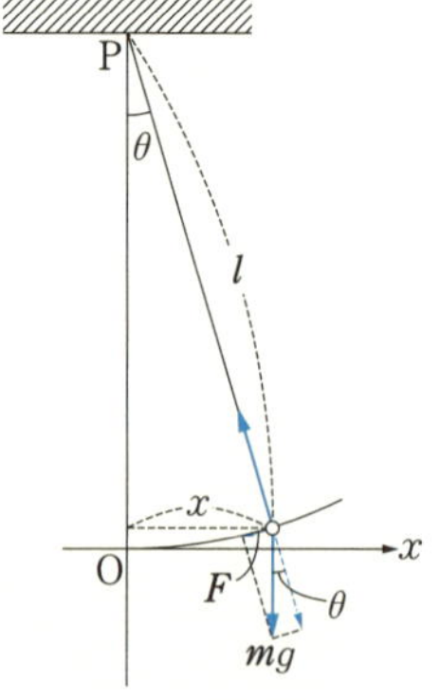

$$F=-mg\sin\theta=-mg\cdot\frac{x}{l}=-\frac{mg}{l}x$$

(2) $A \ll l$ だから，x 軸方向の加速度 a_x は，接線方向の加速度 a_l と等しい $(a_x=a_l\cos\theta \fallingdotseq a_l)$。よって，小球の接

線方向の運動方程式より，

$$ma_x = -\frac{mg}{l}x \qquad よって，\ a_x = -\frac{g}{l}x$$

単振動の加速度と変位の関係式 $a=-\omega^2 x$ と比較して，単振動の中心は $x=0$ であり，振幅 B は $B=A-0=A$ である。また，角振動数を ω とすると，

$$\omega = \sqrt{\frac{g}{l}} \qquad よって，周期\ T = \frac{2\pi}{\omega} = 2\pi\sqrt{\frac{l}{g}}$$

(3) 単振動を等速円運動に対応させると，点Oまでの運動は等速円運動の中心角 $\frac{\pi}{2}$ に対応する (図 1)。

$$\omega t_1 = \frac{\pi}{2} \qquad よって，\ t_1 = \frac{\pi}{2\omega} = \frac{\pi}{2}\sqrt{\frac{l}{g}}$$

(4) 単振動を半径 A，角速度 ω の等速円運動に対応させると，右図のようになる。小球の位置 x は，図 1 の動径ベクトルの x 成分 (正射影) だから (→ 参照 p.62)，

$$x = A\cos\omega t = A\cos\sqrt{\frac{g}{l}}\,t$$

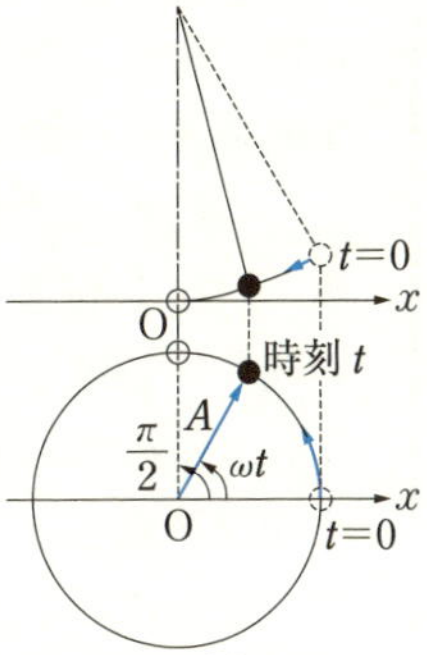

図 1

これをグラフで表すと，図 2 となる。

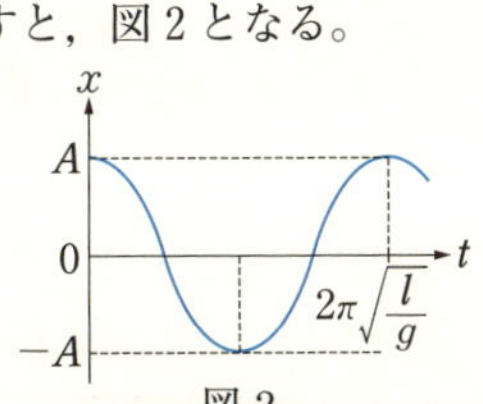

図 2

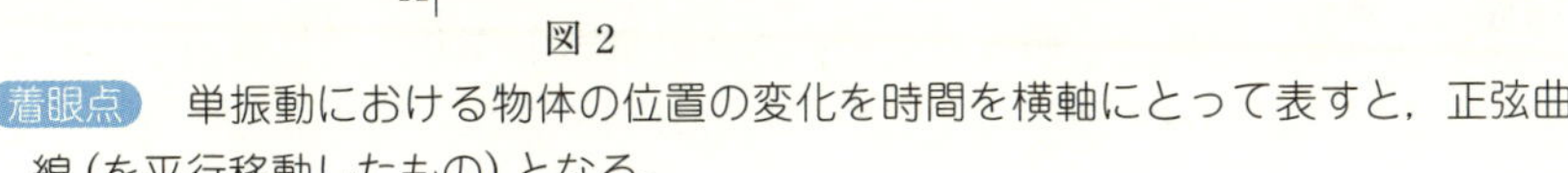

着眼点 単振動における物体の位置の変化を時間を横軸にとって表すと，正弦曲線 (を平行移動したもの) となる。

⇨ グラフの概形は，初期条件で簡単に知ることができる。

(例) 中心が $x=0$ の場合

・$x=A$ $(A>0)$ で静かに放した。

⇨ 初速 0 だから，+cos のグラフ。

・$x=0$ で衝突後，正の速度 v_0 で運動を始めた。

⇨ 中心から正の向きに運動を始めた。⇨ +sin のグラフ。

答

(1) $-\frac{mg}{l}x$ (2) 中心の x 座標：$x=0$，周期：$2\pi\sqrt{\frac{l}{g}}$，振幅：A

(3) $t_1 = \frac{\pi}{2}\sqrt{\frac{l}{g}}$ (4) 解説の図 2

実戦
基礎問

31 粗い水平面上の単振動

物理

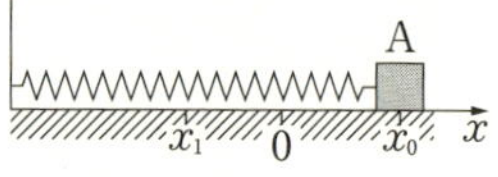

図のように，摩擦のある水平な床の上に質量 m の小物体Aを置き，自然長 L の軽いばねの一端を取り付ける。ばねの他端はばねが水平となるように壁に固定する。また，ばねが自然長のときの小物体Aの位置を $x=0$ とし，水平右向きに x 軸をとる。小物体Aを位置 $x=x_0$ $(0<x_0<L)$ で静かに放した。小物体Aは x 軸負の向きに動き出し，Aを放した時刻を0とすると，時刻 $t=t_1$ に位置 $x=x_1$ まで達したところで運動の向きが反転し，x 軸の正の向きに運動を始め，時刻 $t=t_2$ に位置 $x=x_2$ まで達したところで静止した。ばねのばね定数を k，重力加速度の大きさを g，床と小物体Aの間の静止摩擦係数を μ，動摩擦係数を μ' として，以下の問いに答えよ。

(1) 静かに放したときに小物体Aが動き出すための x_0 の条件を求めよ。

(2) 位置 x_1 および時刻 t_1 を求めよ。

(3) 時刻 $t=0$ から $t=t_1$ の間で，小物体Aの速さの最大値を求めよ。

(4) 位置 x_2 を求めよ。

（大阪府大　改）

●粗い床上の単振動　粗い床上を単振動する物体に働く動摩擦力は，往路と復路で向きが逆向きとなり，単振動の中心が変化する。このことから，運動方程式をそれぞれの場合について立てて考える必要がある。

着眼点　1．粗い床上の単振動

⇨ 往路，復路でそれぞれ運動方程式を立てる。

2．弾性力の他に動摩擦力など一定の力が働く単振動

⇨ 鉛直ばね振り子と同様に考える。(→参照 p.62)

3．動摩擦力（非保存力）が働いていても単振動の力学的エネルギー保存の法則を用いることができる。(→参照 p.68)

(1) 小物体が動き出すためには，ばねの力の大きさ kx_0 が最大摩擦力の大きさ μmg を越えていればよいから，

$$kx_0>\mu mg \qquad \text{よって，}\ x_0>\frac{\mu mg}{k}$$

(2) 位置 x において，小物体Aが受ける力を右図に示す。

小物体Aの加速度を a_1 とすると，Aの運動方程式より，

$$ma_1=\mu' mg-kx$$

よって，$a_1=-\dfrac{k}{m}\left(x-\dfrac{\mu' mg}{k}\right)$

これより，小物体Aは中心 $x=\dfrac{\mu' mg}{k}$，角振動数 $\omega=\sqrt{\dfrac{k}{m}}$ $\left(周期\ T=2\pi\sqrt{\dfrac{m}{k}}\right)$ の単振動（の一部）を行うことがわかる。単振動の中心は，x_0，x_1 の中点であるから，

$$\frac{x_0+x_1}{2}=\frac{\mu' mg}{k} \qquad よって，x_1=\frac{2\mu' mg}{k}-x_0$$

また，x_0 から x_1 までは単振動の半周期の運動だから，

$$t_1=\frac{T}{2}=\pi\sqrt{\frac{m}{k}}$$

(3) 単振動の振幅 A_1 は，$A_1=x_0-\dfrac{\mu' mg}{k}$ であるから，小物体Aの速さの最大値 V_1 は，

$$V_1=A_1\omega=\left(x_0-\frac{\mu' mg}{k}\right)\sqrt{\frac{k}{m}}$$

(4) 小物体Aが x 軸の正の向きに運動しているときの，Aの加速度を a_2 とすると，運動方程式より，

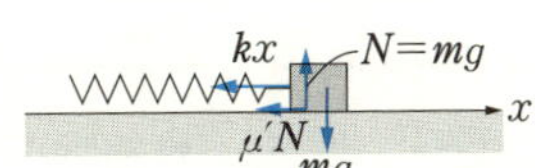

$$ma_2=-kx-\mu' mg$$

よって，$a_2=-\dfrac{k}{m}\left(x+\dfrac{\mu' mg}{k}\right)$

(2)と同様にして，小物体Aは中心 $x=-\dfrac{\mu' mg}{k}$，周期 T の単振動を行う。単振動の中心は，x_1，x_2 の中点だから，

$$\frac{x_1+x_2}{2}=-\frac{\mu' mg}{k} \qquad よって，x_2=-x_1-\frac{2\mu' mg}{k}=x_0-\frac{4\mu' mg}{k}$$

［別解］ (2)〜(4) (2)の x_1，(3)の V_1，(4)の x_2 はエネルギーの原理を用いて解くこともできる。例えば x_1 は，

$$\frac{1}{2}kx_1{}^2-\frac{1}{2}kx_0{}^2=-\mu' mg(x_0-x_1)$$

すなわち，$\dfrac{1}{2}k(x_1+x_0)(x_1-x_0)=-\mu' mg(x_0-x_1)$

$x_0\neq x_1$ より，$\dfrac{1}{2}k(x_1+x_0)=\mu' mg$ 　　よって，$x_1=\dfrac{2\mu' mg}{k}-x_0$

(1) $x_0>\dfrac{\mu mg}{k}$ 　(2) $x_1=\dfrac{2\mu' mg}{k}-x_0$，$t_1=\pi\sqrt{\dfrac{m}{k}}$

(3) $\left(x_0-\dfrac{\mu' mg}{k}\right)\sqrt{\dfrac{k}{m}}$ 　(4) $x_0-\dfrac{4\mu' mg}{k}$

実戦基礎問 32 ばね振り子と物体の離れる条件

物理

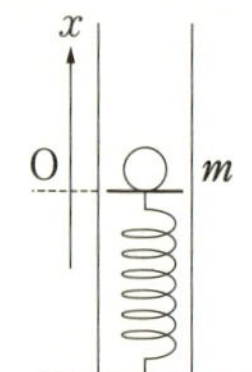

図のように，ばね定数kの軽いばねを円筒の中に入れ，その上に質量mの板Aを取り付け，その上に質量mの物体Bを静かにのせたところ，ばねが$2d$だけ縮んでつりあった。次に，板A，物体Bをさらに$3d$だけ押し込み静かに放すと，しばらく一体となって運動した後，BはAから離れた。つりあいの位置を原点とし，鉛直上向きにx軸をとる。円筒の内面はなめらかであるとし，重力加速度の大きさをgとして，以下の問いに答えよ。

(1) 板A，物体Bが一体となって運動しているときのBがAから受ける垂直抗力の大きさNを，dを用いて，Aの位置xの関数で表せ。

(2) 物体Bが板Aから離れる位置をdを用いて求めよ。

(3) 物体Bが板Aから離れるときのA，Bの速さを求めよ。 (神奈川工大 改)

精講

●**複数の物体の単振動** 2つの物体が接触したまま一体となって単振動する場合や，糸でつながれた2物体が一体で単振動する場合は，物体系として運動方程式を立てて考えればよいが，一体となって単振動する条件があることに注意しなければならない。

着眼点 一体となって単振動する条件

接触物体 ⇨ 垂直抗力 $N \geqq 0$，糸でつながれた物体 ⇨ 張力 $T \geqq 0$

●**単振動の力学的エネルギー保存の法則** 位置xでの加速度をaとした運動方程式が，次式で表されるものとする。

$$ma = -k(x - x_0)$$

この運動方程式は，位置 $X=0$ を自然長とするばね定数kのばねに取り付けた，質量mの物体からなる水平ばね振り子の単振動の運動方程式

$$ma = -kX$$

と同等であるとみなすことができる。したがって，水平ばね振り子で成り立つ力学的エネルギー保存の法則の式

$$\frac{1}{2}mv^2 + \frac{1}{2}kX^2 = 一定$$

と同様の関係式（次式）が成り立つ。

> **単振動の力学的エネルギー保存の法則：$\frac{1}{2}mv^2 + \frac{1}{2}k(x - x_0)^2 = 一定$**

着眼点　1. 見かけのばねの弾性力による位置エネルギー(弾性エネルギー) $\frac{1}{2}k(x-x_0)^2$ は，ばねの弾性力以外の力も含めた合力による位置エネルギーである。

2. $x-x_0$ は単振動の中心(力のつりあいの位置)からの変位であり，力のつりあいの位置を見かけの自然長とする。

3. すべての力が見かけのばねの弾性エネルギーに組み込まれているので，非保存力が働いていても，単振動の力学的エネルギー保存の法則は成り立つ。

(1) 位置 x におけるばねの縮みは $2d-x$ である。したがって，板A，物体Bに働く力は右図のようになる。このときの，板A，物体Bの加速度を a とすると，A，Bそれぞれの運動方程式より，

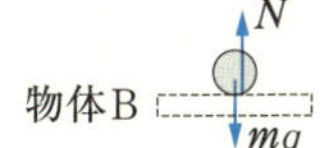

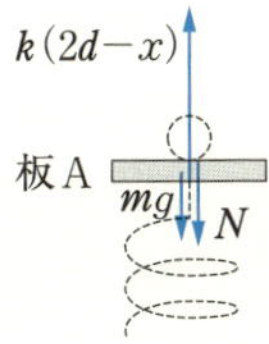

$$\text{A}: ma=k(2d-x)-mg-N \quad \cdots\cdots①$$

$$\text{B}: ma=N-mg \quad \cdots\cdots②$$

①，②式より，

$$N=\frac{1}{2}k(2d-x) \quad \cdots\cdots③$$

(2) 物体Bが板Aから離れるとき，$N=0$ となるから，BがAから離れる位置 x_1 は，③式より，

$$2d-x_1=0 \qquad \text{よって，} x_1=2d\text{(自然長)}$$

(3) 物体Bが板Aから離れるときの，A，Bの速さを v_1 とすると，単振動の力学的エネルギー保存の法則より，

$$\frac{1}{2}k(3d)^2=\frac{1}{2}(2m){v_1}^2+\frac{1}{2}k(2d)^2 \qquad \text{よって，} v_1=d\sqrt{\frac{5k}{2m}}$$

[別解] (3) 通常の力学的エネルギー保存の法則を用いて解くこともできる。$x=0$ を重力による位置エネルギーの基準(高さ0)にとると，

$$2mg(-3d)+\frac{1}{2}k(5d)^2=\frac{1}{2}(2m){v_1}^2+2mg\cdot 2d$$

$x=0$ での力のつりあいより，$k\cdot 2d=2mg$ だから，

$$2kd(-3d)+\frac{1}{2}k(5d)^2=\frac{1}{2}(2m){v_1}^2+2kd\cdot 2d$$

よって，$v_1=d\sqrt{\frac{5k}{2m}}$

(1) $\frac{1}{2}k(2d-x)$　(2) $2d$　(3) $d\sqrt{\frac{5k}{2m}}$

必修
基礎問

33 静止衛星と脱出速度

物理

次の文章の空欄に適当な式を記入せよ。ただし，(5)には不等号（等号を含む）を記入せよ。なお，以下の問いでは，地球の公転は無視する。

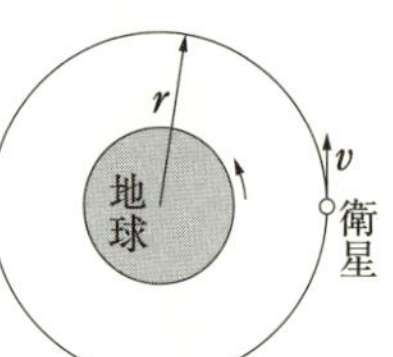

地球のまわりを半径 r の円軌道を描いて回っている人工衛星を考える。人工衛星の速さを v，質量を m，地球の質量を M，万有引力定数を G とすると，人工衛星の円運動の運動方程式は $m\times$ (1) = (2) である。これより，円軌道の半径 r は (3) となる。人工衛星を加速してその速さを u とした。人工衛星が無限遠方に到達できる条件は，r を用いて (4) (5) 0 と表される。

次に，人工衛星の軌道が地球の赤道面内にある場合を考える。この人工衛星の角速度が地球の自転の角速度と等しければ，地上からは，この人工衛星は静止して見える。このような人工衛星を静止衛星という。地球の自転の角速度を ω，静止衛星の軌道半径を r_s とすると，静止衛星の速さ v_s は (6) と表される。よって，円運動の運動方程式より，静止衛星の軌道半径 r_s は (7) で与えられる。

（青山学院大）

●**万有引力**　物体どうしが互いに引き合う力で，力の大きさは2つの物体の質量の積に比例し，距離の2乗に反比例する。

万有引力の大きさ：$F=G\dfrac{Mm}{r^2}$

（G：万有引力定数，M，m：物体の質量，r：物体間の距離）

●**重力と万有引力**　重力とは，地上付近にある物体に働く万有引力と地球の自転による遠心力の合力のことである。よって，赤道上で最も小さくなる。

地球の自転を無視する場合，地上付近にある物体に働く万有引力と重力は等しい。

$$mg=G\frac{Mm}{R^2} \qquad \text{よって，}\ g=\frac{GM}{R^2}$$

（g：重力加速度の大きさ，R：地球の半径，M：地球の質量）

●**万有引力による位置エネルギー**　万有引力がする仕事は経路によらず始点と終点の位置だけで決まるので，万有引力は保存力である。

万有引力による位置エネルギー：$U=-G\dfrac{Mm}{r}$　（無限遠方が基準）

よって，万有引力だけを受けて運動する物体の力学的エネルギーは，

$$力学的エネルギー：E=\frac{1}{2}mv^2-G\frac{Mm}{r}$$

●脱出速度　地上から打ち上げた人工衛星が無限遠方に到達できる最小の速度の大きさ（第2宇宙速度）のことである。無限遠方での位置エネルギーは0であるから，脱出速度は $E=0$ より求めることができる。また，人工衛星が無限遠方に到達するための条件は $E\geqq 0$ である。

Point 24

$$無限遠方に達する条件：\frac{1}{2}mv^2-G\frac{Mm}{r}\geqq 0$$

●静止衛星　赤道上空を地球の自転と同じ角速度（または，自転周期（24時間）と同じ周期）で回る人工衛星のことである。この衛星は，地上から見ると，常に上空の同じ位置で静止して見える。

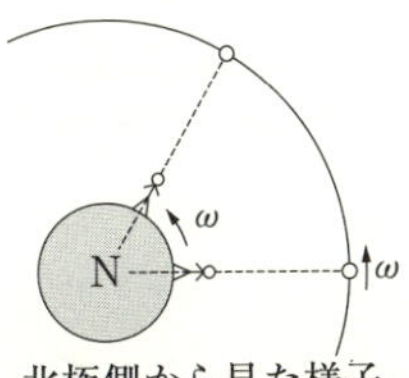

北極側から見た様子

(1)〜(3)　人工衛星は地球から万有引力を受けて，半径 r，速さ v の円運動をしていることから，円運動の運動方程式より，

$$m\frac{v^2}{r}=G\frac{Mm}{r^2}\qquad よって，\ r=\frac{GM}{v^2}$$

(4)，(5)　無限遠方での位置エネルギーは0である。無限遠方に達したときの人工衛星の速さを v_0 とすると，力学的エネルギー保存の法則より，

$$\frac{1}{2}mu^2-G\frac{Mm}{r}=\frac{1}{2}mv_0{}^2\geqq 0$$

(6)　等速円運動の速さと角速度の関係より，

$$v_{\rm s}=r_{\rm s}\omega \quad \cdots\cdots ①$$

(7)　(1)，(2)と同様に，円運動の運動方程式は，

$$m\frac{v_{\rm s}{}^2}{r_{\rm s}}=G\frac{Mm}{r_{\rm s}{}^2}\qquad ①式を代入して，\quad r_{\rm s}=\left(\frac{GM}{\omega^2}\right)^{\frac{1}{3}}$$

(1)　$\frac{v^2}{r}$　(2)　$G\frac{Mm}{r^2}$　(3)　$\frac{GM}{v^2}$　(4)　$\frac{1}{2}mu^2-G\frac{Mm}{r}$　(5)　$\geqq$

(6)　$r_{\rm s}\omega$　(7)　$\left(\frac{GM}{\omega^2}\right)^{\frac{1}{3}}$

必修基礎問 34 楕円運動とケプラーの法則

物理

地上の1点から鉛直上方へ質量 m の衛星を打ち上げる。地球は中心O，半径 R，質量 M の一様な球で，衛星は地球からの万有引力だけを受けて運動するものとする。ただし，万有引力定数を G とする。また，地球の自転および公転は無視するものとする。

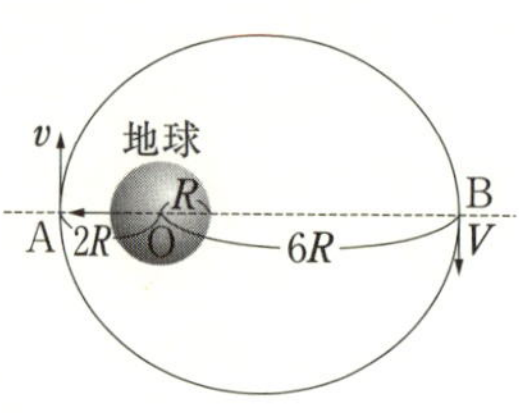

(1) 地上での重力加速度の大きさ g を R, M, G で表せ。

図のように，衛星の速さが点Aで0になった瞬間，OAに垂直な方向に衛星を瞬間的に加速して，その速さを v とし，ABを長軸とする楕円運動をさせることを考える。

(2) 点Aにおける面積速度と点Bにおける面積速度が等しいことから，点Bにおける物体の速さ V を v を用いて表せ。

(3) 速さ v を R, M, G を用いて表せ。

(4) 点Aで与える速さ v をいろいろ変えることを考える。物体が地球と衝突もせずかつ無限遠方に飛び去ることもなく運動を続けるためには，速さ v はどのような範囲になければならないか。 （大阪市大）

精講

●**ケプラーの法則**　太陽のまわりを回る惑星の運動の法則。地球のまわりを回る月や人工衛星にも適用できる。

(i) **第1法則：惑星は太陽を1つの焦点とする楕円軌道上を運動する。**

(ii) **第2法則（面積速度一定の法則）：太陽と惑星を結ぶ線分（動径）が単位時間に描く面積は一定である。**

$$\text{面積速度}：\frac{\Delta S}{\Delta t}=\frac{1}{2}rv_{\perp}=\text{一定}$$

$v_{\perp}=v\sin\theta$

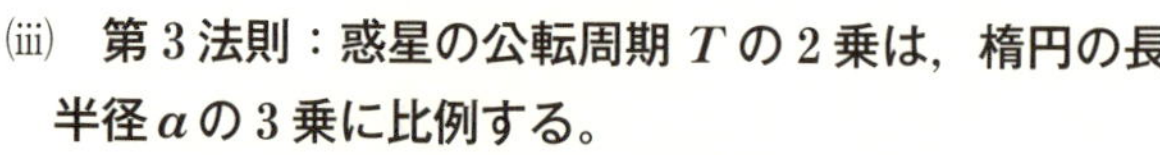

(iii) **第3法則：惑星の公転周期 T の2乗は，楕円の長半径 a の3乗に比例する。**

$$\frac{T^2}{a^3}=\text{一定}\left(=\frac{4\pi^2}{GM}\right)$$

着眼点　1．ケプラーの第2法則は1つの軌道上で成り立つ。

2．ケプラーの第3法則は1つの天体のまわりを回る異なる惑星の楕円軌道の間で成り立つ。

発展　常に1点に向かう力（中心力）を受ける物体の運動では，面積速度は一定に保たれる。

Point 25

楕円運動 $\left\{\begin{array}{l}\text{ケプラーの第2法則}\\\text{エネルギー保存の法則}\end{array}\right.$ で解く

(1)　地球の自転を無視するから，地上での万有引力は重力に等しい。

$$mg=G\frac{Mm}{R^2}\qquad \text{よって，}\ g=\frac{GM}{R^2}$$

(2)　ケプラーの第2法則より，

$$\frac{1}{2}(2R)v=\frac{1}{2}(6R)V\qquad \text{よって，}\ V=\frac{v}{3}\quad \cdots\cdots①$$

(3)　力学的エネルギー保存の法則より，

$$\frac{1}{2}mv^2-G\frac{Mm}{2R}=\frac{1}{2}mV^2-G\frac{Mm}{6R}\qquad \cdots\cdots②$$

①，②式より，　$v=\dfrac{1}{2}\sqrt{\dfrac{3GM}{R}}$

(4)　衛星が半直線OBを横切る点Cまでの点Oからの距離を r，点Cを通過する衛星の速さを u とすると，(2), (3)と同様に，ケプラーの第2法則および力学的エネルギー保存の法則より，

$$\frac{1}{2}(2R)v=\frac{1}{2}ru$$

$$\frac{1}{2}mv^2-G\frac{Mm}{2R}=\frac{1}{2}mu^2-G\frac{Mm}{r}$$

2式より，　$\dfrac{1}{2}mv^2\left\{1-\left(\dfrac{2R}{r}\right)^2\right\}=\dfrac{GMm}{2R}\left(1-\dfrac{2R}{r}\right)$

よって，　$r=\dfrac{2R^2v^2}{GM-Rv^2}$

題意より，無限遠方に飛び去らないためには点Cのような点が存在し（r は正で，無限大（無限遠方）より小さい），かつ地球と衝突しないためには r は R より大きければよいから，

$$GM-Rv^2>0\quad \text{かつ}\quad R<\frac{2R^2v^2}{GM-Rv^2}$$

よって，$\sqrt{\dfrac{GM}{3R}}<v<\sqrt{\dfrac{GM}{R}}$

(1)　$g=\dfrac{GM}{R^2}$　(2)　$V=\dfrac{v}{3}$　(3)　$v=\dfrac{1}{2}\sqrt{\dfrac{3GM}{R}}$　(4)　$\sqrt{\dfrac{GM}{3R}}<v<\sqrt{\dfrac{GM}{R}}$

演習問題

⇨ 解答は 256 ページ

1 自動車が一直線の水平な道路を走行するものとしよう。はじめ，出発地点で止まっていたこの自動車は，加速度 a〔m/s^2〕の等加速度運動を開始した。この自動車は速度 v〔m/s〕に達した後，ある時間の間，この速度で等速度運動を行った。その後最初の加速度の半分の大きさで減速して，ある地点に停止した。自動車が出発から停止までに要した全時間を T〔s〕としたとき，以下の問いに答えよ。

(1) 自動車が等速度運動を行っていた時間 t〔s〕と，その間の走行距離 l〔m〕を，a，v と T を用いて表せ。

(2) 出発から停止までの全走行距離 L〔m〕を，a，v と T を用いて表せ。

(3) 等速度運動を行っていた時間 t〔s〕は，全所要時間 T〔s〕の半分であった。速度 v を a と T を用いて表せ。

（高知大）

2 以下の ［　　］ にあてはまる適当な数値を，四捨五入により有効数字 2 桁まで求めよ。ただし，滑車と糸の重さは無視し，重力加速度の大きさを $g=10$〔m/s^2〕とし，物体 A，B の質量を，それぞれ，$M=3$〔kg〕，$m=1$〔kg〕とする。

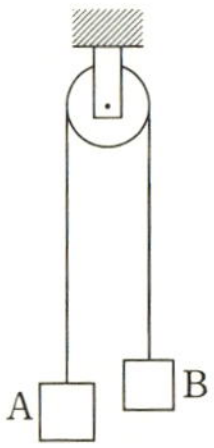

(1) 図 1 に示すように，質量 M の物体Aと，質量 m の物体Bを伸びない糸で結び，なめらかな滑車にかける。はじめ，A，B を固定し，ついで A，B を静かに放すと，A の加速度の大きさは ［(ア)］〔m/s^2〕となる。また，このときの糸の張力の大きさは ［(イ)］〔N〕となる。

図 1

(2) 図 2 に示すように，この滑車を直角に交わっている斜面の頂上に取り付けた。前問同様に質量 M の物体Aと，質量 m の物体Bを伸びない糸で結び，なめらかなこの滑車にかける。このとき図のように，一方の斜面が水平面となす角を θ とし，斜面の間の角を直角に保ったままで θ を変えることができる。

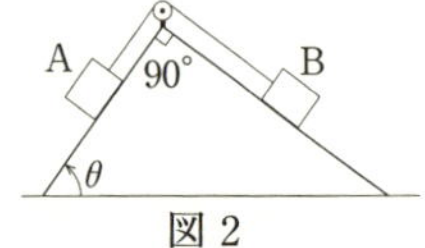

図 2

(a) 物体 A，B を斜面にのせたところ，糸が張り，物体 A，B は静止した。ただし，物体と斜面との間の静止摩擦係数 μ はいずれも 0.6 とする。斜面の間の角を直角に保ったままで，θ を大きくしていって，物体Aがまさに滑り落ち始めようとするときの値を θ_1 とすると，$\tan\theta_1=$ ［(ウ)］ となる。

(b) 物体Bを固定したまま，さらに θ を大きくして，$\tan\theta_2=\dfrac{4}{3}$ を満たす角度 θ_2 にした。固定していた物体Bを解放すると，物体Aが滑り落ち始めた。このとき両物体のもつ加速度の大きさは ［(エ)］〔m/s^2〕となる。ただし，物体と斜面との間の動摩擦係数 μ' はいずれも 0.5 とする。

（東京理大）

3 図に示す2つの滑車は，なめらかに回転し，その質量は十分小さく無視できる。また，ひもの伸縮と質量はないものとする。以下の $\boxed{}$ に入れるべき適切な数式を記入せよ。

動滑車に付けた質量 M のおもりPに対して，ひもの先端の受け皿Q自身の重さをつりあわせるには，Qの質量を $\boxed{(ア)}$ とすればよい。

静止つりあい状態　　運動状態

この静止つりあい状態から，受け皿Qの上に質量 m のおもりRを静かにのせたときに始まる運動を考える。これらの受け皿QとおもりRを合わせて，おもりSとよぶものとし，重力加速度の大きさは g と表す。おもりSの下方向変位 x において，Pは上方に $\boxed{(イ)}$ だけ変位する。Sの加速度の大きさを a，ひもの張力の大きさを T とおけば，おもりSの運動方程式は $\boxed{(ウ)}$ となり，動滑車側のおもりPの運動方程式は $\boxed{(エ)}$ と表される。これらを解いて，$a=\boxed{(オ)}$ が得られる。

以上の結果をみて，Sの加速度が $a=\dfrac{g}{2}$ となるように，Pの質量 M に対して，おもりRの質量を $m=\boxed{(カ)}$ とする。この運動の開始時点の時刻 $t=0$ で，図に示すように，おもりSは動滑車側のPより h だけ高い位置にある（以下では，g，h のみを用いて答えること）。PとSが同じ高さとなるのは，$t=\boxed{(キ)}$ である。

（法政大）

4 図のように，水平面上を質量 m の物体Aと質量 M の物体Bがともに速さ V で運動している。これらの物体を止めるために，物体Bに，大きさ F の一定の力を，運動とは逆向きにかけると，やがて物体Bが静止した。物体AとBとの間には摩擦力が働くが，物体Bと水平面との間には摩擦がないとする。また，物体Aは物体Bから落ちることはないものとする。物体AとBとの間の静止摩擦係数を μ，動摩擦係数を μ'，また，重力加速度の大きさを g として，以下の問いに答えよ。

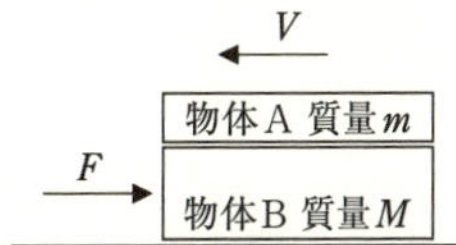

(1) 力を加えた後，物体AとBがずれることなく一体として運動するために，F が満たすべき条件を求めよ。また，力をかけ始めてから物体が静止するまでに動いた距離 L を求めよ。

(2) F が(1)で求めた条件を満たさない場合，物体AとBは，ずれながら運動し，やがて物体Bは静止する。力をかけ始めてから物体Bが静止するまでの時間 T を求めよ。また，この間に物体Aと物体Bとがずれた距離 d_1 を求めよ。

（お茶の水女大）

5 質量 M〔kg〕，長さ $(a+b)$〔m〕のまっすぐな棒ABがあり，その重心はA端から a〔m〕のところにある。棒ABのA端に糸をつけて天井からつるし，B端を水平方向に一定の力 F〔N〕で引っ張ったところ，図のように，棒ABは水平方向と30°，A端の糸は水平方向と60°の角度をなして静止した。重力加速度の大きさは g〔m/s^2〕とする。

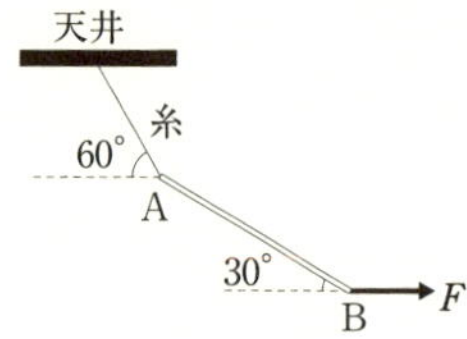

(1) 糸にかかる張力を T〔N〕として，棒に働く力のつりあいの式を水平方向と鉛直方向についてかけ。また，棒の重心のまわりの力のモーメントのつりあいの式をかけ。

(2) 力 F〔N〕，張力 T〔N〕，および $\dfrac{b}{a}$ を求めよ。

（宮崎大）

6 図のように，天井からつるしてある質量を無視できるばねに，質量 m のおもりを付け，表面がなめらかな板で下から支えてばねを自然長に保つ。この状態から，板を鉛直方向にゆっくりと下げていく場合と，板を瞬間的に取り除く場合について考える。ばね定数を k，重力加速度の大きさを g として，以下の問いに答えよ。

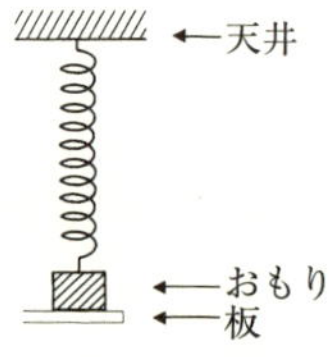

(1) 板を鉛直方向にゆっくりと下げていく場合を考える。

(a) 板がおもりを下から押す力を N とし，ばねの自然長からの伸びを x としたとき，おもりに働く力のつりあいを式で表せ。

(b) 板がおもりから離れるときのばねの伸びを求めよ。

(c) 板がおもりに対してした仕事の大きさを求めよ。

(2) 板を瞬間的に取り除いた場合を考える。

(d) ばねの伸びが x のとき，おもりの速さが v であるとする。おもりの運動エネルギー，おもりの重力による位置エネルギー，ばねの弾性力による位置エネルギーを記せ。ただし，$x=0$ のときを重力による位置エネルギーの基準とする。

(e) 力学的エネルギー保存の法則を用いて，ばねの伸びの最大値を求めよ。

（奈良女大）

7 図のように，水平面に斜面CDをなめらかに接続する。斜面の端点Dは水平面から高さ h〔m〕の位置にあり，端点Dで斜面は鉛直線DEと60°の角度をなす。質量 M〔kg〕の小球Pを点Aに，質量 m〔kg〕の小球Qを点Bに静かに置いた。小球Pに右向きの初速度 v_0〔m/s〕を与えたところ，小球Pは小球Qに衝突し，小球Qは水平面BCを速さ v_1〔m/s〕で進んでから斜面を上り，端点Dから空中に飛び出した。小球と水平面や斜

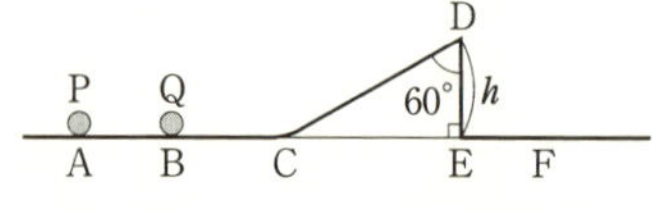

面の間に摩擦力は働かないとし，小球Pと小球Qの間の反発係数（はね返り係数）をe，重力加速度の大きさをg〔m/s²〕として，次の問いに答えよ。

(1) 衝突直後の小球Qの速さv_1〔m/s〕を求めよ。

(2) 端点Dでの小球Qの速さv_2〔m/s〕をv_1〔m/s〕を使って表せ。

(3) 端点Dでの小球Qの速度の水平右向き方向の成分v_{2x}〔m/s〕と鉛直上向き方向の成分v_{2y}〔m/s〕をv_2〔m/s〕を使って表せ。

小球Qは斜面から空中に飛び出した後，点Fの真上で最高点に達した。

(4) 小球Qが端点Dから最高点に至るまでにかかった時間〔s〕をv_2〔m/s〕を使って表せ。

(5) 小球Qが最高点に達したときの水平面からの高さ〔m〕をv_2〔m/s〕を使って表せ。

(6) 水平方向の距離EF〔m〕をv_2〔m/s〕を使って表せ。

(山口大)

8 図のような質量Mの湾曲した板ABCが水平な床の上に置かれている。AB間は水平，BC間は半径rの円弧で，その中心OはB点の真上にある。A点からB点に向かって質量mの小物体に初速度vを与えた。小物体と板の間には摩擦はなく，空気の抵抗は無視する。重力加速度の大きさをgとする。

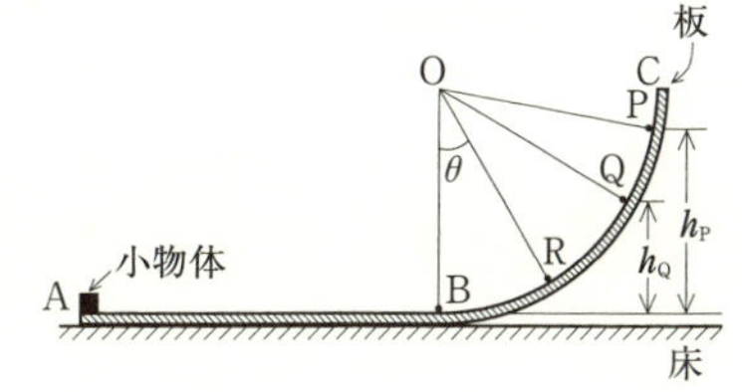

(1) 板が床に固定してある場合を考える。小物体が上がる最高点をP点（C点を越えない）とし，板の水平面からその点までの高さをh_Pとする。このとき，vを用いてh_Pを表せ。

(2) この場合，BP間にあって$\angle BOR=\theta$となる点Rを通過しているときに小物体が板から受ける力をm，r，v，g，θを使って表せ。

(3) 次に，板がなめらかに床の上を動けるようにした場合を考える。このとき小物体はP点より下のQ点までしか上がらない。この理由を記した以下の文章中の(ア)および(イ)それぞれについて，①～③のうちから適当なものを選んで記号をかけ。

理由：板が動くと，小物体のBQ間の運動は床から見た場合に円運動にならない。したがって，小物体の運動の向きと板から受ける力の向きとが((ア)①同方向　②垂直　③反対方向）でなくなり，この力が((イ)①反発力になる。②復元力になる。③仕事をする。）この分があるため，小物体だけを考えると力学的エネルギーが保存されず，h_Pの高さまで上がることができない。

(4) (3)の場合，Q点に達した瞬間には，小物体は板に対して静止し，床に対して両者は同じ速さVになる。この速さVを求めよ。

(5) 図に示すように，Q点の高さをh_Qとする。h_Qはh_Pの何倍になるか。

(電通大)

9　水平な机上の点Oに質量 m の小さな球体を置き，その鉛直上方，高さ L の支点Pと自然長 L のばねで結んだ。次に，図のように，この球体をばねの弾性力がフックの法則に従う範囲で，点Oを中心に等速円運動させた。このとき，OPとばねのなす角を θ とする。ばね定数を k とし，重力加速度の大きさを g として，以下の問いに答えよ。ただし，机上の摩擦，ばねの質量，空気抵抗，球体の大きさは無視できるものとする。

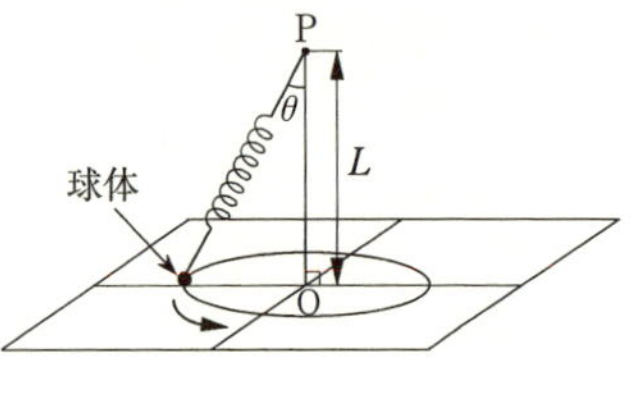

(1)　球体が机上を離れずに等速円運動しているとき，ばねの弾性力 F を m，k，g，L，θ のうち必要なものを用いて表せ。

(2)　(1)における球体の等速円運動の角速度 ω を m，k，g，L，θ のうち必要なものを用いて表せ。

(3)　球体の等速円運動の角速度がある限界値 ω_m を越えていると，球体は机上を離れる。限界値 ω_m を m，k，g，L のうち必要なものを用いて表せ。

(4)　フックの法則に従うばねの伸びの限度を x_m とする。この限度内に球体が机上を離れるために，ばね定数 k が満たすべき条件を m，g，L，x_m のうち必要なものを用いて表せ。

（筑波大）

10　図において，点A，B，Cは水平面上にあり，点C，D，E，Fは点Oを通り紙面に垂直な直線を軸とする半径 r の円筒面上にある。点A，B，C，D，E，Fはすべて鉛直線OCを含む同一平面内にあり，この面内での物体の運動を考える。距離 s〔m〕のBC間には摩擦があり，その他の部分は摩擦のない面である。ばね定数 k〔N/m〕のばねの一端を点Aにある壁に固定し，他端に軽く薄い板を付けて，質量 m〔kg〕の物体Pをこの薄い板に接して置く。最初，物体Pを左方に押すことによりばねを自然長から l〔m〕だけ押し縮めて，手を放した。重力加速度の大きさを g〔m/s²〕とし，ばねの質量，板と物体Pの大きさ，空気の抵抗は無視できるものとして，以下の問いに答えよ。

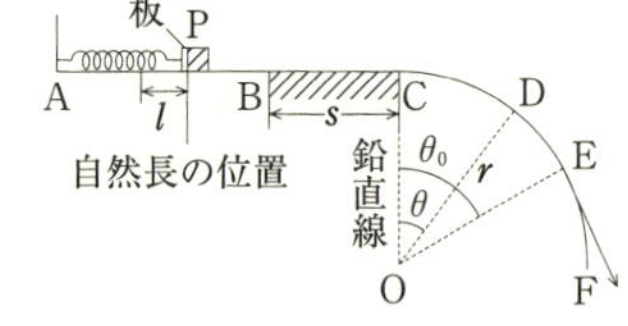

(1)　板から離れた直後の物体Pの速さ v〔m/s〕を求めよ。

(2)　その後，物体PはBC間において一定の大きさの摩擦力を受けて減速し，点Cにおいて速さはほとんど0になった。BC間で物体Pが受ける摩擦力の大きさ F〔N〕を求めよ。

(3)　点Cから，物体Pは速さ0とみなしうる初速度で円筒面上を滑り始め，点Eで円筒面から離れて空中を落下した。

(a)　物体Pが ∠COD＝θ〔rad〕である円筒面上の点Dを通るときの速さ V〔m/s〕を求めよ。

(b) 物体Pが円筒面上の点Dにおいて受ける垂直抗力の大きさ R〔N〕を求めよ。

(c) 点Eの位置を $\angle \mathrm{COE}=\theta_0$〔rad〕で表すとき，$\cos\theta_0$ を求めよ。

（信州大）

11 図のように，なめらかな水平面上にばね定数 k のばねを置き，その左端は固定し，右端には質量 m の小さな物体Aを付ける。一方，長さ l の糸に，同じ質量 m の小物体Bを付け，糸の他端を一点Oに固定する。糸をゆるめることなく，糸が鉛直線と小さな角度 θ をなすように，物体Bを保って，静かに点Pより放したところ，物体BはO点の鉛直下方で静止していた物体Aと速さ v で衝突した。次の問いに答えよ。ただし，重力加速度の大きさを g，物体BとAとの衝突は完全弾性衝突，また，糸とばねの質量は無視できるものとする。

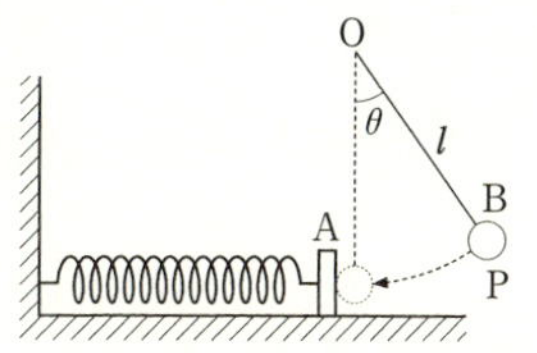

(1) 物体Bを静かに放したときの $\cos\theta$ の値を求めよ。

(2) 物体BがAと衝突する直前の糸の張力はいくらか。

(3) 衝突直後のAの速さはいくらか，また，Bの速さはいくらか。

(4) 衝突後，ばねの縮みは最大いくらになるか。

(5) 再び，ばねが伸びて物体AがBと衝突し，Bは最初の状態に戻り，それ以後，この運動を繰り返す。この場合の繰り返し周期はいくらか。

（弘前大）

12 図のように，傾角 θ のなめらかな斜面上に，下端が固定された軽いばねがあり，その上端には質量 $3M$ の小物体Aが接続されている。はじめに，Aはつりあいの位置で静止している。Aから距離 L 離れた斜面上の上方から，質量 M の小物体Bを初速度0で滑らせ，Aに衝突させる。この衝突は完全弾性衝突とし，極めて短時間に行われるものとする。また，AとBの運動は同一鉛直面内で起きるものとする。重力加速度の大きさを g，ばね定数を k とし，空気の抵抗力は無視できるものとして，次の問いに答えよ。

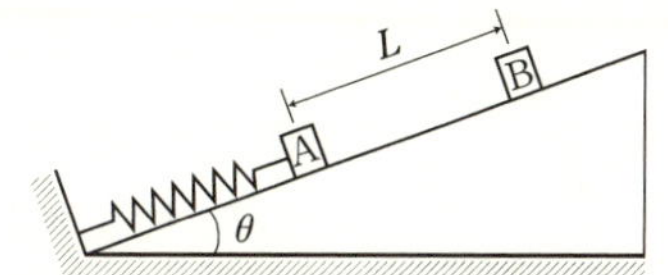

(1) 衝突直前のBの速さ V_0 を求めよ。

(2) 衝突直後のAの速さ V_A およびBの速さ V_B を求めよ。

(3) AはBと再び衝突しないと仮定すると，単振動をする。その周期 T_A を求めよ。

(4) 衝突してから，Bが最高点に達するまでの時間 T_B を求めよ。

(5) 衝突後，はじめてAがつりあいの位置にもどった瞬間に，Bと2回目の衝突を起こすためには，L をいくらにすればよいか。L を M，k，g，θ を用いて表せ。

（岡山理大）

第2章 熱と物質の状態

必修基礎問 5. 熱と物質の状態

35 熱量と温度

物理基礎

Ⅰ．熱容量の無視できる断熱容器に入れられた，温度 20〔°C〕，質量 100〔g〕，比熱 4.2〔J/(g･K)〕の水の中に，温度 100〔°C〕，質量 100〔g〕の金属球を入れた。しばらくして，水温は 34〔°C〕で一定となった。

(1) 水温が 20〔°C〕から 34〔°C〕まで上昇する間に，水が得た熱量〔J〕はいくらか。

(2) 金属球の比熱 c〔J/(g･K)〕はいくらか。

Ⅱ．−20〔°C〕の氷 200〔g〕に，毎秒 300〔J〕の割合で熱を 500 秒間与え続けた。与えた熱すべてが氷や水に吸収されるものとし，氷の融解熱を 0〔°C〕で 3.3×10^2〔J/g〕，水の蒸発熱を 100〔°C〕で 2.3×10^3〔J/g〕，水の比熱は 4.2〔J/(g･K)〕，氷の比熱は 2.1〔J/(g･K)〕とする。

(1) 氷全体が 0〔°C〕になるのは加熱を始めてから何秒後か。

(2) 氷が全て 0〔°C〕の水になるのは加熱を始めて何秒後か。

(3) 500 秒後までに水は沸騰を始めるか，始めないか。　　（玉川大，芝浦工大）

●温度　物質を構成する原子や分子の熱運動の激しさを表す物理量で，同じ物体では，温度が高い程，原子や分子の熱運動は激しい。

セルシウス温度 t（単位〔°C〕）：氷の融点を 0〔°C〕，水の沸点を 100〔°C〕として決めた温度。

絶対温度 T（単位〔K〕）：セルシウス温度 −273〔°C〕で原子や分子が熱運動をしなくなる。この温度を0〔K〕(絶対零度) とする温度。

セルシウス温度と絶対温度の関係：$T=273+t$

●比熱と熱量　物質 1〔g〕の温度を1〔K〕だけ上昇させるのに必要な熱量 c〔J/(g･K)〕を比熱という。よって，m〔g〕の物体の温度を $\varDelta T$〔K〕だけ上昇（または下降）させるために必要な（または失う）熱量 Q〔J〕は，

比熱と熱量の関係：$Q=mc\varDelta T$

●熱容量　物体全体の温度を1〔K〕だけ上昇させるのに必要な熱量 C〔J/K〕を熱容量という（比熱と熱容量の間には，$C=mc$ の関係がある）。

熱容量と熱量の関係：$Q=C\varDelta T$

●**熱量の保存**　異なる温度の物体を接触させておくと，やがて物体の温度は等しくなり，熱エネルギーの移動がなくなる(熱平衡)。熱平衡に達するまでは，高温物体から低温物体に熱エネルギーが移動する。

外部に熱量が失われない場合，次の関係(熱量の保存)が成り立つ。

(高温物体が失った熱量)＝(低温物体が得た熱量)

［注意］ 外部に熱が失われた場合も，失われた熱量を含めれば熱量は保存される。

●**潜熱**　物質には固体，液体，気体の3つの状態(物質の3態という)がある。物質の状態変化に伴って吸収または放出される熱量を潜熱という。

(i) **融解熱**　固体が液体になる温度を融点という。このとき，1〔g〕の固体が液体になるのに必要な熱量を融解熱という。

(ii) **蒸発熱**　液体が気体になる温度を沸点という。このとき，1〔g〕の液体が気体になるのに必要な熱量を蒸発熱という。

●**物質の状態と温度変化(水の場合)**

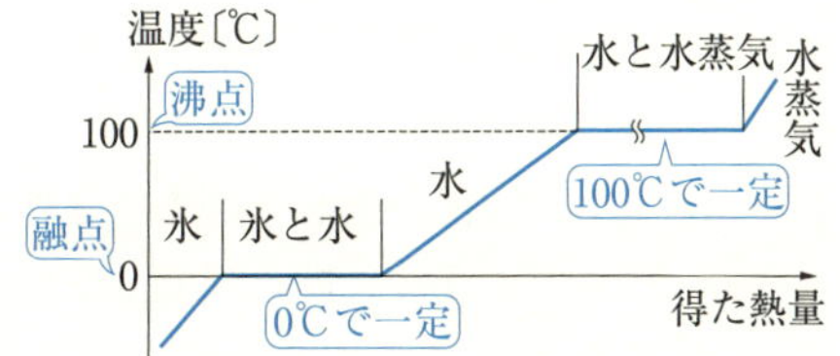

Ⅰ.(1) 水が得た熱量Q〔J〕は，

$$Q=100\times4.2\times(34-20)=5.88\times10^3\fallingdotseq5.9\times10^3\text{〔J〕}$$

(2) 熱量の保存より，金属球の失った熱量は水が得た熱量に等しいことから，

$100\times c\times(100-34)=5.88\times10^3$　　よって，$c\fallingdotseq0.89$〔J/(g·K)〕

Ⅱ.(1) 氷全体が0〔℃〕になるまでの時間をt_1〔s〕とすると，加えた熱量$300\,t_1$〔J〕は，氷が得た熱量に等しいことから，

$300\,t_1=200\times2.1\times20$　　よって，$t_1=28$〔s〕

(2) 氷が全て0〔℃〕の水になるまでの時間をt_2〔s〕とすると，時間 t_2-t_1 で与えた熱量が氷の融解に使われたと考えて，

$300(t_2-28)=3.3\times10^2\times200$　　よって，$t_2=248\fallingdotseq2.5\times10^2$〔s〕

(3) 時間 $500-t_2$ で与えた熱量Q'〔J〕と，0〔℃〕の水200〔g〕を100〔℃〕の水にするのに要する熱量Q_W〔J〕を比較する。

$Q'=300\times(500-248)=75600$〔J〕

$Q_W=200\times4.2\times100=84000$〔J〕

$Q_W>Q'$ だから，500秒後までに水は沸騰を始めない。

Ⅰ.(1) 5.9×10^3〔J〕　(2) 0.89〔J/(g·K)〕

Ⅱ.(1) 28秒後　(2) 2.5×10^2秒後　(3) 沸騰を始めない

必修基礎問 36

力のつりあいと気体の法則

物理

Ⅰ．図1のように，大気と同じ圧力 p_0，温度 T_0 の気体が閉じ込められた断面積 S のピストン付きシリンダーが床に固定されている。このピストンと床に置かれた質量 M の物体を，滑車を用いてひもにゆるみがないようにつなぐ。このとき，ピストンはシリンダーの底から l_0 の高さであった。ピストンおよびひもの質量は無視でき，ピストンはなめらかに動くものとする。また，重力加速度の大きさを g とする。

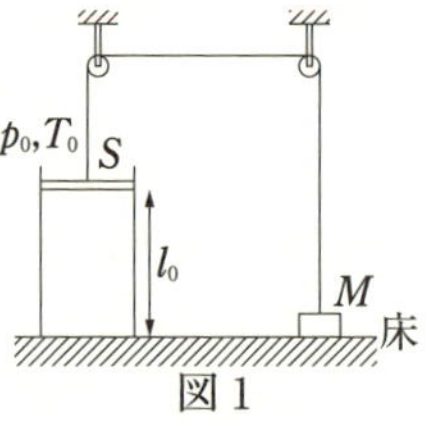

図1

(1) シリンダー内の気体をゆっくり冷やしていくと，はじめのうちはピストンは動かなかったが，ある温度になったときピストンが動いて物体は上がり始めた。このとき，シリンダー内の気体の圧力 p_1 はいくらか。

(2) (1)で物体が上がり始めたときの気体の温度 T_1 はいくらか。

Ⅱ．図2のように，ゴム管でつないだ二つのガラス管AとBに密度 ρ の液体が入れてある。ガラス管Aの上部には栓(せん)が付いており，はじめ栓は開いている。ガラス管AとBの断面積を S，大気圧を p_0，重力加速度の大きさを g とする。

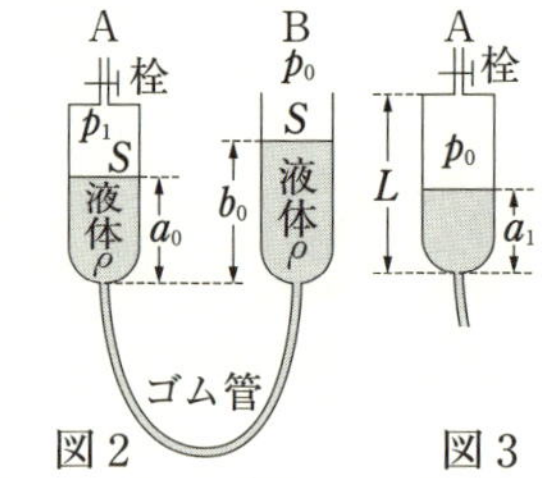

図2　図3

(1) ポンプを用いてガラス管Aに空気を送り込んだのち，栓を閉じた。そのとき，図2のように，ガラス管AとBの液面の高さは，ガラス管Aの底から測ってそれぞれ a_0，b_0 となった。ガラス管Aに閉じ込められた空気の圧力 p_1 はいくらか。

(2) 次に，図3のように，ガラス管A中の空気の温度を一定に保ちながら，圧力を大気圧 p_0 と同じにするための液面の高さを a_1 とする。a_1 はガラス管Aの長さ L および(1)の a_0，p_0，p_1 を用いるとどのように表されるか。ただし，栓の部分の体積は無視できるものとする。　（センター試験）

精講

●**圧力**　物体の面に働く単位面積あたりの力の大きさを圧力という。面積 S の面に大きさ F の力を垂直に加えたとき，圧力 p は，

$$p=\frac{F}{S}\quad (\text{単位}\,[\mathrm{N/m^2}]=[\mathrm{Pa}]\,(\text{パスカル}))$$

Ⅰ．**流体（気体，液体）に働く重力を考える場合**：圧力は深さによって変化する。

●**大気圧**　大気（地球をとりまいている空気）に働く重力による圧力。すなわち，

1〔m^2〕の地表面上の空気に働く重力で，この圧力を1気圧という。これは約10〔m〕の水柱による圧力にほぼ等しく，1気圧$=1.013\times10^5$〔Pa〕である。

●流体の圧力　流体に働く重力による圧力で，深さに比例する。流体の密度をρ，重力加速度の大きさをgとすると，深さhの点の流体の圧力pは，右図の流体に働く重力より，　$p=\rho hg$

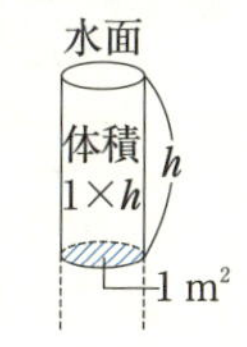

着眼点　1．大気圧p_0の大気に接する水中の，深さhの点の水の圧力pは，　$p=p_0+\rho hg$

2．連続する流体中では，同じ深さの点の圧力は等しい。

3．流体中の物体に働く圧力は面に垂直に働く。

Ⅱ．**流体に働く重力が無視できる場合（気体の多くの場合）**：圧力はすべての点で等しく，面に垂直に力が働く。

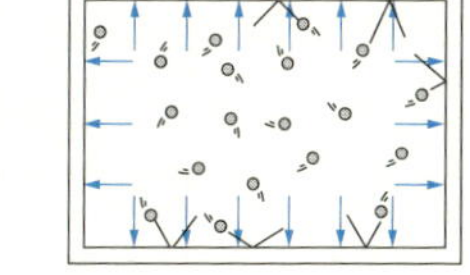

●ボイル・シャルルの法則　一定量の気体の圧力p，体積V，絶対温度Tの間には，次の関係が成り立つ。

$$\frac{pV}{T}=\text{一定}$$

着眼点　1．温度が一定の場合 ⇨ ボイルの法則：$pV=$一定

2．圧力が一定の場合 ⇨ シャルルの法則：$\dfrac{V}{T}=$一定

Ⅰ．(1)　物体が床から離れる直前で，そのときの糸の張力の大きさをTとすると，力のつりあいより，

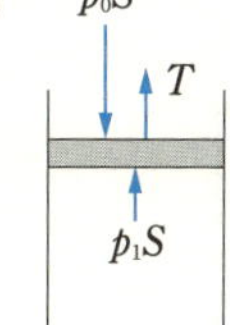

物体：$T=Mg$，ピストン：$p_0S=T+p_1S$

よって，$p_1=p_0-\dfrac{T}{S}=p_0-\dfrac{Mg}{S}$

(2)　物体が床から離れるまで，気体の体積はSl_0である。ボイル・シャルルの法則より，

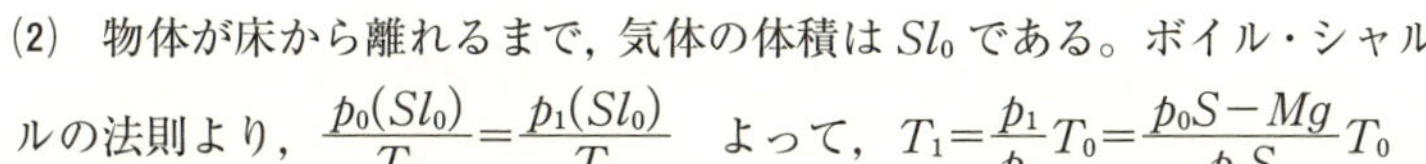

ルの法則より，$\dfrac{p_0(Sl_0)}{T_0}=\dfrac{p_1(Sl_0)}{T_1}$　よって，$T_1=\dfrac{p_1}{p_0}T_0=\dfrac{p_0S-Mg}{p_0S}T_0$

Ⅱ．(1)　ガラス管A中の空気の圧力p_1は，ガラス管Aの底から測った高さa_0の液圧に等しい。また，ガラス管Aの高さa_0の液圧とガラス管Bの高さa_0の液圧は等しく，この高さのガラス管Bの液面からの深さはb_0-a_0だから，

$p_1=p_0+\rho(b_0-a_0)g$

(2)　空気は等温変化をするので，ボイルの法則より，

$p_1S(L-a_0)=p_0S(L-a_1)$　　よって，$a_1=L-\dfrac{p_1}{p_0}(L-a_0)$

Ⅰ．(1)　$p_1=p_0-\dfrac{Mg}{S}$　　(2)　$T_1=\dfrac{p_0S-Mg}{p_0S}T_0$

Ⅱ．(1)　$p_1=p_0+\rho(b_0-a_0)g$　　(2)　$a_1=L-\dfrac{p_1}{p_0}(L-a_0)$

実戦 基礎問 37 熱気球 〈物理

□に入る適切な式を記せ。

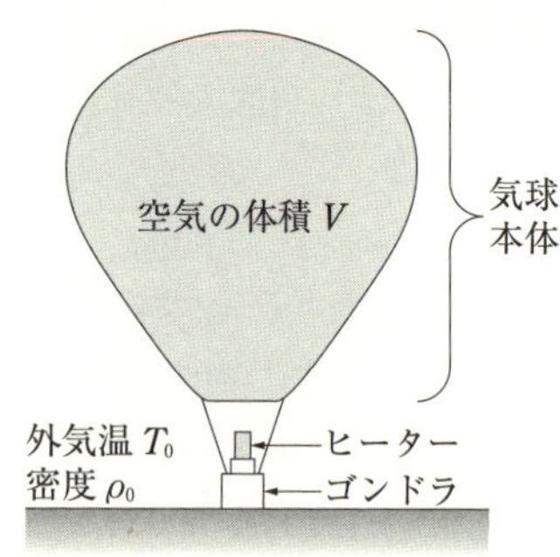

図のような熱気球がある。この熱気球は，熱気をためるための大きな袋である「気球本体」と，ゴンドラおよびヒーター等の装備類からなる。気球本体内の空気の体積 V は一定である。気球本体，ゴンドラおよび装備類の総質量を M とおく。M には気球にためられる空気の質量は含まれない。また，気球本体，ゴンドラおよび装備類に働く浮力は無視する。気球内の空気圧は常に外気と等しい圧力に保つようになっており，ゴンドラ上に装備したヒーターによって，気球内の空気を加熱することができる。いま地表付近での外気の絶対温度が T_0，空気の密度が ρ_0 で一定であると仮定し，重力加速度の大きさを g とする。

はじめ熱気球は接地している。ヒーターを用いて，気球内の空気を加熱し，温度を上昇させる。この熱気球を地上から浮揚させるための絶対温度の条件を以下の手順で求めてみよう。

(1) 気球内の空気の絶対温度を T_0 から T_1 に上昇させた。このとき気球内の空気の密度は □(1)□ となる。

(2) 一方，この熱気球に働く浮力の大きさは □(2)□ である。

(3) 気球内の空気の質量を考慮すると，この熱気球全体にかかる重力は □(3)□ となる。

(4) 以上より，この熱気球が地表から上昇し始めるための条件は $T_1 >$ □(4)□ である。

（青山学院大）

精講 ●**気体の法則**　物質量が一定の気体ではボイル・シャルルの法則が成り立つ。物質量が変化する場合では，気体の密度 ρ，圧力 p および絶対温度 T の間に成り立つ，次の関係式を用いる。

$$\frac{p}{\rho T}=\text{一定}$$

着眼点　この関係式は，物質量が変化する熱気球や，体積を定めることのできない大気の密度に用いる。

【参考】　モル質量 M の分子から成る質量 m の気体の状態方程式(参照 → p.86)

より,

$$pV=\frac{m}{M}RT$$

(p, V, T はそれぞれ気体の圧力, 体積, 絶対温度, R は気体定数)

気体の密度 ρ は, $\rho=\frac{m}{V}$ であるから,

$$\frac{p}{\rho T}=\frac{V}{m}\cdot\frac{mR}{VM}=\frac{R}{M}\quad(=一定)$$

●**浮力**　アルキメデスの原理より, 流体中の物体は, 物体が排除した流体 (密度 ρ_0, 体積 V'＝物体の流体中にある部分の体積) に働いていた重力に等しい大きさの浮力を受ける。

浮力 : $F=\rho_0V'g$

(1) 気球内の空気の圧力は, 常に大気圧 (外気の圧力) と等しく, 一定である。よって, 気球内の空気の密度 ρ と絶対温度 T は次の関係を満たす。

$$\rho T=一定$$

このときの気球内の空気の密度を ρ_1 とすると,

$$\rho_0T_0=\rho_1T_1\qquad よって,\ \rho_1=\frac{T_0}{T_1}\rho_0$$

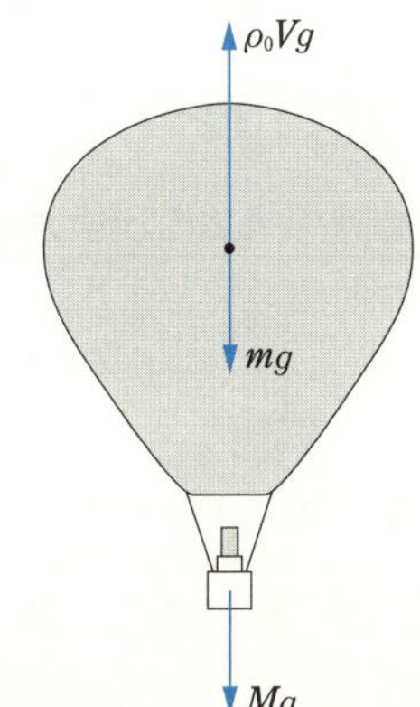

(2) この熱気球に働く浮力の大きさ F は,

$$F=\rho_0Vg$$

(3) 気球内の空気の質量 m は,

$$m=\rho_1V=\frac{T_0}{T_1}\rho_0V$$

この熱気球全体にかかる重力 W は,

$$W=Mg+mg=\left(M+\frac{T_0}{T_1}\rho_0V\right)g$$

(4) この熱気球が地面から上昇し始める条件は, $F>W$ より,

$$\rho_0Vg>\left(M+\frac{T_0}{T_1}\rho_0V\right)g\qquad よって,\ T_1>\frac{\rho_0V}{\rho_0V-M}T_0$$

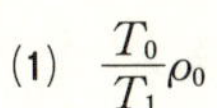

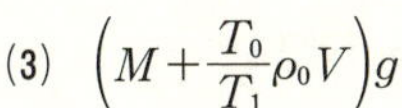

(1) $\frac{T_0}{T_1}\rho_0$　(2) ρ_0Vg　(3) $\left(M+\frac{T_0}{T_1}\rho_0V\right)g$　(4) $\frac{\rho_0V}{\rho_0V-M}T_0$

必修基礎問

38 気体の状態変化と仕事

物理

理想気体が最初，体積 V〔m³〕，圧力 P〔Pa〕，温度 T〔K〕の状態Aにあった。それを，図の P-V グラフのように，圧力一定のまま体積 $2V$〔m³〕の状態B，圧力 $0.2P$〔Pa〕で体積 $2V$〔m³〕の状態C，圧力 $0.2P$〔Pa〕で体積 V〔m³〕の状態D，再び状態Aと変化させた。次の問いに答えよ。ただし，気体定数を R〔J/(mol·K)〕とする。

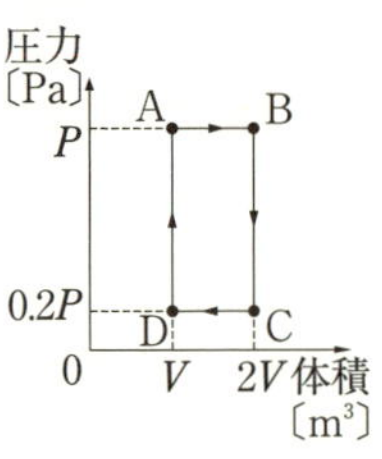

(1) 容器内に気体は何〔mol〕あるか。

(2) 状態変化A→B→C→D→Aにおける圧力と温度の変化を図示せよ。

(3) 状態変化A→Bの過程で，気体がした仕事は何〔J〕か。また，仕事は P-V グラフのどの部分で表されるか，図に斜線で示せ。

(4) 状態Cから気体の体積が V になるまで，(a)定圧変化させた場合，(b)等温変化させた場合，(c)断熱変化させた場合について，気体が外部からされた仕事の大小関係を答えよ。(解答例：(a)>(b)=(c)) （兵庫県大　改）

●**物質量（モル数）** 分子，原子またはイオンのアボガドロ定数個（6.02×10^{23} 個）の集まりを1モル（mol）とする。

●**理想気体の状態方程式** 物質量 n モルの理想気体の圧力を p，体積を V，絶対温度を T とすると，次の関係式が成り立つ。

$$pV=nRT \quad (R：気体定数)$$

着眼点 同じ圧力，温度の気体の物質量はその体積に比例する。

●**気体の4つの状態変化Ⅰ（物質量一定の気体の法則）**

(i) **定積変化** 体積を一定に保った変化

⇨ $\dfrac{p}{T}$=**一定** $(p=kT)$

(ii) **定圧変化** 圧力を一定に保った変化

⇨ $\dfrac{V}{T}$=**一定** $(V=kT)$

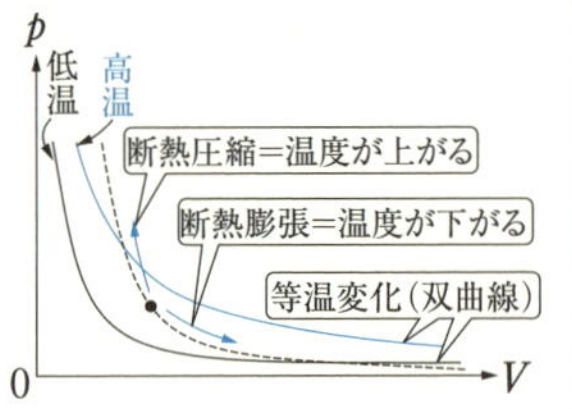

(iii) **等温変化** 温度を一定に保った変化 ⇨ pV=**一定**

(iv) **断熱変化** 熱の出入を断ったゆっくりとした変化

⇨ 断熱膨張では温度が下がり，断熱圧縮では温度が上がる。

⇨ pV^{γ}=**一定** $\left(\gamma は比熱比 \dfrac{C_p}{C_V} で，単原子分子では \dfrac{5}{3} である。\right)$

●気体が外部にした仕事

(仕事の大きさ)＝(p-V グラフと V 軸が囲む面積)

外部にした仕事の符号は，膨張 ⇨ 正，圧縮 ⇨ 負となる。

［注意］ 気体がされた仕事の符号は逆になる。

着眼点 定圧変化の場合の公式（圧力 p で一定）

外部にした仕事：$W=p\varDelta V$ （$\varDelta V$：体積変化）

(1) 気体のモル数を n〔mol〕とすると，状態Aでの気体の状態方程式より，

$$PV=nRT \qquad \text{よって，} n=\frac{PV}{RT}\text{〔mol〕}$$

(2) 状態B，C，Dにおける気体の温度をそれぞれ T_B，T_C，T_D〔K〕とすると，ボイル・シャルルの法則より，

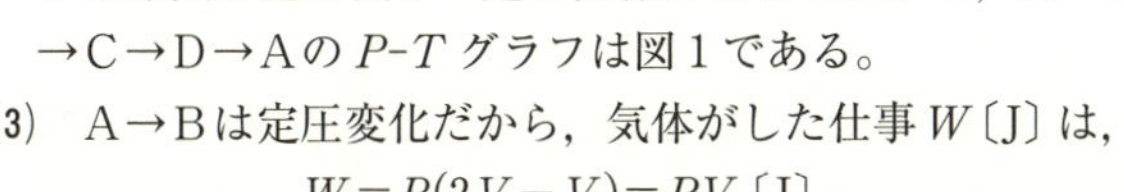

$$\frac{PV}{T}=\frac{P\times 2V}{T_B}=\frac{0.2P\times 2V}{T_C}=\frac{0.2P\times V}{T_D}$$

よって，$T_B=2T$，$T_C=0.4T$，$T_D=0.2T$

また，定積変化では，ボイル・シャルルの法則より，圧力 P と温度 T は比例する。よって，定積変化の，P-T グラフは原点を通る傾き一定の直線となることから，A→B→C→D→Aの P-T グラフは図1である。

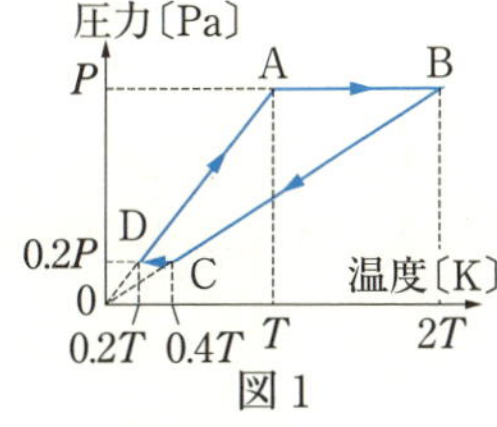

図1

(3) A→Bは定圧変化だから，気体がした仕事 W〔J〕は，

$$W=P(2V-V)=PV\text{〔J〕}$$

で，この仕事は P-V グラフの斜線部分（図2）の面積に等しい。

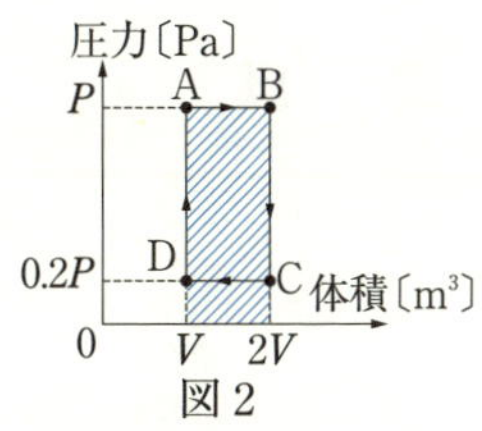

図2

(4) (b)の場合，気体の圧力が P_b となったとすると，ボイルの法則より，

$$P_b\times V=0.2P\times 2V \qquad \text{よって，} P_b=0.4P$$

また，断熱圧縮では気体の温度が上昇するので，(c)の場合の気体の圧力を P_c とすると，$P_c>P_b$ である。(b)，(c)の場合の P-V グラフは図3となる。気体がされた仕事は，P-V グラフの面積に等しいから，その大小関係は，(c)>(b)>(a) である。

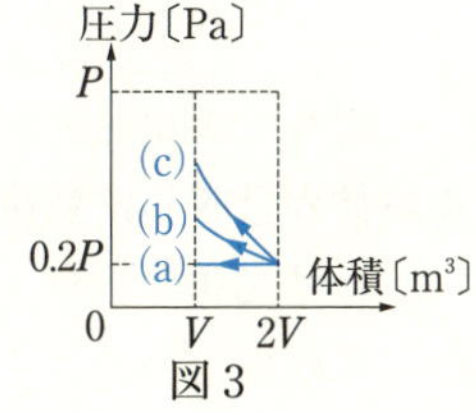

図3

(1) $\dfrac{PV}{RT}$〔mol〕 (2) 解説の図1

(3) 仕事：PV〔J〕，解説の図2の斜線部分 (4) (c)>(b)>(a)

6. 熱力学と分子の運動

必修基礎問 39 熱力学第1法則 〈物理

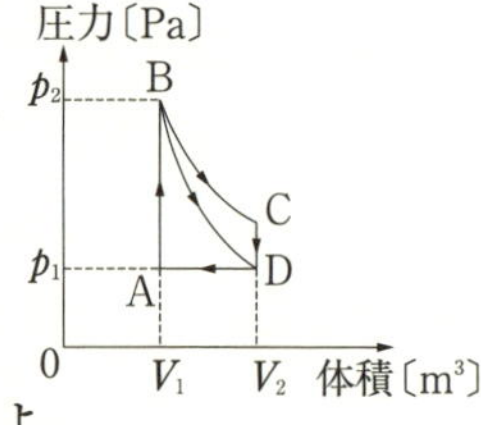

単原子分子の理想気体をピストンの付いた容器に入れ，その状態を図の(a)A→B→C→D→A，(b)A→B→D→A と2つの経路にそって変化させた。ここでB→Cは等温変化，B→Dは断熱変化である。

図に与えられた p_1〔Pa〕，p_2〔Pa〕，V_1〔m³〕，V_2〔m³〕を用いて，以下の問いに符号に注意して答えよ。

(1) A→Bの変化において，気体に与えた熱量〔J〕を求めよ。

(2) D→Aの変化において，気体に与えた熱量〔J〕を求めよ。

(3) B→Cの等温膨張において，気体に与えた熱量に相当する p-V グラフの面積を図に斜線で示せ。

(4) 気体の断熱膨張において，温度が下がる理由を簡潔に説明せよ。

(5) B→Dの断熱膨張において，気体が外部にした仕事〔J〕を求めよ。

（金沢大）

精講 **●気体のモル比熱** 1モルの気体の温度を1〔K〕上昇させるのに要する熱量のこと。定積変化の場合を定積モル比熱，定圧変化の場合を定圧モル比熱という。

気体分子の種類	単原子分子	2原子分子
定積モル比熱 C_V	$\frac{3}{2}R$	$\frac{5}{2}R$
定圧モル比熱 C_p	$\frac{5}{2}R$	$\frac{7}{2}R$

（R：気体定数）

定積モル比熱と定圧モル比熱の関係：$C_p=C_V+R$ （マイヤーの関係）

●気体が吸収した熱量 気体の物質量を n，温度変化を $\varDelta T$ とすると，

定積変化の場合：吸収した熱量 $Q=nC_V\varDelta T$

定圧変化の場合：吸収した熱量 $Q=nC_p\varDelta T$

●気体の内部エネルギーとその変化量

気体の内部エネルギー：$U=nC_VT$ （T：気体の絶対温度）

気体の内部エネルギーの変化量：$\varDelta U=nC_V\varDelta T$ （$\varDelta T$：気体の温度変化）

着眼点 1. 上式は定積変化以外の状態変化でも成り立ち，単原子分子の理想気体の場合，$U=\frac{3}{2}nRT$，$\varDelta U=\frac{3}{2}nR\varDelta T$ となる。

2．気体の温度の上昇，下降は ΔU の符号でわかる。

●**熱力学第1法則**　気体が吸収した熱量を Q，内部エネルギーの変化量を ΔU，外部にした仕事を W とすると，

$$Q=\Delta U+W$$

Point 26

気体の4つの状態変化は固有の公式で攻略

(→参照 p. 86，p. 91)

(1)　気体の物質量を n〔mol〕，気体定数を R〔J/mol·K〕，状態A，Bの気体の絶対温度をそれぞれ T_A，T_B〔K〕とすると，気体に与えた熱量 Q_1〔J〕は，定積変化の場合の熱量の公式およびA，Bの気体の状態方程式より，

$$Q_1=\frac{3}{2}nR(T_B-T_A)=\frac{3}{2}(p_2V_1-p_1V_1)=\frac{3}{2}(p_2-p_1)V_1\text{〔J〕}$$

(2)　状態Dの気体の絶対温度を T_D〔K〕とすると，気体に与えた熱量 Q_2〔J〕は，定圧変化の場合の熱量の公式およびA，Dの気体の状態方程式より，

$$Q_2=\frac{5}{2}nR(T_A-T_D)=\frac{5}{2}p_1(V_1-V_2)=-\frac{5}{2}p_1(V_2-V_1)\text{〔J〕}$$

$V_2>V_1$ より $Q_2<0$ であり，気体に与えた熱量は負，すなわち，気体は熱量を奪われたことがわかる。

(3)　等温変化では内部エネルギーの変化量は0だから，B→Cで気体に与えた熱量 Q_3〔J〕は，気体が外部にした仕事に等しい。よって，Q_3 に相当する面積は右図の斜線部分。

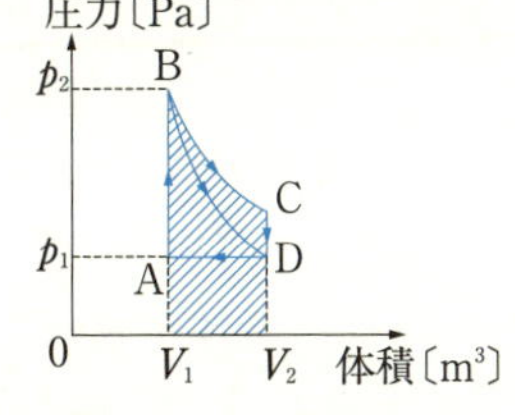

(4)　B→Dにおける気体の内部エネルギーの変化量を ΔU〔J〕，外部にした仕事を W〔J〕とすると，$W>0$ だから，熱力学第1法則より，

$0=\Delta U+W$　　よって，$\Delta U=-W<0$　……①

内部エネルギーの変化量 ΔU は温度変化に比例するから，温度は下がる。

(5)　①式，内部エネルギーの変化量の公式およびB，Dの気体の状態方程式より，

$$W=-\Delta U=-\frac{3}{2}nR(T_D-T_B)=\frac{3}{2}(p_2V_1-p_1V_2)\text{〔J〕}$$

(1)　$\frac{3}{2}(p_2-p_1)V_1$〔J〕　(2)　$-\frac{5}{2}p_1(V_2-V_1)$〔J〕

(3)　解説図の斜線部分　(4)　解説参照　(5)　$\frac{3}{2}(p_2V_1-p_1V_2)$〔J〕

必修基礎問 40 気体の熱サイクル

ピストンのついたシリンダーに定積モル比熱が $\frac{3}{2}R$ の理想気体を一定量 n〔mol〕入れ，その圧力 p と体積 V を，図に示すようにA→B→C→Aと変化させる。ここで，B→Cは断熱変化で，状態Cの温度は状態Bの温度の0.64倍となった。状態Aの圧力および体積を p_0 および V_0，状態Bの圧力を $3.0p_0$ としたとき，以下の問いに p_0，V_0 を用いて答えよ。ただし，R は気体定数である。

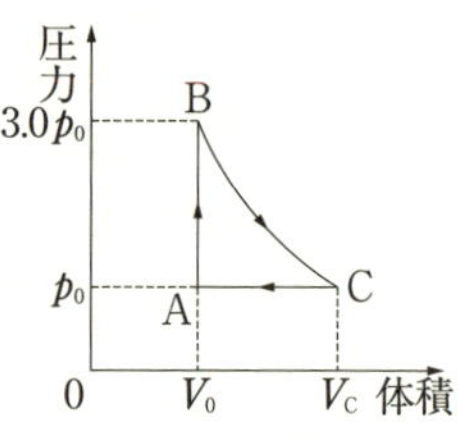

(1) A→Bの変化で気体に加えられた熱量 Q_{AB} を求めよ。

(2) B→Cの変化で気体がなした仕事 W_{BC} を求めよ。

(3) C→Aの変化で気体がなした仕事 W_{CA} を求めよ。

(4) A→B→C→Aのサイクルを熱機関と考えた場合に，熱効率 e を計算して有効数字2桁で％で表せ。 （電通大）

精講 ●**熱サイクル**　はじめの状態からいくつかの状態変化を経て，再びはじめの状態に戻る変化のこと。熱力学第1法則は各状態変化で成り立つので，それらの和，すなわち，熱サイクル全体でも成り立つ。

1サイクルでの温度変化は0

⇨ 1サイクルの内部エネルギーの変化 $\Delta U_c=0$

⇨ 1サイクルの熱力学第1法則 $Q_c=W_c$

（Q_c：気体が吸収した正味の熱量，W_c：気体がした正味の仕事）

着眼点　1サイクルで気体がした正味の仕事 W_c の大きさ

⇨ p-V グラフが囲む面積

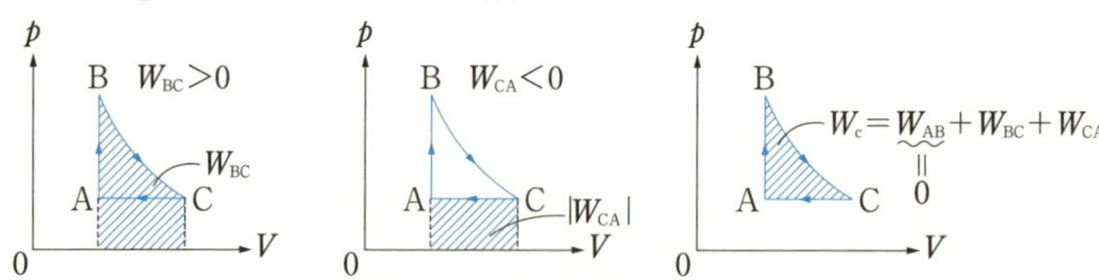

●**熱効率**　1サイクルで，気体が実際に吸収した熱量を Q，気体がした正味の仕事（＝実際にした仕事－実際にされた仕事）を W_c とすると，この熱機関の効率 e は，

$$e=\frac{W_c}{Q}$$

●気体の 4 つの状態変化Ⅱ（熱力学第 1 法則）

(i) **定積変化**　$(\Delta V=0)$ ⇨ $W=0,\ Q=\Delta U=nC_V\Delta T$

(ii) **定圧変化** ⇨ $W=p\Delta V=nR\Delta T$

$Q=\Delta U+W=nC_p\Delta T\quad(C_p=C_V+R)$

(iii) **等温変化**　$(\Delta T=0)$ ⇨ $\Delta U=0,\ Q=W$

(iv) **断熱変化** ⇨ $Q=0,\ W=-\Delta U=-nC_V\Delta T$

（Q：気体が吸収した熱量，ΔU：気体の内部エネルギーの変化量
W：気体が外部にした仕事，n：気体のモル数，R：気体定数
ΔT：温度変化，ΔV：体積変化，p：一定の圧力
C_V：定積モル比熱，C_p：定圧モル比熱）

状態 A，B の気体の温度を T_A，T_B とすると，A，B，C の気体の状態方程式は，

$$\left.\begin{aligned}&A: p_0V_0=nRT_A\\&B: 3.0p_0V_0=nRT_B\\&C: p_0V_C=nR(0.64T_B)\end{aligned}\right\}\ \cdots\cdots①$$

(1) A→B は定積変化だから，

$$Q_{AB}=\frac{3}{2}nR(T_B-T_A)$$

①式より，$Q_{AB}=\frac{3}{2}(3.0p_0V_0-p_0V_0)=3.0p_0V_0$

(2) B→C での内部エネルギーの変化量を ΔU_{BC} とすると，B→C は断熱変化だから，熱力学第 1 法則より，

$$0=\Delta U_{BC}+W_{BC}\qquad よって，W_{BC}=-\Delta U_{BC}$$

①式より，$W_{BC}=-\frac{3}{2}nR(0.64T_B-T_B)=0.54nRT_B=1.62p_0V_0\fallingdotseq1.6p_0V_0$

(3) C→A は定圧変化だから，①式より，

$$W_{CA}=p_0(V_0-V_C)=p_0V_0-0.64nRT_B=p_0V_0-1.92p_0V_0=-0.92p_0V_0$$

(4) A→B は定積変化だから，気体がなした仕事は $W_{AB}=0$ である。熱効率の公式より，気体が実際に熱量を吸収したのは A→B だけなので，

$$e=\frac{W_{AB}+W_{BC}+W_{CA}}{Q_{AB}}\times100=\frac{1.62p_0V_0+(-0.92p_0V_0)}{3.0p_0V_0}\times100\fallingdotseq23〔\%〕$$

［注意］　四捨五入による誤差を小さくするため，W_{BC} には 3 桁の値を代入する。

(1) $Q_{AB}=3.0\,p_0V_0$　(2) $W_{BC}=1.6\,p_0V_0$　(3) $W_{CA}=-0.92\,p_0V_0$
(4) $e=23〔\%〕$

実戦基礎問 41 ばね付きピストン

物理

右図のような，シリンダーとなめらかに動くピストンからなる断熱容器があり，ピストンにはばねが付けられている。また，シリンダーにはヒーターが付けられており，断熱容器に閉じ込められた単原子分子の理想気体に外部から熱を加えることができる。さらに，シリンダーにはコックが付けられている。

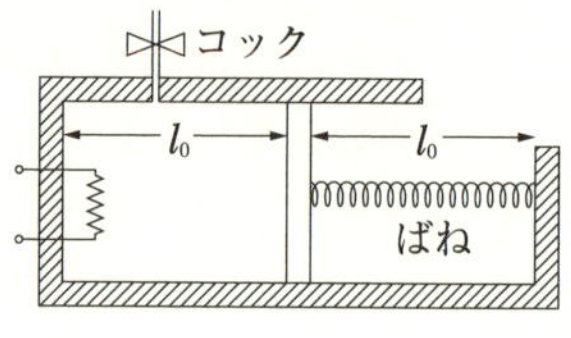

最初にコックは開かれており，容器内の気体の圧力は大気圧と同じであった。このとき，シリンダーの気体の部分の長さとばねの長さはともに l_0 であり，ばねは自然の長さであった。また，シリンダーの断面積を S，大気圧を p_0，室温を絶対温度で T_0 とする。

(1) コックを閉じ，ヒーターによって熱を与えて容器内の気体を膨張させる。容器内の気体の圧力が $\frac{3}{2}p_0$ となったとき，ばねの長さは $\frac{1}{2}l_0$ となった。ばね定数は $\frac{p_0S}{l_0}$ の何倍か。

(2) このとき，容器内の気体の絶対温度は T_0 の何倍か。

(3) この間に容器内部の気体は，外部（大気とばね）に対して仕事をする。この仕事は p_0Sl_0 の何倍か。

(4) この間にヒーターが与えた熱量は p_0Sl_0 の何倍か。　（センター試験　改）

精講

●仕事とエネルギーの保存　気体がする仕事は力学的仕事である。したがって，この仕事は気体が力を及ぼす物体の力学的エネルギーの変化量および大気にした仕事の和として求めることができる。

$$(\text{気体がする仕事})=\begin{pmatrix}\text{力を受ける物体の}\\\text{力学的エネルギーの変化量}\end{pmatrix}+(\text{大気にする仕事})$$

解説

(1) ばねは自然長から $\frac{l_0}{2}$ 縮んだことから，ばね定数を k とすると，ピストンに働く力（右図）のつりあいより，

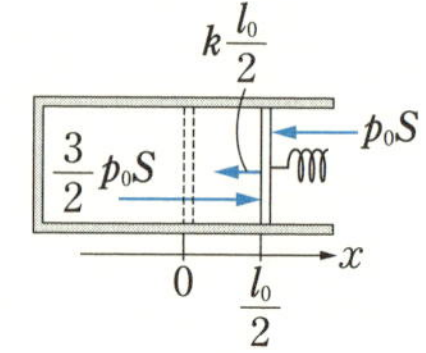

$$k\frac{l_0}{2}+p_0S=\frac{3}{2}p_0S$$

よって，$k=\frac{p_0S}{l_0}$　……①

(2) 容器内の気体の体積は $\frac{3}{2}Sl_0$ となった。容器内の気体の絶対温度を T_1 とすると，ボイル・シャルルの法則より，

$$\frac{p_0(Sl_0)}{T_0}=\frac{\frac{3}{2}p_0\left(\frac{3}{2}Sl_0\right)}{T_1} \qquad \text{よって，} T_1=\frac{9}{4}T_0$$

(3) 題意より，容器内の気体が外部にした仕事 W は，一定圧力 p_0 の大気にした仕事とばねにした仕事，すなわち，ばねの弾性力による位置エネルギーの増加分の和であるから，①式より，

$$W=p_0\left(S\cdot\frac{l_0}{2}\right)+\frac{1}{2}k\left(\frac{l_0}{2}\right)^2=\frac{5}{8}p_0Sl_0$$

［別解］ (3) 気体が外部にした仕事は，p-V グラフの面積で求められる。ばねの自然長からの縮みが x のときの気体の圧力を p とすると，ピストンに働く力（右図）のつりあいより，

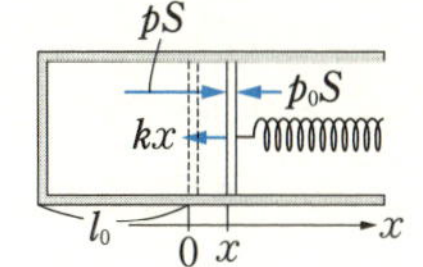

$$pS=p_0S+kx$$

①式より，

$$p=p_0+\frac{p_0}{l_0}x \quad \left(0\leqq x\leqq\frac{l_0}{2}\right)$$

また，気体の体積は $S(l_0+x)$ だから，p-V グラフは右図の実線となる。よって，気体のした仕事 W は，右図の斜線部分の面積より，

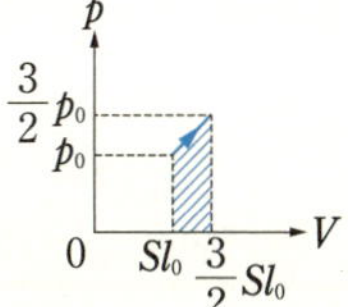

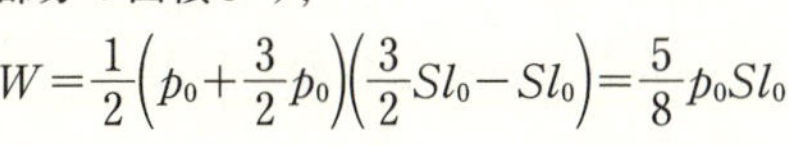

$$W=\frac{1}{2}\left(p_0+\frac{3}{2}p_0\right)\left(\frac{3}{2}Sl_0-Sl_0\right)=\frac{5}{8}p_0Sl_0$$

(4) 容器内の気体の物質量を n，気体定数を R とすると，気体の内部エネルギーの変化量 ΔU は，気体の状態方程式より，

$$\Delta U=\frac{3}{2}nR(T_1-T_0)=\frac{3}{2}\left\{\frac{3}{2}p_0\left(\frac{3}{2}Sl_0\right)-p_0Sl_0\right\}=\frac{15}{8}p_0Sl_0$$

よって，気体に与えた熱量 Q は，熱力学第1法則より，

$$Q=\Delta U+W=\frac{15}{8}p_0Sl_0+\frac{5}{8}p_0Sl_0=\frac{5}{2}p_0Sl_0$$

(1) 1倍　(2) $\frac{9}{4}$ 倍　(3) $\frac{5}{8}$ 倍　(4) $\frac{5}{2}$ 倍

必修
基礎問

42 断熱自由膨張，断熱混合

物理

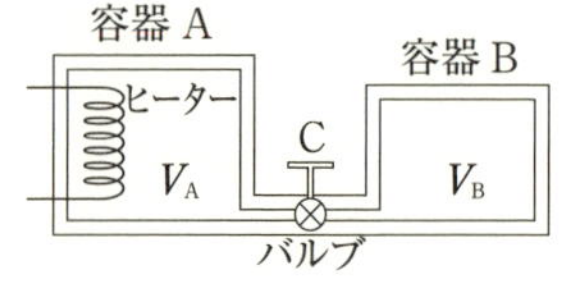

図に示すように，A，B 二つの容器が，バルブ C の付いた細い管でつながれている。A，B の容積はそれぞれ V_A〔m^3〕，V_B〔m^3〕である。はじめ，バルブは閉められており，容器 A の中には n〔mol〕の単原子分子理想気体が，温度 T_0〔K〕の状態にあり，容器 B の中は真空である。

容器 A の内部にはヒーターが取り付けられている。容器 A，B とバルブおよび細い管は断熱材でできている。また，バルブと細い管の部分の容積とヒーターの体積および熱容量は無視できるものとし，気体定数を R〔J/(mol·K)〕，単原子分子理想気体の定積モル比熱を $\frac{3}{2}R$〔J/(mol·K)〕として，次の問いに答えよ。

(1) はじめ，容器 A の中にある気体の内部エネルギー〔J〕の値はいくらか。

(2) バルブ C を開いて全体の状態が一様になったときの気体の圧力〔Pa〕の値はいくらか。

次にバルブを閉じて容器 A 内の気体をヒーターで，温度 T_A〔K〕になるまで加熱した後，再びバルブを開いて，全体を一様な状態にした。

(3) このときの気体の温度〔K〕の値はいくらか。

(4) このときの気体の圧力〔Pa〕の値はいくらか。 (東海大)

精講

●気体の混合 I 各容器の温度を一定に保つ場合，つないだ容器 A，B 内の気体は，モル数の和が一定で，圧力 p が等しくなる。

$$\frac{pV_A}{RT_A}+\frac{pV_B}{RT_B}=\text{一定}$$

（V，T はそれぞれの容器内の気体の体積，絶対温度，R は気体定数）

●気体の混合 II 全体が断熱されている場合，混合の前後において内部エネルギーの和が保存され，混合後の温度 T' が等しくなる。単原子分子気体の場合，

$$\underbrace{\frac{3}{2}n_ART_A+\frac{3}{2}n_BRT_B}_{\text{(混合前)}}=\underbrace{\frac{3}{2}(n_A+n_B)RT'}_{\text{(混合後)}}$$

（n，T はそれぞれの容器内の気体の混合前の物質量，絶対温度，R は気体定数）

【参考】 気体全体の体積変化は0だから，仕事は0であり，吸収した熱量も0であるから，熱力学第1法則より，

$$0=\Delta U_{\mathrm{A}}+\Delta U_{\mathrm{B}}=\Delta(U_{\mathrm{A}}+U_{\mathrm{B}}) \qquad よって，U_{\mathrm{A}}+U_{\mathrm{B}}=一定$$

（U，ΔU はそれぞれ気体の内部エネルギーとその変化量）

●**断熱自由膨張** 全体が断熱された状態で，一方の容器の中の気体が，他方の真空の容器に拡散する状態変化で，その前後で，気体の温度は変化しない。

【参考】 気体は真空に拡散するとき，仕事をしない。また，吸収した熱量も0であるから，熱力学第1法則より，

$$0=\Delta U_{\mathrm{A}}=nC_V\Delta T_{\mathrm{A}} \qquad よって，\Delta T_{\mathrm{A}}=0$$

（n，C_V，ΔT_{A} はそれぞれ気体の物質量，定積モル比熱，温度変化）

(1) 容器Aの中の気体の内部エネルギー U_{A}〔J〕は，公式より，

$$U_{\mathrm{A}}=\frac{3}{2}nRT_0\ 〔\mathrm{J}〕$$

(2) 容器Bが真空だから，気体は断熱自由膨張をする。この変化で，気体の温度は変化しないので，全体の状態が一様になったときの気体の絶対温度は T_0，体積は $V_{\mathrm{A}}+V_{\mathrm{B}}$ である。この状態の気体の圧力を P_1〔Pa〕とすると，気体の状態方程式より，

$$P_1(V_{\mathrm{A}}+V_{\mathrm{B}})=nRT_0 \qquad よって，P_1=\frac{nRT_0}{V_{\mathrm{A}}+V_{\mathrm{B}}}\ 〔\mathrm{Pa}〕$$

(3) (2)でA，Bの中の気体の物質量 n_{A}，n_{B}〔mol〕は，全体に占めるA，Bの体積の割合で決まるから，

$$n_{\mathrm{A}}=\frac{V_{\mathrm{A}}}{V_{\mathrm{A}}+V_{\mathrm{B}}}n\ 〔\mathrm{mol}〕,\quad n_{\mathrm{B}}=\frac{V_{\mathrm{B}}}{V_{\mathrm{A}}+V_{\mathrm{B}}}n\ 〔\mathrm{mol}〕 \quad \cdots\cdots①$$

混合後の気体の絶対温度を T_2〔K〕，圧力を P_2〔Pa〕とする。断熱された状態で気体を混合するとき，気体の内部エネルギーの和が保存されることから，

$$\frac{3}{2}n_{\mathrm{A}}RT_{\mathrm{A}}+\frac{3}{2}n_{\mathrm{B}}RT_0=\frac{3}{2}nRT_2 \quad \cdots\cdots②$$

①，②式より，

$$T_2=\frac{n_{\mathrm{A}}T_{\mathrm{A}}+n_{\mathrm{B}}T_0}{n}=\frac{V_{\mathrm{A}}T_{\mathrm{A}}+V_{\mathrm{B}}T_0}{V_{\mathrm{A}}+V_{\mathrm{B}}}\ 〔\mathrm{K}〕$$

(4) 気体の状態方程式より，

$$P_2(V_{\mathrm{A}}+V_{\mathrm{B}})=nRT_2$$

よって，$P_2=\dfrac{nRT_2}{V_{\mathrm{A}}+V_{\mathrm{B}}}=\dfrac{nR(V_{\mathrm{A}}T_{\mathrm{A}}+V_{\mathrm{B}}T_0)}{(V_{\mathrm{A}}+V_{\mathrm{B}})^2}$〔Pa〕

(1) $\dfrac{3}{2}nRT_0$〔J〕 (2) $\dfrac{nRT_0}{V_{\mathrm{A}}+V_{\mathrm{B}}}$〔Pa〕 (3) $\dfrac{V_{\mathrm{A}}T_{\mathrm{A}}+V_{\mathrm{B}}T_0}{V_{\mathrm{A}}+V_{\mathrm{B}}}$〔K〕

(4) $\dfrac{nR(V_{\mathrm{A}}T_{\mathrm{A}}+V_{\mathrm{B}}T_0)}{(V_{\mathrm{A}}+V_{\mathrm{B}})^2}$〔Pa〕

43 気体分子の衝突と力積

物理

次の文章の［　　］の中を適当な式でうめよ。

1辺の長さがLの立方体の容器に，N個の分子からなる理想気体が閉じ込められている。この気体の圧力について考える。

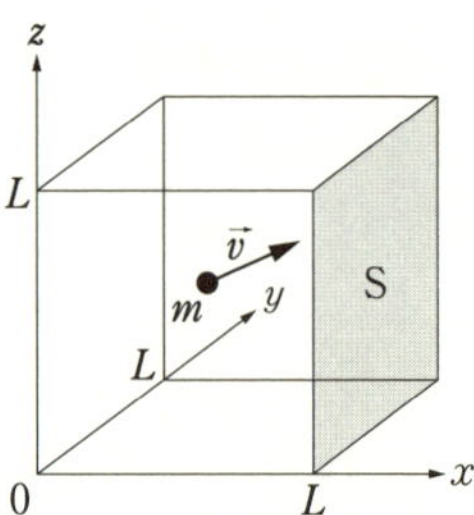

図のように，質量 m で速度 $\vec{v}=(v_x,\ v_y,\ v_z)$ をもつ気体分子が，x 軸方向の速度成分 v_x で，x 軸に垂直な壁Sに完全弾性衝突したとする。この分子による1回の衝突で壁が受ける力積は［(1)］となる。この分子が壁Sと単位時間あたりに衝突する回数は［(2)］であるので，壁Sがこの分子から受ける力は［(3)］である。壁Sが気体から受ける力を計算するためには，この力をN個の気体分子について足し合わせればよい。全気体分子についての $v_x{}^2$ の総和を，$v_x{}^2$ の平均値 $\overline{v_x{}^2}$ を使って $N\overline{v_x{}^2}$ とおき換える。また，運動の等方性から $\overline{v_x{}^2}=\overline{v_y{}^2}=\overline{v_z{}^2}$ に注意すると $\overline{v_x{}^2}$ は速度の2乗平均値 $\overline{v^2}$ と

$\overline{v_x{}^2}=\dfrac{1}{3}(\overline{v_x{}^2}+\overline{v_y{}^2}+\overline{v_z{}^2})=\dfrac{1}{3}\overline{v^2}$ の関係をもつ。これらの結果から，$\overline{v^2}$ を用いると，壁SがN個の気体分子から受ける力は［(4)］となり，気体の圧力は［(5)］とかける。

(新潟大)

●気体分子の運動　気体が容器の壁に及ぼす圧力は，気体分子が壁に衝突する際に与える力積によって説明できる。また，気体の状態方程式(→参照 p.86)より，分子の平均運動エネルギーや2乗平均速度が，気体の絶対温度だけで決まることがわかる。これより，分子の運動エネルギーの総和である単原子分子からなる理想気体の内部エネルギーも，絶対温度だけで決まる。

気体分子の運動の考え方

(i)　**単位時間に分子が容器の壁に与える力積の大きさ ＝ 力の大きさ**

(ii)　**圧力pと力Fの関係：$p=\dfrac{F}{S}$**　(S：容器の壁の面積)

(iii)　**状態方程式と比較** ⇨ 分子の平均運動エネルギーが求まる

(iv)　**〔単原子分子の理想気体の場合〕**
内部エネルギー ＝ 分子の平均運動エネルギーの総和

着眼点 (ii)〜(iv)は方針に従って計算すればよい。

Point 27

気体分子の運動の攻略 ⟹ (i)を分解して理解する

(単位時間に分子が壁に与える力積)

= (1回の衝突で分子が与える力積)×(単位時間あたりの衝突回数)×(分子数)

平均をとる

(力積と運動量の関係 → 参照 p. 42)

● **気体分子の平均運動エネルギー**

$\frac{1}{2}m\overline{v^2}=\frac{3}{2}kT$ $\left(k=\frac{R}{N_A}\right.$：ボルツマン定数$\left.\right)$

(R：気体定数，N_A：アボガドロ定数，T：気体の絶対温度)

● **気体分子の2乗平均速度** $\sqrt{\overline{v^2}}=\sqrt{\frac{3RT}{M\times10^{-3}}}$

(M：分子量，すなわち気体1モルの質量〔g/mol〕)

(1) 1回の衝突で壁が受ける力積 i は，分子が受けた力積と大きさが等しく，逆向きだから，

$i=-\{m(-v_x)-mv_x\}=2mv_x$

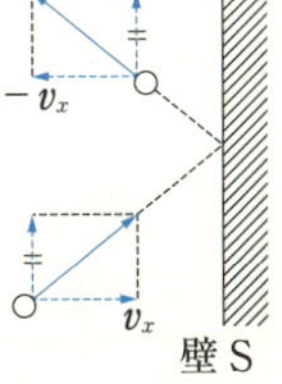

(2) 分子は x 軸方向に往復して距離 $2L$ 進むごとに壁Sと衝突するから，単位時間あたりに衝突する回数 ν は，

$\nu=\frac{v_x}{2L}$

(3) 壁Sがこの分子から受ける力 f は，壁Sがこの分子から単位時間に受ける力積に等しいので，$f=i\nu=\frac{m{v_x}^2}{L}$

(4) 壁Sが N 個の気体分子から受ける力 F は，

$F=N\overline{f}=\frac{Nm\overline{{v_x}^2}}{L}=\frac{Nm\overline{v^2}}{3L}$

(5) 気体の圧力 p は，$p=\frac{F}{L^2}=\frac{Nm\overline{v^2}}{3L^3}$

【参考】 さらに気体の状態方程式を用いると，気体分子の平均運動エネルギーの式が得られる。気体定数を R，アボガドロ定数を N_A として，

$\frac{Nm\overline{v^2}}{3L^3}\cdot L^3=\frac{N}{N_A}\cdot R\cdot T$ よって，$\frac{1}{2}m\overline{v^2}=\frac{3R}{2N_A}T$

(1) $2mv_x$ (2) $\frac{v_x}{2L}$ (3) $\frac{m{v_x}^2}{L}$ (4) $\frac{Nm\overline{v^2}}{3L}$ (5) $\frac{Nm\overline{v^2}}{3L^3}$

実戦基礎問 44 断熱変化と分子の運動 〈物理

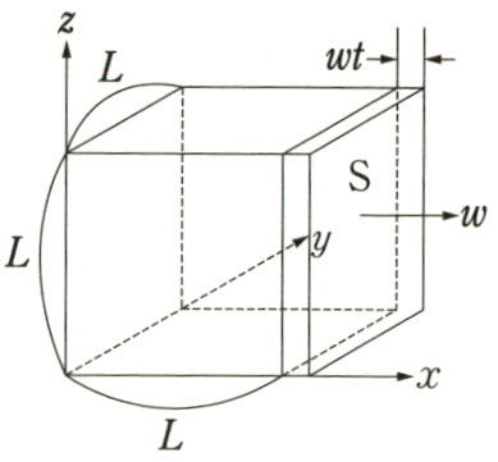

図のように，1辺の長さ L，体積 $V(=L^3)$ の立方体の容器に質量 m の単原子分子 N 個からなる理想気体を入れたとき，理想気体の絶対温度は T であった。分子の速度の2乗平均を $\overline{v^2}$，気体定数を R，アボガドロ定数を N_0 とすると，理想気体の圧力 p は，状態方程式および分子の与える力積より，$p=\dfrac{NRT}{N_0V}=\dfrac{Nm\overline{v^2}}{3V}$ ……① で与えられる。

気体分子は壁と完全弾性衝突をするが，分子どうしの衝突はないものとする。図のように，x，y，z 軸をとり x 軸に垂直な右側の壁をSとする。次の文中の［　　］に適する式を記入せよ。ただし，p を用いてはならない。

気体が断熱膨張し壁Sがゆっくりとした速度 w で短い時間 t だけ右向きに動いたとする。ただし，w は v_x に比べ，wt は L に比べそれぞれ非常に小さいとする。壁Sに衝突する前の分子の速度の x 成分を v_x とすると，衝突後の速度の x 成分 v_x' は $v_x'=$［(1)］である。w^2 に比例する項は小さいとして無視すると，この1回の衝突で失われる運動エネルギー Δu は $\Delta u=$［(2)］である。分子が時間 t の間に壁Sに衝突する回数は壁Sが静止しているときと同じであるとし，また，$\overline{v_x{}^2}=\dfrac{1}{3}\overline{v^2}$ の関係も成り立つとしたとき，時間 t の間に N 個の分子が動く壁Sとの衝突によって失う運動エネルギーの総和 ΔU は，$\Delta U=$［(3)］となる。内部エネルギー U が $U=\dfrac{3NR}{2N_0}T$ であることから，内部エネルギーの減少量が温度の減少量に比例することがわかる。また，①式および微小体積変化 ΔV が wtL^2 で与えられることを使うと，理想気体の温度 T は断熱膨張により，$\Delta T=$［(4)］$\times\Delta V$ だけ変化することがわかる。

（東京理大　改）

精講 ●**断熱変化と分子の運動**　気体が断熱膨張すると，気体の温度が下がる。これは，気体分子が遠ざかる向きに運動するピストンと衝突して，気体分子の速さが減少し，気体の内部エネルギー（単原子分子の場合は，気体分子の運動エネルギーの総和）が減少することで説明できる。

(1) 反発係数1より，

$$1=-\frac{v_x'-w}{v_x-w} \qquad よって，\ v_x'=-(v_x-2w)$$

(2) 1回の衝突で失われる運動エネルギー $\varDelta u$ は，

$$\varDelta u=\frac{1}{2}mv_x^2-\frac{1}{2}m\{-(v_x-2w)\}^2=2m(v_xw-w^2)$$

題意より，w^2 の項を無視すると，

$$\varDelta u \fallingdotseq 2mv_xw$$

(3) 題意より，時間 t の間に壁に衝突する回数 ν は，$\nu=\dfrac{v_xt}{2L}$ である。よって，1分子が時間 t の間に失う運動エネルギー $\varDelta U_1$ は，

$$\varDelta U_1=\varDelta u\cdot\nu=\frac{mv_x^2wt}{L}$$

よって，

$$\varDelta U=N\cdot\overline{\varDelta U_1}=\frac{Nm\overline{v_x^2}wt}{L}$$

$\overline{v_x^2}=\dfrac{1}{3}\overline{v^2}$ であるから，

$$\varDelta U=\frac{Nm\overline{v^2}wt}{3L}$$

(4) $wtL^2=\varDelta V$ であり，①式より $\dfrac{Nm\overline{v^2}}{3L^3}=\dfrac{NRT}{N_0V}$ であるから，(3)の結果より，

$$\varDelta U=\frac{Nm\overline{v^2}}{3L^3}\times wtL^2=\frac{NRT}{N_0V}\varDelta V \quad \cdots\cdots②$$

気体の温度変化 $\varDelta T$ を用いると，内部エネルギーの減少量 $\varDelta U$ は，

$$\varDelta U=-\frac{3NR}{2N_0}\varDelta T \quad \cdots\cdots③$$

②，③式より，

$$-\frac{3NR}{2N_0}\varDelta T=\frac{NRT}{N_0V}\varDelta V \qquad よって，\ \varDelta T=-\frac{2T}{3V}\varDelta V$$

発展 この関係は，断熱変化におけるポアソンの法則 $TV^{\gamma-1}=$一定 の単原子分子の場合$\left(\gamma-1=\dfrac{2}{3}\right)$の関係を示している。

(1) $-(v_x-2w)$ (2) $2mv_xw$ (3) $\dfrac{Nm\overline{v^2}wt}{3L}$ (4) $-\dfrac{2T}{3V}$

演習問題

⇨ 解答は264ページ

13 次の文章を読み，それぞれの問いに答えよ。

断熱材でおおわれた底面ヒーター付き銅製容器に，−20.0〔°C〕の氷 60.0〔g〕が入っている。これに 80.0〔°C〕の水 200〔g〕を入れ，氷が融けて一定温度になるまでかき混ぜた。ここで銅製容器の質量は 200〔g〕，ヒーターの熱容量は無視するものとし，水面での熱の出入り，およびかくはんによる熱の出入りはないものとする。また，銅の比熱は 0.390〔J/(g·K)〕，氷の比熱は 2.10〔J/(g·K)〕，水の比熱は 4.20〔J/(g·K)〕，氷の融解熱は 3.35×10^2〔J/g〕とする。

(1) 銅製容器の熱容量は何〔J/K〕か。

(2) かき混ぜた後の水温は何〔°C〕か。

(3) その後，底面ヒーターに電流を流し，かき混ぜながら 500〔W〕の電力(仕事率)で 1 分間加熱した。水温は何〔°C〕上昇したか。

(弘前大)

14 温度を自由に設定できる部屋に，上側に口の開いている容器が置いてある。図 1 に示すように，はじめに部屋の温度を T_1〔K〕に保った(状態 1)。次に，容器の口を開けたまま，ゆっくり時間をかけて温度を上げ，温度 T_2〔K〕にした(状態 2)。この状態で，空気の漏れがないように容器の口にフタをのせて，ゆっくり時間をかけて温度を下げ，図 2 に示すように再び温度 T_1 にした(状態 3)。

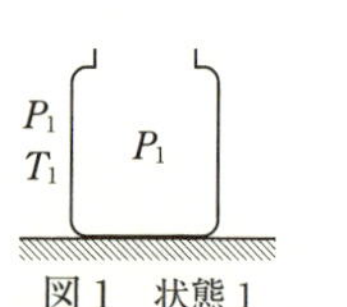

図 1　状態 1

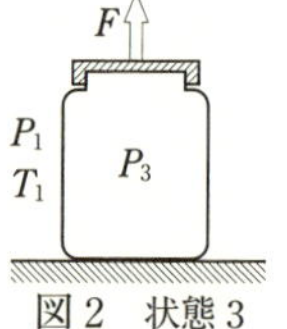

図 2　状態 3

部屋の空気は理想気体であり，圧力は P_1〔Pa〕で一定，気体定数を R〔J/(mol·K)〕として，以下の問いに答えよ。ただし，容器は熱を通しやすい材質でできているものとし，また，温度や圧力の変化による容器やフタの変形は無いものとする。

(1) 状態 1 で容器に 1 モルの空気が入っていた。この容器の容積 V〔m^3〕はいくらか。P_1，R，T_1 を用いて表せ。

(2) 状態 1 で容器に入っていた空気の一部が，状態 2 に変化する過程で容器から逃げた。この逃げた空気のモル数 Δn〔mol〕を T_1，T_2 を用いて表せ。

(3) 状態 3 の圧力 P_3〔Pa〕を P_1，T_1，T_2 を用いて表せ。

(4) 状態 3 において，容器の口の断面積を S〔m^2〕とすると，フタをその面に垂直方向に持ち上げるために必要な最小の力の大きさ F〔N〕を P_1，S，T_1，T_2 を用いて表せ。ただし，容器は部屋の床に固定してあり，フタの質量およびフタと容器との間の摩擦は無視する。

(岩手大)

15 半径 a の球形の容器に理想気体が入っている。気体分子はすべて同じ質量 m，同じ速さ v をもつ。また，気体分子は壁と弾性衝突を行い，分子どうしの衝突は無視できるとして，以下の問いに答えよ。

(1) 図に示すように，ある分子が入射角 θ で壁に衝突するとき，その分子の運動量の変化の大きさはいくらか。

(2) (1)で考えた分子が単位時間あたり壁に衝突する回数はいくらか。

(3) 容器内の分子の総数を N とし，容器の体積を V とするとき，気体の圧力 P を N，V，m，v を用いて表せ。

(4) このときの分子の運動エネルギーはボルツマン定数 k と温度 T を用いて

$$\frac{1}{2}mv^2=\frac{3}{2}kT$$

と表される。この結果と(3)で求めた式より，理想気体の状態方程式を導け。

(5) 容器内に密閉された He ガスの密度が 0.18〔kg/m^3〕であり，その圧力が 1.1×10^5〔N/m^2〕であるとき，この He ガスの温度は何〔K〕か。ただし He の分子量を 4，ボルツマン定数 $k=1.38\times10^{-23}$〔J/K〕，アボガドロ定数 $N_A=6.02\times10^{23}$〔1/mol〕とする。

(弘前大)

16 単原子分子からなる理想気体 1〔mol〕を状態 A(P_1, V_1)，状態 B(P_1, V_2)，状態 C(P_2, V_2) 間で図の矢印の経路に沿って変化させる。ここで過程 A→B は定圧変化，過程 B→C は定積変化，過程 C→A は等温変化である。各過程で外部から気体に加えられる熱量を Q，気体が外部にする仕事を W，気体の内部エネルギーの変化を ΔU とするとき，以下の問いに答えよ。ただし $V_2=\frac{1}{2}V_1$ とし，状態Aでの温度を T_A，気体定数を R とする。

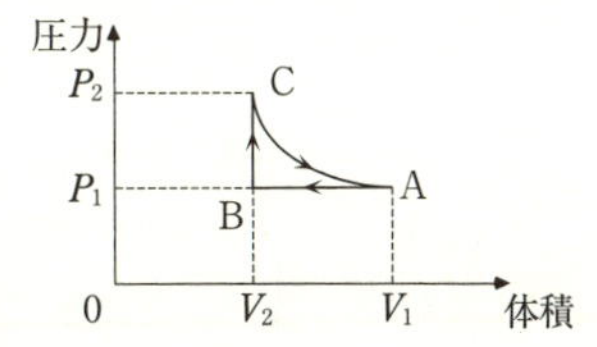

(1) (a) $\Delta U=0$ の過程はどれか。

(b) $W>0$ の過程はどれか。

(c) Q，W，ΔU の間に成立する関係式を表せ。

(2) 状態Bでの温度 T_B を T_A を用いて表せ。

(3) (a) 過程 A→B において加えられる熱量 Q_{AB} を R および T_A を用いて表せ。

(b) 過程 B→C において加えられる熱量 Q_{BC} を R および T_A を用いて表せ。

(4) 単原子分子からなる理想気体の断熱変化では，気体の圧力 P と体積 V との間に

$$PV^{\frac{5}{3}}=一定$$

の関係が成立する。いま気体を状態Cから断熱的に膨張させて圧力 P_1 の状態Dに変化させる。このとき状態Dでの体積 V_D および温度 T_D を V_1 および T_A を用いて表せ。

(兵庫県大)

17 以下の[(ア)]〜[(オ)]には適当な式を，[(カ)]には適当な有効数字2桁の数値を記せ。ただし，気体定数をRとする。

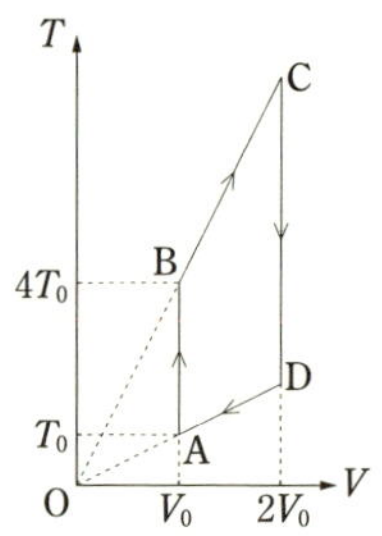

なめらかに動くピストンを備えたシリンダー内に，1〔mol〕の単原子分子の理想気体が入っている。図はこの気体の状態変化を示したものである。横軸，縦軸はそれぞれ気体の体積 V，気体の温度 T を表している。また，原点Oは $V=0$，$T=0$ を表している。状態Aにおける気体の体積と温度はそれぞれ V_0，T_0 である。状態Aから体積が一定のまま，温度が $4T_0$ になるまで加熱した。この状態をBとする。次に気体を直線OBの延長線上にある状態Cまで膨張させたところ，状態Cにおける気体の体積は $2V_0$ であった。状態Cにおける気体の圧力は[(ア)]である。さらに，状態Cから体積を一定のまま，直線OAの延長線上にある状態Dまで変化させた。状態Dの温度は[(イ)]である。最後に状態Dから状態Aにもどした。

B → C の状態変化の間に，気体が外部にした仕事は[(ウ)]である。A → B，B → C の状態変化の間に，気体が吸収した熱量はそれぞれ[(エ)]，[(オ)]である。また，A → B → C → D → A の1サイクルにおける熱効率は[(カ)]％である。

(芝浦工大)

18 図のように，1〔mol〕の単原子分子理想気体の体積 V〔m^3〕と圧力 P〔N/m^2〕を，外部との熱および仕事のやりとりを適切に調節することによって，A→B→C→A の経路に沿って変化させた。状態Aでは，体積は V_0〔m^3〕，圧力は P_0〔N/m^2〕で，温度は T_0〔K〕であり，状態Bの圧力は $2P_0$〔N/m^2〕，状態Cの体積は $2V_0$〔m^3〕であった。A→B の過程では体積を一定に保ち，B→C の過程では圧力と体積の関係を直線的に，C→A の過程では圧力を一定に保って変化させた。気体定数を R〔J/(mol·K)〕として，以下の問いに答えよ。

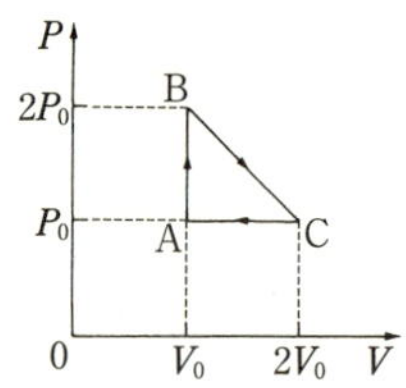

(1) 状態Aにおける気体の状態方程式を示せ。

(2) (a)状態B，および(b)状態Cにおける気体の温度はそれぞれ何〔K〕か。T_0 を用いて表せ。

(3) (a)A→B，(b)B→C，および(c)C→A の各状態変化の過程で気体が外部から得た熱量はそれぞれ何〔J〕か。

(4) B→C の状態変化の過程で気体の温度はどのように変化するか，体積 V〔m^3〕と温度 T〔K〕の関係を表す式を求め，その式を横軸に V，縦軸に T をとったグラフに図示せよ。

(京都府大)

19 図のように両端を密閉したシリンダーが，なめらかに動くピストンで2つの部分A，Bに分けられており，それぞれに単原子分子理想気体が1〔mol〕ずつ入れられている。シリンダーの右端は熱を通しやすい材料で作られているが，それ以外はシリンダーもピストンも断熱材で作られている。はじめの状態では，A，B内の気体の体積は等しく，温度はともにT_0〔K〕であった。次に，右端からB内の気体をゆっくりと熱したところ，ピストンは左向きに移動し，最終的にA内の気体の体積はもとの半分になり，温度はT_1〔K〕になった。気体定数をR〔J/(mol·K)〕として，以下の問いに答えよ。

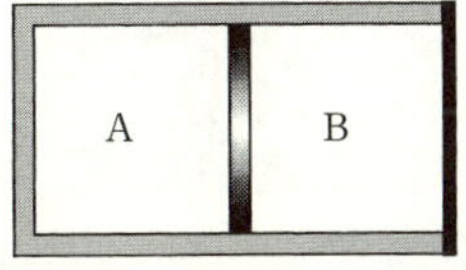

(1) この変化の過程で，A内の気体が受けた仕事は何〔J〕か。

(2) 変化後のA内の気体の圧力は最初の状態の何倍になったか。

(3) 変化後のB内の気体の温度は何〔K〕になったか。

(4) この変化の過程で，B内の気体が外部から吸収した熱量は何〔J〕か。

（京都府大）

20 図のような2つの円筒容器1，2が，コックで連結されている。最初，コックは閉じていて，容器1には，単原子分子からなる理想気体n〔mol〕が入れられて，断面積Sのピストンで閉じられている。容器1の気体の体積がV_1，圧力がp_1で，体積V_2の容器2の内部は真空である。容器の熱容量と連結部の体積は無視できるものとする。ただし，外部の圧力は一定で，ピストンはなめらかに動くことができるものとする。気体定数をRとして，以下の問いに答えよ。

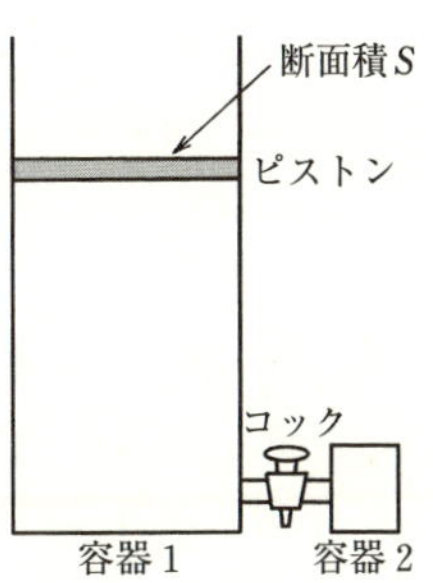

(A) 容器とピストンを通して熱が自由に出入りでき，気体が常に一定の温度を保っている場合を考える。コックを静かに開けると，2つの容器の気体が平衡状態になった。

(1) 平衡状態での気体の内部エネルギーを求めよ。

(2) ピストンが下向きに移動した距離を求めよ。

(3) 外から流入した熱量を求めよ。

(B) 容器とピストンが熱を通さず，断熱的に状態が変化する場合を考える。コックを静かに開けると，2つの容器の気体が平衡状態になった。

(4) 気体の温度変化を，温度が増加する場合を正として求めよ。

(5) ピストンが下向きに移動した距離を求めよ。

（横浜国大）

第3章 波　動

必修基礎問 7. 波の性質と音波

45 波のグラフ

物理基礎

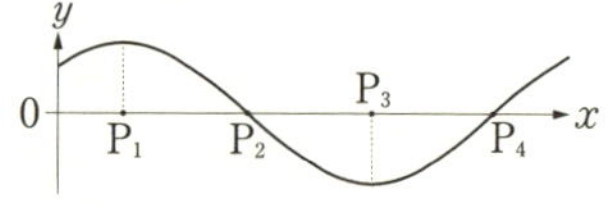

x 軸の正の向きに振動数 f の縦波が伝わっている。ある瞬間の位置 x における媒質の x 軸方向への変位を y とすると，右の図のようになった。

Ⅰ．図中の x 軸上の位置 P_1 から位置 P_2 までの長さを L とし，問いに答えよ。

(1)　この波の波長はいくらか。

(2)　この波の速さはいくらか。

(3)　位置 P_2 での変位が，図の瞬間から最初に最大になるまでの時間はいくらか。

Ⅱ．図の瞬間において，図中の位置 P_1 ～ P_4 のうちから，次の問いに該当するものすべてを選んで答えよ。

(4)　媒質の速さが x 軸の正の方向に最大になっているのはどこか。

(5)　媒質の速さが 0 であるところはどこか。

(6)　媒質の密度が最大になっているのはどこか。　　　　（長崎大）

精講

●**波のグラフと要素**　波のグラフには，波形を表す y-x グラフと振動を表す y-t グラフがある。下図に，波の要素を示す。

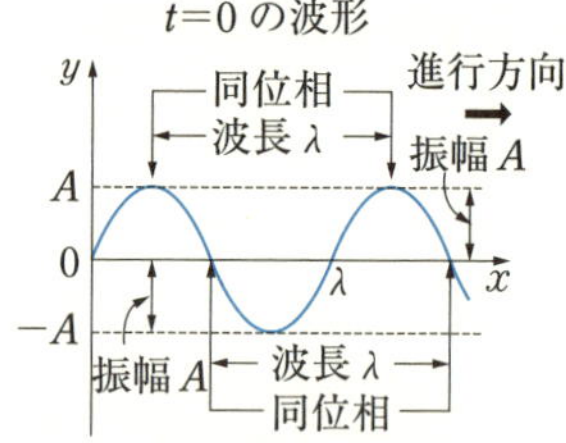

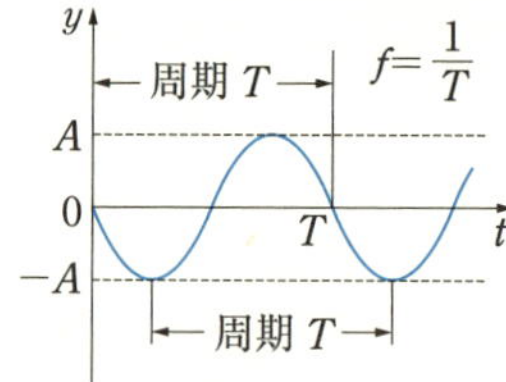

着眼点　波は 1 周期で 1 波長分進む。

> **波の基本式**　(i)　波が伝わる速さ：$v=f\lambda$（f：振動数，λ：波長）
>
> (ii)　周期：$T=\dfrac{1}{f}$　　(iii)　角振動数：$\omega=2\pi f=\dfrac{2\pi}{T}$

●**横波と縦波**　横波は媒質が波の進行方向に対して垂直に振動する波で，光波がその代表例である。縦波（疎密波）は媒質が波の進行方向に振動する波である。

着眼点　縦波のグラフ（横波表示）では，y 軸方向のベクトル（変位や速度，加速度）は x 軸方向のベクトルとして読む。

●**媒質の運動と状態**　正弦波では媒質は単振動する。縦波では媒質の密度変化をともなう。

媒質の運動

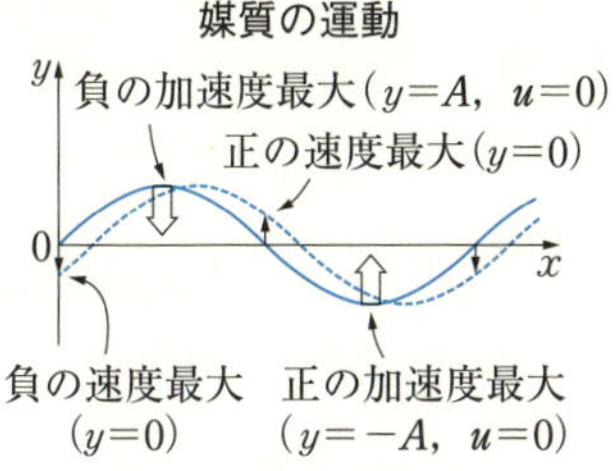

・速度 u の向きは波を少し進め Δy の向きで調べる。

縦波の疎密

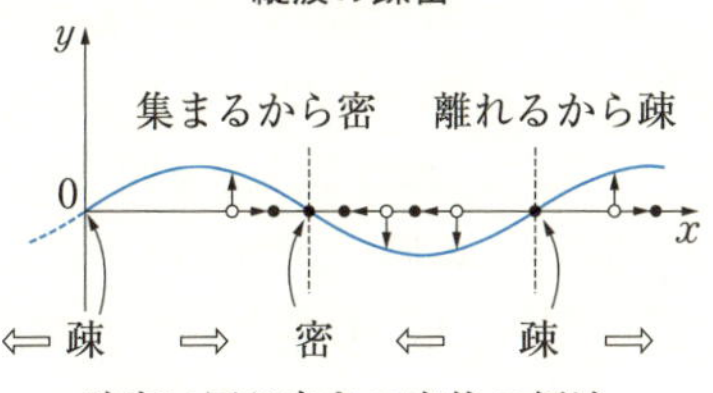

・疎密は同じ向きの変位の領域に分けて考える。
・読み方：$+y$ 方向→$+x$ 方向
　　　　　$-y$ 方向→$-x$ 方向

Ⅰ.（1）　波の波長を λ とすると，グラフより，

$$P_1P_2=L=\frac{\lambda}{4}\qquad \text{よって，}\lambda=4L$$

（2）　波の速さを v とすると，　$v=f\lambda=4fL$

（3）　グラフより，波が $\frac{\lambda}{4}$ 進めばよいから，時間は $\frac{1}{4}$ 周期後，すなわち，$\frac{1}{4f}$

［別解］（3）　P_2 の変位が最初に最大になるまでの時間を t とすると，

$$vt=L\qquad \text{よって，}t=\frac{L}{v}=\frac{1}{4f}$$

Ⅱ.（4）　変位 $y=0$ の位置 P_2，P_4 で媒質の速さが最大である。また，その速度が正となるのは，波を少し進めたとき，$\Delta y>0$ となる位置であるから，求める点は P_2 である。

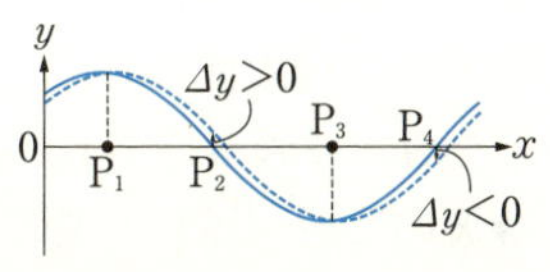

（5）　変位 y の絶対値が最大の位置 P_1，P_3 で媒質の速度は 0 である。

（6）　縦波のグラフでは $+y$ 方向の変位が $+x$ 方向の変位，$-y$ 方向の変位が $-x$ 方向の変位を表す。点 P_2 の近くの媒質は，左右の媒質がともに P_2 に向かって変位しているので，P_2 の位置で密度が最大（最も密）となる。

【参考】　なお，点 P_4 の近くの媒質は，左右の媒質がともに P_4 から遠ざかる向きに変位しているので，P_4 の位置では密度が最小（最も疎）となる。点 P_1，P_3 の位置では P_1，P_3 の近くの媒質の変位はほぼ等しく，媒質の密度は波がないときの密度にほぼ等しい。

（1）　$4L$　　（2）　$4fL$　　（3）　$\frac{1}{4f}$　　（4）　P_2　　（5）　P_1，P_3　　（6）　P_2

必修基礎問 46 反射波と定常波

物理基礎

x 軸の正の向きに進む振動数 0.25〔Hz〕の正弦波がある。図は時刻 $t=0$〔s〕における媒質の位置 x と変位 y の関係を表している。図に示された範囲における媒質の動きに注目して，以下の問いに答えよ。

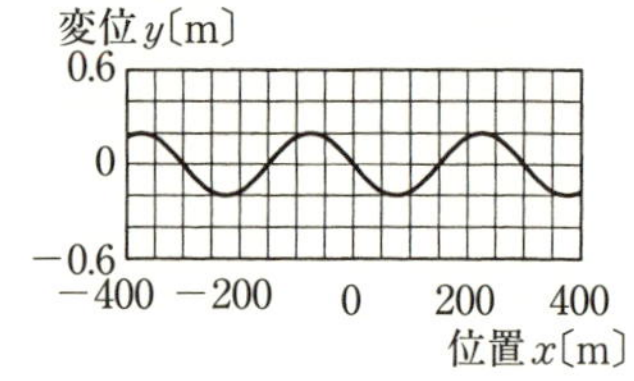

(1) $t=1$〔s〕における波形を図示せよ。

(2) $t=10$〔s〕の時，$x=0$〔m〕の位置に，x 軸と垂直に反射板を置いた。しばらくすると，反射板の位置が節となる定常波が見られるようになった。

(a) $t=25$〔s〕における反射波を図示せよ。

(b) 定常波の腹の位置を図の範囲内ですべて求め，x の値で答えよ。

(c) 反射板（$x=0$〔m〕）に最も近い腹の位置における変位 y を，時刻 25〔s〕$\leqq t \leqq$ 30〔s〕について図示せよ。

（信州大）

●**波の進み方**　波の速さを v とすると，時間 t の間に波は vt だけ進む。

着眼点　波は1周期 T で1波長分進み，同じ波形となることを利用する。

⇨ 波が進んだ時間が $t=nT+\Delta T$（n：整数，$0\leqq \Delta T<T$）のとき，時間 ΔT だけ波を進めればよい。

●**波の合成**　重ね合わせの原理に従う。2つの波の変位を y_1，y_2 とすると，

合成波の変位：$Y=y_1+y_2$

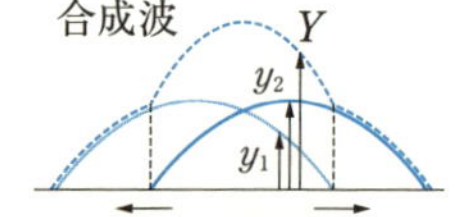

●**波の反射**　媒質の端のうち，媒質が自由に振動できるものを自由端という。自由端では入射波の変位をそのまま反射する。一方，媒質が振動できない（常に変位0の）端を固定端といい，入射波の変位をその向き（符号）だけを変化させて反射する。

着眼点　1．固定端 $y_{反射}=-y_{入射}$ ⇨ 入射波の延長と点対称，定常波の節となる

2．自由端 $y_{反射}=y_{入射}$ ⇨ 入射波の延長と線対称，定常波の腹となる

1．固定端反射：位相差 π

入射波　反射板　反射波　入射波を延長した波　点対称

2．自由端反射：位相差0

入射波　反射板　反射波　入射波を延長した波　線対称

●定常波　振幅，波長，振動数が同じで逆向きに進む波を合成すると定常波ができる。弱め合う点を節，強め合う点を腹という。これらは移動しない。

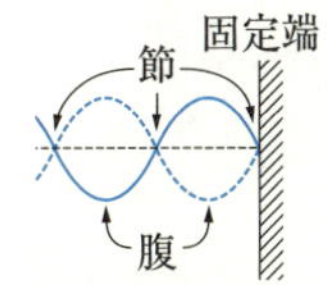

着眼点　互いに逆向きに進む，振幅と波長が等しい波では，2 つの波のグラフの交点が山または谷となり，この点が定常波の腹になる。

Point 28

隣り合う腹と腹（節と節）の間隔は $\frac{\lambda}{2}$　（λ：波長）

(1)　題意より，波の周期 T は

$T=\frac{1}{0.25}=4$〔s〕であり，波のグラフより，波長 λ は $\lambda=300$〔m〕である。1〔s〕は $\frac{1}{4}$ 周期だから，この間に波は $\frac{1}{4}$ 波長進むため，$t=1$〔s〕における波形は図 1 の実線である。

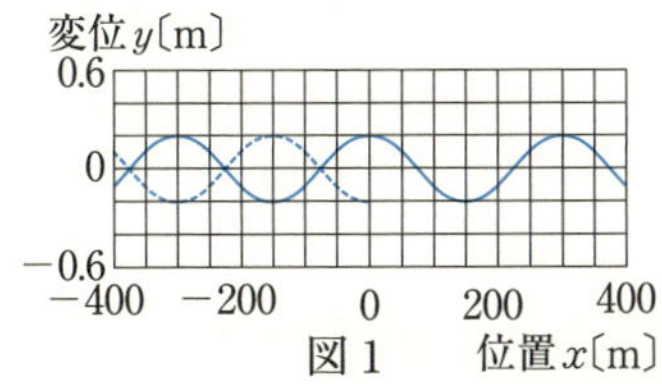

図 1

(2) (a)　$t=25$〔s〕は $6\frac{1}{4}$ 周期であるから，入射波の波形は図 1 の実線と同じになる。ただし，$x=0$ で波は反射されているので，$x\leqq 0$ の領域の波形が入射波を表す。題意より，波は反射板で固定端反射されるから，反射波の波形は，$x>0$ の領域の仮想的な入射波を原点（$x=0$）に関して点対称移動して得られる。よって，反射波の波形は図 1 の破線となる。

(b)　振幅，波長，振動数が等しい入射波と反射波が合成されると定常波が生じる。固定端（$x=0$）の位置が節で，入射波と反射波の交点が腹となるから，腹の位置は，

$x=-75,\ -225,\ -375$〔m〕

【参考】　一般に，腹の位置 x_n は，$x_n=-75-150n$（$n=0,\ 1,\ 2,\ \cdots$）

(c)　図 1 より，$t=25$〔s〕のとき，$x=-75$〔m〕での合成波の変位は 0 である。少し時間が経過したときの入射波と反射波を考えると，合成波の変位は負となる（図 2）。また，腹の位置での振幅 A は入射波の振幅の 2 倍，$A=0.4$〔m〕となる。したがって，この腹の位置における媒質の振動（y-t グラフ）は，図 3 のようになる。

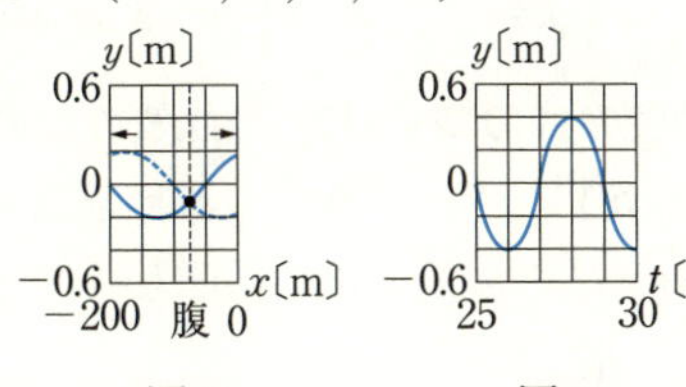

図 2　　図 3

(1)　解説の図 1 実線　(2) (a)　解説の図 1 破線

(b)　$x=-75,\ -225,\ -375$〔m〕　(c)　解説の図 3

実戦
基礎問

47 波の式

物理

次の文章の空欄に入る適当な数値または式を記入せよ。

図の実線は x 軸の正の向きに進む正弦波の波形を表す，時刻 $t=0$ における位置 x〔cm〕での変位 y〔cm〕のグラフである。この正弦波の伝わる速さは10〔cm/s〕とする。

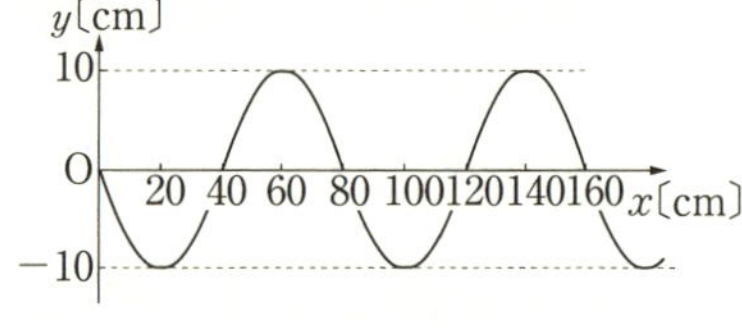

グラフから，この正弦波の振幅は ⑴ 〔cm〕，波長は ⑵ 〔cm〕である。正弦波は1周期の間に1波長進むから，周期は ⑶ 〔s〕，したがって，振動数は ⑷ 〔Hz〕である。原点Oで起こる，時刻 t〔s〕における媒質の単振動の変位は，円周率を π として ⑸ 〔cm〕で表される。原点Oから位置 x の任意の点Pまで振動が伝わるのにかかる時間は ⑹ 〔s〕であるから，時刻 t における点Pでの波の変位 y は時刻 ⑺ 〔s〕における原点Oの変位に等しくなる。したがって，時刻 t における位置 x での正弦波の変位 y は $y=$ ⑻ 〔cm〕となる。

（玉川大）

精講

●**波の式**　波のグラフは，波形を表す y-x グラフと媒質の振動を表す y-t グラフがある。正弦波であれば，これらは正弦（または余弦）関数で表される。

（例）　波長 λ の正弦波形の場合の位相 θ

正弦関数 $\sin\theta$ は θ の周期が 2π で，正弦波形の位置 x に関する周期は λ だから，$\theta:2\pi=x:\lambda$

よって，$\theta=\dfrac{2\pi}{\lambda}x$ ⇨ 波形の式：$y=A\sin\dfrac{2\pi}{\lambda}x$

y
A
O
−A
λ
x

●**波の式のつくり方**　（媒質の振動を考える場合）

Step 1　y-x グラフの波形を進め，原点Oで媒質の変位 $y_0(t)$ の時間変化を観測し，振動のグラフ（y-t グラフ）を描く。

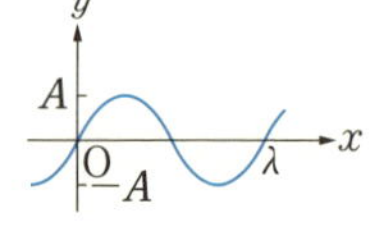

波の変位が 0→負

⇩

右図の実線が時刻 $t=0$ のときである。

$\theta:2\pi=t:T$ だから，

$$振動の式：y_0(t)=-A\sin\frac{2\pi}{T}t$$

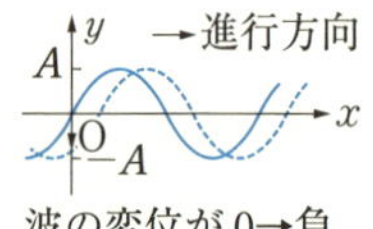

振動は $-A\sin\dfrac{2\pi}{T}t$

着眼点　±sin型，±cos型を決める。

***Step* 2**　位置 x まで伝わる時間を考える。

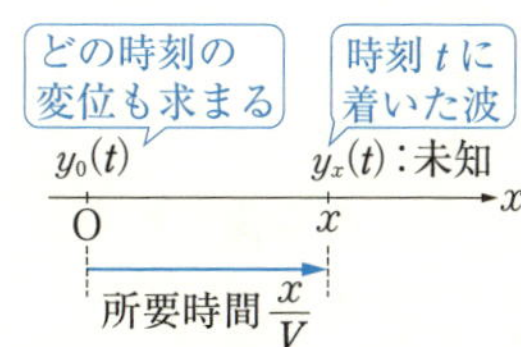

位置 x における時刻 t の波の変位 $y_x(t)$ は，原点Oを時間 $\frac{x}{V}$ 前 $\left(\text{時刻 } t'=t-\frac{x}{V}\right)$ に通過したから，$y_0(t)$ に $t=t'$ を代入して，

$$y_x(t)=y_0(t')=-A\sin\frac{2\pi}{T}\left(t-\frac{x}{V}\right)$$

着眼点　位置 x の波の変位が何秒前（または後）に原点Oを通ったかを考える。

［注意］　***Step* 1** の波が $-x$ 方向に進む場合は，

$t-\frac{x}{V}$ ⇨ $t+\frac{x}{V}$ におき換えるだけでは誤り！

⇨ 原点Oでの振動のグラフ（右図）より，位置 x における時刻 t の波の変位 $y_x(t)$ は，

$$y_x(t)=A\sin\frac{2\pi}{T}\left(t+\frac{x}{V}\right)$$

となる。

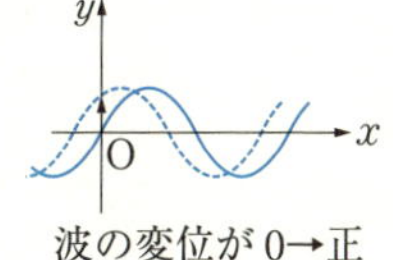

波の変位が 0→正

⇩

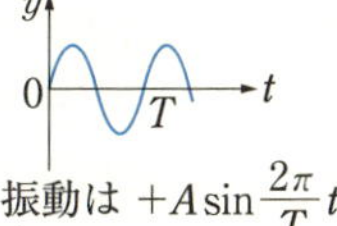

振動は $+A\sin\frac{2\pi}{T}t$

(1)，(2)　グラフより，振幅は $A=10$〔cm〕，波長は $\lambda=80$〔cm〕

(3)　波の周期を T〔s〕，速さを $v=10$〔cm/s〕とすると，題意より，

$$vT=\lambda \qquad \text{よって，} T=\frac{\lambda}{v}=\frac{80}{10}=8\text{〔s〕}$$

(4)　振動数を f〔Hz〕とすると，　$f=\frac{1}{T}=\frac{1}{8}=0.125$〔Hz〕

(5)　原点Oにおける媒質の振動（y-t グラフ）は右図となる。
よって，原点Oの媒質の変位 y_0〔cm〕は，

$$y_0=A\sin\frac{2\pi}{T}t=10\sin\frac{\pi}{4}t\text{〔cm〕} \quad \cdots\cdots①$$

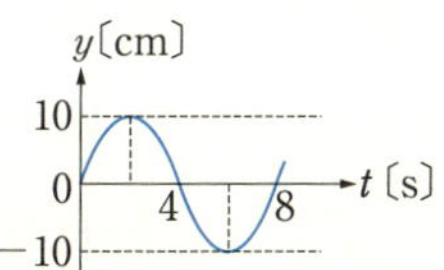

(6)　求める時間を t〔s〕とすると，　$vt=x$　　よって，$t=\frac{x}{v}=\frac{x}{10}$〔s〕

(7)　(6)より，時刻 t〔s〕における点Pの媒質の変位 y は，原点Oを時間 $\frac{x}{10}$〔s〕前に通過したから，時刻 $t-\frac{x}{10}$〔s〕のときの原点Oの変位と等しい。

(8)　(7)の結果より，①式の t に $t-\frac{x}{10}$ を代入して，　$y=10\sin\frac{\pi}{4}\left(t-\frac{x}{10}\right)$〔cm〕

(1)　10　　(2)　80　　(3)　8　　(4)　0.125　　(5)　$10\sin\frac{\pi}{4}t$

(6)　$\frac{x}{10}$　　(7)　$t-\frac{x}{10}$　　(8)　$10\sin\frac{\pi}{4}\left(t-\frac{x}{10}\right)$

必修基礎問 48

弦の振動

物理基礎

(1)の空欄を埋め，(2)，(3)の問いに答えよ。ただし，重力加速度の大きさを g とする。

(1) 両端が固定された長さ l の弦にできる定常波の腹が n 個 ($n=1,\ 2,\ 3,\ \cdots$) のときの波長は［(a)］と表される。$n=1$ のときの振動を［(b)］と呼ぶ。弦を伝わる横波の速さは，張力 T と弦の単位長さあたりの質量(線密度) ρ とによって［(c)］と表される。

(2) 針金Aを用いて，図のように一端を壁に固定し，他端には滑車を通して質量 m のおもりを付ける。壁と滑車の間の距離は l である。その中央を指ではじくと3個の腹のある定常波ができて，振動数は f であった。針金Aの線密度を求めよ。

(3) おもりの質量を変えたら，腹の数が1個になったが，振動数はやはり f であった。おもりの質量はいくらか。

(横浜国大)

精講

●共鳴(共振) 有限な長さの媒質にできる定常波は，両端(自由端，固定端)の条件を満たさなければならないため，波長(振動数)は特定の値をとる。これを固有振動といい，この振動数で外部から媒質を振動させたときだけ，媒質は激しく振動する。これを共鳴(共振)という。

着眼点 共鳴の考え方：定常波を描いて，媒質の長さと波長の関係式を導く。

***Step* 1** 両端の条件を用いて，基本振動を描く。

自由端 ⇨ 腹
固定端 ⇨ 節

固定端　固定端　　自由端　固定端

***Step* 2** 倍振動を描く。

⇨ 節の位置に半波長を1つずつ加えていく。

***Step* 3** 媒質の長さ l と波長 λ の関係を自然数 n で表す。

***Step* 4** 波長以外の量の考察は，波の性質(i)，(ii)を考える。

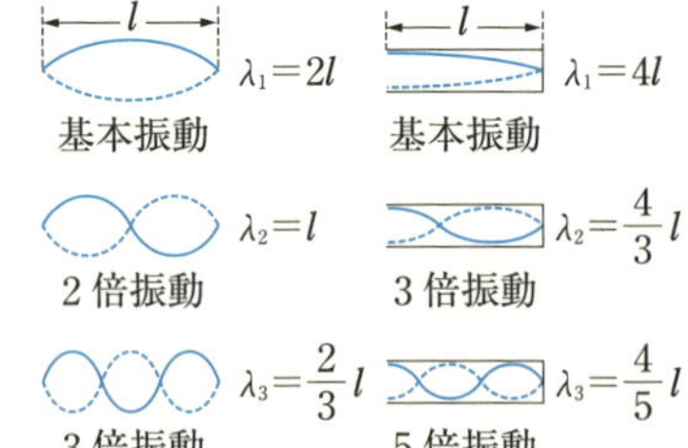

(i) 波の基本式　$v=f\lambda,\ T=\dfrac{1}{f}$

(v：波の速さ，f：波の振動数，λ：波の波長，T：波の周期)

着眼点　n 倍振動の振動数 ⇨ 基本振動数の n 倍

(ii)　振動数は媒質によって変化しない。

着眼点　弦に振動源であるおんさが取り付けてある場合，波の振動数はおんさの振動数によって決まり，弦の張力や線密度によらない。

●**弦を伝わる横波の速さ**　弦を伝わる横波の速さは，弦の張力の平方根に比例し，弦の線密度（1〔m〕あたりの質量）の平方根に反比例する。

Point 29

弦を伝わる横波の速さ：$v=\sqrt{\dfrac{T}{\rho}}$

（T：弦の張力，ρ：弦の線密度（1〔m〕あたりの質量））

第3章 波動

(1) (a)　腹の数が n 個の定常波の波長を λ_n とすると，右図より，

$$l=\frac{n}{2}\lambda_n \qquad \text{よって，} \lambda_n=\frac{2l}{n}$$

$n=1$　$l=\dfrac{1}{2}\lambda_1$

$n=2$　$l=\dfrac{2}{2}\lambda_2$

$n=3$　$l=\dfrac{3}{2}\lambda_3$

(b)　振動数が最も小さい，すなわち，波長が最も長い定常波を基本振動という。

(c)　弦を伝わる横波の速さの公式より，　$v=\sqrt{\dfrac{T}{\rho}}$

(2)　(1)(a)より，3 個の腹がある定常波の波長は，$\lambda_3=\dfrac{2}{3}l$ である。おもりに働く力のつりあいより，弦の張力は $T=mg$ だから，(1)(c)より，波の速さは，$v=\sqrt{\dfrac{mg}{\rho}}$ である。$v=f\lambda_3$ より，

$$\sqrt{\frac{mg}{\rho}}=f\cdot\frac{2}{3}l \quad \cdots\cdots① \qquad \text{よって，} \rho=\frac{9mg}{4f^2l^2}$$

(3)　おもりの質量を変えた後の定常波の波長は $\lambda_1=2l$ である。おもりの質量を m' とすると，

$$\sqrt{\frac{m'g}{\rho}}=f\cdot 2l \quad \cdots\cdots②$$

①，②式より，

$$\sqrt{\frac{m'}{m}}=3 \qquad \text{よって，} m'=9m$$

(1) (a)　$\dfrac{2l}{n}$　(b)　基本振動　(c)　$\sqrt{\dfrac{T}{\rho}}$　(2)　$\dfrac{9mg}{4f^2l^2}$　(3)　$9m$

必修
基礎問

49 気柱の共鳴

物理基礎

図のように，円の断面をもち太さが一様な管の右からピストンを入れ，ピストンを移動させてこの閉管の長さを自由に変えられるようにする。さらに，管の左側に，その開口端に向けて音波を出す音源を置く。音源から振動数一定の音波を出し，ピストンで閉管の長さを変えると共鳴が起こり管内に定常波ができる。この定常波の波形を表すために，管の左の開口端の中心に原点Oをとり，管の中心線を x 軸に，これと垂直に y 軸をとる。波形は，空気の x 軸の正の向きの変位は y 軸の正の向きに，x 軸の負の向きの変位は y 軸の負の向きにおき換えて表す。空気中の音速を 340〔m/s〕として，以下の問いに答えよ。ただし，開口端と定常波の腹とのずれは無視するものとする。

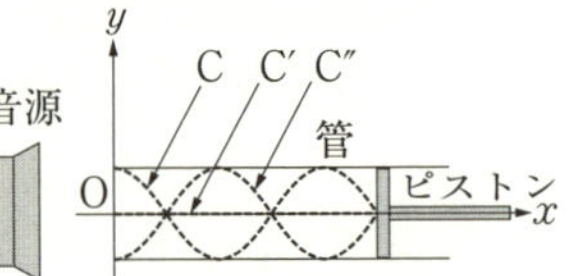

Ⅰ．音源から振動数 f〔Hz〕の音波を出したとき，管の長さが l〔m〕のとき共鳴して管内に図のような波形の定常波ができた。ただし，現在より 4.00×10^{-3} 秒前のときの空気の変位の波形は曲線C″で，現在より，2.00×10^{-3} 秒前のときの空気の変位の波形は管の中心線と一致する直線C′で，さらに，現在の空気の変位の波形は曲線Cで表されている。なお，この間に同じ状態が現れることはなかったものとする。

(1) 音波の振動数 f〔Hz〕を求めよ。

(2) 管の長さ l〔m〕を求めよ。

(3) 現在の時刻で，管内の空気が最も密になっている場所の開口端からの距離を l〔m〕を用いて表せ。

Ⅱ．次に，音源から別の振動数の音波を出したとき，閉管の長さを l_0〔m〕にすると共鳴した。このときの定常波の節の数は n 個であった。その後，さらに管の長さを少しずつ長くしていったとき，長さが $\dfrac{7}{5}l_0$〔m〕で次の共鳴が起きた。

(4) 管の長さが l_0〔m〕のとき生じた n 個の節がある定常波の波長を n と l_0〔m〕を用いて表せ。

(5) 管の長さが $\dfrac{7}{5}l_0$〔m〕のとき生じた定常波の節の数を n を用いて表せ。また，音源の出した音波の波長を l_0〔m〕のみで表せ。　(奈良女大)

●音速　空気中を伝わる音速は，空気の温度が高いほど速い。
【参考】　音速 $v=331.5+0.6t$〔m/s〕（t：空気の温度〔°C〕）

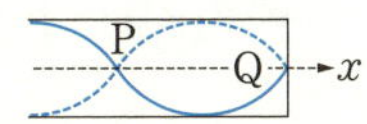

●気柱の密度変化　音波は縦波であるから，右図の実線の状態と破線の状態での密度変化を読みとると，節の位置では，点P：密→疎，点Q：疎→密に変化しており，密度変化が最大である。

着眼点　節 ⇨ 密度変化最大，腹 ⇨ 密度変化最小

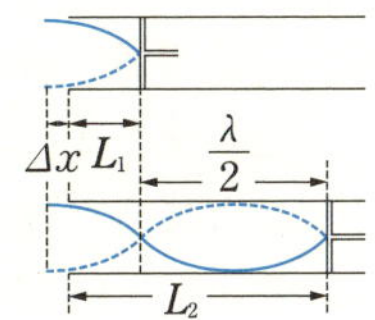

●開口端補正　気柱の共鳴では開口端が自由端であるが，実際には，定常波の腹が開口端より少し外側にできる。この腹の位置と開口端の位置との距離 Δx を，気柱の長さに加えて補正することを開口端補正という。右図では，

$$\Delta x=\frac{\lambda}{4}-L_1,\ \ L_2-L_1=\frac{\lambda}{2}$$

Ⅰ．(1)　C→C′→C″→C′→C が1周期である。よって，C″→C は $\frac{1}{2}$ 周期 $\left(\frac{T}{2}\right)$ だから，

$$\frac{T}{2}=\frac{1}{2f}=4.00\times10^{-3}\qquad よって，f=\frac{1}{2\times4.00\times10^{-3}}=125〔\text{Hz}〕$$

(2)　定常波の波長を λ とすると，管の長さ l は $\frac{5}{4}\lambda$ である。$v=f\lambda$ より，

$$l=\frac{5}{4}\lambda=\frac{5v}{4f}=\frac{5\times340}{4\times125}=3.4〔\text{m}〕$$

(3)　節の位置だから，図1より，　$x=\frac{l}{5}$，l〔m〕

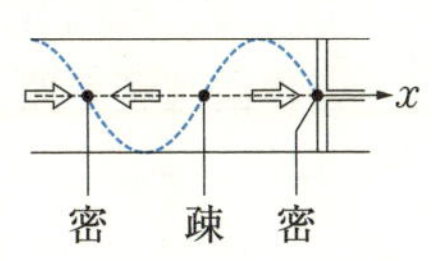

図1

Ⅱ．(4)　節の数 $n=1, 2, 3, \cdots$ の定常波の波長を λ_n とすると，図2より，l_0 と波長 λ_n との関係は，

$$l_0=\frac{2n-1}{4}\lambda_n\qquad よって，\lambda_n=\frac{4l_0}{2n-1}〔\text{m}〕$$

$n=1$　$l_0=\frac{\lambda_1}{4}$
$n=2$　$l_0=\frac{3}{4}\lambda_2$
$n=3$　$l_0=\frac{5}{4}\lambda_3$

図2

(5)　次の共鳴は管の長さが $\frac{1}{2}$ 波長だけ長くなったときで，節の数は1個増えるから，節の数は $n+1$ 個である。このとき，$\frac{2}{5}l_0$ が $\frac{1}{2}$ 波長だから，定常波の波長は $\lambda_n=\frac{4}{5}l_0$〔m〕である。

(1)　$f=125$〔Hz〕　(2)　$l=3.4$〔m〕　(3)　$\frac{1}{5}l$〔m〕，l〔m〕

(4)　$\frac{4l_0}{2n-1}$〔m〕　(5)　節の数：$n+1$ 個，波長：$\frac{4}{5}l_0$〔m〕

必修基礎問 50

ドップラー効果

次の文を読んで［　　］に適当な式をかけ。

図のように，振動数 f〔Hz〕の音源が x 軸上に静止しており，音源の右側にいる観測者と音源の左側に置かれた反射板が，x 軸上を正の向きにそれぞれ一定の速さ u_1〔m/s〕，u_2〔m/s〕で移動する場合を考える。観測者は音源からの直接音と反射板による反射音，およびそれら両者によるうなりを聞くものとする。音速は V〔m/s〕で一定であり，u_1，u_2 は V よりも十分に小さい。反射板は常に音源の左側にあるものとする。反射板が移動しながら受け取る音の振動数は，反射板内に別の観測者が入っているとすれば，その観測者が聞く音の振動数と考えることができる。反射板は速さ u_2〔m/s〕で移動しているので，反射板内の観測者が聞く音の振動数は［(1)］〔Hz〕である。反射板は振動数［(1)］〔Hz〕の音を出しながら速さ u_2〔m/s〕で移動している音源と考えることができ，反射板から観測者に向かう反射音の波長は［(2)］〔m〕となる。さらに観測者はこの反射音を速さ u_1〔m/s〕で移動しながら聞くため，観測者が聞く反射音の振動数は［(3)］〔Hz〕となる。また，このときに観測者が聞くうなりは毎秒［(4)］回である。

(京都府大)

精講　●**ドップラー効果**　音源や観測者が運動すると，観測される音の振動数が変化する現象。

［注意］　振動数だけでなく，波長や音速の変化についても考えよう。

ドップラー効果の公式（音源，観測者が直線上を運動する場合）

$$f_K = \frac{V - v_K}{V - v_O} f_O$$

（f_K：観測される振動数
f_O：音源の振動数，V：音速）

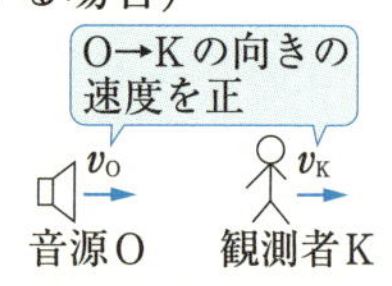

着眼点　音源，観測者が相対的に近づく ⇨ 観測される振動数が大きくなる。
音源，観測者が相対的に遠ざかる ⇨ 観測される振動数が小さくなる。

波長は音源の運動で決まる。　$\lambda = \dfrac{V - v_O}{f_O}$　（λ：波長）

着眼点　波長は観測者の運動には無関係である。

●**風と音速**　音速は空気に対する速さであるから，空気が動く，すなわち風が吹くと，音速は変化する。ドップラー効果では，音源Oから観測者Kの向きに吹く風の速度をwとすると，

風のあるときの音速：$V+w$　（$w>0$：追い風，$w<0$：向かい風）

●**反射板**　反射板が受ける音の振動数f_Wは，反射板と同じ運動をする観測者が観測する音の振動数に等しい。このとき，反射板は受けた波の数と同じ数の波を反射することから，振動数f_Wの音源と考えることができる。

Point 30

反射板｛・受けるときは観測者
　　　　・反射するときは観測した振動数f_Wの音源

(1)　反射板内の観測者が聞く音の振動数をf_Wとする。u_2は「反射板（観測者）→音源」の向きで負の速度であるから，ドップラー効果の公式より，

$$f_W=\frac{V-(-u_2)}{V-0}f=\frac{V+u_2}{V}f\,〔\mathrm{Hz}〕$$

(2)　反射板から観測者に向かう反射音の波長をλ_Rとする。反射板を振動数f_Wの音源と考えて，音源が出した音の波長の公式より，

$$\lambda_R=\frac{V-u_2}{f_W}=\frac{(V-u_2)V}{(V+u_2)f}\,〔\mathrm{m}〕$$

(3)　観測者が聞く反射音の振動数をf_Rとする。u_2，u_1はともに「反射板（音源）→観測者」の向きで正の速度であるから，ドップラー効果の公式より，

$$f_R=\frac{V-u_1}{V-u_2}f_W=\frac{(V-u_1)(V+u_2)}{V(V-u_2)}f\,〔\mathrm{Hz}〕 \quad \cdots\cdots①$$

(4)　観測者が聞く直接音の振動数をf_Dとする。u_1は「音源→観測者」の向きで正の速度であるから，ドップラー効果の公式より，

$$f_D=\frac{V-u_1}{V-0}f=\frac{V-u_1}{V}f \quad \cdots\cdots②$$

①，②式より，$f_R>f_D$だから，観測者が聞くうなりの毎秒の回数（うなりの振動数）は，

$$f_R-f_D=\frac{(V-u_1)(V+u_2)}{V(V-u_2)}f-\frac{V-u_1}{V}f=\frac{2u_2(V-u_1)}{V(V-u_2)}f\,〔回/\mathrm{s}〕$$

(1)　$\frac{V+u_2}{V}f$　(2)　$\frac{(V-u_2)V}{(V+u_2)f}$　(3)　$\frac{(V-u_1)(V+u_2)}{V(V-u_2)}f$

(4)　$\frac{2u_2(V-u_1)}{V(V-u_2)}f$

第3章　波動

実戦基礎問 51 斜め方向のドップラー効果

物理

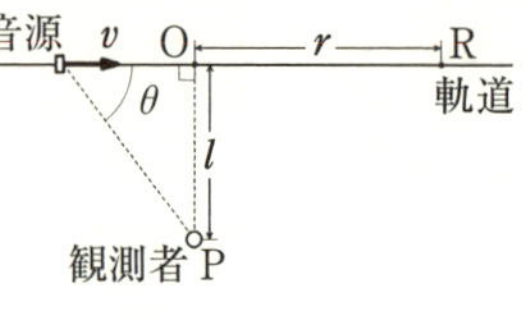

図のように，点Pの位置に静止している観測者の前を，振動数 f_0 の音波を発する音源を備えた超高速列車が，直線軌道を音速 V より遅い速さ v で通過していく場合を考える。点Pと軌道までの距離を l として，以下の問いに答えよ。

(1) 音源と点Pを結ぶ直線と列車の進行方向とのなす角度が θ の地点で音源が発した音波を観測者が観測したところ，その振動数は f であった。f を f_0，V，v および θ を用いて表せ。

(2) 観測者が観測した音波の振動数 f の角度 θ $(0^\circ \leqq \theta \leqq 180^\circ)$ に対する変化のグラフを描け。縦軸を振動数 f とし，グラフの特徴を表す f の値を記せ。

(3) $v=\dfrac{1}{2}V$ である場合に，音源が観測者の正面（点Oの位置）で発した音波を観測者が受けた瞬間に，観測者はその受けた音波と同じ振動数 f_2 の音波を送り返した。f_2 を f_0 を用いて表せ。

(4) (3)で観測者が送った音波は，音源が点Oから距離 r だけ離れた点Rの位置に達したときに音源に届いた。距離 r を l を用いて表せ。 （岐阜大）

精講

●斜め方向のドップラー効果

(i) 観測者が静止している場合　音源から出た音の波長が，音源の速度 v_0 の観測者に向かう速度成分（視線速度）によって変化し，ドップラー効果が起こる（→ 参照 p. 118）。波長 λ は，

$$\lambda=\frac{V-v_0\cos\theta}{f_0}$$

よって，観測される振動数 f は，

$$f=\frac{V}{V-v_0\cos\theta}f_0$$

(ii) 音源が静止している場合　観測者が聞いた波の長さ（観測者に対して音波が進んだ距離）が，観測者の速度 v_K の音の進行方向成分（視線速度）によって変化し，ドップラー効果が起こる。

よって，観測される振動数 f は，

$$f=\frac{V-v_K\cos\theta}{V}f_0$$

Point 31

斜め方向のドップラー効果 ⟹ 視線速度で考える

●音が伝わる時間と音源，観測者の位置

（例）　直線上を運動する観測者が静止した音源の正面を通過する瞬間に音源が音を出した場合　観測者が音を聞くまでに進む距離を x とすると，音が伝わる時間と観測者が運動する時間が等しいから，

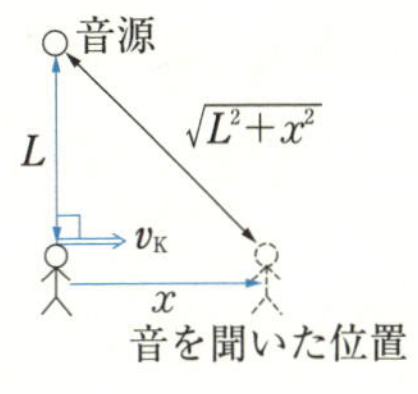

$$\frac{x}{v_K}=\frac{\sqrt{L^2+x^2}}{V}$$

着眼点　音を出した音源の位置と音を聞いたときの観測者の位置を考える。
⇨ 音の伝わる経路をきちんと見抜く。（→ 参照 p. 121）

(1)　音源の速度の観測者に向かう速度成分（視線速度）は $v\cos\theta$ だから，ドップラー効果の公式より，

$$f=\frac{V}{V-v\cos\theta}f_0 \quad \cdots\cdots①$$

(2)　$0° \leqq \theta \leqq 180°$ の範囲で $\cos\theta$ が単調減少，$V-v\cos\theta$ は単調増加関数だから，f は単調減少関数である。①式より，

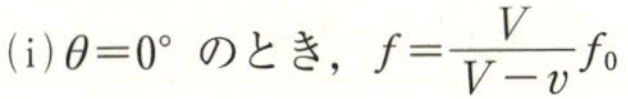

(i) $\theta=0°$ のとき，$f=\dfrac{V}{V-v}f_0$

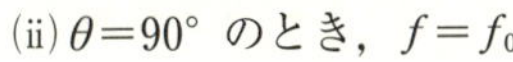

(ii) $\theta=90°$ のとき，$f=f_0$

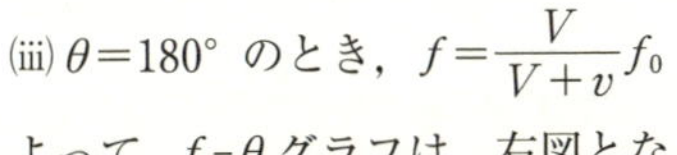

(iii) $\theta=180°$ のとき，$f=\dfrac{V}{V+v}f_0$

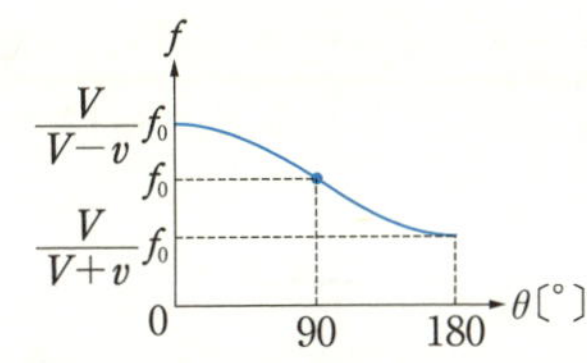

よって，f-θ グラフは，右図となる。

(3)　(2)の考察(ii)より，$f_2=f_0$

(4)　音源が点Oから点Rへ進む時間と，音源から出た音波が点Oから点Pに達し，その瞬間に観測者が送った音波が点Rに達するまでに要した時間が等しいことより，

$$\frac{r}{v}=\frac{l+\sqrt{l^2+r^2}}{2v}$$

これより，$2r-l=\sqrt{l^2+r^2}$　よって，$3r^2-4rl=0$

$r>0$ より，

$$r=\frac{4}{3}l$$

(1)　$f=\dfrac{V}{V-v\cos\theta}f_0$　(2)　 の図　(3)　$f_2=f_0$　(4)　$r=\dfrac{4}{3}l$

必修
基礎問
52

ドップラー効果の原理 I

物理

以下の文章の空欄に適当な数式を記入し，文章を完成させよ。

音源，観測者がともに静止していて，音源から振動数 f，音速 V の音波が発射されているときは，t 秒後には $L=Vt$ の距離だけ音波は進行し，この L の間に ft 個の波が入っているから，波長は，$\lambda=\dfrac{V}{f}$ である。

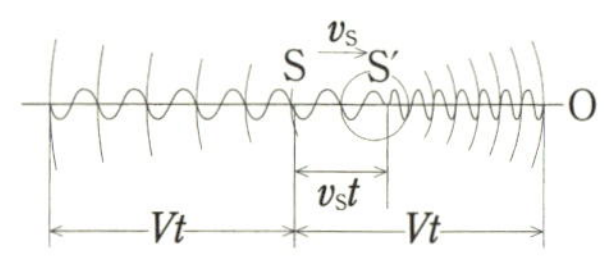

まず，図のように静止している観測者Oに対し，音源Sが観測者の方へ速度 v_S で動く場合について考えると，同じ t 秒間に音源が v_St だけ進行し S′ に達した結果，音波の存在する距離はその分短くなり $L'=$ (1) となる。この L' の距離の間に ft 個の波が入ることから，波長は，$\lambda'=$ (2) のように変化する。したがって，観測者が観測する音の振動数を f_S とすると，f_S は f，V，v_S を用いて，$f_S=$ (3) と表される。逆に音源が観測者から遠ざかる方向へ動く場合は，式の v_S の符号が逆になる。

次に，音源の運動を変えないで，観測者Oが音源Sから遠ざかる向きに速さ v_O で動く場合，観測者からみた音速が変わることになり，音速は，$V'=$ (4) のように変化する。したがって，観測者が観測する音の振動数を f_O とすると，f_O は f，V，v_O，v_S を用いて，$f_O=$ (5) と表される。

(宇都宮大)

精講 ●**ドップラー効果の考え方 I**　ドップラー効果は，音源の運動による波長の変化と，観測者の運動による，観測者が聞く波の長さ (観測者に対して音波が進んだ距離) の変化によって起こる。

***Step* 1**　音源を出た音の波長の変化 (音源の進行方向に出た音の場合)

時刻 0 に出た音は，時刻 0 の音源の位置から時間 t の間に Vt 進み，音源は v_0t 進むから，音源から出た波の長さ (音源に対して進んだ距離) は $(V-v_0)t$ である。この間に，音源から出た波の数は f_0t 個であり，波長 λ は 1 個の波の長さだから，

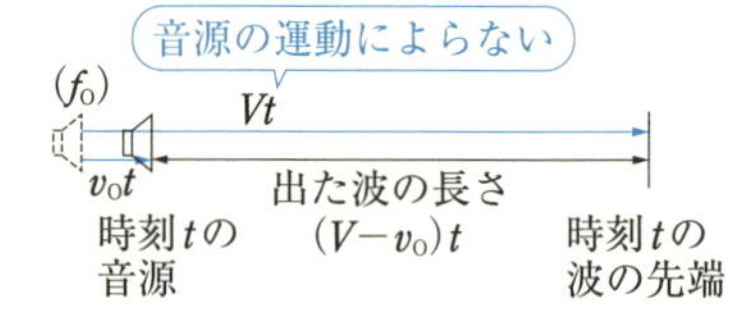

$$\lambda=\frac{(V-v_0)t}{f_0t}=\frac{V-v_0}{f_0}$$

Step 2　観測する振動数（音源から遠ざかる観測者の場合）

単位時間の波の数で考える。はじめて音を聞いてから，1 秒間に音は V だけ進み，観測者は v_K だけ進むから，聞いた波の長さは $V-v_K$ である。音源から出た音の波長を λ とすると，観測した音の振動数 f_K は，単位時間あたりの波の数だから，

$$f_K=\frac{V-v_K}{\lambda} \quad \cdots\cdots ①$$

着眼点　**Step 1** と **Step 2** は独立に考えて，組み合わせる。

（例）　観測者が音源から遠ざかる場合，①式に音源の運動（近づく，静止，遠ざかる）によって変化した波長を代入すればよい。

発 展　音源が静止していても，風が吹くと波長が変化。

⇨ 追い風（風の吹く向きに音が伝わる）の場合は，

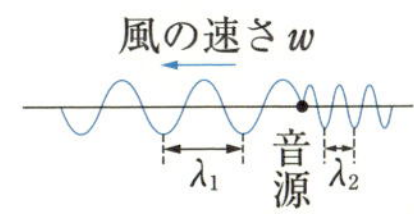

$$\text{波長}\ \lambda_1=\frac{V+w}{f_0}$$

向かい風（風の吹く向きと逆向きに音が伝わる）の場合は，

$$\text{波長}\ \lambda_2=\frac{V-w}{f_0}$$

(1)　音波の先端と t 秒後の音源 S′ の間に音波が存在するから，

$$L'=Vt-v_St=(V-v_S)t$$

(2)　1 個分の波の長さが 1 波長だから，

$$\lambda'=\frac{L'}{ft}=\frac{(V-v_S)t}{ft}=\frac{V-v_S}{f}$$

(3)　観測者が単位時間に聞いた音波の存在している距離 l_0 は，観測者が静止しているので $l_0=V$ である。この中に入っている波の数が観測した音波の振動数だから，

$$f_S=\frac{l_0}{\lambda'}=\frac{V}{V-v_S}f$$

(4)　S → O の向きの速度を正とすると，相対速度の公式より，

$$V'=V-v_0$$

これは，観測者が単位時間に聞いた音波の存在している距離である。

(5)　観測者が観測した音の振動数 f_0 は V' の中の波長 λ' の波の数であるから，

$$f_0=\frac{V'}{\lambda'}=\frac{V-v_0}{V-v_S}f$$

(1)　$(V-v_S)t$　　(2)　$\dfrac{V-v_S}{f}$　　(3)　$\dfrac{V}{V-v_S}f$　　(4)　$V-v_0$

(5)　$\dfrac{V-v_0}{V-v_S}f$

実戦 基礎問 53

ドップラー効果の原理Ⅱ

物理

図1のように，ボートの船底に固定した音源から岸壁に向けて，図2のような n 周期続く正弦波の音波を時刻 $t=0$ から $t=T_0$ まで発信した。音源から岸壁までの距離を L とし，海中での音波の速さを V とする。

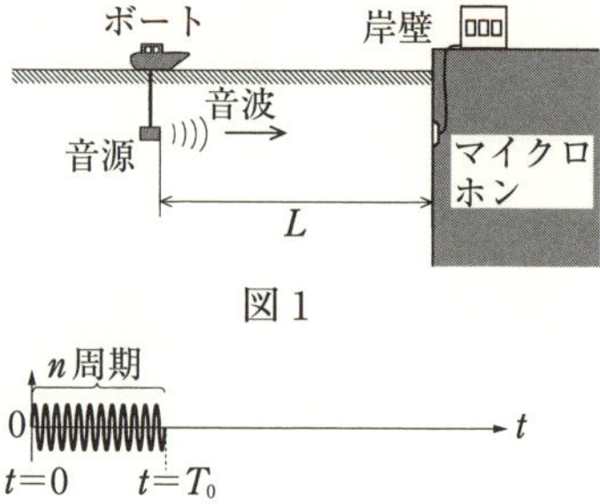

図1

図2

(1) ボートが静止している場合は，岸壁で $t=\dfrac{L}{V}$ から $t=\dfrac{L}{V}+T_0$ まで音波を観測した。岸壁で測定した振動数 f はいくらか。

(2) ボートが，岸壁に向け一定の速さ v で近づいている場合を考える。このとき，$t=0$ から $t=T_0$ まで図2のような音波を岸壁に向けて発信したところ，岸壁では $t=\dfrac{L}{V}$ から $t=\dfrac{L}{V}+T_1$ まで音波が観測された。T_1 はいくらか。

(3) ボートが静止している場合に岸壁で観測される音波の振動数 f と，ボートが近づいている場合に岸壁で観測される音波の振動数 f' の間の大小関係を不等式で表せ。

（センター試験）

精講

●波の数　1波長を1個の波と数えると，振動数 f は単位時間あたりの波の数である。よって，時間 $\varDelta t$ で出した（または受けた）波の数 N は，$N=f\varDelta t$ 個である。

着眼点　1．振動数 f_0 の音源が時間 $\varDelta t_0$ だけ音を出したとき，観測者が振動数 f の音を時間 $\varDelta t$ だけ聞いたとすると，

$f_0\varDelta t_0=f\varDelta t$　（$\varDelta t_0$，$\varDelta t$：音の継続時間という）

2．ドップラー効果の公式で f がわかれば音の継続時間 $\varDelta t$ が求まる。

3．音の継続時間 $\varDelta t$ がわかれば観測される音の振動数 f が求まる。

Point 32

音源から出た波の数と，観測者が受けた波の数は等しい

●ドップラー効果の考え方Ⅱ（音源と観測者の速度が右向きに v_0，v_K の場合）

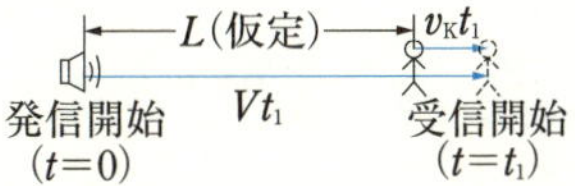

発信開始時刻を $t=0$ とすると，受信開始時刻 t_1 は，右図より，

$$L+v_K t_1=Vt_1$$

よって，$t_1=\dfrac{L}{V-v_K}$

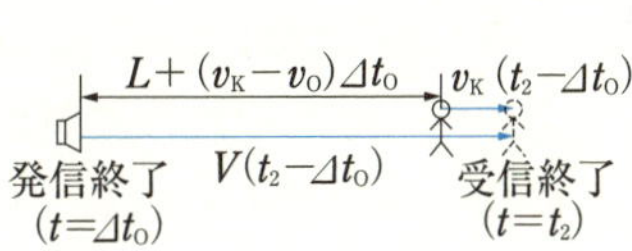

発信終了時刻 Δt_0 のとき，観測者と音源の距離は音源に対して観測者が進んだ距離 $(v_K-v_0)\Delta t_0$ だけ長くなるから，受信終了時刻 t_2 は，右図より，

$$V(t_2-\Delta t_0)=L+(v_K-v_0)\Delta t_0+v_K(t_2-\Delta t_0)$$

よって，$t_2=\dfrac{L}{V-v_K}+\dfrac{V-v_0}{V-v_K}\Delta t_0$

受信時間は $\Delta t=t_2-t_1=\dfrac{V-v_0}{V-v_K}\Delta t_0$ であり，波の数が変化しないことから，

$$f_0\Delta t_0=f\Delta t \qquad \text{よって，} f=\frac{\Delta t_0}{\Delta t}f_0=\frac{V-v_K}{V-v_0}f_0$$

(1) 題意より，音源から出た波の数は n で，観測された波の数は fT_0 である。それらが等しいことより，

$$fT_0=n \qquad \text{よって，} f=\frac{n}{T_0}$$

(2) (1)より，音源の振動数は f である。岸壁で観測された音波の振動数を f' とすると，音源が静止している観測者に向かって速さ v で近づいているから，ドップラー効果の公式より，

$$f'=\frac{V}{V-v}f=\frac{V}{V-v}\cdot\frac{n}{T_0} \quad \cdots\cdots①$$

題意より，音源から出た波の数は n，観測された波の数は $f'T_1$ である。それらが等しいことより，

$$n=f'T_1 \qquad \text{よって，} T_1=\frac{n}{f'}=\frac{V-v}{V}T_0$$

(3) ①式より，　$f'>f$

［別解］ (3) ドップラー効果では，音源または観測者が相手に向かって運動するとき，その運動は観測される振動数を大きくするように寄与する。よって，　$f'>f$

(1) $f=\dfrac{n}{T_0}$　(2) $T_1=\dfrac{V-v}{V}T_0$　(3) $f'>f$

必修基礎問 54 水面波の干渉

物理

2個の小球 S_1, S_2 を離して水面に置き，上下に同位相で振動させ，振幅，波長，速さが等しい波を送り出した。図は，S_1, S_2 から出た波の様子を描いたもので，それぞれの波源から広がる波のある時刻での山の点を連ねた曲線（実線）と谷の点を連ねた曲線（点線）が表されている。

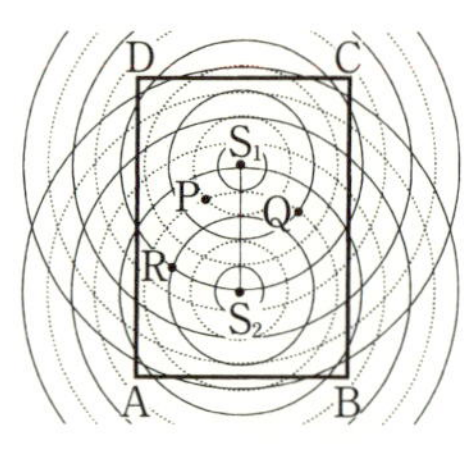

(1) 図中の点 P，Q，R における合成波の変位の時間変化のグラフは，次のうちどれか。ただし，図は時刻 $t=0$ のときの波の様子を表している。

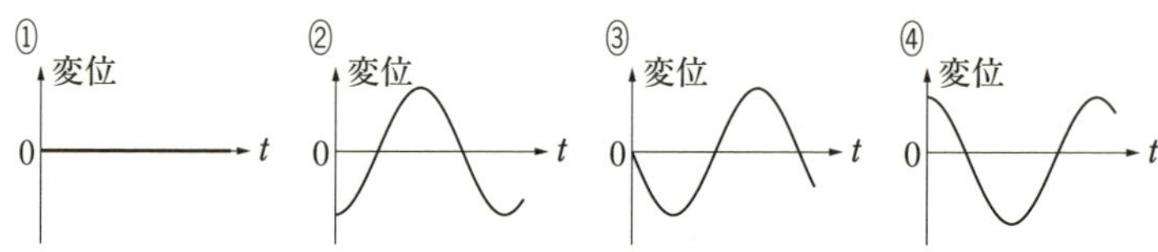

(2) 点 P，Q，R のうち，波が強め合っている点および弱め合っている点をすべて答えよ。

(3) 2つの波源から進んできた波が同位相で強め合う点を連ねた曲線を腹線と呼ぶ。長方形 ABCD の図の中に現れる腹線をすべて描き，その本数を答えよ。

（静岡大　改）

●同位相と逆位相　2つの振動による変位が同じ時間変化をすることを同位相（図 a）という。また，2つの振動が $\frac{1}{2}$ 周期ずれていることを，逆位相または位相差 π（図 b）という。

（例）　同位相の波源 ⇨ 波の変位の時間変化が同じ。
　　　同位相の波が重なる点 ⇨ 強め合う点
　　　逆位相の波が重なる点 ⇨ 弱め合う点

図 a 変位 0 時間

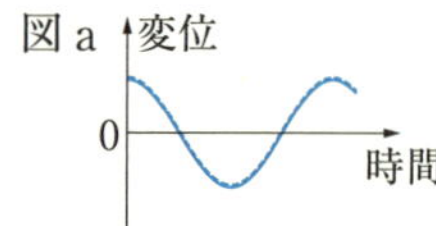

●干渉　波が重ね合わされて，強め合ったり，弱め合ったりすること。右の図 c では，点 P で2つの波が強め合っている様子を表している。波源 S_1 と同位相の波源 S_2 からの波の干渉と考えると，S_2 は図 c の矢印の位置にあればよい。

図 c

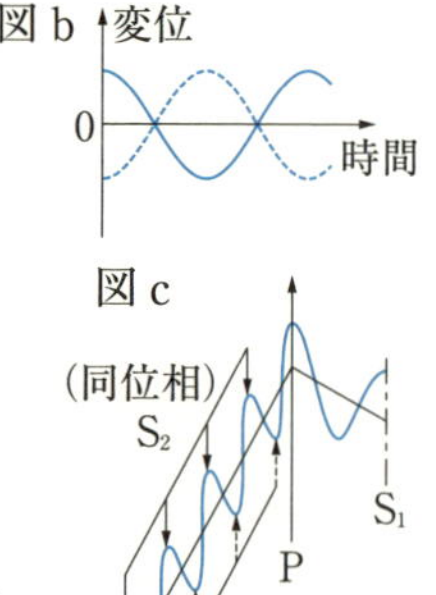

干渉の条件（同位相の波源の場合）

強め合う条件：$|S_2P - S_1P| = m\lambda$

弱め合う条件：$|S_2P - S_1P| = \left(m + \frac{1}{2}\right)\lambda$ $\left(\begin{array}{l}\lambda：波の波長\\ m=0,\ 1,\ 2,\ \cdots\end{array}\right)$

着眼点　2つの波源が逆位相の場合 ⇨ 同位相の干渉の条件が入れ替わる。波源 S_1 と逆位相（位相差 π）の波源 S_2' で強め合うときは，S_2' は図 c の破線の矢印の位置にあればよい。図 c より，強め合う条件は同位相の場合の弱め合う条件に一致する。

発展　波の強さは単位面積あたり単位時間に運ばれるエネルギー I で表され，媒質の単位体積あたりの単振動のエネルギー E と波の速さ v の積に等しく，次のように表される。

$$I = vE = v \times 2\pi^2 \rho f^2 A^2$$

（ρ：媒質の密度，f：波の振動数，A：波の振幅）

波の強さは（振動数）^{2}×（振幅）^{2} に比例するので，図 c の点 P では，波の振幅は 2 倍で，波の強さは 4 倍になっている。

(1)　点 P における波源 S_1，S_2 からの波の変位は図 1-a であり，それらを合成すると図 1-b となる。点 Q，R も同様にして，それぞれ図 2，図 3 となる。

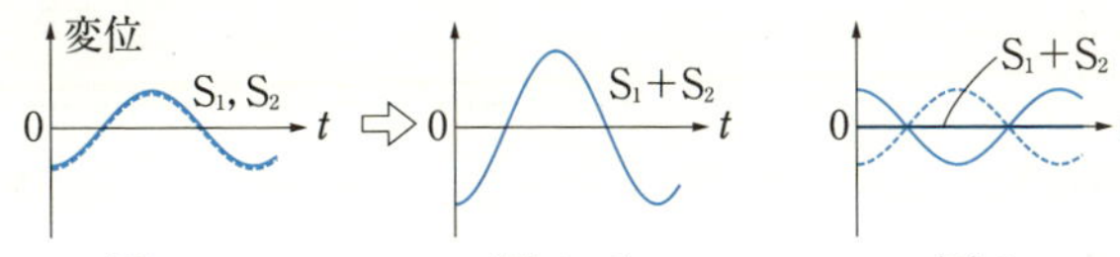

図 1－a　　図 1－b　　図 2　　図 3

(2)　(1)より，強め合っている点は P，R，弱め合っている点は Q である。

［別解］(2)　波の波長を λ とすると，問題の図より，

$S_2P - S_1P = \lambda$，$S_2Q - S_1Q = 0.5\lambda$，$S_2R - S_1R = -\lambda$

よって，強め合っている点は P，R，弱め合っている点は Q である。

(3)　点 P，Q と同様に，山と山，谷と谷が重なっている点を求め，波源からの距離の差が等しい点どうしを線で結んだものが腹線で 答 の図のようになる。よって，腹線の数は 5 本である。

(1)　P：②，Q：①，R：④

(2)　強め合っている点：P，R，
弱め合っている点：Q

(3)　腹線の図：右図，腹線の数：5 本

第3章 波動

必修基礎問

8. 光　波

55 見かけの深さ，しゃへい板

物理

光の屈折や反射に関して，以下の問いに答えよ。ただし，空気に対する水の屈折率を n $(n>1)$ とする。また，角 θ が十分に小さい場合には，近似式 $\tan\theta \fallingdotseq \sin\theta \fallingdotseq \theta$ が成り立つ。

Ⅰ．図のように，空気中から水中の物体Pを見ると，空気と水の境界面での光の屈折のため，物体は実際よりも浅いところにあるように見える。物体Pの水面からの距離を d とする。空気中で物体PをPのほぼ真上から見るとき，物体Pの虚像P′の水面からの深さ d' を求めよう。

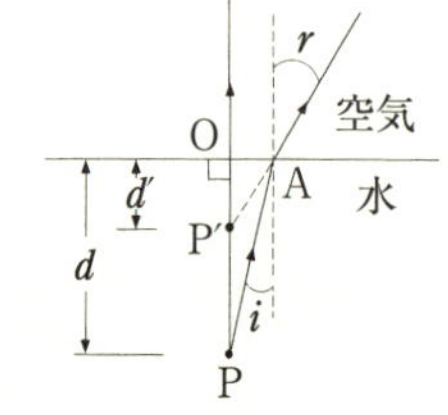

(1) 点Pから出た光の入射角，屈折角をそれぞれ i，r とするとき，n，$\sin i$，$\sin r$ の関係をかけ。

(2) d，d'，$\tan i$，$\tan r$ の関係式を求めよ。

(3) 上の(1)と(2)の結果を用い，さらに，角 i と r は十分に小さいことを用いて，d' を d，n で表せ。

Ⅱ．不透明な薄い円板を，その中心が物体Pの真上にくるように水面に置いた。

(4) 点Pから出た光が空気中へ進まないようにするためには，この円板の半径 R をいくら以上にすればよいか。　　（奈良女大）

●絶対屈折率　真空の屈折率を1として定めた媒質の屈折率で，単に屈折率ということも多い。

右図のように，光が真空中から媒質中に屈折するときの入射角を θ_1，屈折角を θ_2 とし，真空中の光速を c，媒質中の光速を v とすると，媒質の絶対屈折率 n は，

$$n=\frac{c}{v}=\frac{\sin\theta_1}{\sin\theta_2}$$

●相対屈折率　光が媒質1（屈折率 n_1）から媒質2（屈折率 n_2）に屈折するときの入射角を θ_1，屈折角を θ_2 とし，媒質1および2の中での光速，波長をそれぞれ v_1，λ_1，v_2，λ_2 とすると，相対屈折率 n_{12}（媒質1に対する媒質2の屈折率）は，

$$n_{12}=\frac{n_2}{n_1}=\frac{v_1}{v_2}=\frac{\lambda_1}{\lambda_2}=\frac{\sin\theta_1}{\sin\theta_2}$$

この関係を屈折の法則という。

着眼点　1．媒質が変化しても，波の振動数は変化しない。

2．平行多層膜の屈折率の関係　$\dfrac{n_2}{n_1}=\dfrac{\sin\theta_1}{\sin\theta_2}$　より

$n_1\sin\theta_1=n_2\sin\theta_2$ であり，

$$n_i\sin\theta_i=\text{一定}$$

⇨ $n_i=n_k$ のとき $\theta_i=\theta_k$ になる。

［注意］ 途中で全反射しないかチェックが必要。

●臨界角　屈折した光が境界面に沿って進むようになるときの光の入射角のこと。

着眼点　臨界角の公式　臨界角を θ_c とすると，

$$\frac{n_2}{n_1}=\frac{\sin\theta_c}{\sin 90^\circ}\qquad よって，\sin\theta_c=\frac{n_2}{n_1}$$

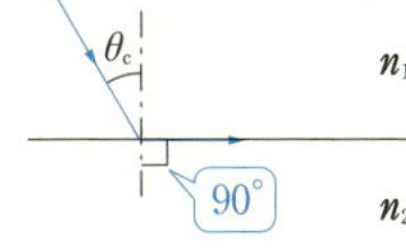

Ⅰ．(1) 屈折の法則より，

$$\frac{1}{n}=\frac{\sin i}{\sin r}\quad\cdots\cdots①\quad よって，\sin r=n\sin i$$

(2) △POA，△P′OA について，∠APO$=i$，∠AP′O$=r$ だから，

$$AO=d\tan i=d'\tan r\quad\cdots\cdots②$$

(3) 角 i と r が十分に小さいので，$\tan i\fallingdotseq\sin i$，$\tan r\fallingdotseq\sin r$ と近似できる。よって，①，②式より，

$$d'=\frac{\tan i}{\tan r}d\fallingdotseq\frac{\sin i}{\sin r}d=\frac{d}{n}$$

Ⅱ．(4) 円板の半径が最小のとき，円板の縁Qに達した光が右図のように進めばよいから，∠QPO$=\theta$ とすると，①式より，

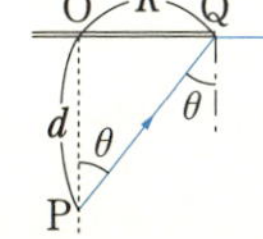

$$\frac{1}{n}=\frac{\sin\theta}{\sin 90^\circ}=\sin\theta$$

これより，$\tan\theta=\dfrac{1}{\sqrt{n^2-1}}$ $\left(\sin\theta=\dfrac{1}{n}\right.$ を満たす右図のような直角三角形を考えれば，容易に導かれる）だから，

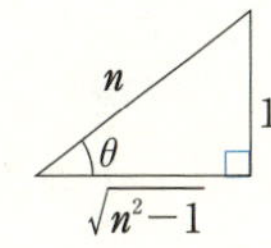

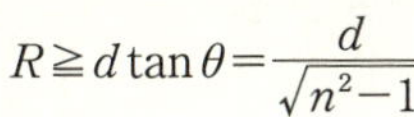

$$R\geqq d\tan\theta=\frac{d}{\sqrt{n^2-1}}$$

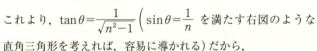

(1) $\sin r=n\sin i$　(2) $d\tan i=d'\tan r$　(3) $d'=\dfrac{d}{n}$

(4) $R\geqq\dfrac{d}{\sqrt{n^2-1}}$

実戦 基礎問 56 光ファイバー

物理

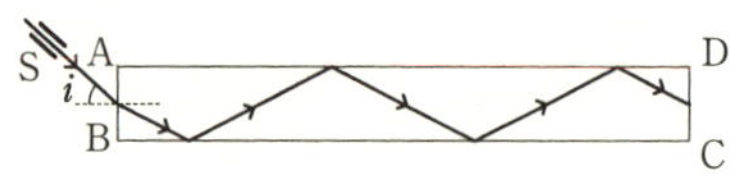

屈折率 n のガラスでできた平板が空気中に置かれている。平板の断面 ABCD は長方形であり，AD$=l$ とする。図のように，スリット S を通して面 ABCD に平行な光を平板の端面に入射角 i で入射する。真空中の光の速さを c とし，空気の屈折率を 1 として，次の問いに答えよ。

(1) 平板の左端面 AB に入射した光の屈折角を r として，$\sin r$ を n，i を用いて表せ。

(2) 平板内に進んだ光が平板の下面で全反射を起こすためには，入射角 i はどのような条件を満たさなければならないか。入射角 i と屈折率 n の間に成り立つ条件式を示せ。

(3) 入射角 i がいかなる値をとっても平板内に進んだ光が平板の下面から外に出ないためには，屈折率 n の値はどのような範囲になければならないか。

(4) (2)の条件が満たされる場合，平板に入射した光は，図に示すように，平板の下面と上面で交互に全反射を繰り返しながら平板の内部を進み，反対側の端面に達する。このようにして，光が辺 AB から辺 CD に到達するのに要する時間を求めよ。 **(首都大)**

精講 **●全反射** 光が屈折率の大きい媒質から屈折率の小さい媒質に屈折して進むとき，屈折角は入射角より大きい。入射角が臨界角より大きくなると，屈折光がなくなり，入射光がすべて反射される。この現象を全反射という。

着眼点 全反射が起こるために必要な条件

入射角 θ_1 より屈折角 θ_2 の方が大きい ⇨ $n_1 > n_2$

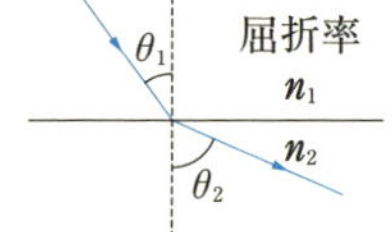

Point 33

全反射する条件 ⟹ 屈折角が存在しない条件

（例） 屈折の法則より，

$$\frac{n_2}{n_1}=\frac{\sin\theta_1}{\sin\theta_2} \qquad \text{よって，} \sin\theta_2=\frac{n_1}{n_2}\sin\theta_1$$

これを満たす θ_2 が存在しない条件，すなわち，全反射する条件は，

$$\frac{n_1}{n_2}\sin\theta_1>1 \qquad \text{よって，} \sin\theta_1>\frac{n_2}{n_1}$$

●反射光の性質 光は屈折する場合でも，その一部が反射され，常に反射光は存在している。反射光は振動方向が偏った光（偏光）である。この性質は光が横波であることを意味する。

(1) 屈折の法則より，

$$\frac{n}{1}=\frac{\sin i}{\sin r} \qquad \text{よって，} \sin r=\frac{\sin i}{n}$$

(2) ガラス板の下面上の点Qにおける屈折角を α とすると（右図），屈折の法則より，

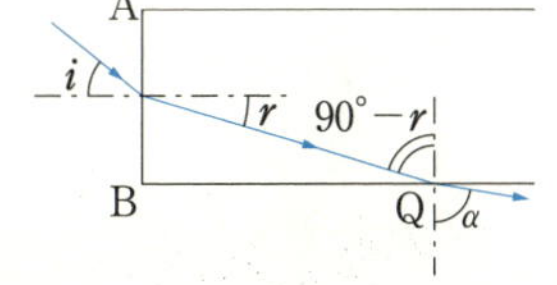

$$\frac{1}{n}=\frac{\sin(90°-r)}{\sin\alpha}=\frac{\cos r}{\sin\alpha}$$

よって，$\sin\alpha=n\cos r$

光が点Qで全反射する条件は，α が存在しない条件より，

$$n\cos r>1$$

また，(1)の結果より，$\cos r=\sqrt{1-\left(\frac{\sin i}{n}\right)^2}$ だから，

$$\sqrt{n^2-\sin^2 i}>1 \qquad \text{よって，} \sin i<\sqrt{n^2-1} \quad \cdots\cdots①$$

(3) $|\sin i|<1$ より，入射角 i によらずに①式が常に成り立つためには，

$$\sqrt{n^2-1}\geqq 1 \qquad \text{よって，} n\geqq\sqrt{2}$$

(4) ガラス板の中での光の速度の AD 方向の成分の大きさ $v_{/\!/}$ は，

$$v_{/\!/}=\frac{c}{n}\cos r=\frac{c}{n^2}\sqrt{n^2-\sin^2 i}$$

よって，光がガラス板を通過するのに要する時間 t は，

$$t=\frac{l}{v_{/\!/}}=\frac{n^2 l}{c\sqrt{n^2-\sin^2 i}}$$

(1) $\sin r=\frac{\sin i}{n}$ (2) $\sin i<\sqrt{n^2-1}$ (3) $n\geqq\sqrt{2}$

(4) $\frac{n^2 l}{c\sqrt{n^2-\sin^2 i}}$

第3章 波動

必修基礎問 57

凸レンズ，凹レンズ

物理

焦点距離 10〔cm〕の凸レンズ L_1 と，焦点距離 10〔cm〕の凹レンズ L_2 がある。レンズの厚さは考えなくてよいとして，以下の問いに答えよ。

(1) 凸レンズ L_1 の前方 30〔cm〕の位置に，光軸に垂直に高さ 5〔cm〕のろうそくが立っている。レンズ L_1 によって作られるろうそくの像の位置および像の大きさを求めよ。さらに，像が実像か虚像か，また正立か倒立かを述べよ。

(2) レンズの上半分を黒紙でおおった。ろうそくの像はどうなるか。

(3) ろうそくの位置をレンズ L_1 の前方 5〔cm〕の位置に移動した。レンズ L_1 によって作られる像の位置および像の大きさを求めよ。さらに，像が実像か虚像か，また正立か倒立かを述べよ。

(4) 凹レンズ L_2 の前方 30〔cm〕の位置に，光軸に垂直に高さ 5〔cm〕のろうそくが立っている。レンズ L_2 によって作られるろうそくの像の位置を求めよ。さらに，その像が実像か虚像か，また正立か倒立かを述べよ。 (電通大)

●レンズによる光の進み方 レンズに関して物体側をレンズの前方，反対側をレンズの後方と呼ぶことにする。

後焦点　光軸　②　①　②の逆

(i) 凸レンズ，凹レンズ共通

① レンズの中心を通る光は直進する。

(ii) 凸レンズの場合

② 光軸に平行な光は後焦点を通る。

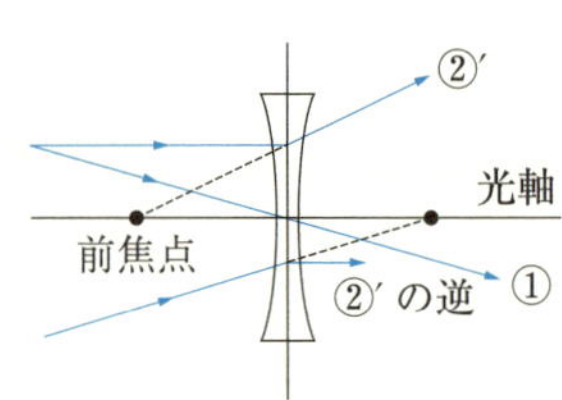

(iii) 凹レンズの場合

②′ 光軸に平行な光は前焦点から出た光と同じ向きに進む。

(例) (i)**倒立実像**　　(ii)**正立虚像**

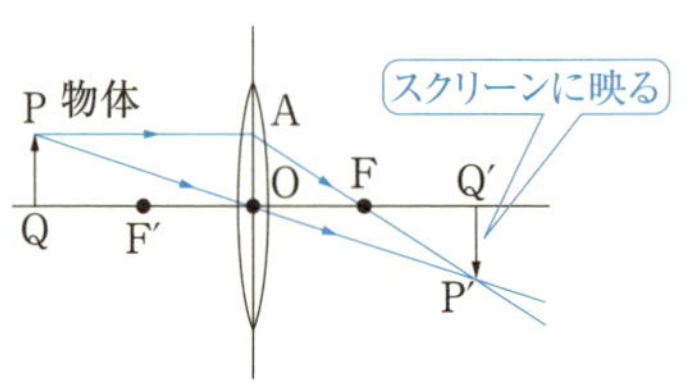

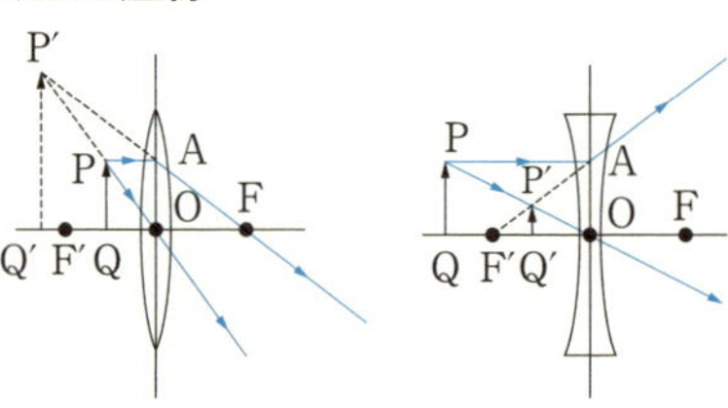

［注意］ 焦点に物体を置くと像ができない。

●レンズの公式　レンズと物体の距離を a，レンズと像の距離を b，焦点距離を f とする。レンズと像の距離 b は，像がレンズの後方にできるとき $b>0$，前方にできるとき $b<0$ とすると，

$$\frac{1}{a}+\frac{1}{b}=\frac{1}{f}$$ （凸レンズは $f>0$，凹レンズは $f<0$）

着眼点　**像の種類**　（i）$b>0$（凸レンズ）⇨ 倒立実像
（ii）$b<0$（凸，凹レンズ）⇨ 正立虚像

●像の倍率　前ページの（例）の図において，△OPQ と △OP′Q′ が相似である。よって，像の倍率 m は辺の長さの比から得られる。

$$m=\frac{\mathrm{P'Q'}}{\mathrm{PQ}}=\frac{\mathrm{OQ'}}{\mathrm{OQ}}=\left|\frac{b}{a}\right|$$

(1)　レンズと像の距離を b_1〔cm〕とすると，レンズの公式より，

$$\frac{1}{30}+\frac{1}{b_1}=\frac{1}{10}\qquad よって，b_1=15〔\mathrm{cm}〕$$

像の倍率は $m_1=\frac{15}{30}=\frac{1}{2}$〔倍〕だから，像の大きさは，　$5\times\frac{1}{2}=2.5$〔cm〕

また，$b_1>0$ より，像は倒立実像である。

(2)　右図のように，ろうそくから出た光のうち，レンズの上半分を通る光はしゃへいされるが，レンズの下半分を通る光が像をつくる。よって，像の明るさだけが暗くなる。

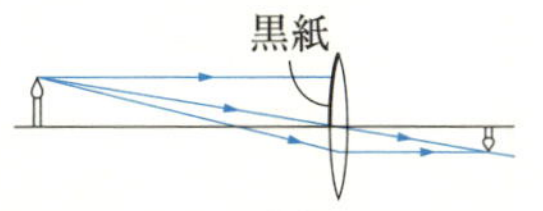

(3)　レンズと像の距離を b_2〔cm〕とすると，レンズの公式より，

$$\frac{1}{5}+\frac{1}{b_2}=\frac{1}{10}\qquad よって，b_2=-10〔\mathrm{cm}〕$$

像の倍率は $m_2=\left|\frac{-10}{5}\right|=2$〔倍〕だから，像の大きさは，　$5\times2=10$〔cm〕

また，$b_2<0$ より，像の位置はレンズの前方 10〔cm〕で，正立虚像である。

(4)　レンズと像の距離を b_3〔cm〕とすると，レンズの公式より，

$$\frac{1}{30}+\frac{1}{b_3}=\frac{1}{-10}\qquad よって，b_3=-7.5〔\mathrm{cm}〕$$

$b_3<0$ より，像の位置はレンズの前方 7.5〔cm〕で，正立虚像である。

(1)　像の位置：レンズの後方 15〔cm〕，像の大きさ：2.5〔cm〕，倒立実像
(2)　像の明るさだけが暗くなる。
(3)　像の位置：レンズの前方 10〔cm〕，像の大きさ：10〔cm〕，正立虚像
(4)　像の位置：レンズの前方 7.5〔cm〕，正立虚像

第3章　波動

実戦基礎問

58 顕微鏡の原理

物理

図は，焦点距離が f_1 と f_2 の2つの凸レンズを組み合わせた顕微鏡の原理を示している。物体はレンズ1の焦点の外側に置かれている。したがって，物体と反対側に物体の像（像1とする）ができる。レンズ1から像1までの距離を L_1 とすると，このときレンズ1の倍率は，レンズの公式を使って，f_1，L_1 を用いて表せば［ (1) ］となる。次に，像1がレンズ2の焦点の内側に位置するようにレンズ2を配置する。すると，拡大された像（像2とする）が見える。レンズ2から像2までの距離を L_2 とする。f_2，L_2 を用いると，像2の大きさは像1の［ (2) ］倍となる。最終的に物体の像は，［ (3) ］倍に拡大され，その像は物体に対して倒立している。もし $f_1=5.0$〔mm〕，$L_1=150$〔mm〕，$f_2=10$〔mm〕，$L_2=250$〔mm〕ならば，この顕微鏡の倍率はおよそ［ (4) ］倍になる。また，この顕微鏡の鏡筒の長さ（レンズ1とレンズ2の間の距離）は［ (5) ］〔mm〕である。

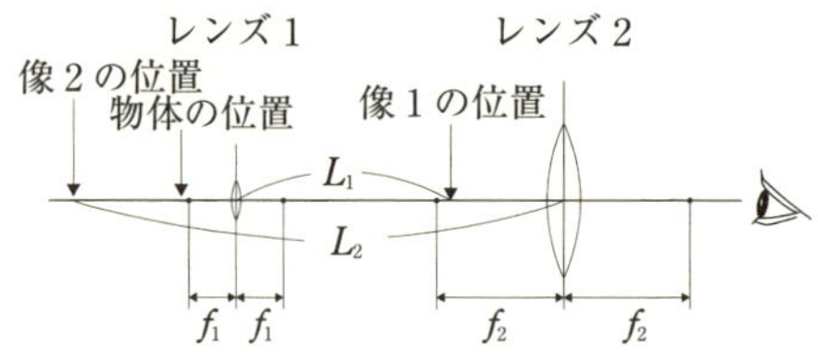

（中央大）

精講

●組合せレンズ 顕微鏡や天体望遠鏡のように，複数のレンズを組み合わせることによって，小さな物体や遠くの物体を拡大して見ることができる。

（例） 2つのレンズを距離 l だけ離して置いた場合

第1レンズによる像を，第2レンズに対する物体として，レンズの公式を用いればよい。

第1レンズによる像の，第1レンズとの距離を b_1 とすると，第2レンズに対する物体の，第2レンズとの距離は $a_2=l-b_1$ である。ここで，第1レンズによる像が実像のときは $b_1>0$，虚像のときは $b_1<0$ である。第2レンズによる像の，第2レンズとの距離を b_2，第2レンズの焦点距離を f_2 とすると，レンズの公式より，

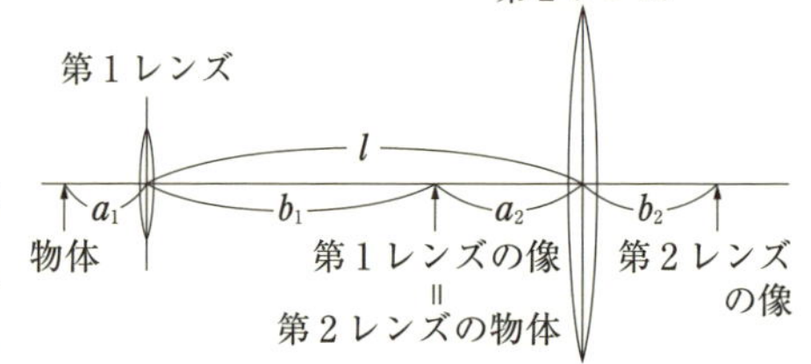

$$\frac{1}{a_2}+\frac{1}{b_2}=\frac{1}{f_2} \quad すなわち， \quad \frac{1}{l-b_1}+\frac{1}{b_2}=\frac{1}{f_2}$$

第1，第2レンズによる像の倍率をそれぞれ m_1，m_2 とすると，組合せレンズの倍率 m_{12} は，

$$m_{12}=m_1\cdot m_2=\left|\frac{b_1}{a_1}\right|\cdot\left|\frac{b_2}{a_2}\right|$$

【参考】 組合せレンズによる像の作図の例　物体PQの第1レンズによる像が P_1Q_1 である。像 P_1Q_1 を，第2レンズに対する物体として作図し，その像が P_2Q_2 である。これが，第1，第2レンズによる物体PQの像である。

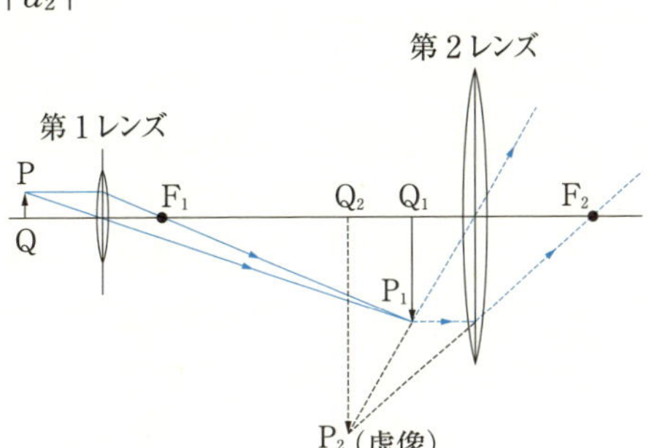

(1) レンズ1から物体までの距離を a とすると，レンズの公式より，

$$\frac{1}{a}+\frac{1}{L_1}=\frac{1}{f_1}\qquad \text{よって，}\ a=\frac{L_1f_1}{L_1-f_1}$$

これより，レンズ1の像の倍率 m_1 は，　$m_1=\dfrac{L_1}{a}=\dfrac{L_1-f_1}{f_1}$〔倍〕

(2) レンズ2から像1までの距離を a' とすると，レンズの公式より，

$$\frac{1}{a'}+\frac{1}{(-L_2)}=\frac{1}{f_2}\qquad \text{よって，}\ a'=\frac{L_2f_2}{L_2+f_2}$$

これより，レンズ2の像の倍率 m_2 は，　$m_2=\dfrac{L_2}{a'}=\dfrac{L_2+f_2}{f_2}$〔倍〕

(3) レンズ1，2による物体の像の倍率 m は，レンズ1，2それぞれの倍率の積であるから，(1)，(2)の結果より，

$$m=m_1m_2=\frac{(L_1-f_1)(L_2+f_2)}{f_1f_2}\text{〔倍〕}$$

(4) 与えられた数値を(3)の結果に代入して，

$$m=\frac{(150-5.0)\times(250+10)}{5.0\times10}=754\fallingdotseq7.5\times10^2\text{〔倍〕}$$

(5) 鏡筒の長さを l〔mm〕とすると，レンズ1から像1までの距離と，レンズ2から像1までの距離の和に等しいから，

$$l=L_1+a'=L_1+\frac{L_2f_2}{L_2+f_2}=150+\frac{250\times10}{250+10}\fallingdotseq160\text{〔mm〕}$$

(1) $\dfrac{L_1-f_1}{f_1}$　(2) $\dfrac{L_2+f_2}{f_2}$　(3) $\dfrac{(L_1-f_1)(L_2+f_2)}{f_1f_2}$　(4) 7.5×10^2

(5) 160

必修
基礎問

59 ヤングの実験

物理

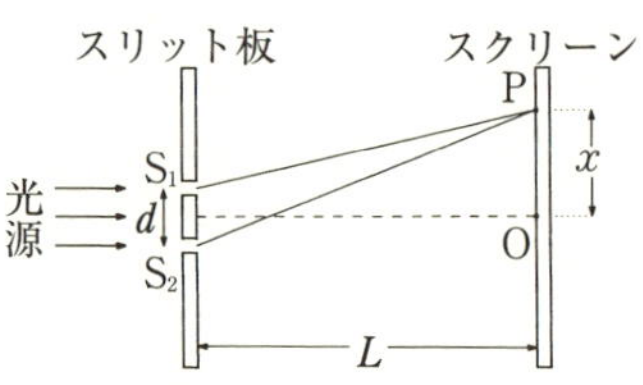

水平な台の上に2つのスリットS_1, S_2の付いたスリット板とスクリーンを距離Lだけ離して置いた(右図)。S_1, S_2から等距離の位置にある光源からスリット板に向けてレーザー光を当てたところ，スクリーン上に明線と暗線が交互に並んだ干渉像が現れた。光源と2つのスリットの中点Mを結ぶ水平直線がスクリーンと交わる点をO，スクリーン上において点Oから水平方向にxだけ離れた点をPとする。スリットS_1, S_2の間隔d，およびOP間の距離xは，スリット板とスクリーン間の距離Lに比べて十分に小さいものとする。

(1) スリットS_1, S_2から点Pに到達した回折光の光路差を求めよ。

(2) レーザー光の波長をλとして，隣り合う明線の間隔を求めよ。

(3) $d=0.05$〔mm〕, $L=1.0$〔m〕のとき，隣り合う明線の間隔は1.26〔cm〕であった。レーザー光の波長を求めよ。

(4) 明線の間隔を広げる適切な方法を，次の(ア)～(ウ)のうちから一つ選べ。
(ア) Lを小さくする。 (イ) dを大きくする。 (ウ) λを大きくする。

(5) スリット板の左側に単スリットの付いた板を置き，白色光を当てた。点O以外の明線の様子として適切なものを，次の(ア)～(ウ)のうちから一つ選べ。
(ア) 白色の明線 (イ) 単色(特定の色)の明線 (ウ) 虹色の明線

(北海道工大)

●光学距離 真空中での距離，または光が媒質中をある距離lだけ進むのと同じ時間で真空中を進む距離のことを光学距離(または光学的距離，光路長)l_0という。

$$l_0=nl \quad (n：媒質の屈折率)$$

●光の干渉の条件Ⅰ 《反射による位相差が0の場合》(→ 参照 p.122)

1つの光源から出た真空中の波長λの光が，光学距離の差(光路差)Δlの2つの経路を経て干渉するとき，

$$強め合う条件：\Delta l=\frac{\lambda}{2}\times 2m \ (=m\lambda)$$

$$弱め合う条件：\Delta l=\frac{\lambda}{2}\times(2m+1)\left(=\left(m+\frac{1}{2}\right)\lambda\right)$$

$(m=0,\ 1,\ 2,\ \cdots)$

●**白色光**　色づいて見える波長 3.8×10^{-7}〔m〕(紫色)～ 7.7×10^{-7}〔m〕(赤色)の光をすべて含む光(可視光)のこと。

(1)　$\angle\mathrm{PMO}=\theta$ とすると，$L\gg x$ であるから，$\sin\theta\fallingdotseq\tan\theta=\dfrac{x}{L}$ であり，

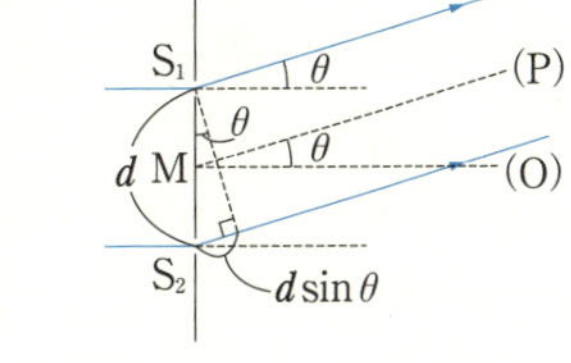

S_1P と S_2P が平行とみなせるから，光路差 $|S_2P-S_1P|$ は，右図より，

$$|S_2P-S_1P|=d\sin\theta\fallingdotseq d\cdot\frac{x}{L}=\frac{dx}{L}\ \cdots\cdots①$$

［別解］(1)　$|\varepsilon|\ll1$ のときに成り立つ近似計算式 $(1+\varepsilon)^n\fallingdotseq1+n\varepsilon$ を用いる。

右図より，

$$S_1P=\sqrt{L^2+\left(x-\frac{d}{2}\right)^2}=L\left\{1+\left(\frac{x-d/2}{L}\right)^2\right\}^{\frac{1}{2}}$$

$$\fallingdotseq L\left\{1+\frac{1}{2}\left(\frac{x-d/2}{L}\right)^2\right\}$$

同様にして，　$S_2P\fallingdotseq L\left\{1+\dfrac{1}{2}\left(\dfrac{x+d/2}{L}\right)^2\right\}$

よって，　$|S_2P-S_1P|\fallingdotseq\dfrac{dx}{L}$

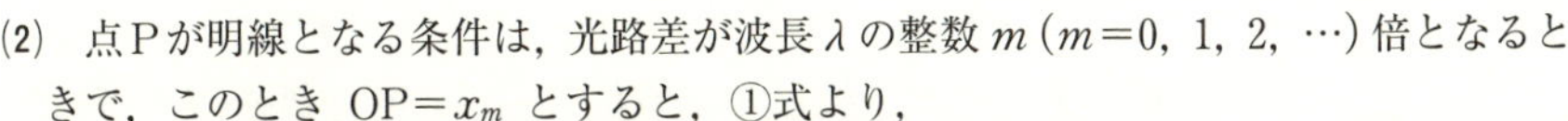

(2)　点Pが明線となる条件は，光路差が波長 λ の整数 m $(m=0,\ 1,\ 2,\ \cdots)$ 倍となるときで，このとき $\mathrm{OP}=x_m$ とすると，①式より，

$$\frac{dx_m}{L}=m\lambda\qquad よって，\ x_m=\frac{mL\lambda}{d}\quad\cdots\cdots②$$

隣り合う明線の間隔 Δx は，②式より，

$$\Delta x=x_{m+1}-x_m=\frac{L\lambda}{d}\qquad\cdots\cdots③$$

(3)　③式を λ について解いて，与えられた数値を代入すると，

$$\lambda=\frac{d\Delta x}{L}=\frac{0.05\times10^{-3}\times1.26\times10^{-2}}{1.0}=6.3\times10^{-7}\ \text{〔m〕}$$

(4)　③式より，λ を大きくすると隣り合う明線の間隔が大きくなる。

(5)　②式より，光の波長(色)によって明線の位置が異なるので，虹色の明線が生じる。

発展　1. $m=0$ のとき，すべての波長の光が点Oに明線を生じるから，点Oは白色の明線となる。

2. 点O以外では，明線の位置 $\mathrm{OP}=x_m$ が波長に比例することから，点Oより遠い側から点Oに近い側に向かって，赤→橙→黄→緑→青→藍→紫に色づいて見える。

(1)　$\dfrac{dx}{L}$　(2)　$\dfrac{L\lambda}{d}$　(3)　6.3×10^{-7}〔m〕　(4)　(ウ)　(5)　(ウ)

必修基礎問 60 回折格子

スリット間隔 d の回折格子Aが，図1のように格子面とスリットが紙面に垂直になるように置かれており，回折格子Aの左から波長 λ の平行光線が角度 θ で入射する。このとき，回折格子Aから十分遠方にあるスクリーンS上の点Pに向かう光は平行とみなせ，この光と格子面の垂線とのなす角を ϕ とする(図2)。

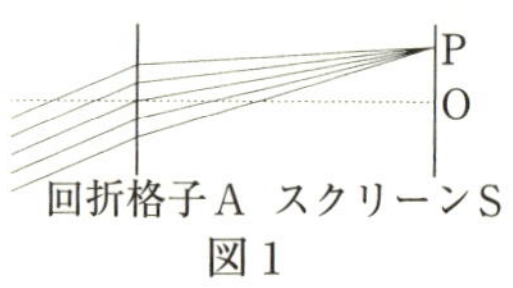

図1

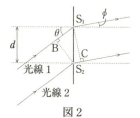

図2

(1) 図2において，隣り合うスリットを通る光線1と2の，点Pまでの道のりの差 D を求めよ。

(2) 点Pで光線1，2が強め合う条件式をかけ。ただし，整数を m とする。

(3) (2)の条件を満たす m の値は，条件 $|\sin\phi| \leqq 1$ によって制限される。$d=1100$〔nm〕，$\lambda=500$〔nm〕，$\theta=30°$ であるとき，明線はスクリーンS上で，最大何本観測されるか。 (電通大)

●回折格子　ガラス板などに多数の細い平行な溝を等間隔に付けたものを回折格子という。隣り合う溝と溝の間隔を格子定数という。

●干渉による縞模様　回折格子に垂直に入射した波長 λ の光が強め合う方向 θ は，$d\sin\theta=m\lambda$ で決まる。多くのスリットからの光線があるため，θ 以外では光は弱め合い，縞模様は鮮明な明線だけとなる(図(a))。複スリット(ヤングの実験)による縞模様は明線と暗線が等間隔に並ぶ(図(b))。

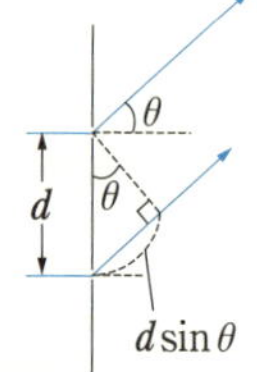

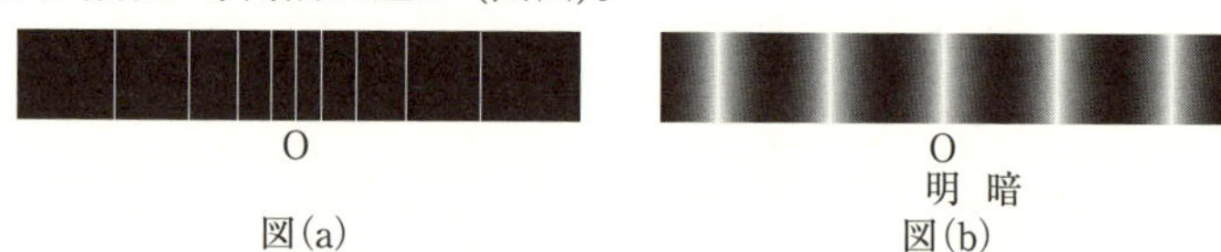

図(a)　　図(b)

●波面と光路差　光の干渉では，1つの波(束)が2つの経路を通った後，干渉することから，それらは同位相の波源から出た波と考えてよい。波面は同位相の場所をつないだ線または面であるから，光源から同じ波面上の点までの光学距離が等しい。

Point 34

波面を描いて，同位相の場所をつかむ

着眼点　回折格子の光路差の求め方

(i)　2つの経路を入射側と回折側に分ける。

(ii)　入射側と回折側のそれぞれで波面を描く。(→ 参照 問題の図2)

(1)　図2より，入射側では，光線1の方が光線2より $BS_1=d\sin\theta$ だけ長い。また，回折側では，光線2の方が光線1より $S_2C=d\sin\phi$ だけ長い。よって，光線1と2の光路差 D は，

$$D=d\sin\theta-d\sin\phi=d(\sin\theta-\sin\phi)$$

(2)　光路差 D が $\frac{\lambda}{2}$ の偶数倍のとき，点Pで光線1，2が強め合うから，

$$D=\frac{\lambda}{2}\times 2m$$

よって，

$$d(\sin\theta-\sin\phi)=m\lambda \quad \cdots\cdots ①$$

［注意］ ①式では，m は整数（$m=0,\ \pm1,\ \pm2,\ \cdots$）であり，負の整数も含む。図2において光線1の方が光線2より道のりが長い場合を $m>0$，短い場合を $m<0$ としている。

(3)　①式より，

$$\sin\phi=\sin\theta-\frac{m\lambda}{d}$$

$|\sin\phi|\leqq 1$ より，$-1\leqq\sin\phi\leqq 1$ であるから，

$$-1\leqq\sin\theta-\frac{m\lambda}{d}\leqq 1$$

よって，$-(1-\sin\theta)\frac{d}{\lambda}\leqq m\leqq(1+\sin\theta)\frac{d}{\lambda}$

与えられた数値を代入して，

$$-\left(1-\frac{1}{2}\right)\times\frac{11}{5}\leqq m\leqq\left(1+\frac{1}{2}\right)\times\frac{11}{5}$$　よって，$-1.1\leqq m\leqq 3.3$

これを満たす整数 m は，$m=-1,\ 0,\ 1,\ 2,\ 3$ である。よって，スクリーンS上には最大5本の明線が観測される。

(1)　$D=d(\sin\theta-\sin\phi)$　(2)　$d(\sin\theta-\sin\phi)=m\lambda$　(3)　5本

必修
基礎問
61 薄膜の干渉 I
物理

屈折率 n_2 のガラス板の上面に，屈折率 n_1 の薄膜が接している。[(1)]から[(4)]については末尾に示した 2 つの語句のうち適切な方を選べ。[(5)]，[(6)]については適当な数値を記入せよ。

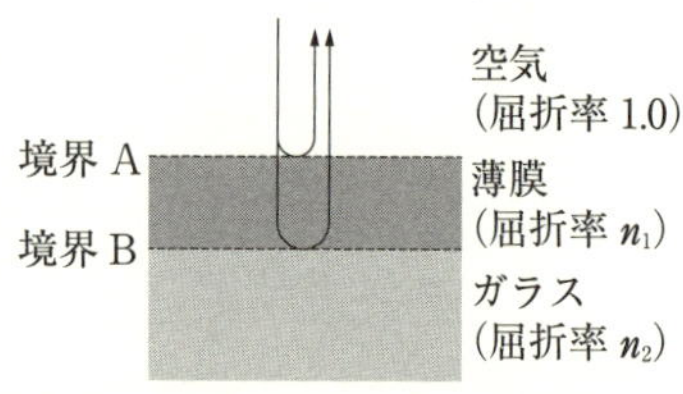

図のように，単色光が空気中から薄膜中に垂直に入射する場合を考える。光の一部は空気と薄膜の境界 A，薄膜とガラスの境界Bで反射する。

境界Aで反射した光と境界Bで反射した光の干渉を考える。入射単色光の空気中での波長を 6.0×10^{-7}〔m〕，薄膜の屈折率 $n_1=2.0$，ガラスの屈折率 $n_2=1.5$ とする。境界Aで反射するとき光の位相は[(1)]。境界Aを空気から薄膜へ透過するとき光の位相は[(2)]。境界Bで反射するとき光の位相は[(3)]。また，境界Aを薄膜から空気中へ透過するとき光の位相は[(4)]。したがって，薄膜の厚さを 0 からゆっくりと増加させたとき，最初は反射光がだんだん強くなり，その後弱くなり再び強くなるような明るさの変動が観測される。反射強度が最初に極大となる薄膜の厚さ d_1 は[(5)]〔m〕であり，次に極大となる薄膜の厚さ d_2 は[(6)]〔m〕である。

(1)〜(4)の選択肢　{変化しない，π〔rad〕変化する}

(岡山大)

精講

●反射による位相変化　入射側の媒質より屈折率が大きい媒質の表面での光の反射は固定端反射と同じで，位相が π〔rad〕だけ変化する。入射側より屈折率が小さい媒質の表面での光の反射は自由端反射と同じで，位相変化は 0 である。

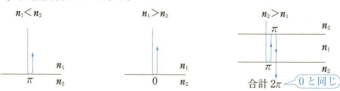

$n_1<n_2$ （π，n_1，n_2）　　$n_1>n_2$ （0，n_1，n_2）

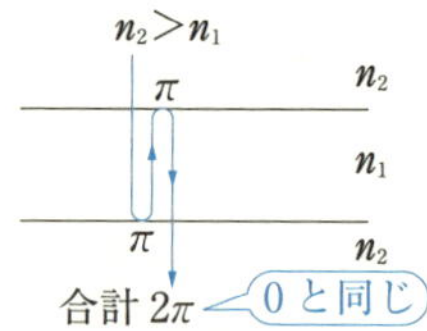

［注意］　屈折の際の位相変化は 0 である。

●反射による位相差　2 つの経路を通る光線の反射による位相変化の差のことを反射による位相差という。反射による位相差が π〔rad〕であるとき，強め合う条件と弱め合う条件は，同位相の場合の条件 (→ 参照 p. 132) が入れ替わったものとなる。

●**光の干渉の条件**Ⅱ《反射による位相差が π〔rad〕の場合》

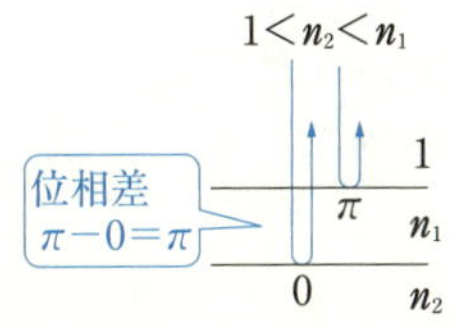

強め合う条件：$\Delta l=\left(m+\frac{1}{2}\right)\lambda$ 　($m=0$, 1, 2, …)

弱め合う条件：$\Delta l=m\lambda$

ここで，Δl：光路差，λ：真空中の光の波長である。

Point 35

反射による位相差 ⟹ 強め合う条件・弱め合う条件が決まる

(1)　境界Aでは，空気より屈折率の大きい薄膜の表面で反射するから，反射により光の位相は π〔rad〕変化する。

(2)　透過するときは光の位相は変化しない。

(3)　境界Bでは，薄膜より屈折率の小さいガラスの表面で反射するから，反射により光の位相は変化しない。

(4)　透過するときは光の位相は変化しない。

(5)　薄膜の厚さを d とすると，境界Aで反射した光と境界Bで反射した光の経路差は $2d$ であり，(1)，(3)より，これらの光の反射による位相差は π〔rad〕である。空気中の波長を λ_0 ($=6.0\times10^{-7}$〔m〕) とすると，薄膜中での波長は $\frac{\lambda_0}{n_1}$ なので，反射強度が極大となる条件 (強め合う条件) は，

$$2d=\left(m+\frac{1}{2}\right)\frac{\lambda_0}{n_1} \quad (m=0,\ 1,\ 2,\ \cdots) \quad \cdots\cdots①$$

反射強度が最初に極大となる薄膜の厚さ d_1 は，$m=0$ より，

$$2d_1=\frac{1}{2}\cdot\frac{\lambda_0}{n_1}$$

よって，$d_1=\frac{\lambda_0}{4n_1}=\frac{6.0\times10^{-7}}{4\times2.0}=7.5\times10^{-8}$〔m〕

［別解］ (5)　①式は，光学距離を用いて，次のように立ててもよい。

$$n_1\cdot2d=\left(m+\frac{1}{2}\right)\lambda_0 \quad (m=0,\ 1,\ 2,\ \cdots)$$

(6)　反射強度が次に極大となる薄膜の厚さ d_2 は，$m=1$ より，

$$2d_2=\frac{3}{2}\cdot\frac{\lambda_0}{n_1}$$

よって，$d_2=\frac{3\lambda_0}{4n_1}=\frac{3\times6.0\times10^{-7}}{4\times2.0}=2.25\times10^{-7}\fallingdotseq2.3\times10^{-7}$〔m〕

(1)　π〔rad〕変化する　(2)　変化しない　(3)　変化しない
(4)　変化しない　(5)　7.5×10^{-8}　(6)　2.3×10^{-7}

必修基礎問

62 薄膜の干渉Ⅱ

物理

図1は波長λ_1の単色平行光線が，空気中からガラスの表面をおおう厚さdの薄膜に，入射角θで入射したとき，光が反射，屈折（屈折角ϕ）する様子を示している。空気と薄膜の境界面上で反射する光は A → A′ → D → E の経路を進み，薄膜とガラスの境界面上で反射する光は B → B′ → C → D → E の経路を進む。ここで，AB，A′B′ はそれぞれ同位相の波面である。空気，薄膜の屈折率をそれぞれ1，n_2とし，n_2はガラスの屈折率n_3より小さいものとする。

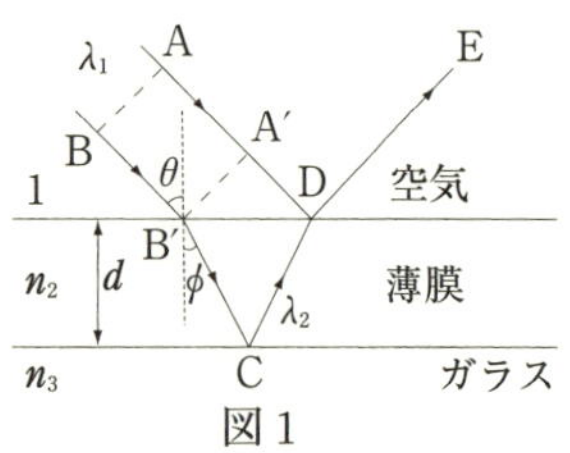

図1

(1)　光が点Cおよび点Dで反射するとき，光の位相の変化量をそれぞれ答えよ。

(2)　2つの反射光の光路差をもたらす部分の経路差をd，ϕを用いて表せ。

(3)　2つの経路から来た光が点Eで弱め合う条件をd，θ，n_2，λ_1を用いて表せ。ただし，$m=0, 1, 2, \cdots$ とする。

(4)　$d=1.00\times10^{-7}$〔m〕，$n_2=1.40$ として，白色光を垂直に入射させた。反射光のうち干渉で打ち消し合う波長を求めることにより，何色に色づいて見えるか。必要ならば，図2の色相環を用いよ。図2には円周に沿って〔nm〕単位で色光の波長を示している。この図において，円の中心に対して向き合っている2つの色光を混合した場合にも，白色に見える。このとき，これら2色は互いに補色（余色）であるという。例えば，白色光から赤色が消えると補色の緑色に見える。

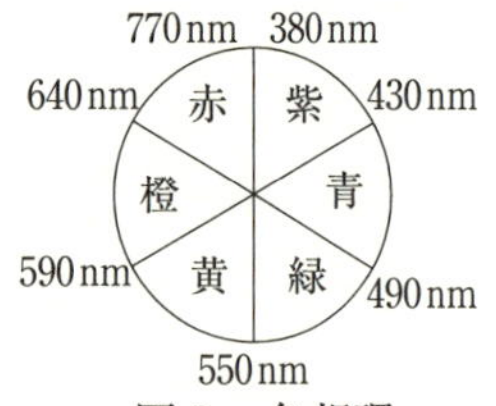

図2　色相環

（甲南大）

精講

●薄膜による干渉　平行な境界面をもつ薄膜，2枚のガラス板でつくるくさび形薄膜，凸レンズとガラス板でつくる薄膜による干渉などがある。これらの干渉では，反射による位相差のチェックや異なる媒質の経路差を波面によって単純化することが大切である。

着眼点　1．反射による位相差をチェックして干渉の条件を決める。

2．波面を描いて，同位相の場所をつかむ。

3．経路差を1つの媒質中の距離として求め，干渉の条件式を立てる。

⇨ {媒質中の波長で干渉の条件式を立てる。
光路差に換算し，真空中の波長で干渉の条件式を立てる。

Point 36

干渉の条件 ⟹ 同じ媒質中の経路差と波長を用いる

Point 37

平行薄膜による干渉では，経路差は鏡像点で直線経路に直す

(1) $1<n_2<n_3$ だから，点Cおよび点Dの反射はともに固定端反射と同じで，反射の際に位相が π〔rad〕変化する。

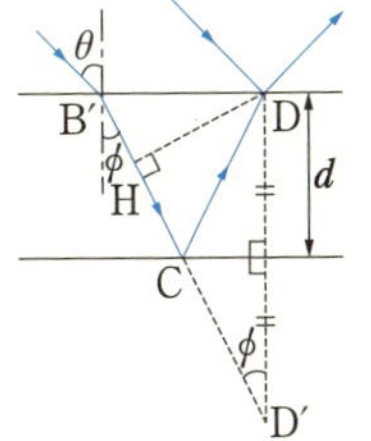

(2) 右図のように，点Dに入射する波面DHを考えると，経路差はHC＋CDである。ガラスと薄膜の境界面に対する点Dの鏡像点D′を考えると，CDとCD′の距離は等しいので，経路差は，

$$\mathrm{HC}+\mathrm{CD}=\mathrm{HC}+\mathrm{CD'}=\mathrm{HD'}=2d\cos\phi \quad \cdots\cdots①$$

(3) (1)より，2つの光線の反射による位相差は $\pi-\pi=0$〔rad〕であるから，光路差 $n_2(\mathrm{HC}+\mathrm{CD})$ が λ_1 の半整数倍のとき，2つの光線が弱め合う。

$$n_2(\mathrm{HC}+\mathrm{CD})=\left(m+\frac{1}{2}\right)\lambda_1 \quad \cdots\cdots②$$

屈折の法則より， $\dfrac{n_2}{1}=\dfrac{\sin\theta}{\sin\phi}$ 　よって，$\sin\phi=\dfrac{\sin\theta}{n_2}$

これより， $\cos\phi=\sqrt{1-\sin^2\phi}=\dfrac{1}{n_2}\sqrt{n_2{}^2-\sin^2\theta}$ 　$\cdots\cdots③$

①〜③式より， $2d\sqrt{n_2{}^2-\sin^2\theta}=\left(m+\dfrac{1}{2}\right)\lambda_1$ 　$\cdots\cdots④$

(4) ④式に $\theta=0°$ を代入して， $2n_2d=\left(m+\dfrac{1}{2}\right)\lambda_1$

よって，$\lambda_1=\dfrac{4n_2d}{2m+1}=\dfrac{4\times1.40\times1.00\times10^{-7}}{2m+1}=\dfrac{5.60\times10^{-7}}{2m+1}$〔m〕

これより，白色光のうち，反射光が弱め合う波長は，$m=0$ のときの 5.60×10^{-7}〔m〕＝560〔nm〕だけである。色相環より，黄色の光が弱め合うので反射光は紫色に見える。

(1) 点C：π〔rad〕，点D：π〔rad〕　(2) $2d\cos\phi$

(3) $2d\sqrt{n_2{}^2-\sin^2\theta}=\left(m+\dfrac{1}{2}\right)\lambda_1$　(4) 紫色に見える

第3章 波動

実戦
基礎問
63

ニュートンリング

物理

図のように，ガラス板の上に半径 R の平凸レンズを凸面を下にして置き，真上から波長 λ の単色光線を入射させると，レンズの上から見てもガラス板の下から見ても，レンズとガラス板の接点を中心とする同心円状の縞模様が見られた。ただし，ガラス板と平凸レンズの屈折率は同じであり，空気の屈折率を1とする。また，図のように点H，P_1，P_2 を定め，$HP_1=r$ とする。次の文章中の空欄(ア)，(イ)には適する式を答えよ。また，(ウ)，(エ)には下の解答群から適するものを2つずつ選べ。必要ならば，整数 $m(=0,\ 1,\ 2,\ \cdots)$ を用いよ。

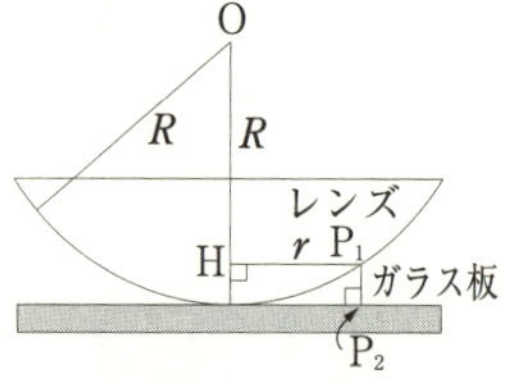

(1) レンズの上から見る場合，点 P_1 に向かって真上から入射し，点 P_1 で反射した光線と，点 P_1 を透過して点 P_2 で反射された後 P_1 を透過してきた光線が干渉する。P_1P_2 が r および R に比べて極めて小さいという条件のもとで，これらの光線が干渉により強め合う条件は［(ア)］である。

　ガラス板の下から見るときは，点 P_1，点 P_2 を通ってガラス板を透過した光線と，点 P_1 を透過して点 P_2 で反射され，点 P_1 で再び反射されてガラス板を透過してきた光線が干渉する。これらの光線が干渉により強め合う条件は［(イ)］である。

(2) 次にレンズとガラス板の間に屈折率の異なる2種類の液体（水と油）を入れて(1)と同じように観測を行った。ガラスより屈折率の小さい水を入れた場合に，生じる縞模様の明暗の変化と環の半径の変化は，［(ウ)］のようにまとめられる。また，ガラスより屈折率の大きい油を入れた場合には［(エ)］のようにまとめられる。

(ウ)，(エ)の解答群
(a) 明暗は液を入れないときと同じ。
(b) 明暗は液を入れないときと逆転する。
(c) 環の半径は液を入れないときより大きい。
(d) 環の半径は液を入れないときより小さい。（東京理大）

精講

●**透過光の干渉**　薄膜では透過光の場合にも，干渉による縞模様が見られる。右図のように，透過光の光路差は反射光の場合の光路差と等しく，位相差が

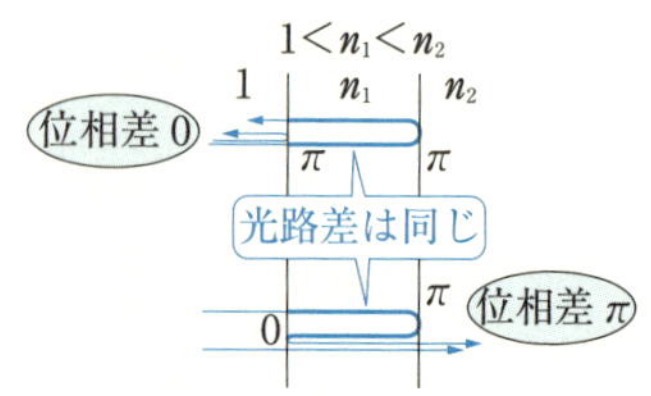

π〔rad〕だけ異なることから，透過光と反射光の縞の位置は同じで，透過光の明暗は反射光の明暗と逆転する。

Point 38

透過光の明暗は反射光の明暗と逆

(1) (ア)　点 P_1 で反射した光は位相が変化しないが，点 P_2 で反射した光は位相が π〔rad〕変化するので，2つの反射光の反射による位相差は π〔rad〕である。よって，2つの反射光の光路差 $2 \cdot P_1P_2$ が λ の半整数倍のとき，反射光は強め合う。$P_1P_2 = d$ とすると，$\triangle OHP_1$ について，三平方の定理より，

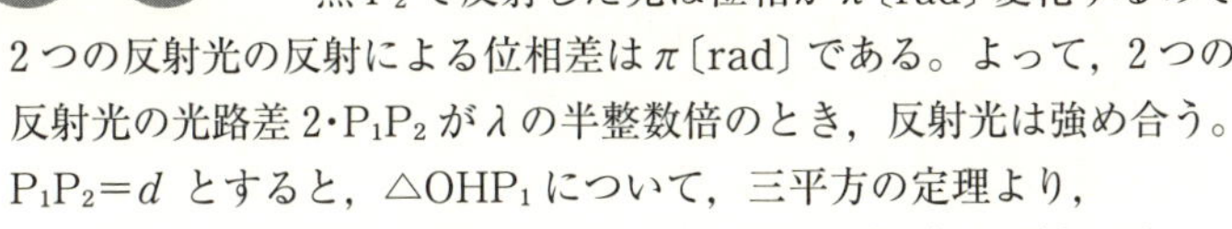

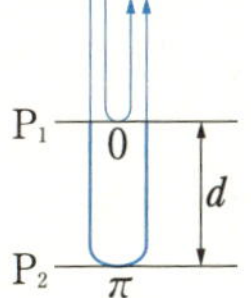

$$OP_1{}^2 = OH^2 + HP_1{}^2 \qquad よって，R^2 = (R-d)^2 + r^2$$

ここで，$d \ll R$ より，$(R-d)^2 = R^2\left(1-\dfrac{d}{R}\right)^2 \fallingdotseq R^2\left(1-\dfrac{2d}{R}\right) = R^2 - 2Rd$ だから，

$$R^2 \fallingdotseq (R^2 - 2Rd) + r^2 \qquad よって，d = \frac{r^2}{2R}$$

反射光が強め合う条件は，

$$2d = \left(m + \frac{1}{2}\right)\lambda \qquad よって，\frac{r^2}{R} = \left(m + \frac{1}{2}\right)\lambda \quad \cdots\cdots①$$

(イ)　右図より，点 P_1，点 P_2 を透過した光aと，点 P_1 を透過して点 P_2，点 P_1 で反射した後，点 P_2 を透過した光bの光路差は(1)と同じであるが，光a，bの反射による位相変化はともに0で，位相差も0となる。よって，光路差 $2d$ が λ の整数倍のとき，透過光は強め合う。

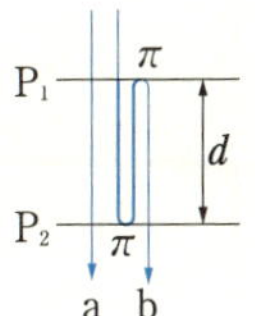

$$2d = m\lambda \qquad よって，\frac{r^2}{R} = m\lambda \quad \cdots\cdots②$$

(2) (ウ)　屈折率の大小関係が(1)と同じであるから，明暗は変化しない((a))。①，②式より，明環の半径 r は $\sqrt{\lambda}$ に比例する。屈折率 n $(n>1)$ の液体では λ を $\dfrac{\lambda}{n}$ におき換えればよいから，環の半径は小さくなる((d))。

(エ)　点 P_1 で反射する光は位相が π〔rad〕変化し，点 P_2 で反射する光は位相は変化しなくなるので，2つの反射光の位相差は π〔rad〕で(1)と同じである。よって，環の明暗は変化しない((a))。波長の変化は(ウ)と同じであるから，環の半径は小さくなる((d))。

(1) (ア) $\dfrac{r^2}{R} = \left(m + \dfrac{1}{2}\right)\lambda$　(イ) $\dfrac{r^2}{R} = m\lambda$　(2) (ウ) (a)，(d)　(エ) (a)，(d)

実戦基礎問 64 マイケルソンの干渉計

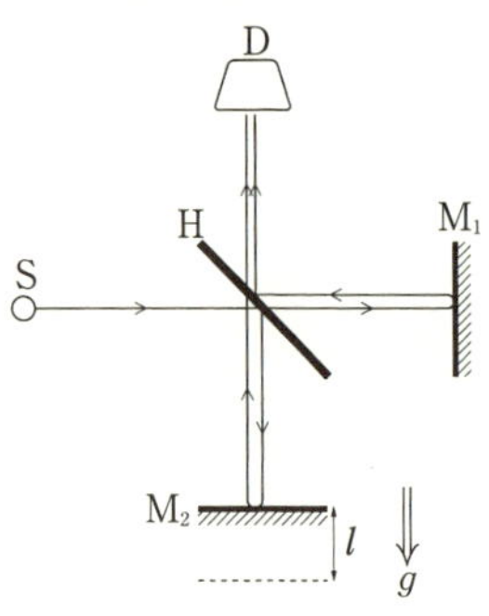

図のSは任意の波長λの単色平行光線をとり出せる光源，Hは光の半分を通し残り半分を反射する厚さの無視できる半透明鏡，M_1，M_2は光線に垂直に置かれた平面鏡である。Sから出た光はHで２つの光線に分かれる。ひとつはHを透過しM_1で反射したあと，Hで反射し光検出器Dに達する。他方はHで反射したあと，M_2で再び反射してから，Hを透過しDに達する。Dではこの２光線の干渉が観測される。装置は真空中に置かれているとして，以下の問いに答えよ。

(1) M_1，M_2が図の位置のとき，光源からDに達する２光線の間には光路差(光学距離の差)はなく，２光線が強め合っている。この位置からM_2を鉛直下方に距離lだけ平行移動すると，やはり強め合うのが観測された。lを波長λおよび整数mで表せ。

(2) 図の位置からM_2を一定の重力の中で自由落下させ，Dで光の強め合いを検出した。落下し始めた瞬間の強め合いを１回目とし，時間t後にN回目の強め合いが検出された。重力加速度gをλ，t，Nで表せ。なお，落下中M_2の面は傾かない。

(3) M_2を図の位置$(l=0)$に戻して，HとM_1の間に屈折率$n=1.5$，厚さ$d=2.5\times10^{-6}$〔m〕の薄膜を入れたとき，波長$\lambda_1=0.50\times10^{-6}$〔m〕で強め合っていた。ここで，光源Sの波長をゆっくりと増やしていくとDの干渉光は一度弱くなるが，ある波長λ_2になると再び強め合う状態になった。波長が変わっても屈折率は変化しないとして，λ_2を求めよ。 (千葉大)

精講 **●媒質が一部変化する場合の干渉** 薄膜の挿入，容器内の空気圧の変化など，経路の一部の媒質が変化する場合，光学距離で考えるとよい。

(例) 屈折率n，厚さdの薄膜を挿入した場合，薄膜中の光学距離がdからndに変化するから，光路差は$nd-d=(n-1)d$だけ増加する。

発展 位相差による干渉の条件

光路差ΔLに相当する位相差$\Delta\phi_L$は，次の式で表される。

$$\Delta\phi_L = \frac{2\pi}{\lambda}\Delta L$$

反射による位相差を $\Delta\phi_R$ とすると，

強め合う条件：$\Delta\phi_L + \Delta\phi_R = 2m\pi$

弱め合う条件：$\Delta\phi_L + \Delta\phi_R = (2m+1)\pi$　　$(m=0,\ 1,\ 2,\ \cdots)$

着眼点　位相差による干渉の条件は，光路差による干渉の条件を $\frac{2\pi}{\lambda}$ 倍すればよい。

(1)　はじめのHと M_1，Hと M_2 の間の距離を L とすると，M_2 を移動した後の，2つの光線の光路差 ΔL_1 は，

$$\Delta L_1 = 2\{(L+l)-L\} = 2l$$

2つの光線の反射による位相差は0であるから，2つの光線が強め合う条件は，

$$2l = m\lambda \qquad よって，\ l = \frac{1}{2}m\lambda$$

(2)　M_2 は t 秒間だけ自由落下して，$\frac{1}{2}gt^2$ 移動したことから，2つの光線が強め合う条件は，

$$2\cdot\frac{1}{2}gt^2 = (N-1)\lambda \qquad よって，\ g = \frac{(N-1)\lambda}{t^2}$$

(3)　薄膜が入った部分の光学距離が d から nd に変化したから，Hと M_1 の間の光学距離は $L-d+nd = L+(n-1)d$ である。よって，2つの光線の光路差 ΔL_2 は，

$$\Delta L_2 = 2[\{L+(n-1)d\}-L] = 2(n-1)d$$

(1)と同様にして，波長 λ_1 のときに2つの光線が強め合う条件は，

$$2(n-1)d = m\lambda_1 \qquad \cdots\cdots①$$

次に，波長をゆっくりと増やしていき，波長 λ_2 のときに2つの光線が強め合う条件は，①式において左辺は変化せず，右辺は $\lambda_1 \rightarrow \lambda_2$ と大きくなるので $m \rightarrow m-1$ と小さくなるから，

$$2(n-1)d = (m-1)\lambda_2 \quad \cdots\cdots②$$

①，②式より，m を消去して，

$$\lambda_2 = \frac{2(n-1)d\lambda_1}{2(n-1)d-\lambda_1}$$

$d=2.5\times10^{-6}$〔m〕$=5\lambda_1$，$n=1.5$ および $\lambda_1=0.50\times10^{-6}$〔m〕を代入して，

$$\lambda_2 = \frac{5}{4}\lambda_1 = 6.25\times10^{-7} \fallingdotseq 6.3\times10^{-7}\ 〔\mathrm{m}〕$$

(1)　$l=\frac{1}{2}m\lambda$　　(2)　$g=\frac{(N-1)\lambda}{t^2}$　　(3)　$\lambda_2=6.3\times10^{-7}$〔m〕

演習問題

⇨ 解答は271ページ

21 x 軸に沿って正弦波が伝わっている。図1は時刻 $t=0$〔s〕における波の変位 y の空間変化，図2は $x=0$〔m〕における波の変位 y の時間変化である。次の問いに答えよ。

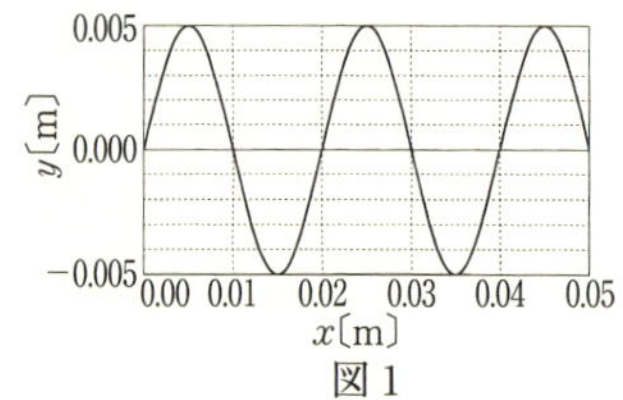

図1

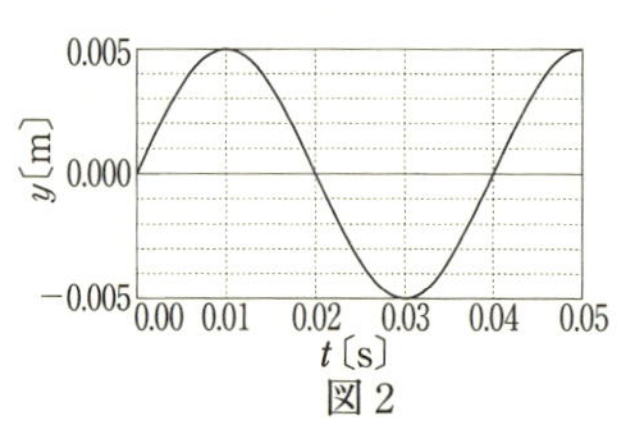

図2

(1) この波の振幅，波長，周期，振動数はいくらか。

(2) この波の速さを求めよ。

(3) この波は x 軸の正の向きへ進行しているか，負の向きへ進行しているか。

(4) この波の変位 y は位置座標 x と時刻 t の関数として次の式のように表すことができる。(ア)，(イ)，(ウ)に入る数値を求めよ。ただし，x と y は〔m〕の単位で，t は〔s〕の単位で表すものとする。

$$y=\boxed{(ア)}\sin\{\pi(\boxed{(イ)}x+\boxed{(ウ)}t)\}$$

（電通大）

22 以下の□にあてはまる適当な数値を求めよ。

異なる線密度をもつ2本の弦をB点でつないでつくった1本の弦の一端を，図のように，壁のA点に結び，他端に滑車Cを経ておもりDをつるした。AB間の長さは L_1〔m〕で，弦の線密度は ρ〔kg/m〕である。BC間の長さは L_2〔m〕で，弦の線密度は 4ρ〔kg/m〕である。この弦に振動数 f〔Hz〕の振動を加えたところ，A，B，C点のみが節となる定常波が生じた。この時，弦ABと弦BCを伝わる波の速さをそれぞれ v_1〔m/s〕，v_2〔m/s〕とすると，その比 $\dfrac{v_2}{v_1}$ は $\boxed{(ア)}$ である。また，L_1 と L_2 の比 $\dfrac{L_2}{L_1}$ は $\boxed{(イ)}$ である。また，$L_1+L_2=0.50$〔m〕，Dの質量を0.50〔kg〕，$\rho=4.9\times10^{-4}$〔kg/m〕，重力加速度の大きさを9.8〔m/s²〕とすると，この弦に加えた振動数 f は $\boxed{(ウ)}$〔Hz〕となる。

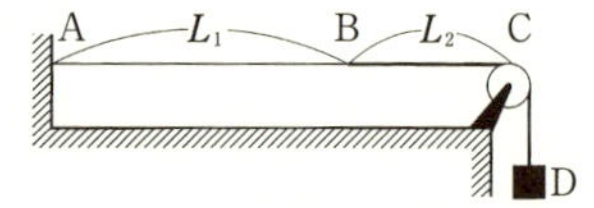

（芝浦工大）

23 図のように，ガラス管の中に自由に動かすことのできる栓が取り付けてある。管口の近くに置いたスピーカーで，振動数 f の音を出している。栓を管の左端から右へ動かしていくと，栓の位置が管口から距離 l_1 の所で最初の共鳴が起こり，距離 l_2 の所で2回目の共鳴が起こった。以下の各問いに答えよ。

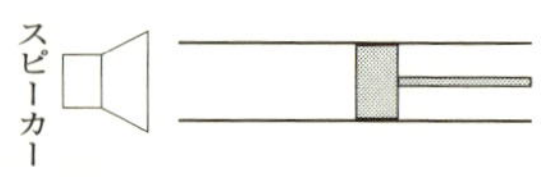

(1) この音波の波長はいくらか。

(2) この音波の音速はいくらか。

(3)　3回目の共鳴が起こる栓の位置は管口からいくらの距離の所か。

(4)　2回目の共鳴が起こっているとき，空気の密度の時間的変化が最も大きいのは，管口からいくらの距離の所か。

(5)　栓を，最初の共鳴が起こる位置 l_1 に固定して，スピーカーから出る音の振動数を f からゆっくり大きくしていくと，次の共鳴が起こる振動数はいくらか。

(東北工大)

24　大きさの無視できるブザーが，図のように，一定の振動数 f_0〔Hz〕の音を発しながら，点Oを中心とする円軌道を一定の角速度 ω〔rad/s〕で反時計回りに回転している。このとき，この円軌道と同一平面内にある軌道外の点Pで聞こえる音の振動数は軌道上のブザーの位置によって周期的に変化した。以下の問いに答えよ。ただし，空気中での音の速さを340〔m/s〕とし，風の影響はないものとする。

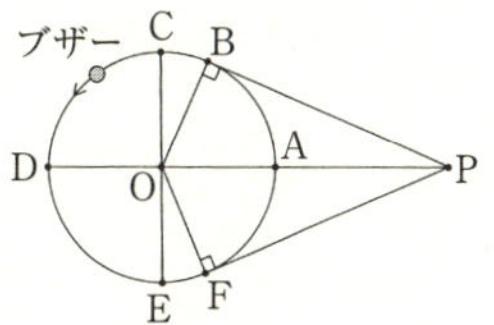

(1)　最も高い振動数，最も低い振動数，および，ブザーが静止しているときと同じ振動数に聞こえるのは，ブザーが円軌道上のそれぞれどの位置にあるときに発した音か。3つの場合について，該当するすべての位置を図中の記号A～Fで答えよ。

(2)　点Pで聞こえた最も低い音の振動数が900〔Hz〕，最も高い音の振動数が1100〔Hz〕であった。このとき，円軌道上でのブザーの速さ v〔m/s〕と，ブザーが出している音の振動数 f_0〔Hz〕を求めよ。

(3)　(2)の場合，最も低い振動数の音を聞いてから最も高い振動数の音を聞くまでの時間を測定したところ，$\dfrac{4\pi}{3\omega}$〔s〕であった。この間に，点Oから見てブザーが回転した角度〔rad〕を求めよ。

(4)　(2)，(3)の結果を使って，点Oから点Pまでの距離OP〔m〕を ω を用いて表せ。

(静岡大)

25　まっすぐな海岸線に向かって，沖から波が進んでいる。海岸線に平行なある領域を境にして，波の波長が35〔m〕から14〔m〕に変化した。この変化は，図のように水深が H_{I}〔m〕から H_{II}〔m〕に浅くなり，波の速さが変化したために生じたと考えられる。波の速さ V〔m/s〕，水深 H〔m〕，重力加速度の大きさ g〔m/s²〕の間に，$V=\sqrt{gH}$ の関係が成り立つものとして，以下の問いに答えよ。ただし，波の周期は5.0〔s〕，重力加速度の大きさは9.8〔m/s²〕とする。

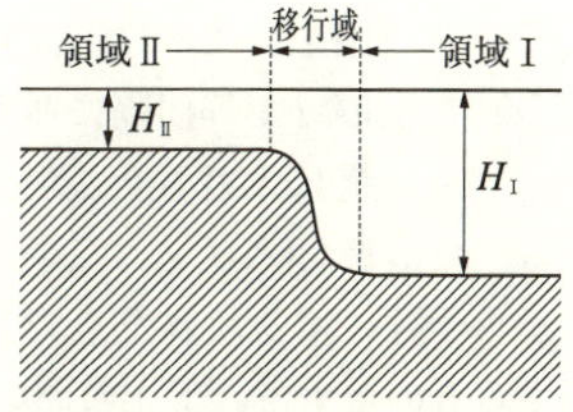

(1)　図に示した領域Ⅰでの水深 H_{I}，および領域Ⅱでの水深 H_{II} はいくらか。

(2)　波が領域Ⅰから領域Ⅱへ入射したときの屈折率はいくらか。

(京都府大)

26 図を参照して，凸レンズによる結像を考えよう。凸レンズの中心をOとし，距離aだけ左にある物体ABは，レンズの結像作用によりレンズの右，距離bの位置にA′B′の像を結ぶ。レンズの焦点距離をfとすると，これらの間の関係は次のようにして求められる。なお，以下の設問では，レンズの厚さは無視できるものとする。

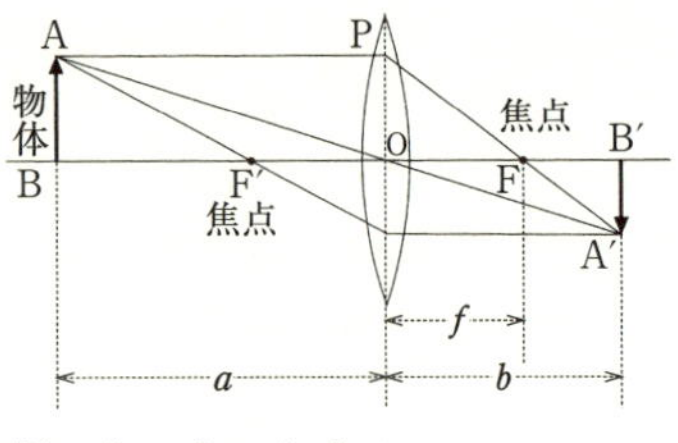

△ABOと△A′B′Oは相似なので，　$\dfrac{A'B'}{AB}=\dfrac{\boxed{(ア)}}{OB}=\dfrac{\boxed{(イ)}}{a}$

△OPFと△B′A′Fは相似なので，　$\dfrac{\boxed{(ウ)}}{OP}=\dfrac{FB'}{OF}=\dfrac{\boxed{(エ)}}{f}$

AB=OP から $\dfrac{b}{a}=\boxed{(オ)}$。よって，レンズの公式(a, b, fの最も簡単な関係式) $\boxed{(カ)}$が導かれる。このとき，物体の大きさに対する結像の倍率はa, bを用いて$\boxed{(キ)}$で示される。

(1) 空欄$\boxed{(ア)}$～$\boxed{(キ)}$に適当な記号，文字を記入せよ。

(2) 焦点距離50〔cm〕の凸レンズの左25〔cm〕のところにAB=4〔cm〕の物体を置いた。

(a) レンズのどこの位置にどのような大きさの像A′B′ができるかを答えよ。

(b) この像は実像であるか虚像であるかを答えよ。

(3) 次に，同じ光軸上に，焦点距離30〔cm〕の凸レンズL_1, L_2の2枚をL_1を左，L_2を右にして30〔cm〕離して置き，レンズL_1の左40〔cm〕のところにAB=4〔cm〕の物体を置いた。

(a) まず，レンズL_1のどこの位置にどのような大きさの像A′B′ができるか。また，この像は実像か虚像かも答えよ。

(b) 次に，レンズL_2のどこの位置に像A″B″ができるかを答えよ。

(北見工大)

27 図1のように，波長λの平面波を，間隔dで等間隔に並んだスリットに垂直に入射させる場合について考える。ただし，$\lambda<d$とする。また，スリットから十分に遠く離れた点で，回折光を観測するものとする。下記の問いに答えよ。

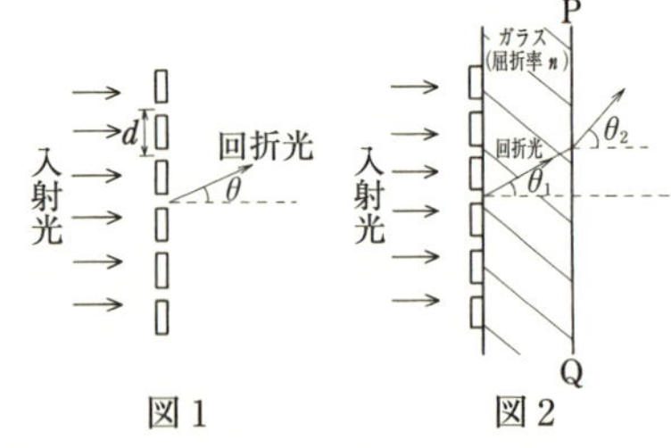

(1) 光が互いに強め合って明るい光が観測される方向と入射光の方向とのなす角をθとするとき，λ, dおよびθの間に成り立つ関係式を，整数mを用いて示せ。

(2) $\theta=0°$の次に明るい光が観測される方向が$\theta=30°$のとき，平面波の波長λは何〔m〕か。ただし，スリットの間隔は$d=1.0\times10^{-6}$〔m〕である。

次に，図 2 のように，スリットの後面に空気に対する屈折率が n の十分に厚いガラスを取り付けた。

(3) ガラス中の回折光が強め合う方向と入射光の方向とのなす角 θ_1 が満たす条件を求めよ。ただし，m を整数とする。

(4) ガラスの面 PQ での屈折角 θ_2 が大きくなり，90° を越えると，回折光が全反射を起こし，光がガラスから後方へ出なくなることが考えられる。回折光が面 PQ から後方へ出るために θ_1 が満たすべき条件を，n を使って示せ。

(岐阜大)

28 次の文中の［(ア)］，［(イ)］には適する式を，［(エ)］～［(カ)］には適する数値を記入せよ。また，［(ウ)］には適するものを解答群から一つ選べ。

水平な板の上に 2 枚の平行平面ガラス P，Q を合わせて置き，その一端に厚さ d の薄い物体Aをはさんで，くさび形の空気層をつくった。ガラス板Qの面に垂直に波長 λ の平行光線を当て，上から顕微鏡で観察すると，等間隔の平行な縞模様が見えた。これは，上のガラス板Pの下面での反射光と下のガラス板Qの上面での反射光とが干渉してできた干渉縞である。図のように，くさび形の頂点Oを原点としてガラス板Qに沿って x 軸をとり，それに垂直に y 軸をとる。位置 x での空気層の厚さを y とすると，干渉縞の暗線は $y=$［(ア)］$(m=0, 1, 2, \cdots)$ を満たす x の位置にできる。原点Oから物体までの距離を l とすると，暗線の位置 x は，$x=$［(イ)］$(m=0, 1, 2, \cdots)$ となる。このため，暗線と暗線の間隔は［(ウ)］なる。

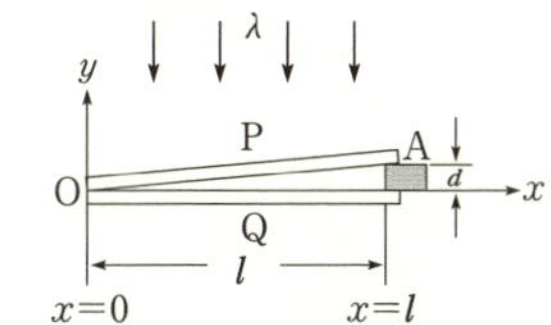

波長 600〔nm〕の光を用いて縞を観察すると，縞の間隔が 0.50〔mm〕であった。l の長さは 5.0〔cm〕であるので，物体の厚さ d は［(エ)］〔μm〕である。次に，ある液体をくさび形の空間内に入れて，同じ波長の光を当てると，1〔cm〕あたり 28 本の縞が見えた。この液体の屈折率は［(オ)］である。

ふたたび空気層に戻して，顕微鏡の視野の中心位置に暗線を合わせた。そして，ガラス板Pと物体Aの位置をそのままに保ち，ガラス板Qのみを水平に保ったまま鉛直下方にゆっくり下げていった。このとき，縞は頂点Oの側に移動し，縞の間隔は変わらない。先ほど合わせた暗線の次から数えて 20 番目の暗線が視野の中心にきたとき，ガラス板Qを下げるのを止めた。ガラス板Qの移動距離は λ の［(カ)］倍である。

なお，1〔nm〕$=10^{-9}$〔m〕，1〔μm〕$=10^{-6}$〔m〕である。

［(ウ)］の解答群

① 波長に比例するので，青い光より赤い光を用いた方が縞の間隔は小さく
② 波長に比例するので，青い光より赤い光を用いた方が縞の間隔は大きく
③ 波長に反比例するので，赤い光より青い光を用いた方が縞の間隔は小さく
④ 波長に反比例するので，赤い光より青い光を用いた方が縞の間隔は大きく

(明治大)

第4章 電気と磁気

必修基礎問 9. 電場，コンデンサー

65 電場と静電気力

物理

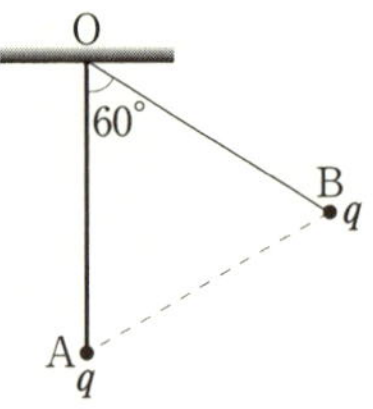

質量 m の2つの小球Aと小球Bを，図のO点からつるした。小球Aは長さ l の絶縁体のかたい棒に固定され，O点の鉛直下方にある。小球Bは長さ l の絶縁体の軽い糸でつるされている。

小球A，Bに同じ電気量 q の電荷をそれぞれ与えたところ，図のように，小球Bは小球Aと反発し，重力，糸の張力，静電気力の3つの力がつりあって，Bは糸が鉛直となす角度60°の位置で静止した。クーロンの法則の比例定数を k，重力加速度の大きさを g として，以下の問いに答えよ。

(1) 小球Bの位置における小球Aの電荷による電場の強さを求めよ。

(2) 小球Bが受ける静電気力の大きさと向きを求めよ。

(3) 電気量 q を m，k，g，l で表せ。

(玉川大　改)

精講

●クーロンの法則　2つの点電荷の間に働く静電気力の大きさは，それぞれの電気量の大きさの積に比例し，点電荷間の距離の2乗に反比例する。これをクーロンの法則という。

2つの点電荷の電気量をそれぞれ q，Q，それらの間の距離を r，比例定数を k とすると，

静電気力の大きさ：$F=k\dfrac{|q|\cdot|Q|}{r^2}$

静電気力の向き：同符号の電荷では反発力，異符号の電荷では引力

●電場(電界)　電荷はまわりの空間に，静電気力を伝える性質を生じる。このとき，空間に電場を生じているといい，その強さと向きは場所によって決まるベクトル量(向きと大きさをもつ量)である。

点電荷による電場

点電荷の電気量を Q〔C〕，クーロンの法則の比例定数を k〔N·m²/C²〕とすると，点電荷から距離 r〔m〕離れた点での電場の強さ E は，

$$E=k\frac{|Q|}{r^2}$$〔N/C〕（または〔V/m〕）

電場の向き：$Q>0$ のとき，点電荷から遠ざかる向き
$Q<0$ のとき，点電荷に向かう向き

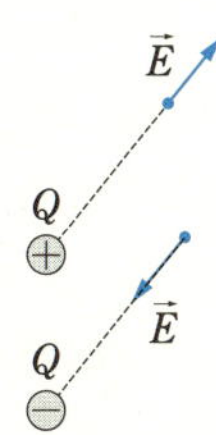

着眼点　電場はその場所に単位正電気量（+1〔C〕）の点電荷を置いたときの静電気力の大きさと向きで求めることもできる。

●**電場の合成**　複数の点電荷による電場 $\vec{E}$ は，各点電荷がその場所につくる電場 $\vec{E_1}$，$\vec{E_2}$，… のベクトル和である。

$$\vec{E}=\vec{E_1}+\vec{E_2}+\cdots$$

着眼点　電場の合成は作図を用いる。

●**電気力と電場**　電場の強さ E の点に置いた電気量 q の電荷が受ける力の大きさ F は，

$$F=|q|E$$

力の向き：$q>0$ のとき，$\vec{E}$ と同じ向き
$q<0$ のとき，$\vec{E}$ と逆向き

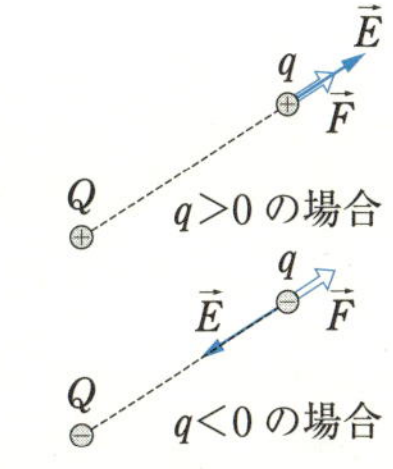

同符号の電荷の間では反発力が働くから，q は正でも負でもよいことに注意する。

(1)　三角形OAB は正三角形で，AB$=l$ だから，求める電場の強さ E は，

$$E=\frac{k|q|}{l^2}$$

(2)　小球Bに働く静電気力の大きさ F は，

$$F=|q|E=\frac{kq^2}{l^2}$$

その向きは，A→B である。

(3)　小球Bに働く力のOBに垂直な方向のつりあいより，

$$\frac{kq^2}{l^2}\cos 30°=mg\cos 30°$$　よって，$q=\pm l\sqrt{\frac{mg}{k}}$

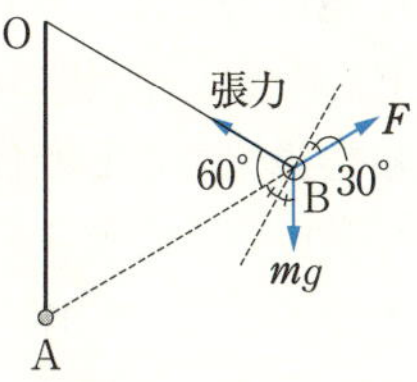

(1) $\frac{k|q|}{l^2}$　(2) 大きさ：$\frac{kq^2}{l^2}$，向き：A→B　(3) $q=\pm l\sqrt{\frac{mg}{k}}$

必修基礎問 66

点電荷による電場と電位

物理

図に示すように，水平面上に x, y 軸をとり原点をOとして，x 軸上の点 A$(-a,\ 0)$ に負電荷 $-q$，点 B$(a,\ 0)$ に正電荷 q を固定した。クーロンの法則の比例定数を k，無限遠における電位を 0 として，以下の問いに答えよ。

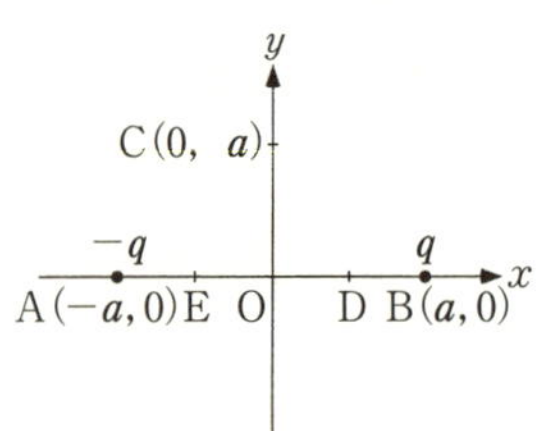

(1) 点 C$(0,\ a)$ における電場の強さ E および向きを求めよ。

(2) xy 平面における電場の様子を電気力線を用いて図示せよ。

(3) x 軸上の点 $(x,\ 0)$ における電位 $V(x)$ のグラフの概略を図示せよ。

(4) 質量 m，正電荷 Q の粒子を点Cから点 D$\left(\dfrac{a}{2},\ 0\right)$ まで運び，そこで静かに放した。点Cから点Dまで粒子を運ぶために外力のした仕事 W を求めよ。また，この粒子が点 E$\left(-\dfrac{a}{2},\ 0\right)$ を通過するときの速さ v を求めよ。ただし，粒子には電気力以外の力は働かないものとする。（筑波大）

精講

●**電位**　単位正電気量（+1〔C〕）あたりの静電気力による位置エネルギーを電位といい，場所によって決まるスカラー量（大きさだけの量）である。

点電荷の電気量を Q，クーロンの法則の比例定数を k とすると，点電荷から距離 r 離れた点での電位 V は，無限遠における電位を 0 として，$V=k\dfrac{Q}{r}$

●**電位の合成**　複数の点電荷による電位 V は，各電荷によるその場所の電位 V_1, V_2, … の和である。　$V=V_1+V_2+\cdots$

●**静電気力がした仕事**　電気量 q の電荷を点A（電位 V_A）から点B（電位 V_B）まで移動させたときの静電気力のした仕事 W は，電位の変化量を $\varDelta V=V_B-V_A$ とすると，　$W=-q\varDelta V=-q(V_B-V_A)$

着眼点　電荷をゆっくり運ぶ場合，外力のした仕事 W' は，

$W'=-W=q\varDelta V$

●**電位と位置エネルギー**　電位 V の位置に電気量 q の電荷を置いたとき，その電荷のもつ静電気力による位置エネルギー U は，

$U=qV$

着眼点　力学的エネルギーは $\frac{1}{2}mv^2+qV$ であり$\left(\frac{1}{2}mv^2\right.$ は運動エネルギー$\left.\right)$，非保存力が働かなければ力学的エネルギー保存の法則が成り立つ。

Point 39

電位と位置エネルギーの電気量 ⟹ 符号付きのまま代入

(1) 点 A，B の電荷によるそれぞれの電場の強さを E_A，E_B とすると，

$$E_A=E_B=\frac{kq}{(\sqrt{2}\,a)^2}=\frac{kq}{2a^2}$$

図 1 の対称性より，合成電場の y 成分は 0 となるから，合成電場の向きは x 軸の負の向きで，その強さ E は，

$$E=E_A\cos 45°\times 2=\frac{\sqrt{2}\,kq}{2a^2}$$

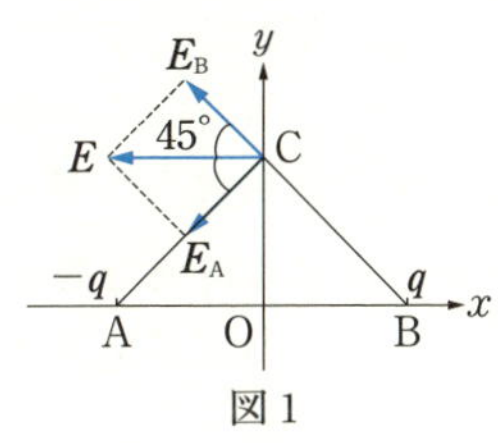

図 1

(2) 電気力線の様子は図 2 のようになる (→ 参照 p. 154)。

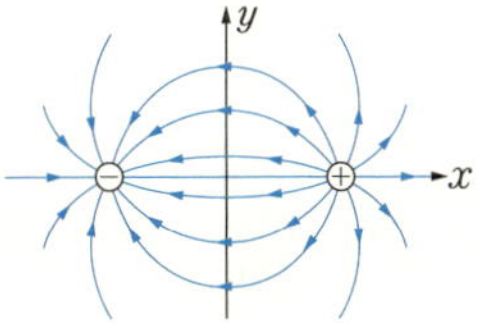

図 2

(3) 点 A，B の電荷によるそれぞれの電位 $V_A(x)$，$V_B(x)$ のグラフの和をとればよい。

$$V_A(x)=\frac{k(-q)}{|x+a|},\quad V_B(x)=\frac{kq}{|x-a|}$$

よって，　$V(x)=\dfrac{kq}{|x-a|}-\dfrac{kq}{|x+a|}$　……①

このグラフは図 3 となる。

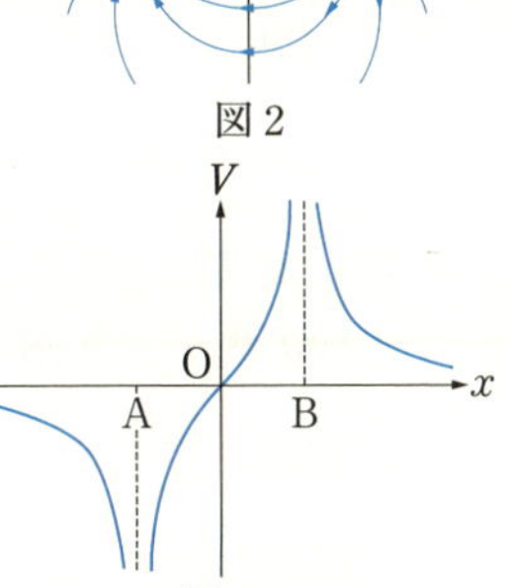

図 3

(4) 点 C，D，E それぞれの電位を V_C，V_D，V_E とすると，

$$V_C=\frac{k(-q)}{\sqrt{2}\,a}+\frac{kq}{\sqrt{2}\,a}=0$$

①式に，$x=\dfrac{a}{2}$，$-\dfrac{a}{2}$ を代入して，　$V_D=\dfrac{4kq}{3a}$，$V_E=-\dfrac{4kq}{3a}$

よって，　$W=Q(V_D-V_C)=\dfrac{4kqQ}{3a}$

また，力学的エネルギー保存の法則より，

$$\frac{1}{2}mv^2+QV_E=QV_D \qquad \text{よって，} v=\sqrt{\frac{2Q}{m}(V_D-V_E)}=4\sqrt{\frac{kqQ}{3ma}}$$

(1) $E=\dfrac{\sqrt{2}\,kq}{2a^2}$，向き：$x$ 軸の負の向き　(2) 解説 の図 2

(3) 解説 の図 3　(4) $W=\dfrac{4kqQ}{3a}$，$v=4\sqrt{\dfrac{kqQ}{3ma}}$

必修基礎問 67 一様な電場と仕事

物理

図に示す一様な電場の中で，$q=3.6\times10^{-10}$〔C〕の電荷をAからBまでゆっくり運んだとき，静電気力にさからって外力がした仕事は $W=1.8\times10^{-10}$〔J〕であった。

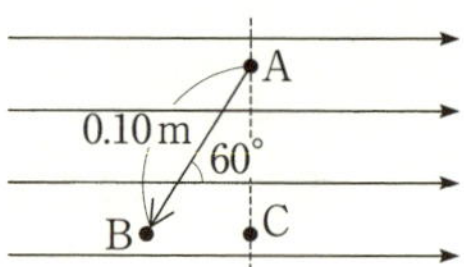

(1) AB間の電位差を求めよ。

(2) 一様な電場の強さを求めよ。

(3) 基準点から測った点Aの電位は3.0〔V〕であった。点Bの電位を求めよ。

点Bで電荷を静かに放したところ，電荷は電界に沿って運動し，点Aと同じ電位の点Cを通過した。ただし，電荷の質量を $m=9.0\times10^{-27}$〔kg〕とする。

(4) 点Cを通過する電荷の速さを求めよ。 **(大阪産業大)**

●一様な電場 強さと向きがどの場所でも同じである電場を一様な電場という。正，負に帯電させた2枚の金属板を平行に配置すると，金属板間に金属板に垂直で一様な電場が生じる。

> **一様な電場と電位差**
>
> **電場の向きに距離 d〔m〕だけ離れた2点間の電位差を V〔V〕とすると，**
>
> **電場の強さ：$E=\dfrac{V}{d}$ 〔V/m〕(または〔N/C〕)**
>
> **電場の向き：電位の下がる向き**

着眼点 電場の強さ＝電位のグラフ(V-x グラフ)の接線の傾きの大きさ

⇨ $E=\left|\dfrac{\Delta V}{\Delta x}\right|$

●一様な電場の電位 電位が V_0 である点Oから電場の方向に距離 d 離れた2点A，Bを考える(右図)。OA間，OB間の電位差は $V=Ed$ であり，電場の向きが電位の下がる向きであるから，

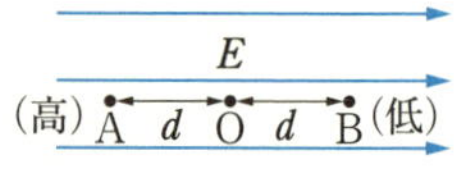

点Aの電位：$V_A=V_0+Ed$，点Bの電位：$V_B=V_0-Ed$

着眼点 一様な電場では，重力の場合と同様，電位に対する絶対的な基準点はないので，基準点が指定されていない場合は自由にとれる。

（例） 点Oを基準とすると，点Aの電位は $V_A=Ed$ であり，点Aに電気量 q の電荷を置くと，電荷のもつ静電気力による位置エネルギーは $U=qV_A=qEd$ である。

Point 40

一様な電場による運動 ⟹ 力学のすべての法則が適用できる

(1) 静電気力と電荷を運ぶ外力以外に力が働いていない。よって，AB 間の電位差を $\varDelta V$〔V〕($\varDelta V=|V_B-V_A|$) とすると，電荷を運ぶ外力の仕事 W は，

$$W=q\varDelta V \qquad \text{よって，} \varDelta V=\frac{W}{q}=\frac{1.8\times10^{-10}}{3.6\times10^{-10}}=0.50\,[\mathrm{V}]$$

(2) 2点A，Bは電場方向に距離 BC$=0.10\cos60°=0.050$〔m〕離れている。よって，一様な電場の強さを E〔V/m〕とすると，一様な電場と電位差の関係より，

$$E=\frac{\varDelta V}{\mathrm{BC}}=\frac{0.50}{0.050}=10\,[\mathrm{V/m}]$$

(3) 電場の向きは電位の下がる向きであるから，(1)の結果より，点Bの電位 V_B〔V〕は，点Aの電位 $V_A=3.0$〔V〕より 0.50〔V〕だけ高い。よって，

$$V_B=V_A+0.50=3.0+0.50=3.5\,[\mathrm{V}]$$

(4) 電荷は静電気力だけを受けて運動したから，点Cを通過する瞬間の電荷の速さを v〔m/s〕とすると，力学的エネルギー保存の法則より，

$$\frac{1}{2}m\cdot0^2+qV_B=\frac{1}{2}mv^2+qV_A$$

よって，$v=\sqrt{\dfrac{2q(V_B-V_A)}{m}}=\sqrt{\dfrac{2\times3.6\times10^{-10}\times0.50}{9.0\times10^{-27}}}=2.0\times10^8\,[\mathrm{m/s}]$

［別解］ (4) 電荷は一様な電場だけから力を受け，等加速度直線運動を行う。その B→C の向きの加速度を a〔m/s²〕とすると，運動方程式より，

$$ma=qE$$

よって，$a=\dfrac{qE}{m}=\dfrac{3.6\times10^{-10}\times10}{9.0\times10^{-27}}=4.0\times10^{17}\,[\mathrm{m/s^2}]$

$s=\mathrm{BC}=0.050$〔m〕とすると，等加速度直線運動の公式より，

$$v^2-0^2=2as$$

よって，$v=\sqrt{2as}=\sqrt{2\times4.0\times10^{17}\times0.050}=2.0\times10^8\,[\mathrm{m/s}]$

(1) 0.50〔V〕　(2) 10〔V/m〕　(3) 3.5〔V〕　(4) 2.0×10^8〔m/s〕

実戦 基礎問

68 電気力線と電場

物理

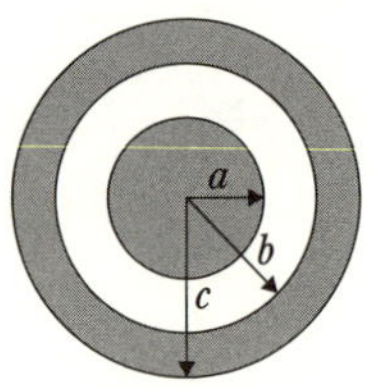

図のように，半径 a の導体球を導体球と同心の電荷をもたない内半径 b で外半径 c の中空導体球で囲み，半径 a の導体球だけに正の電荷 Q を与えた。導体の球面から出る（または入る）電気力線の本数はその面積によらず一定で，その分布は一様である。また，電気力線の本数は単位電荷あたり，$\dfrac{1}{\varepsilon_0}$ 本（ε_0：真空の誘電率）で与えられるものとする。

(1) 中心からの距離が $r(0<r<a)$ の位置での電場の強さを求めよ。

(2) 中心からの距離が $r(a<r<b)$ の位置での電場の強さを求めよ。

(3) 中心からの距離が b，c の位置における電位をそれぞれ求めよ。ただし，無限遠方の電位を 0 とする。 （防衛大）

●ガウスの法則 電気量 Q の電荷から出る（$Q>0$ の場合）または電荷に入る（$Q<0$ の場合）電気力線の本数 N は，クーロンの法則の比例定数を k，真空の誘電率を ε_0 とすると，

$$N=4\pi k|Q|=\frac{|Q|}{\varepsilon_0}\text{ 本} \quad \left(\text{ここで，} k=\frac{1}{4\pi\varepsilon_0} \text{ である}\right)$$

発展 閉曲面を出るまたは入る電気力線の総本数は，閉曲面内部の電気量の和から求められる。

●電場と電気力線 電気力線の向き（接線の向き）が，その場所の電場の向きである。電気力線に垂直な断面を貫く単位面積あたりの電気力線の本数が，その場所の電場の強さである。

電気力線の密度が一様である場合，面を垂直に貫く電気力線の総本数を N，面の面積を S とすると，電場の強さ E は，

$$E=\frac{N}{S}$$

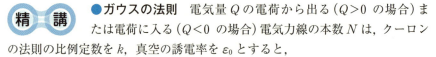

Point 41

電気力線の分布が同じ ⟹ 同じ電場・電位の公式に従う

【参考】 電気力線の密度が一様となる例

〈電荷が球面上に一様に分布する場合〉

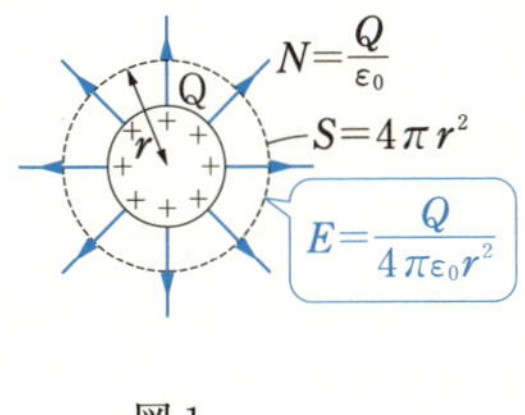

図 1

〈電荷が平面上に一様に分布する場合〉
（正・負に帯電した金属板）

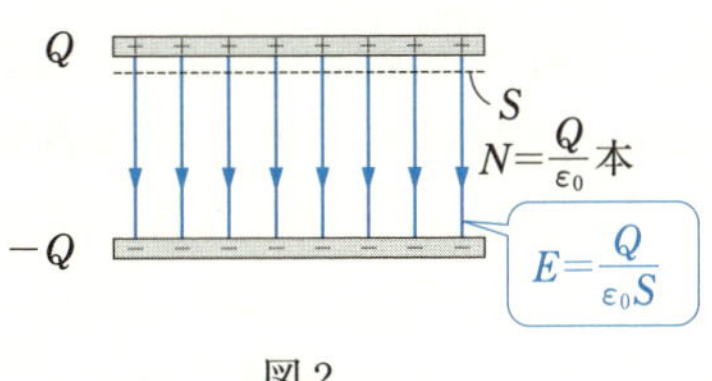

図 2

図 1 の電場の強さは，ε_0 と k の関係より，$E=\frac{kQ}{r^2}$ である。これは点電荷による電場の強さと同じだが，電気力線の分布（図 3）が図 1 の分布と同じためである。

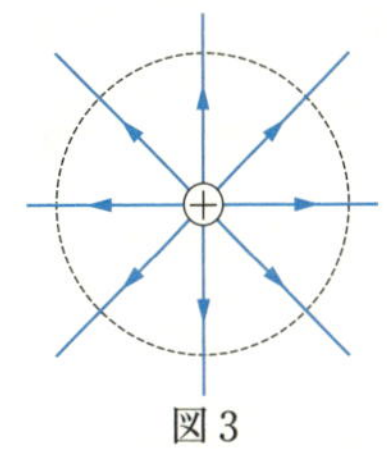

図 3

(1) 静電誘導により，導体中に電気力線は存在せず，電場は 0 である。

(2) 題意より，中心からの距離 r が $a<r<b$ および $c<r$ では，右図のように，電気力線は中心から放射状に出たようになっており，その本数は，$N=\frac{Q}{\varepsilon_0}$ 本である。電場の強さは単位面積あたりの電気力線の本数だから，$a<r<b$ での電場の強さ E は，

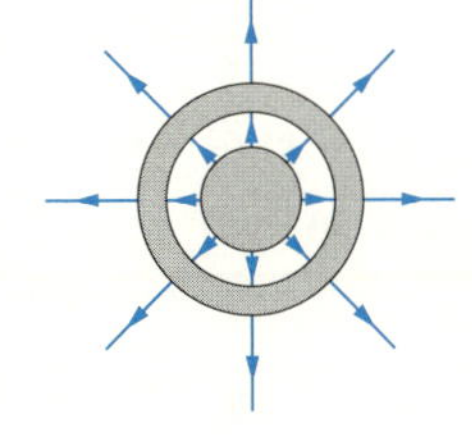

$$E=\frac{N}{4\pi r^2}=\frac{Q}{4\pi\varepsilon_0 r^2}$$

(3) (2)の考察より，$c<r$ での電場の強さも上の式で表され，点電荷の電場と同じである。よって，$c\leqq r$ での電位 V は，点電荷の場合と同様に，

$$V=\frac{Q}{4\pi\varepsilon_0 r}$$

よって，$r=c$ の電位 V_c は，　$V_c=\frac{Q}{4\pi\varepsilon_0 c}$

また，導体中の電場は 0 であるから，導体中のすべての点の電位は等しい。よって，$r=b$ の電位 V_b は，

$$V_b=V_c=\frac{Q}{4\pi\varepsilon_0 c}$$

(1) 0　(2) $\frac{Q}{4\pi\varepsilon_0 r^2}$　(3) b，c ともに，$\frac{Q}{4\pi\varepsilon_0 c}$

必修 基礎問 69 コンデンサーの電場と電気容量

物理

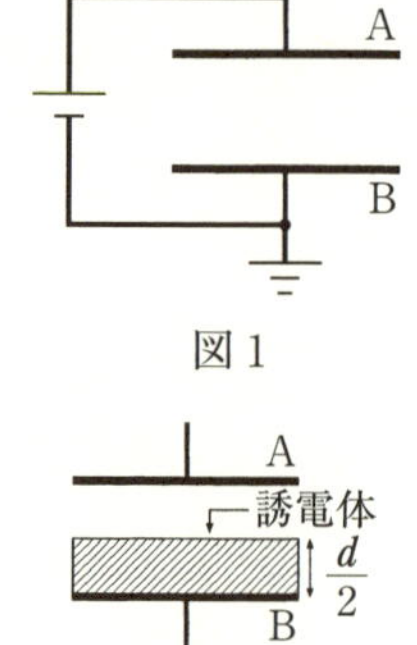

図1　図2

面積Sの電極A，Bからなる平行板コンデンサーがある。電極間は真空で，電極間距離はdである。図1のように，電極Bを接地し電圧Vの直流電源をコンデンサーにつないで，十分に時間が経った後，電源を切り離した。ただし，真空の誘電率をε_0とする。

(1) 電極間の電場の強さとコンデンサーの電気容量を求めよ。

次に，図2のように，電極Bに接するように，電極と同形で厚さ$\frac{d}{2}$の誘電体を電極Bに接して完全に挿入した。誘電体の誘電率は，真空の誘電率の2倍(比誘電率2)である。

(2) 電極Aと誘電体の間の電場の強さE_1と誘電体内部の電場の強さE_2を求めよ。

(3) コンデンサー内部の電位を電極Bからの距離yの関数としてグラフを描け。ただし，電極A，Bの位置はそれぞれ，$y=d$，$y=0$である。

(4) 図2のコンデンサーの電気容量Cを求めよ。　　**(奈良女大)**

●電荷保存の法則（電気量保存の法則）　孤立した帯電体の電気量は変化しない。また，帯電体の間で電気量をやりとりするときは，それらの電気量の総和は変化しない。

着眼点　回路のスイッチ開 ⇨ 極板が孤立 ⇨ 極板電荷が一定

●コンデンサーの極板間の電場　コンデンサーの電圧をV，極板間距離をdとする。また，極板面積をS，極板間の媒質の誘電率を$\varepsilon=\varepsilon_r\varepsilon_0$（$\varepsilon_r$：比誘電率，$\varepsilon_0$：真空の誘電率)，コンデンサーに蓄えられた電気量をQとすると，極板間の電場の強さEは，　$E=\frac{V}{d}=\frac{Q}{\varepsilon S}$　……①

着眼点　1．電気量が一定 ⇨ 電場の強さが一定

2．誘電分極により，誘電体内部の電場は外部より弱くなり，真空中の$\frac{1}{\varepsilon_r}$倍

●コンデンサーの電気容量　コンデンサーに蓄えられる単位電圧あたりの電気量を電気容量という。よって，コンデンサーの電気容量をCとすると，

コンデンサーに蓄えられる電気量：$Q=CV$

また，コンデンサーの電場の公式（①式）より，　$C=\dfrac{Q}{V}=\varepsilon\dfrac{S}{d}$

(1)　コンデンサー内部の電場および電気容量の公式より，

$$\text{電場の強さ：}E_0=\frac{V}{d},\quad \text{電気容量：}C_0=\frac{\varepsilon_0 S}{d}$$

(2)　電極Aが孤立したので，A，Bの電荷は保存し，(1)の場合と同じである。よって，真空中の電場の強さ E_1 は，(1)と等しい。また，誘電体内部の電場の強さは比誘電率に反比例することから，

$$E_1=E_0=\frac{V}{d},\quad E_2=\frac{E_1}{2}=\frac{V}{2d}$$

(3)　電極B（$y=0$）の電位は0である。$y=\dfrac{d}{2}$ および $y=d$ の位置の電位をそれぞれ V_1，V_2 とすると，$0<V_1<V_2$ であるから，

$$V_1=0+E_2\cdot\frac{d}{2}=\frac{V}{4}$$

$$V_2=V_1+E_1\cdot\frac{d}{2}=\frac{3}{4}V$$

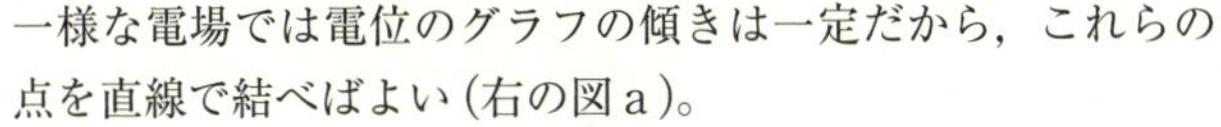

一様な電場では電位のグラフの傾きは一定だから，これらの点を直線で結べばよい（右の図a）。

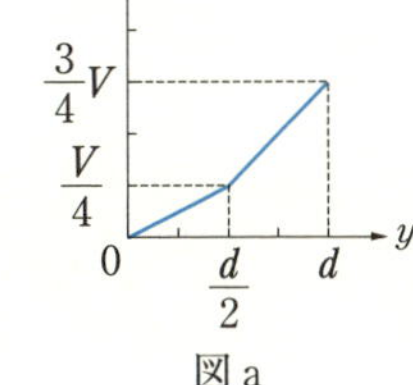

図a

(4)　コンデンサーに蓄えられた電気量を Q とすると，(1)より，

$$Q=C_0V=\frac{\varepsilon_0 SV}{d}$$

よって，$C=\dfrac{Q}{V_2}=\dfrac{4Q}{3V}=\dfrac{4\varepsilon_0 S}{3d}$

［別解］(4)　図2のコンデンサーの電気容量は，極板間隔がともに $\dfrac{d}{2}$ で，電極間が真空のコンデンサー C_1 と電極間を誘電体で満たしたコンデンサー C_2 を直列に接続した合成容量（→ 参照 p.158）に等しい。電気容量の公式より，

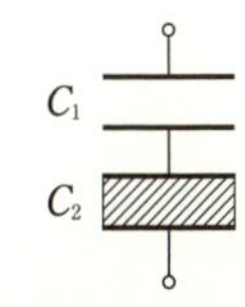

$$C_1=\frac{\varepsilon_0 S}{d/2}=\frac{2\varepsilon_0 S}{d},\quad C_2=\frac{2\varepsilon_0 S}{d/2}=\frac{4\varepsilon_0 S}{d}$$

直列接続されたコンデンサーの合成容量の公式より，

$$\frac{1}{C}=\frac{1}{C_1}+\frac{1}{C_2}=\frac{d}{2\varepsilon_0 S}+\frac{d}{4\varepsilon_0 S}=\frac{3d}{4\varepsilon_0 S}\qquad \text{よって，}\quad C=\frac{4\varepsilon_0 S}{3d}$$

(1)　電場の強さ：$\dfrac{V}{d}$，電気容量：$\dfrac{\varepsilon_0 S}{d}$　(2)　$E_1=\dfrac{V}{d}$，$E_2=\dfrac{V}{2d}$

(3)　解説の図a　(4)　$C=\dfrac{4\varepsilon_0 S}{3d}$

必修 基礎問 70

コンデンサーの接続

〈物理

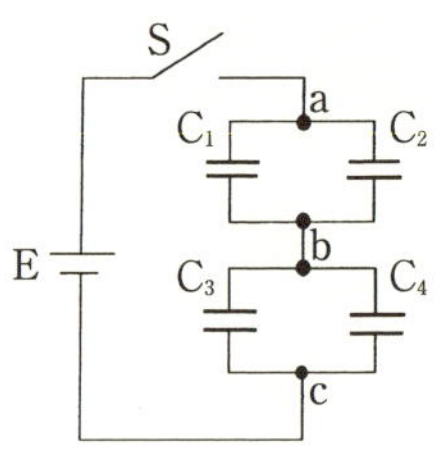

図の回路でEは起電力が12〔V〕の電池，C_1，C_2，C_3，C_4 は平行板コンデンサーで，C_1，C_2，C_4 の電気容量はともに100〔μF〕，C_3 の電気容量は300〔μF〕である。ac間の合成容量は［(1)］〔μF〕である。いま，どのコンデンサーにも電荷が蓄えられていない状態でスイッチSを閉じた。十分に時間が経ったときのbc間の電圧は［(2)］〔V〕で，C_4 に蓄えられた電気量は［(3)］〔μC〕である。

（北海道工大）

精講

●コンデンサーの合成容量

(i) 並列接続（図1）の場合

合成容量を C とすると，

$$C=C_1+C_2$$

また，電圧が等しいことから，

$$Q_1:Q_2=C_1:C_2$$

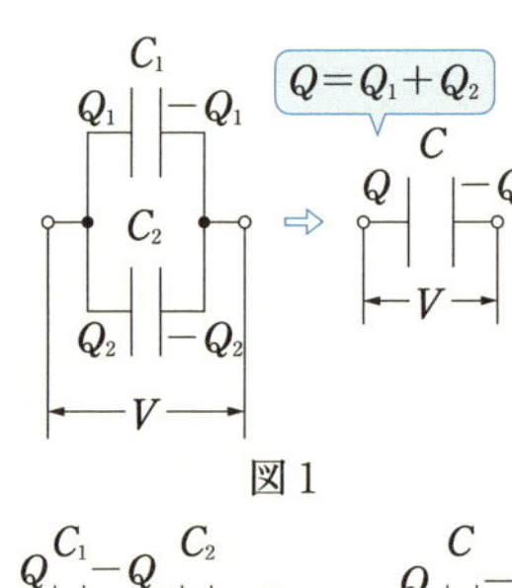

図1

(ii) 直列接続（図2）の場合

合成容量を C とすると，

$$\frac{1}{C}=\frac{1}{C_1}+\frac{1}{C_2}$$

また，電気量が等しいことから，

$$V_1:V_2=\frac{1}{C_1}:\frac{1}{C_2}=C_2:C_1$$

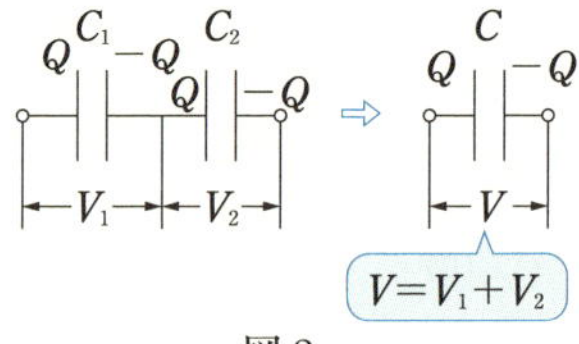

図2

着眼点 1．並列接続の合成

一つながりの導体は同電位

⇨ 右図で，極板A，Dは同電位，また，極板B，Cは同電位

⇨ C_1，C_2 は並列接続

2．直列接続の合成

C_1，C_2 の間の部分（孤立部分）の電荷の和が0

⇨ C_1，C_2 は直列接続の合成ができる

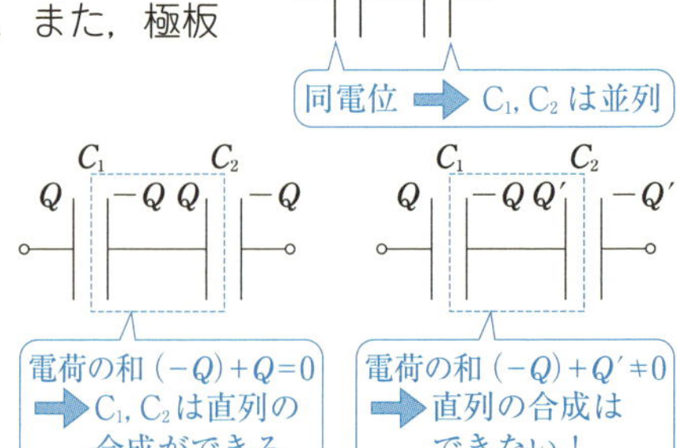

Point 42

並列 ⟹ 電位でチェック
直列 ⟹ 孤立部分の電荷の和 0 でチェック

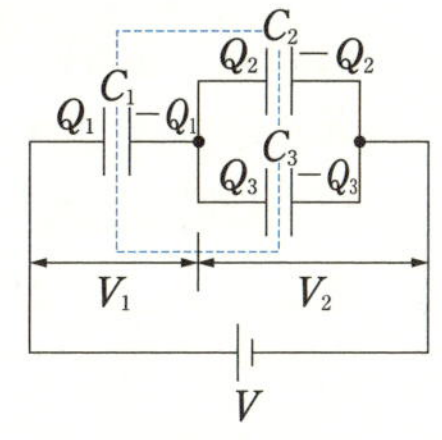

【参考】 右図のように，はじめの電気量が 0 である電気容量 C_1，C_2，C_3 のコンデンサーと起電力 V の電池の回路について，

電圧（電位差）の関係：$V=V_1+V_2=\dfrac{Q_1}{C_1}+\dfrac{Q_2}{C_2}$

電荷保存の関係：$-Q_1+Q_2+Q_3=0$

(1) $\mathrm{C_1}$，$\mathrm{C_2}$ および $\mathrm{C_3}$，$\mathrm{C_4}$ はそれぞれ並列だから，ab 間および bc 間の合成容量を C，C'〔μF〕とすると，合成容量の公式より，

$$C=100+100=200\,〔\mu F〕,\quad C'=100+300=400\,〔\mu F〕$$

合成容量 C，C' のコンデンサー C，C′ は直列だから，それらの合成容量を C''〔μF〕とすると，

$$\frac{1}{C''}=\frac{1}{C}+\frac{1}{C'}=\frac{1}{200}+\frac{1}{400}\qquad \text{よって，}\quad C''=\frac{400}{3}\fallingdotseq 133\,〔\mu F〕$$

(2) 直列のコンデンサー C，C′ に蓄えられた電気量は等しく，この電気量は合成容量 C'' に蓄えられる電気量でもある。この電気量を Q〔C〕，bc 間の電圧を V'〔V〕，電池の起電力を $E=12$〔V〕とすると，

$$Q=C''E=C'V'$$

よって，$V'=\dfrac{C''}{C'}E=\dfrac{1}{3}\times 12=4$〔V〕

［別解］ (2) コンデンサー C，C′ は直列だから，C，C′ の電圧をそれぞれ V，V'〔V〕とすると，直列接続のコンデンサーの電圧が電気容量の逆比に分配されることより，

$$V:V'=\frac{1}{C}:\frac{1}{C'}=C':C=2:1$$

電圧の関係より，　$V+V'=12$

よって，V' は 12〔V〕を 2：1 に分けたうちの 1 に相当するから，

$$V'=\frac{1}{2+1}\times 12=4\,〔V〕$$

(3) (2)の結果より，$\mathrm{C_4}$ に蓄えられる電気量 Q_4〔μC〕は，

$$Q_4=100\times 4=400\,〔\mu C〕$$

(1) 133　　(2) 4　　(3) 400

必修
基礎問
71

コンデンサーのエネルギー

物理

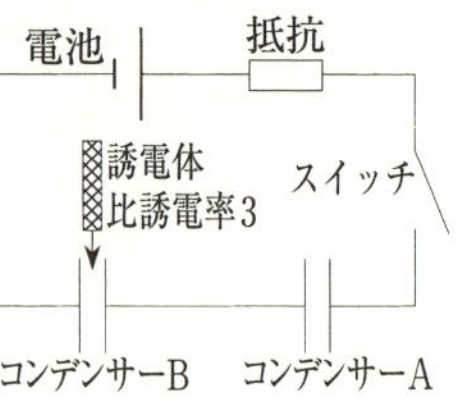

図のように，電気容量 C の 2 つのコンデンサーAとBを直列に接続し，これに起電力 V の電池，抵抗値 R の抵抗，およびスイッチをつないだ回路を考える。はじめ，スイッチは開いており，コンデンサーは帯電していない。以下の問いに答えよ。

(1) スイッチを閉じて十分に時間が経った。コンデンサーA，Bに蓄えられるエネルギーの和 E_1 を求めよ。

(2) (1)において，電池がした仕事 W を求めよ。また，このとき抵抗で消費されたエネルギー J を求めよ。

次に，スイッチを開放し，その後，コンデンサーBに比誘電率 3 の誘電体を挿入した。

(3) コンデンサーAとコンデンサーBに蓄えられるエネルギーの和 E_2 を求めよ。

(4) エネルギー E_1 と E_2 の差は何によって生じたか，答えよ。（お茶の水女大）

精講

●**コンデンサーに蓄えられるエネルギー**　コンデンサーの電気容量を C，電圧を V，電気量を Q とすると，コンデンサーに蓄えられるエネルギー（静電エネルギー）U は，

$$U=\frac{1}{2}CV^2=\frac{1}{2}QV=\frac{Q^2}{2C}$$

●**エネルギー保存の法則**　コンデンサーのエネルギーは，電池や他のコンデンサーとつなぐことで変化する。また，極板間距離を変化させたり，誘電体や金属板を挿入する際の外力のした仕事によっても変化する。

外力がした仕事を W_F，電池がした仕事を W，コンデンサーのエネルギーの変化量を $\varDelta U$，抵抗で発生したジュール熱を J とすると，

> **エネルギー保存の法則：$W_F+W=\varDelta U+J$**
> **電池のした仕事：$W=\varDelta Q\cdot V$**
> （$\varDelta Q$：電池を負極側から正極側へ通過した電気量，V：電池の電圧）

着眼点　$\varDelta Q$ は電池の正極につながるコンデンサーの電気量の変化で求める。

●極板間引力　コンデンサーの極板面積をS，極板間距離をd，電気量をQ，極板間の誘電率をε_0，極板間の電場をEとすると，極板間引力Fは，

$$F=\frac{Q^2}{2\varepsilon_0 S}=\frac{1}{2}QE$$

【参考】　孤立した極板の間隔をΔdだけゆっくり増加させた場合，エネルギー保存の法則より，$W_F=\Delta U$ である。このとき，電気容量が $C=\frac{\varepsilon_0 S}{d}$ から $C'=\frac{\varepsilon_0 S}{d+\Delta d}$ に変化することから，電気量をQ，極板間引力とつりあう外力の大きさをFとすると，

$$F\Delta d=\frac{Q^2}{2C'}-\frac{Q^2}{2C}=\frac{Q^2}{2\varepsilon_0 S}\Delta d \qquad よって，\quad F=\frac{Q^2}{2\varepsilon_0 S}$$

着眼点　電気量が一定 ⇨ 極板間引力が一定

(1)　コンデンサーA，Bの合成容量をC_1とすると，

$$\frac{1}{C_1}=\frac{1}{C}+\frac{1}{C} \qquad よって，\quad C_1=\frac{1}{2}C$$

コンデンサーA，B全体にかかる電圧はVであるから，　$E_1=\frac{1}{2}C_1V^2=\frac{1}{4}CV^2$

(2)　コンデンサーAの電気量の増加分は $\Delta Q=C_1V$ で，これが電池を負極側から正極側に通過した電気量である。よって，

$$W=\Delta Q\cdot V=C_1V^2=\frac{1}{2}CV^2$$

また，エネルギー保存の法則より，　$W=(E_1-0)+J$

よって，　$J=W-E_1=\frac{1}{2}CV^2-\frac{1}{4}CV^2=\frac{1}{4}CV^2$

(3)　誘電体を入れたコンデンサーBの電気容量は$3C$となるから，A，Bの合成容量をC_2とすると，　$\frac{1}{C_2}=\frac{1}{C}+\frac{1}{3C}$　　よって，　$C_2=\frac{3}{4}C$

スイッチを開いたので，コンデンサーA，Bの電気量は $Q=C_1V$ のままだから，

$$E_2=\frac{Q^2}{2C_2}=\frac{(CV/2)^2}{2\cdot(3C/4)}=\frac{1}{6}CV^2$$

(4)　誘電体を挿入するときに外力がした仕事をW_Fとすると，エネルギー保存の法則より，　$W_F=\Delta U=E_2-E_1$

【参考】　$W_F=E_2-E_1<0$ より，外力は誘電体を引き出す向きに加えることがわかる。よって，誘電体には極板間の電場から，極板間へ引き込む向きの力が働く。

(1)　$E_1=\frac{1}{4}CV^2$　　(2)　$W=\frac{1}{2}CV^2$，$J=\frac{1}{4}CV^2$　　(3)　$E_2=\frac{1}{6}CV^2$

(4)　誘電体を挿入するときに外力がした(負の)仕事

必修基礎問 72 コンデンサーのつなぎかえ

物理

図のように，3個のコンデンサー C_1, C_2, C_3，2個の電池 E_1, E_2，2個のスイッチ S_1, S_2 からなる回路がある。3個のコンデンサーの容量はすべて C であり，2個の電池の起電力はともに V であるとする。はじめの状態では，各スイッチは開いており，各コンデンサーに蓄えられた電荷は0とする。また，点Gを電位の基準（電位0）とする。

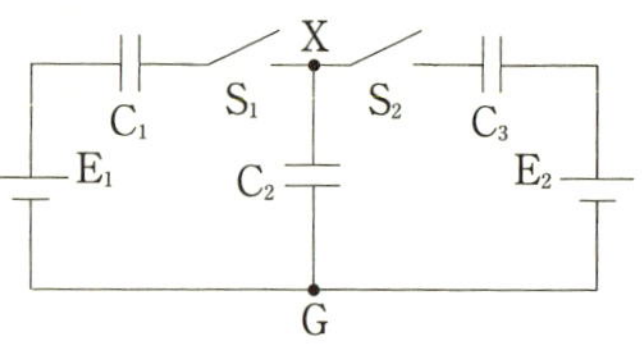

1. スイッチ S_1 を閉じた。点Xの電位は ⑴ ，コンデンサー C_2 に蓄えられた電荷は ⑵ である。
2. 次に，スイッチ S_1 を開き，スイッチ S_2 を閉じた。点Xの電位は ⑶ である。
3. さらに，スイッチ S_2 を開いて，スイッチ S_1 を閉じた。点Xの電位は ⑷ である。
4. このようなスイッチ操作を繰り返したとき，点Xの電位は ⑸ に近づく。

（上智大）

精講 ●**極板電荷**　コンデンサーの極板A，Bの電位をそれぞれ V_A, V_B，コンデンサーの電気容量を C とすると，それぞれの極板の電荷 Q_A, Q_B は右図のようになる。すなわち，着目する一方の極板の電位を $V_{着目}$，向かいあう他方の極板の電位を $V_{相手}$ とすると，

A B
(V_A)　(V_B)
$Q_B = C(V_B - V_A)$
$Q_A = C(V_A - V_B)$

Point 43

着目する極板の電荷：$Q_{着目} = C(V_{着目} - V_{相手})$

●**電荷保存の法則**　孤立部分の極板電荷の和は保存される。式の立て方の手順は，

① 孤立部分を見つけ，変化前の電荷を確認する。

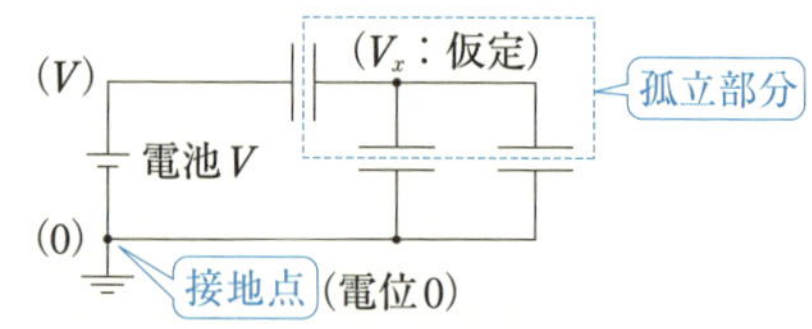

② 回路の電位を調べ，わからないところは仮定する。

③ 孤立部分のすべての極板電荷を求め，電荷保存の式を立てる。

●回路の電位　原則 (i) 接地点を定め，電位の基準(電位 0)とする。

(ii) 一つながりの導線は同電位である。

素子の両端の電位差 (i)電池：正極側は負極側より電位が V だけ高い。

(ii) コンデンサー：電荷が正の極板から負の極板の向きに $\dfrac{Q}{C}$ だけ電位が下がる。

(iii) 抵抗：電流の向きに RI だけ電位が下がる(電圧降下)。

コンデンサーにつながる抵抗(十分に時間が経過した場合) ⇨ 電流は 0 ⇨ 抵抗の両端は同電位

解説

(1), (2) コンデンサー C_1, C_2 は直列で，電気容量が等しいので，C_1, C_2 の電圧は 1：1 となる。よって，点 X の電位 u_1 は，C_2 の電圧と等しいから，　$u_1=\dfrac{1}{2}V$

よって，C_2 の電気量 Q_2 は，　$Q_2=C\left(\dfrac{V}{2}\right)=\dfrac{1}{2}CV$

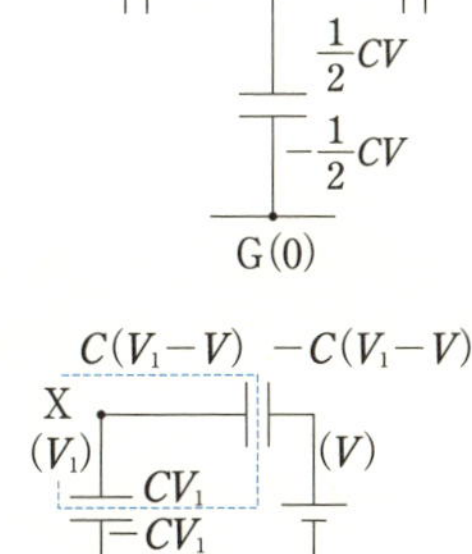

(3) 点 X の電位を V_1 とすると，コンデンサー C_2, C_3 の X 側の極板電荷の和が保存されることより，

$$0+\frac{1}{2}CV=C(V_1-V)+CV_1$$

よって，　$V_1=\dfrac{3}{4}V$

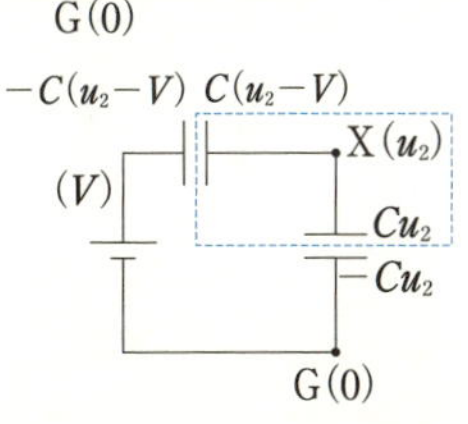

(4) スイッチ S_1 を閉じる前，コンデンサー C_1 の X 側の極板電荷は $-\dfrac{1}{2}CV$, C_2 の X 側の極板電荷は $\dfrac{3}{4}CV$ である。

よって，点 X の電位を u_2 とすると，電荷保存の法則より，

$$-\frac{1}{2}CV+\frac{3}{4}CV=C(u_2-V)+Cu_2$$

よって，　$u_2=\dfrac{5}{8}V$

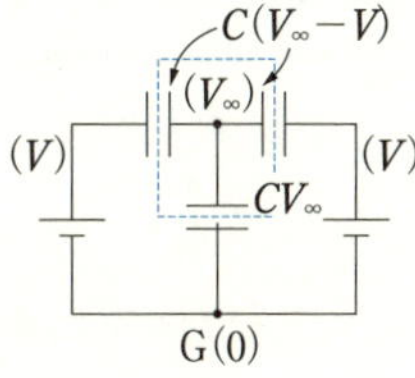

(5) スイッチ S_1, S_2 を開閉しても変化しないことから，S_1, S_2 を同時に閉じた場合と同じ状態になる。点 X の電位を V_∞ とすると，電荷保存の法則より，

$$0=C(V_\infty-V)+C(V_\infty-V)+CV_\infty$$

よって，　$V_\infty=\dfrac{2}{3}V$

(1) $\dfrac{1}{2}V$　(2) $\dfrac{1}{2}CV$　(3) $\dfrac{3}{4}V$　(4) $\dfrac{5}{8}V$　(5) $\dfrac{2}{3}V$

第4章 電気と磁気

必修基礎問

10. 電流，直流回路

73 オームの法則の原理

物理

空欄 [　　] にあてはまる最も適当な答えを記入せよ。

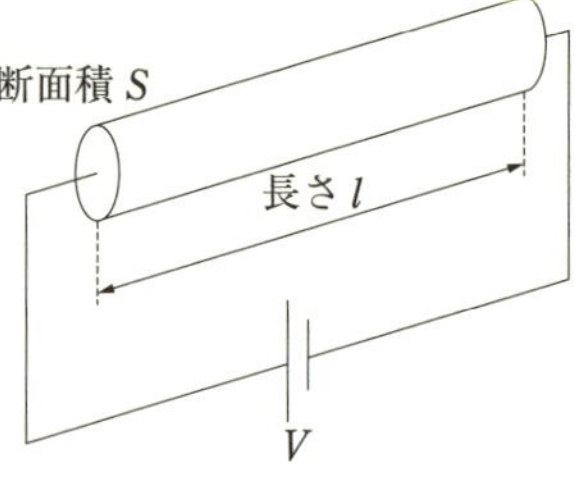

導体中には自由に移動することができる自由電子が数多く存在し，この自由電子の移動に伴う電荷の流れが電流となる。図のような，長さ l，断面積 S の導体の両端に電圧 V を加えたときの自由電子の運動について考える。電気素量を e とすると，自由電子は電場の向きと逆方向に大きさ [(1)] の静電気力を受け，加速される。加速された自由電子は導体内の正イオンとの衝突を繰り返すことによって抵抗力を受け，減速する。静電気力と抵抗力のつりあいにより，自由電子の平均速度の大きさは一定値 v となる。抵抗力は平均速度に比例するとし，その比例定数を k とすると，$v=$ [(2)] と表される。

導体中の単位体積あたりの自由電子の数を n とする。自由電子の平均速度が一定のとき，導体の断面を時間 Δt の間に電場の向きと逆方向に通過する自由電子の数は [(3)] であり，電流は [(4)] となる。また電流は電圧 V を用いて表されることから，導体の電気抵抗は [(5)] と求められる。　（日大）

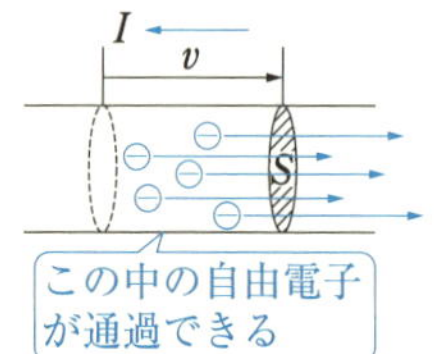

●電流　導線の断面を単位時間に通過する電気量であり，その向きは正の電荷が移動する向きである。導線内を電荷 $-e$ の自由電子が平均の速さ v で運動しているとし，導線の断面積を S，単位体積あたりの自由電子の数（自由電子密度）を n とすると，

Point 44

電流の強さ　$\boldsymbol{I=enSv}$

●オームの法則　抵抗を流れる電流 I と抵抗に加えた電圧 V が比例することを，オームの法則という。その比例定数 R を抵抗値という。

オームの法則：$V=RI$ ⇦ 抵抗値：$R=\dfrac{V}{I}=\rho\dfrac{l}{S}$〔Ω〕

（ρ：抵抗率〔Ω・m〕，l：抵抗体の長さ〔m〕，S：抵抗体の断面積〔$\mathrm{m^2}$〕）

●**抵抗率の温度変化**　導線の温度が上昇すると，導線中の陽イオンの熱振動が激しくなり，自由電子の運動をより大きく妨げる。このため，導線の抵抗率 ρ〔Ω·m〕は，導線の温度 t〔°C〕に対してほぼ直線的に増大する。

$$\rho=(1+\alpha t)\rho_0$$

（α：抵抗率の温度係数，ρ_0：0〔°C〕における導線の抵抗率）

(1)　導体中の電場の強さを E とすると，両端の電位差が V であることより，　$E=\dfrac{V}{l}$

自由電子が受ける静電気力の大きさを F とすると，　$F=eE=\dfrac{eV}{l}$

(2)　静電気力 F と抵抗力 kv がつりあうから，

$\dfrac{eV}{l}=kv$　　よって，$v=\dfrac{eV}{kl}$　……①

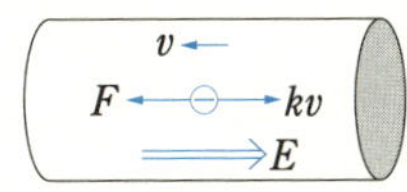

(3)　導体の断面を時間 Δt の間に通過する自由電子の数 N は，体積 $Sv\Delta t$ の中にある自由電子の数に等しいので，　$N=nSv\Delta t$

(4)　電流 I は，導体の断面を単位時間に通過する電気量なので，　$I=\dfrac{eN}{\Delta t}=enSv$

①式より，　$I=enS\cdot\dfrac{eV}{kl}=\dfrac{e^2nS}{kl}V$

(5)　導体の電気抵抗 R は，$V=RI$ より，

$$R=\frac{V}{I}=\frac{kl}{e^2nS}$$

【参考】　導体の抵抗率 ρ は，$R=\rho\dfrac{l}{S}$ と(5)の式を比較して，

$$\rho=\frac{k}{e^2n}$$

発展　ジュール熱：抵抗中の自由電子が失うエネルギーの総和で，この場合，抵抗力により失われるエネルギーである。

単位時間に1個の自由電子が失うエネルギーは，仕事率の公式より，$kv\times v$ である。抵抗中の自由電子の総数は nSl であるから，抵抗で単位時間に発生するジュール熱（消費電力）を P とすると，

$$P=kv\times v\times nSl=e\frac{V}{l}\times v\times nSl=enSv\cdot V$$

よって，　$P=IV\left(=I^2R=\dfrac{V^2}{R}\right)$

答　(1)　$\dfrac{eV}{l}$　(2)　$\dfrac{eV}{kl}$　(3)　$nSv\Delta t$　(4)　$\dfrac{e^2nS}{kl}V$　(5)　$\dfrac{kl}{e^2nS}$

必修
基礎問

74 電流計・電圧計

物理

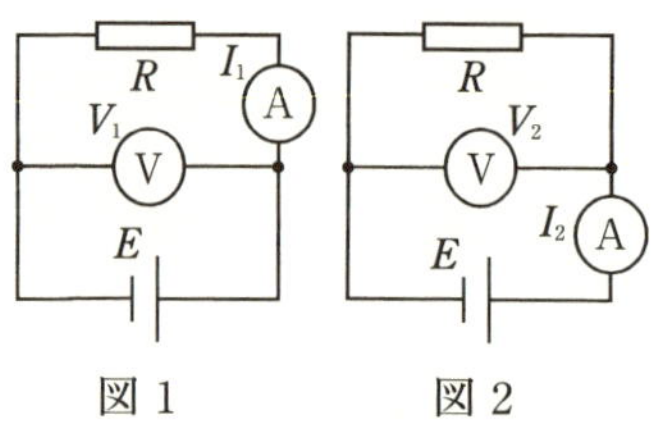

未知抵抗に起電力 E の電池と電流計と電圧計をつないで，図 1 と図 2 の回路を組み立て，測定を行った。未知抵抗の抵抗値を R，電流計の内部抵抗を r_A，電圧計の内部抵抗を r_V とし，電池の内部抵抗および導線の抵抗は無視する。

(1) 図 1 の回路のとき，電圧計で測定される電圧 V_1 と電流計で測定される電流 I_1 の比 $\dfrac{V_1}{I_1}$ として得られる抵抗の測定値 R_1 を，E，R，r_A，r_V のうち必要な記号を用いて表せ。

(2) 図 2 の回路のとき，電圧計で測定される電圧 V_2 と電流計で測定される電流 I_2 の比 $\dfrac{V_2}{I_2}$ として得られる抵抗の測定値 R_2 を，E，R，r_A，r_V のうち必要な記号を用いて表せ。

(3) どちらの測定方法も真の抵抗値を与えないことがわかった。電流計や電圧計の内部抵抗値に比べ，未知抵抗の抵抗値が小さいと予想されるとき，どちらの回路で測定した方がより良い近似値を与えるか，図の番号で答えよ。

(広島大)

精講

●**抵抗の合成**

(i) 直列接続の場合

合成抵抗を R とすると，

$$R=R_1+R_2$$

流れる電流が等しいことから，

$$V_1:V_2=R_1:R_2$$

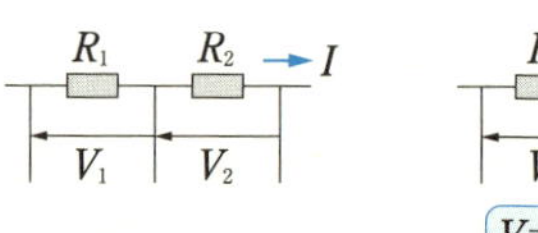

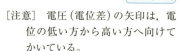

［注意］ 電圧（電位差）の矢印は，電位の低い方から高い方へ向けてかいている。

(ii) 並列接続の場合

合成抵抗を R とすると，

$$\frac{1}{R}=\frac{1}{R_1}+\frac{1}{R_2}$$

電圧が等しいことから，

$$I_1:I_2=\frac{1}{R_1}:\frac{1}{R_2}=R_2:R_1$$

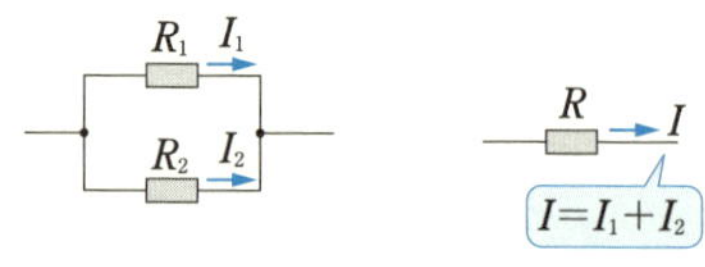

●**相対誤差**　測定値 R が真の値 R_0 に対してどれだけ違うかを，真の値に対する割合で表したもの。

相対誤差：$\alpha=\dfrac{|R-R_0|}{R_0}$　（または ×100％）

着眼点　相対誤差の小さい方が，より正確な測定値である。

【参考】　電圧計の考え方

電圧計の指示値は電圧計の内部抵抗の電圧降下である。また，電圧計に並列であれば，その電圧も同じ電圧である。

（例）　右図で電圧計の指示値を V とすると，電圧計を流れる電流は $\dfrac{V}{r_V}$，抵抗 R を流れる電流は $\dfrac{V}{R}$ であり，全体を流れる電流は $\dfrac{V}{R}+\dfrac{V}{r_V}$ である。

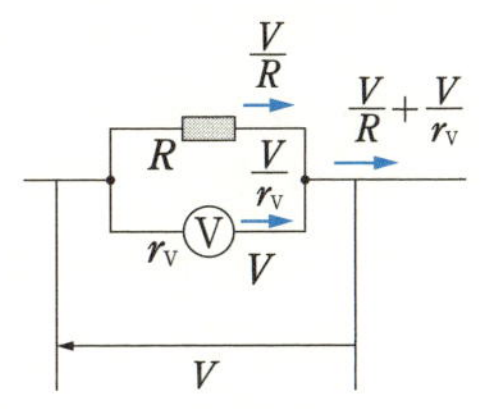

（1）　図1の回路は右図である。図より，未知抵抗 R と内部抵抗 r_A の全体に電圧 V_1 がかかり，電流 I_1 が流れているから，

$$V_1=(R+r_A)I_1$$

よって，　$R_1=\dfrac{V_1}{I_1}=R+r_A$

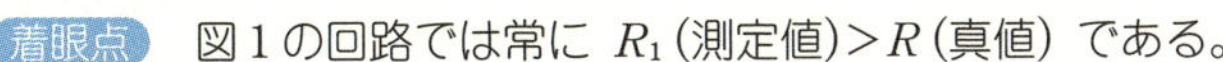

着眼点　図1の回路では常に R_1（測定値）$>R$（真値）である。

（2）　図2の回路は右図である。図より，電流 I_2 は並列の抵抗 R と r_V に電圧 V_2 が加わったときの全体の電流であるから，

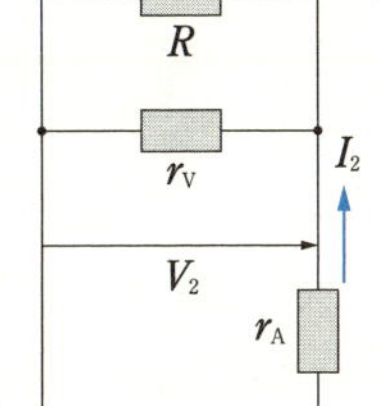

$$I_2=\frac{V_2}{R}+\frac{V_2}{r_V}$$

よって，　$R_2=\dfrac{V_2}{I_2}=\dfrac{r_V}{R+r_V}R$

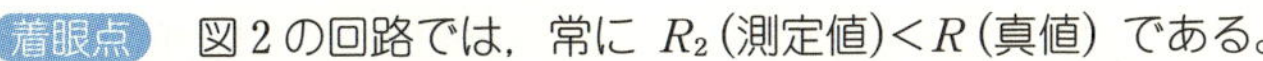

着眼点　図2の回路では，常に R_2（測定値）$<R$（真値）である。

（3）　R_1，R_2 の相対誤差をそれぞれ α_1，α_2 とすると，

$$\alpha_1=\frac{|R_1-R|}{R}=\frac{r_A}{R},\qquad \alpha_2=\frac{|R_2-R|}{R}=\frac{R}{R+r_V}$$

題意より，$r_A>R$，$r_V>R$ だから，$\alpha_1>1$，$\alpha_2<1$

よって，$\alpha_1>\alpha_2$ であり，図2の回路で測定した方がより良い抵抗の近似値を与える。

（1）　$R_1=R+r_A$　（2）　$R_2=\dfrac{r_V}{R+r_V}R$　（3）　図2

必修基礎問

75 電池の端子電圧と最大電力

物理

図1のように，電池，すべり抵抗器，電圧計Ⓥ，電流計Ⓐで構成される回路をつくった。このすべり抵抗器の抵抗値を変えることにより，回路に流れる電流を変化させて，電圧計Ⓥと電流計Ⓐの指示値 V，I の変化を測定したところ，図2のグラフを得た。ただし，電圧計に流れる電流と，電流計による電圧降下は無視できるものとする。

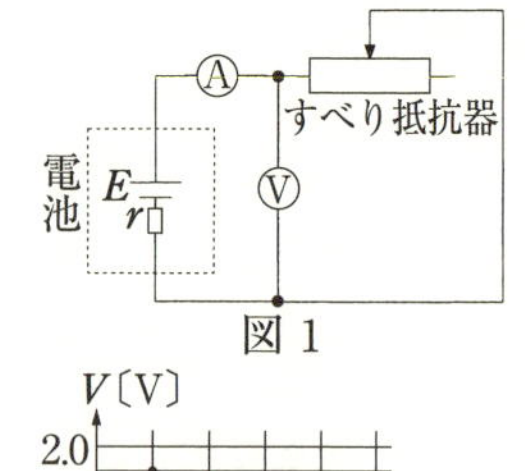

図1

図2

(1) この測定結果から，電池の起電力 E〔V〕と内部抵抗 r〔Ω〕の値を求めよ。

(2) この回路を流れる電流を I〔A〕としたとき，すべり抵抗器で消費される電力 P〔W〕を，起電力 E〔V〕，内部抵抗 r〔Ω〕，電流 I〔A〕を用いて表せ。

(3) すべり抵抗器で消費される電力が最大になるときの電流の値 I_0〔A〕，そのときのすべり抵抗器の抵抗値 R_0〔Ω〕，消費される最大電力の値 P_0〔W〕を求めよ。

（お茶の水女大）

●電池の端子電圧　電池に内部抵抗がある場合，電池に電流が流れると電池の端子間の電圧が起電力より下がる。この電圧を端子電圧という。

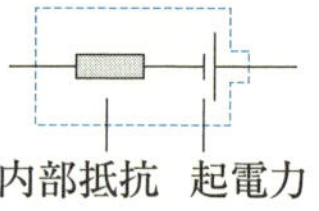

電池は直列接続された起電力と内部抵抗で構成されると考えると，端子電圧 V は，

$$V=E-rI$$

（E：起電力，r：内部抵抗，I：電池を流れる電流）

rI下がる　E上がる
$-rI$　E
I　r　E

●抵抗のジュール熱　抵抗で失われる電気エネルギーで，熱エネルギーとなることから，ジュール熱という。単位時間あたりのジュール熱を消費電力という。

消費電力：$P=IV=I^2R=\dfrac{V^2}{R}$，　ジュール熱：$J=Pt$

（R：抵抗値，I：抵抗を流れる電流，V：抵抗にかかる電圧，t：時間）

●電池が供給するエネルギー　単位時間あたりに電池がする仕事（→ 参照 p.160）である。

電池が供給する電力：$P_E=I_EV_E$

（I_E：電池を流れる電流，V_E：電池の起電力）

着眼点　定常状態では，電池が供給する電力は抵抗で消費される電力に等しい（エネルギーの保存）。

●**直流回路の電位**　抵抗では，電流の向きに電圧降下の分だけ電位が下がる。

着眼点　電流の向きは電位の高い側から低い側に向かう。

⇨ 電流の向きは電場の向き

（例）

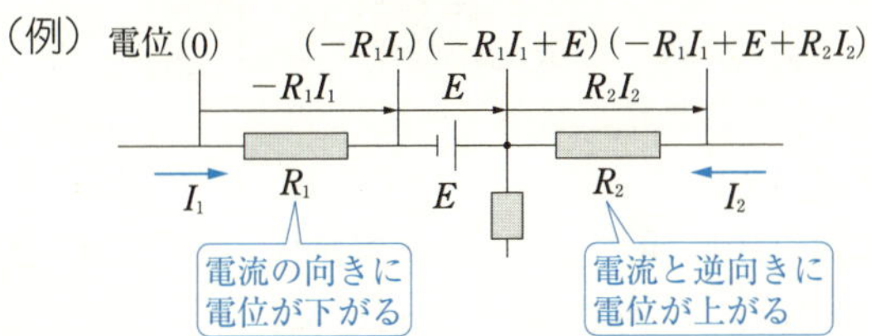

(1)　電池を流れる電流（電流計の指示値）を I とすると，電池の端子間の電圧（端子電圧，電圧計の指示値）V は，

$$V=E-rI \quad \cdots\cdots ①$$

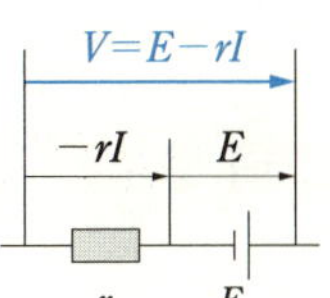

①式は図 2 のグラフの式であるから，V 切片より，

$$E=2.0〔\mathrm{V}〕$$

傾きの大きさより，

$$r=\frac{1.9-1.5}{(500-100)\times10^{-3}}=1.0〔\Omega〕$$

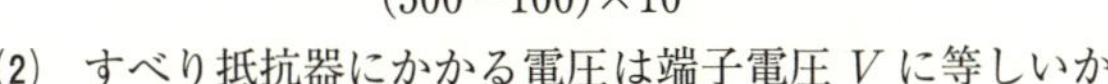

(2)　すべり抵抗器にかかる電圧は端子電圧 V に等しいから，

$$P=IV=I(E-rI) \quad \cdots\cdots ②$$

(3)　②式を平方完成して，

$$P=-rI^2+EI=-r\left(I-\frac{E}{2r}\right)^2+\frac{E^2}{4r}$$

よって，P が最大となるときの電流は，

$$I_0=\frac{E}{2r}=\frac{2.0}{2\times1.0}=1.0〔\mathrm{A}〕$$

P の最大値は，

$$P_0=\frac{E^2}{4r}=\frac{2.0^2}{4\times1.0}=1.0〔\mathrm{W}〕$$

このとき，合成抵抗 R_0+r の電圧が E で，流れる電流が I_0 であることから，

$$E=(R_0+r)I_0$$

よって，$R_0=\dfrac{E}{I_0}-r=\dfrac{2.0}{1.0}-1.0=1.0〔\Omega〕$

(1)　$E=2.0〔\mathrm{V}〕$，$r=1.0〔\Omega〕$　　(2)　$P=I(E-rI)$

(3)　$I_0=1.0〔\mathrm{A}〕$，$R_0=1.0〔\Omega〕$，$P_0=1.0〔\mathrm{W}〕$

必修基礎問

76 キルヒホッフの法則

物理

図の回路で，E は直流電源，R は可変抵抗である。2つの直流電源の内部抵抗は無視できるものとする。

E と R を調節したところ，20〔Ω〕の抵抗には電流が流れなかったが，10〔Ω〕の抵抗には b → c の向きに 3.0〔A〕の電流が流れた。

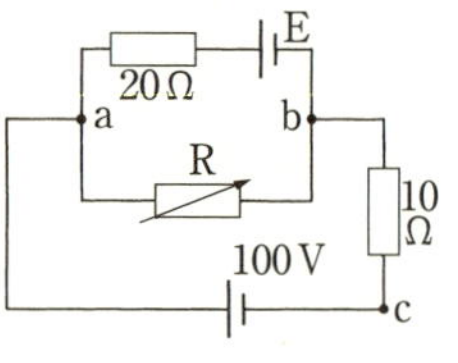

問1　このとき，E の起電力は ⑴ 〔V〕，R の抵抗は ⑵ 〔Ω〕である。

次に，E の起電力を 80〔V〕，R の抵抗値を 12〔Ω〕にした。

問2　12〔Ω〕の抵抗Rに流れた電流の大きさは ⑶ 〔A〕で，20〔Ω〕の抵抗に流れた電流の大きさは ⑷ 〔A〕で，その向きは ⑸ である。ただし，電流の向きは a→b または b→a で答えよ。　（金沢工大）

●**キルヒホッフの第1法則**　回路の分岐点において，

流入する電流の和 ＝ 流出する電流の和

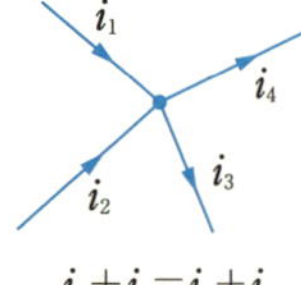

$i_1+i_2=i_3+i_4$

これは，電荷保存の法則の一つである。

●**キルヒホッフの第2法則**　閉回路において，

起電力の和 ＝ 電圧降下の和

これは，閉回路における電位の連続性を表している。

キルヒホッフの法則の式の立て方

① **回路を流れる電流（または電圧）を仮定する。**

着眼点　**第1法則を考慮して電流を仮定する。**

② **着目する閉回路を決め，閉回路における起電力，電流の正の向きを仮定する。**

③ ②**に従って，起電力および電圧降下を計算して，式を立てる。**

（例）右図のような閉回路について，A→B→C→A の向きの起電力を正とすると，キルヒホッフの第2法則の式は，

$$E_1+(-E_2)=R_1I_1+R_3I_3+R_2(-I_2)$$

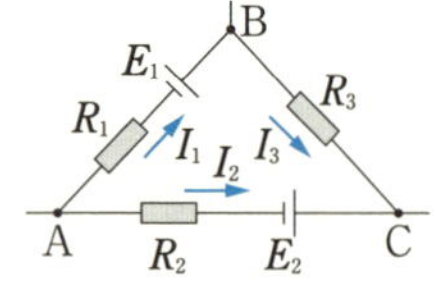

Point 45

起電力および電流は符号をもつ量

発展　キルヒホッフの法則は各瞬間について成り立つ。

⇨ 電流，電圧が変化しても適用できる。

(1), (2)　題意より，電流は分岐しないので，可変抵抗 R を流れる電流は 3.0〔A〕である。電源 E の起電力を E_1〔V〕，可変抵抗 R の抵抗値を R_1〔Ω〕とすると，閉回路 b→E→a→R→b および c→a→E→b→c について，キルヒホッフの法則より，

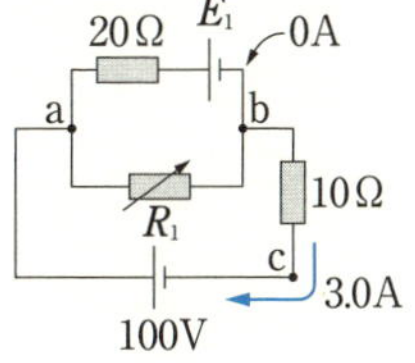

$$E_1 = R_1 \times 3.0$$

$$100 - E_1 = 10 \times 3.0$$

2 式より，

$$E_1 = 70 \text{〔V〕}$$

$$R_1 = \frac{70}{3.0} \fallingdotseq 23 \text{〔Ω〕}$$

［別解］ (1), (2)　閉回路 c→a→E→b→c および c→a→R→b→c について，キルヒホッフの法則より，

$$100 - E_1 = 10 \times 3.0,\quad 100 = (R_1 + 10) \times 3.0$$

これより，

$$E_1 = 70 \text{〔V〕}$$

$$R_1 = \frac{100}{3.0} - 10 \fallingdotseq 23 \text{〔Ω〕}$$

(3)〜(5)　電源 E を流れる電流を i_1〔A〕，可変抵抗 R を流れる電流を i_2〔A〕とすると，閉回路 b→E→a→R→b および c→a→E→b→c について，キルヒホッフの法則より，

$$80 = 20(-i_1) + 12i_2 \quad \cdots\cdots ①$$

$$100 - 80 = 20i_1 + 10(i_1 + i_2) \quad \cdots\cdots ②$$

①，②式より，

$$i_1 = -1.0 \text{〔A〕}$$

$$i_2 = 5.0 \text{〔A〕}$$

よって，20〔Ω〕の抵抗に流れた電流は，仮定した i_1 の向きと逆向きで b→a の向きである。

(1)　70　(2)　23　(3)　5.0　(4)　1.0　(5)　b→a

第4章　電気と磁気

必修
基礎問

77 ホイートストン・ブリッジと電球

抵抗 R_1 (40〔Ω〕), R_2 (80〔Ω〕), R_3 (20〔Ω〕), スイッチ S_1, S_2, 電球L, 電流計 A_1, A_2 および直流電源E (起電力1.2〔V〕) が図1のように接続されている。また, 電球Lにかかる電圧と電流の関係は図2で与えられる。電源と電流計の内部抵抗は無視できる。

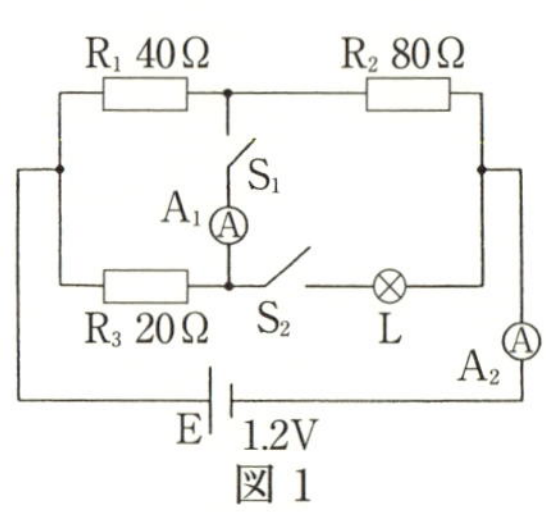

図1

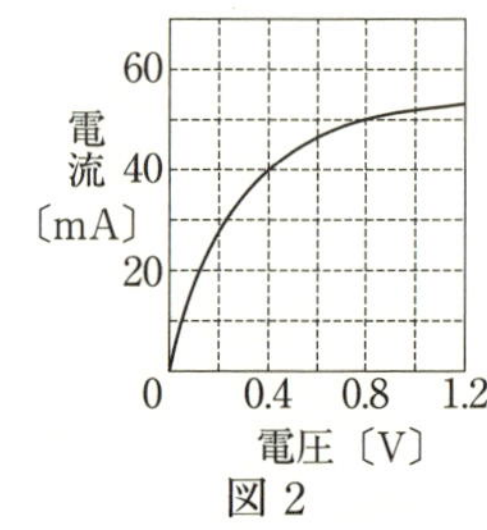

図2

(1) スイッチ S_1 を開き, スイッチ S_2 を閉じた。電流計 A_2 の電流値はいくらか。

(2) (1)において, 電球Lの両端の電圧はいくらか。

(3) R_3 を別の抵抗 R_4 に取り替えてから, スイッチ S_1, S_2 を同時に閉じたところ, 電流計 A_1 に電流が流れなくなった。このときの R_4 の抵抗値はいくらか。

(神奈川工大　改)

精講 ●**非直線抵抗**　金属の電気抵抗は, 抵抗の温度が上がるほどその抵抗値が大きくなるため, 電流と電圧は比例しない。このように抵抗に加える電圧と抵抗に流れる電流が比例して変化しないものを非直線抵抗という。この関係を電流-電圧特性といい, グラフを特性曲線という。

着眼点　抵抗の温度が上がると, 抵抗中の陽イオンの熱振動が激しくなるため, 電子の運動をより妨げるようになり, 抵抗値が大きくなる。

●**非直線抵抗の電流-電圧特性**

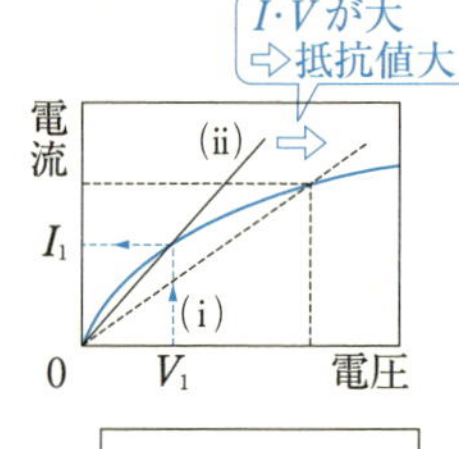

(i) 抵抗の電圧, 電流の一方がわかると, 他方が求まる。

(ii) 原点とグラフ上の点を結ぶ直線の傾きの逆数 $\dfrac{V_1}{I_1}$ が, その電圧, 電流での抵抗値である。

●**非直線抵抗の電圧, 電流の求め方**

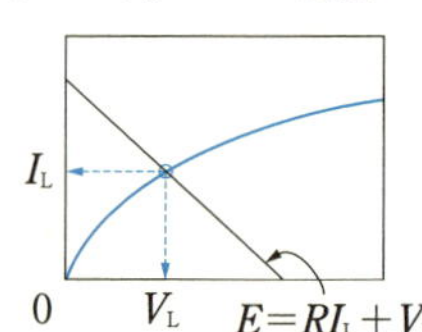

① 非直線抵抗の電圧 V_L と電流 I_L を仮定する。

② V_L と I_L の関係式をつくる。

着眼点　V_L と I_L の関係 ⇨ キルヒホッフの法則の式や電力の条件が多い。

③　非直線抵抗の特性曲線と②の式のグラフの交点より，電圧 V_L，電流 I_L を求める。

●**ホイートストン・ブリッジの平衡条件**

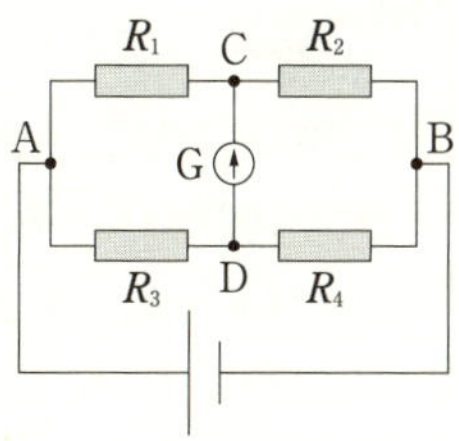

検流計Gの電流が0となる条件で，AC間とAD間の電圧が等しく，BC間とBD間の電圧が等しい（点Cと点Dが同電位）。このとき，抵抗値が R_1，R_2 の抵抗，および抵抗値が R_3，R_4 の抵抗がそれぞれ直列だから，

$R_1 : R_2 = R_3 : R_4$ より，

$$\frac{R_1}{R_3}=\frac{R_2}{R_4}$$

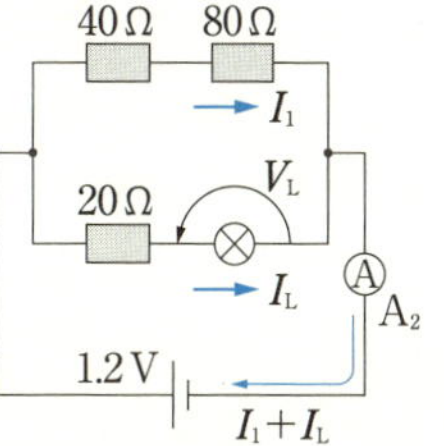

(1), (2)　抵抗 R_1，R_2 の電流を I_1〔A〕とすると，

$$I_1=\frac{1.2}{40+80}=1.0\times10^{-2}〔A〕=10〔mA〕$$

電球Lの電圧を V_L〔V〕，電流を I_L〔A〕とすると，キルヒホッフの法則より，

$$1.2=20I_L+V_L \quad \cdots\cdots①$$

①式のグラフを図2に描いて交点を求めることより（右下図），

$$V_L=0.40〔V〕,\ I_L=40〔mA〕$$

よって，A_2 の電流値は，

$$I_1+I_L=10+40=50〔mA〕$$

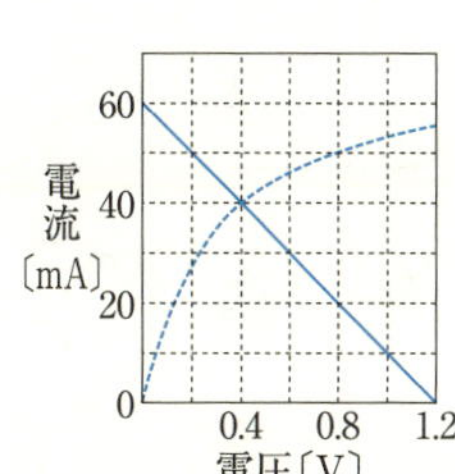

(3)　A_1 の電流が0であるから，R_1，R_2 に流れる電流は(1)と同じであり，また，R_2 とLにかかる電圧は等しい。R_2 の両端の電圧を V_1〔V〕とすると，

$$V_1=80\times1.0\times10^{-2}=0.80〔V〕$$

よって，電球Lの電圧は $V_L=0.80$〔V〕であるから，図2より，電球Lの電流は $I_L=50$〔mA〕で，このときの電球Lの抵抗値を R_L〔Ω〕とすると，

$$R_L=\frac{V_L}{I_L}=\frac{0.80}{50\times10^{-3}}=16〔Ω〕$$

R_4 の抵抗値を R_4〔Ω〕とすると，ホイートストン・ブリッジの平衡条件より，

$$\frac{40}{R_4}=\frac{80}{16}\qquad よって，\quad R_4=\frac{40\times16}{80}=8.0〔Ω〕$$

(1)　50〔mA〕（または 5.0×10^{-2}〔A〕）　(2)　0.40〔V〕　(3)　8.0〔Ω〕

第4章　電気と磁気

実戦
基礎問
78 コンデンサーを含む直流回路

図のように，抵抗値 $R_1=200$〔Ω〕，$R_2=300$〔Ω〕，$R_3=100$〔Ω〕の抵抗 R_1，R_2，R_3，電気容量 $C_1=4.0$〔μF〕，$C_2=1.0$〔μF〕のコンデンサー C_1，C_2，起電力 $E=12$〔V〕の内部抵抗が無視できる電池 E，スイッチ K_1 と K_2 が接続された回路がある。コンデンサー C_1，C_2 は，はじめ，電荷をもっていないものとする。

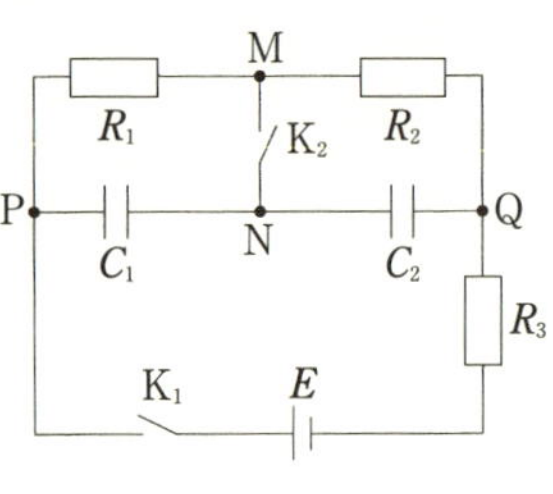

Ⅰ．(1) K_1 だけを閉じて時間が十分に経過した。抵抗 R_3 を流れる電流〔A〕を求めよ。

(2) (1)で，コンデンサー C_1，C_2 に蓄えられている電荷〔μC〕を求めよ。

(3) 次に，K_1 を閉じたまま K_2 を閉じて時間が十分に経過した。コンデンサー C_1，C_2 に電荷が蓄えられるまでに K_2 を通って移動した電荷の大きさ〔μC〕を求めよ。また，電流はMからNへ流れたか，またはNからMへ流れたか。

Ⅱ．(4) Ⅰ．(1)において，K_1 だけを閉じた瞬間に抵抗 R_3 に流れる電流〔A〕を求めよ。

（電通大）

精講 ●**コンデンサーに流れ込む電流** 一例として，この問題の回路で，スイッチ K_1 だけを閉じた後を考える。

(i) スイッチを閉じた直後

はじめ，コンデンサーの電気量が 0 であるから，スイッチを閉じた直後におけるコンデンサーの電気量は 0 で，電圧も 0 である（このとき，R_1，R_2 の電流は 0 である）。これを考慮して，コンデンサーと電池を含む閉回路にキルヒホッフの第 2 法則を適用すると，

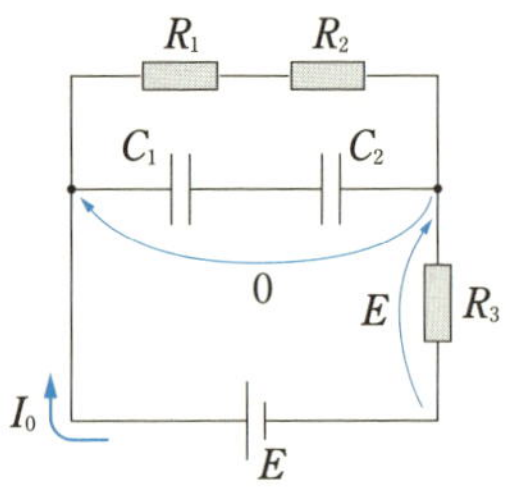

$$E=R_3I_0 \qquad \text{よって，} \quad I_0=\frac{E}{R_3}$$

着眼点 スイッチを切り替えた直後 ⇨ 直前の電気量，電圧のままである。

(ii) コンデンサーの電気量が q になったとき

コンデンサー C_1，C_2 の合成容量を C とおく。コンデンサーの電圧は $V_C=\dfrac{q}{C}$ である。キルヒホッフの第 2 法則より，R_3 の電圧は $E-V_C$ である

ことも考慮すると，R₁，R₂ を流れる電流を I_1，R₃ を流れる電流を I_2 とすると，

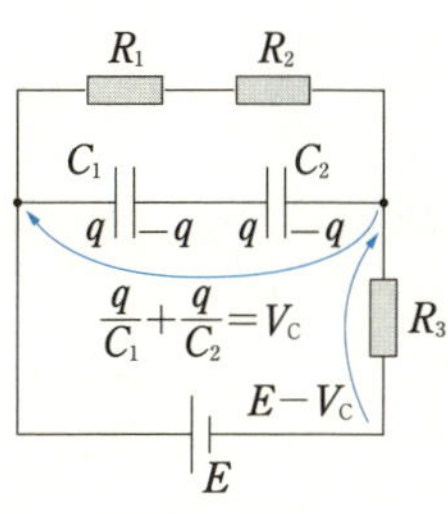

$$I_1=\frac{V_C}{R_1+R_2},\quad I_2=\frac{E-V_C}{R_3}$$

よって，コンデンサーに流れ込む電流を I_C とすると，キルヒホッフの第1法則より，

$$I_C=I_2-I_1=\frac{E-V_C}{R_3}-\frac{V_C}{R_1+R_2}$$

I．(1)　コンデンサーの電流は0であるから，抵抗 R_1，R_2，R_3 を流れる電流を I_0〔A〕とすると，

$$I_0=\frac{E}{R_1+R_2+R_3}=\frac{12}{200+300+100}=2.0\times10^{-2}\text{〔A〕}$$

(2)　(1)の結果より，コンデンサー C_1，C_2 全体にかかる電圧 V_0〔V〕は，

$$V_0=(R_1+R_2)I_0=(200+300)\times2.0\times10^{-2}=10\text{〔V〕}$$

コンデンサー C_1, C_2 は直列であるから，蓄えている電気量は等しい。C_1, C_2 の合成容量を C_0〔μF〕とすると，

$$\frac{1}{C_0}=\frac{1}{C_1}+\frac{1}{C_2}=\frac{1}{4.0}+\frac{1}{1.0}\qquad \text{よって，}\quad C_0=\frac{4.0}{5.0}=0.80\text{〔μF〕}$$

以上より，　C_1，C_2 の電気量を Q_0〔C〕とすると，

$$Q_0=C_0V_0=0.80\times10=8.0\text{〔μC〕}\ (=8.0\times10^{-6}\text{〔C〕})$$

着眼点　時間が十分に経過 ⇨ コンデンサーに流れ込む電流0
⇨ 直流回路につながる極板の電位は直流回路側の電位で決まる。

(3)　時間が十分に経過するとコンデンサー C_1，C_2 の電流は0となるから，電流は(1)と同じ状態に戻る。これより，点Qに対する点Pの電位を V_1〔V〕，点 M(N) の電位を V_2〔V〕とすると，　$V_1=V_0=10$〔V〕，$V_2=R_2I_0=300\times2.0\times10^{-2}=6.0$〔V〕

よって，コンデンサー C_1，C_2 のN側の極板電荷の和の変化量 ΔQ〔C〕は，はじめの電荷の和が0であることより，

$$\Delta Q=\{C_1(V_2-V_1)+C_2V_2\}-0$$
$$=4.0\times(6.0-10)+1.0\times6.0=-10\text{〔μC〕}$$

よって，10〔μC〕($=1.0\times10^{-5}$〔C〕) の電荷が N → M の向きに移動した。

II．(4)　はじめ，コンデンサー C_1, C_2 の電荷は0で，K_1 を閉じた瞬間も電荷が0であるから，C_1，C_2 の電圧は0である。R_3 を流れる電流を I_3〔A〕として，閉回路 E → C_1 → C_2 → R_3 → E についてキルヒホッフの第2法則を適用すると，

$$E=0+R_3I_3\qquad \text{よって，}\quad I_3=\frac{E}{R_3}=\frac{12}{100}=0.12\text{〔A〕}$$

(1)　2.0×10^{-2}〔A〕　(2)　8.0〔μC〕　(3)　10〔μC〕，　NからM
(4)　0.12〔A〕

第4章　電気と磁気

必修基礎問

11．電流と磁場，荷電粒子の運動

79 電流と磁場

物理

Ⅰ．図1のように，長い導線を水平に南北方向に張り，その真下の距離 10〔cm〕のところに小さな磁針を置いて，導線に電流を流した。このとき，磁針のN極は西に 45° 振れて静止したことから，この場所での地球の磁場の強さの水平成分は 25〔A/m〕であることがわかった。

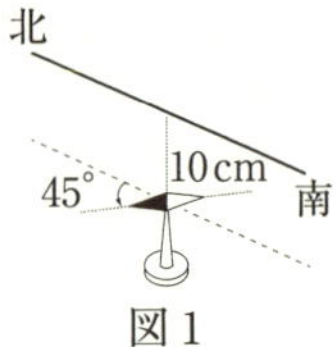

図1

(1) 導線にはどの向きに電流を流したか。

(2) 流した電流は何〔A〕だったか。

(3) 次に導線を取り除き，かわりにコイルの面を南北方向と垂直になるように1巻きの円形コイルを置き，その中心の磁場が0となるようにしたい。円形コイルの半径を 20〔cm〕とすると，コイルに流すべき電流の強さは何〔A〕か。

Ⅱ．図2のように，紙面に垂直な導線P，Qに同じ強さ I の直線電流が流れている。Pの電流は紙面の裏から表に向かう向きに，Qの電流はPと逆向きに流れている。導線P，Qからの距離がともに a の紙面上の点Xに生じる磁場の強さを求め，その向きを図示せよ。　（福岡大　改・愛媛大）

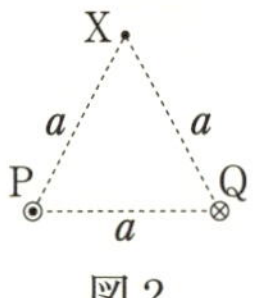

図2

●**地磁気**　地球は北極をS極，南極をN極とする大きな一つの磁石であり，地表には地球による北向きの磁場が存在する。これを地磁気という。

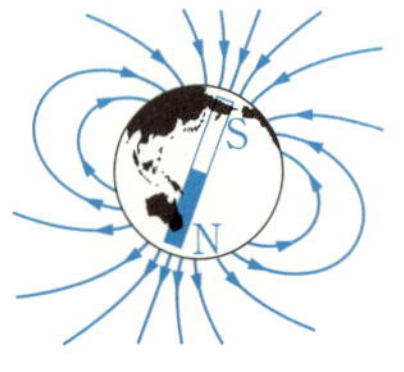

【参考】　磁気量（磁極の強さ）を m とすると，強さ H の磁場から磁極が受ける力の大きさ F は，$F=mH$ である。

●**電流がつくる磁場**　電流がつくる磁場の強さは電流の強さに比例するが，その強さを与える式は電流の形状によって異なる。電流 I がつくる磁場の強さを H とすると，

電流 I

磁場 H

(i) 直線電流（十分に長い）の場合

$$H=\frac{I}{2\pi r}\quad (r：電流からの距離)$$

(ii) 円形電流の中心の場合

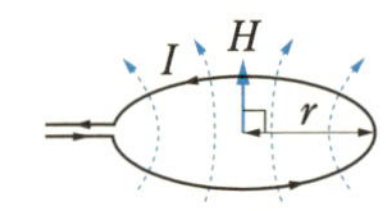

$$H=\frac{I}{2r}\quad (r：円の半径)$$

(iii) ソレノイドコイルの内部の場合

$H=nI$ （n：1〔m〕あたりの巻数）

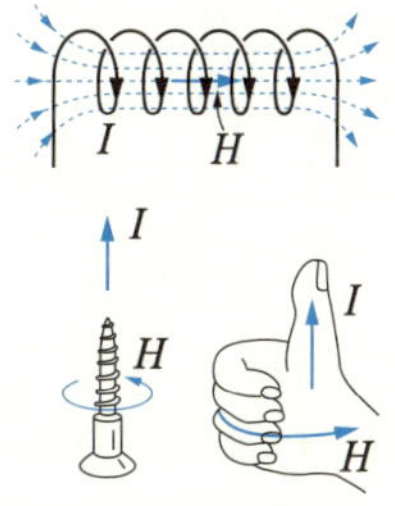

●**右ねじの法則**　右ねじの進む向きを電流の向きにとると，右ねじを回す向きが磁力線の向きを表す。この磁力線の向きの接線方向が磁場の向きである。

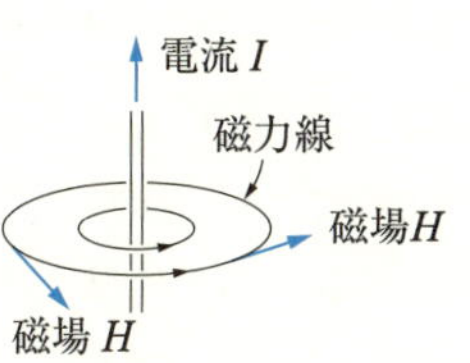

●**磁場の合成**　複数の電流による磁場は，各電流がその場所につくる磁場のベクトル和である。

Ⅰ．(1)　磁針の向きより，合成磁場の向きは北向きから西へ 45° 振れているので，導線の電流がつくる磁場は西向きである。よって，導線を流れる電流の向きは，右ねじの法則より，北向きである。

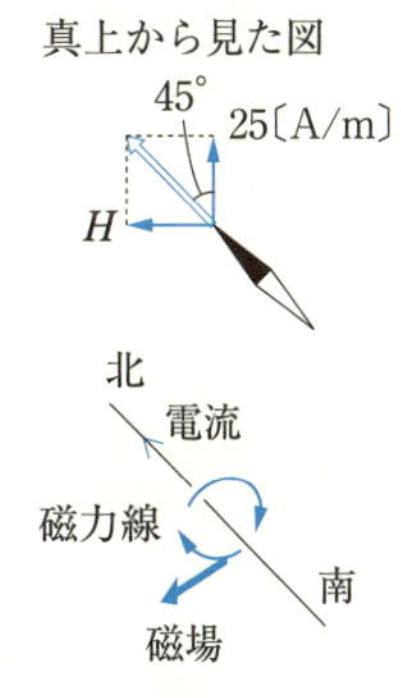

(2)　(1)より，導線の電流がつくる磁場の強さを H〔A/m〕とすると，$H=25$〔A/m〕である。電流の強さを I〔A〕とすると，

$$H=\frac{I}{2\pi\times 0.10}=25$$

よって，$I=5\pi=5\times 3.14 \fallingdotseq 16$〔A〕

(3)　円形コイルの中心の磁場が，地磁気と逆向きで，同じ大きさであればよい。コイルに流す電流の強さを I'〔A〕とすると，

$$\frac{I'}{2\times 0.20}=25 \qquad \text{よって，} I'=10\text{〔A〕}$$

Ⅱ．導線 P，Q の電流がそれぞれ点 X につくる磁場の強さを H_P，H_Q とすると，

$$H_P=H_Q=\frac{I}{2\pi a}$$

導線 P，Q の電流がつくる磁場の向きは右図となる。

磁場の強さが等しく，なす角が 120° であることより，合成磁場の向きは右図の太い矢印の向きである。また，合成磁場の強さ H_X は，H_P(または H_Q) と正三角形をつくることより，

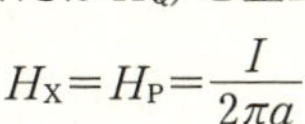

$$H_X=H_P=\frac{I}{2\pi a}$$

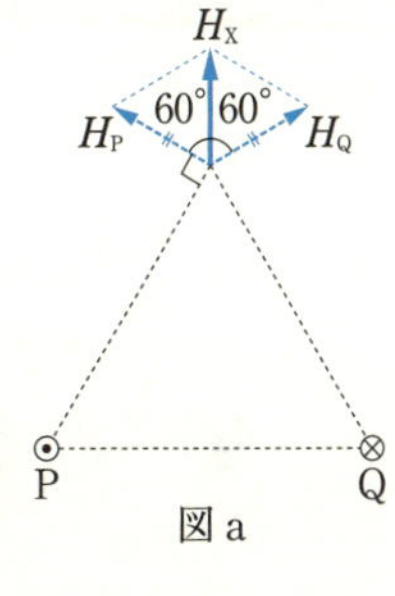

図 a

【参考】　成分で求めると，$H_X=H_P\cos 60^\circ\times 2=H_P$ となる。

Ⅰ．(1)　北向き　　(2)　16〔A〕　　(3)　10〔A〕

Ⅱ．磁場の強さ：$\frac{I}{2\pi a}$，向き：解説の図 a

80 電流が磁場から受ける力

物理

真空中で，十分に長い直線導線Lに電流 I が流れている。Lと同一平面内に，一辺の長さ d の正方形コイルPQRSが置かれている。辺PSはLと平行で，Lから距離 x だけ離れている。いま，コイルに電流 i を図の向きに流す。真空の透磁率を μ_0 として，次の文の［　　］の中にあてはまる答えを記入せよ。

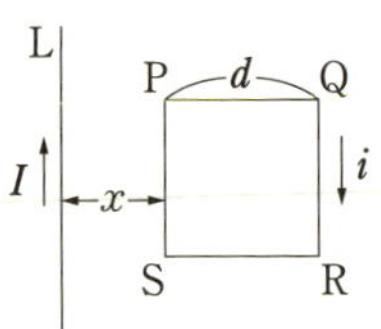

電流 I が辺PSの位置につくる磁場の向きは紙面に垂直で［(1)］へ向かい，強さは［(2)］である。この磁場によって，辺PSが受ける力は，紙面に向かって［(3)］向きで，大きさは［(4)］である。同様にして，辺QRが受ける力は，辺PSの受ける力と向きが反対で，大きさは［(5)］である。Lから同じ距離離れたPQ上の点とSR上の点に働く力は互いに打ち消し合う。したがって，コイルPQRSの受ける力の合力は，紙面に向かって［(6)］向きで，大きさは［(7)］である。

（九州産業大）

精講

●電流が磁場から受ける力　磁場の中を流れる電流が受ける力の大きさは，磁場に垂直な方向の電流の成分の大きさ $I_{\perp}$ と，磁場の強さ H との積に比例する。この力は電流の周囲にある物質の透磁率 μ により変化するので，透磁率を含む磁場の強さを表す磁束密度 $B=\mu H$ を用いて表す。

Point 46

電流が磁場から受ける力の大きさ：$F=I_{\perp}Bl$（l：導線の長さ）
磁束密度：$B=\mu H$

●フレミングの左手の法則　電流が磁場から受ける力の向きは，磁場の向きと，磁場に垂直な電流の向きの両方に垂直な向きであり，これらは互いに直角に開いた左手の3指に対応する（右図）。

F　B　I
㋕（力）→ Ⓑ（磁場）→ Ⓘ（電流）　と覚えよう。

着眼点　電流の，磁場に垂直な成分を用いる。

(1) 辺PSの位置につくる磁場の向きは，右ねじの法則より，紙面に垂直で表から裏へ向かう向きである。

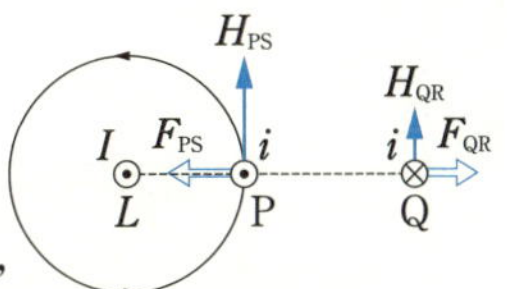

(2) 磁場の強さを H_{PS} とすると，直線電流の磁場の公式より，

$$H_{PS}=\frac{I}{2\pi x}$$

(3) この磁場によって，辺PSが受ける力の向きは，フレミングの左手の法則より，紙面に向かって左向きである。

(4) 力の大きさを F_{PS} とすると，辺PSの位置の磁束密度の大きさは $B_{PS}=\mu_0 H_{PS}$ であるから，

$$F_{PS}=iB_{PS}d=\frac{\mu_0 iId}{2\pi x}$$

(5) 同様にして，辺QRの位置につくる磁場の向きは，紙面に垂直で表から裏へ向かう向きであり，磁場の強さを H_{QR} とすると，

$$H_{QR}=\frac{I}{2\pi(x+d)}$$

この磁場によって，辺QRが受ける力の向きは，紙面に向かって右向きで，力の大きさを F_{QR} とすると，

$$F_{QR}=i\cdot\mu_0 H_{QR}\cdot d=\frac{\mu_0 iId}{2\pi(x+d)}$$

(6) コイルPQRSの受ける力の合力の向きは，$F_{PS}>F_{QR}$ より，紙面に向かって左向きである。

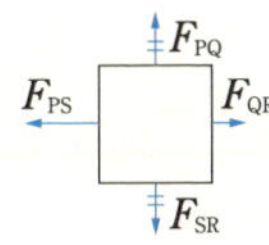

(7) 合力の大きさを F とすると，

$$F=F_{PS}-F_{QR}=\frac{\mu_0 iId^2}{2\pi x(x+d)}$$

発展　辺PQ，SRに働く力のつりあい

辺PQ，SR上では，位置によって磁場の強さが異なる。このため，導線から距離 $r(x<r<x+d)$ の位置にある辺PQ，SRの微小長さ Δr の電流が受ける力の大きさを ΔF_{PQ}，ΔF_{SR} とすると，(4)と同様に，

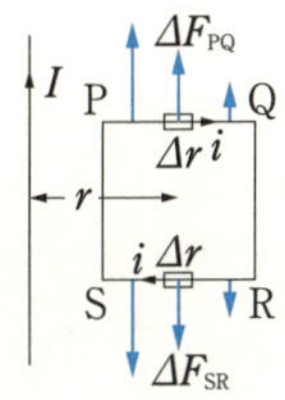

$$\Delta F_{PQ}=\Delta F_{SR}=\frac{\mu_0 iI\Delta r}{2\pi r}$$

これらの力は互いに逆向きであるから，合力は0である。この関係は，辺PQ，SR上の各点で成り立つので，辺PQと辺SRが磁場から受ける力はつりあう。

(1) 表から裏　(2) $\frac{I}{2\pi x}$　(3) 左　(4) $\frac{\mu_0 iId}{2\pi x}$

(5) $\frac{\mu_0 iId}{2\pi(x+d)}$　(6) 左　(7) $\frac{\mu_0 iId^2}{2\pi x(x+d)}$

必修基礎問 81

磁場中の荷電粒子の運動

物理

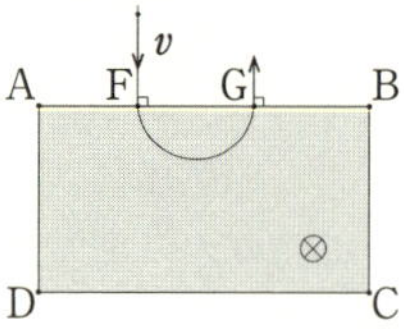

図に示すように，領域 ABCD には紙面に垂直に表から裏に向かって磁束密度 B の一様な磁場（磁界）がかけられている。

(1) 以下の文章の □ の中にあてはまる適切な語句，式を記入または選択せよ。

AB に垂直に，質量 m，電気量 q の荷電粒子が磁場に速さ v で入射したとき，粒子は磁場から大きさ (ア) のローレンツ力を受ける。この力はつねに速度に垂直に働き，その結果として粒子の点Gにおける速さは，点Fにおける速さと比較して (イ) 大きくなる。 小さくなる。 同じとなる。 また，粒子が図に示すように運動した場合の粒子の電荷は，(ウ) $q>0$，$q<0$，$q=0$ である。

(2) 点Fと点Gの直線距離 L を m，v，q，B を用いて表せ。

(3) この荷電粒子が点Fから点Gに移動するまでの時間 t を m，q，B を用いて表せ。ただし，円周率を π とする。

(4) 同様に，質量が 4 倍，電荷が 2 倍の荷電粒子を速さ v で磁場に入射させた。このとき，荷電粒子が磁場に入った点Fと新たに出た点の直線距離 L_2 を L を用いて表せ。

（静岡理工大）

精講

●ローレンツ力 磁場中を運動する荷電粒子に働く力。粒子の電荷を q，速度の磁場に垂直な成分の大きさを $v_\perp$，磁束密度の大きさを B とすると，

ローレンツ力の大きさ：$f=|q|v_\perp B$

力の向きはフレミングの左手の法則に従う。

［注意］ 負電荷の電流の向きは速度と逆向き。

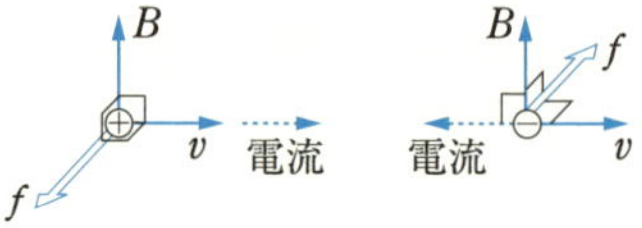

正電荷の場合　負電荷の場合

着眼点 1．速度の磁場に垂直な成分を用いる。

2．ローレンツ力は常に速度と垂直 ⇨ 仕事 0

3．一様な磁場中に垂直に入射した荷電粒子は，等速円運動をする。

●一様な磁場中の荷電粒子のらせん運動

(i) 速度を磁場に垂直な成分 $v_\perp$ と平行な成分 $v_{/\!/}$ に分解する。

磁場に垂直な面内 ⇨ $v_\perp$ で等速円運動
磁場に平行な方向 ⇨ $v_{/\!/}$ で等速直線運動
} らせん運動

(ii) ローレンツ力 $|q|v_\perp B$, 向心加速度 $\dfrac{v_\perp{}^2}{r}$ で運動方程式を立てる。

(右図の例) 円運動の半径を r とすると，運動方程式と周期 T は,

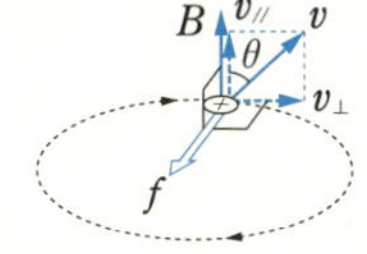

$$m\frac{(v\sin\theta)^2}{r}=q(v\sin\theta)B,\quad T=\frac{2\pi r}{v\sin\theta}$$

(iii) フレミングの左手の法則でローレンツ力の向きを作図する。

⇨ローレンツ力の方向に円運動の中心がある。

⇨磁場に垂直な面内で，中心のまわりを粒子は円運動する ($v_\perp$ の向き ⇨ 運動方向)。

(1) (ア) ローレンツ力の大きさを f とすると,

$$f=|q|vB$$

(イ) ローレンツ力は常に速度に対して垂直に働くので，仕事をしない。よって，磁場中の荷電粒子の速さは変わらない。

(ウ) 粒子の軌道より，点Fに入射した粒子には F→G の向きにローレンツ力が働く。$q>0$ とすると，フレミングの左手の法則より，F→G の向きにローレンツ力は働く。よって，$q>0$ である。

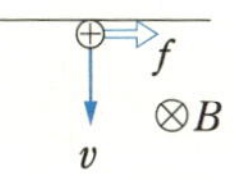

(2) 円運動の半径が $\dfrac{L}{2}$ だから，円運動の方程式より,

$$m\frac{v^2}{(L/2)}=qvB\qquad \text{よって，}L=\frac{2mv}{qB}\qquad \cdots\cdots①$$

(3) 円運動の周期を T とすると,

$$T=\frac{2\pi(L/2)}{v}=\frac{2\pi m}{qB}$$

時間 t は円運動の半周期だから,

$$t=\frac{T}{2}=\frac{\pi m}{qB}$$

(4) ①式で，m を $4m$ に，q を $2q$ におき換えて,

$$L_2=\frac{2(4m)v}{(2q)B}=2L$$

(1) (ア) $|q|vB$　(イ) 同じとなる。　(ウ) $q>0$　(2) $L=\dfrac{2mv}{qB}$

(3) $t=\dfrac{\pi m}{qB}$　(4) $L_2=2L$

第4章 電気と磁気

必修
基礎問
82 電場中の荷電粒子の運動

物理

次の文の ☐ に適当な式を記入せよ。

真空の空間に，図に示すように間隔 d，長さ l の平行板電極を置く。電極と平行に x 軸，垂直に y 軸をとり，原点Oは図のように電極の左端とする。電極の中心から L だけ離れて x 軸に垂直に蛍光面を置く。下の電極を接地し，上の電極に正の電圧 V を加え，質量 m，電荷 $-e$ である電子を x 軸上で正の方向に速さ v でうちこむ。電極間の電場は y 軸の負の向きで強さは ☐(1)☐ である。電子が電場から受ける力は y 軸の正の向きで大きさ ☐(2)☐ となり，電子の加速度は ☐(3)☐ となる。電極間ではこの加速度は一定である。電子が電極間を通過する時間は $\dfrac{l}{v}$ となるから，電極間を通過する間の y 軸方向の変位 y_1 は ☐(4)☐ となる。電極間を出た後，電子は電極間を出るときの速度の x 成分と y 成分からなる等速直線運動をし，変位 y_2 だけ上方で蛍光面に至る。したがって電極の間にうちこまれてから蛍光面に達するまでの y 軸方向の変位は $y=y_1+y_2=$ ☐(5)☐ となり，m，e，V，d，l，L および v の関数で与えられる。

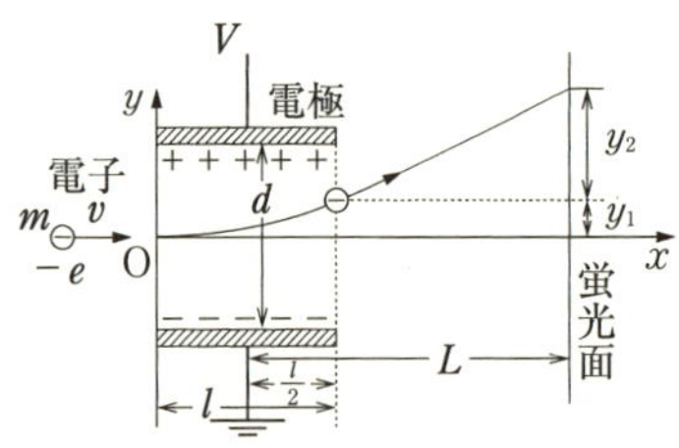

また，紙面に垂直に適当な大きさの磁場をかけると電子は等速直線運動をして，蛍光面上の $y=0$ の点に達するようになる。このとき，電子が電場から受ける力と磁場から受ける力のつりあいより，磁束密度の強さは ☐(6)☐ であり，その向きは紙面に垂直で ☐(7)☐ に向かう向きである。（法政大）

精講 ●**一様な電場中の荷電粒子の放物運動** 荷電粒子が一様な電場から受ける力の大きさは一定で，その向きは電場と平行である。

電場に平行な方向 ⇨ 等加速度直線運動
電場に垂直な方向 ⇨ 等速直線運動
} 放物運動

着眼点 加速度を重力加速度と考えるとよい。

発展 重力など一定の力が加わった場合
⇨ みかけの重力（加速度）を考える。

(1) 電場の強さをEとすると，

$$E=\frac{V}{d}$$

(2) 電子が電場から受ける力の大きさをFとすると，

$$F=eE=\frac{eV}{d}$$

(3) y軸の正の向きの電子の加速度をaとすると，運動方程式より，

$$ma=\frac{eV}{d} \qquad \text{よって，} a=\frac{eV}{md}$$

(4) 電子が電極間を通過するのに要する時間をtとすると，x軸方向は速度vの等速直線運動だから，

$$l=vt \qquad \text{よって，} t=\frac{l}{v}$$

y軸方向は，初速度0，加速度aの等加速度直線運動だから，

$$y_1=\frac{1}{2}at^2=\frac{1}{2}\left(\frac{eV}{md}\right)\left(\frac{l}{v}\right)^2=\frac{eVl^2}{2mdv^2} \qquad \cdots\cdots①$$

(5) 電極間を出る瞬間の電子の速度がx軸となす角をθ，その速度のy成分をv_yとすると，

$$\tan\theta=\frac{v_y}{v}=\frac{at}{v}=\frac{eVl}{mdv^2}$$

よって，$y_2=\left(L-\frac{l}{2}\right)\tan\theta=\frac{eVl}{mdv^2}\left(L-\frac{l}{2}\right)$ ……②

①，②式より，

$$y_1+y_2=\frac{eVl^2}{2mdv^2}+\frac{eVl}{mdv^2}\left(L-\frac{l}{2}\right)=\frac{eVlL}{mdv^2}$$

［別解］ (5) y_2は次のように求めてもよい。

電極間を出てから蛍光面に至るまでの時間をt'とすると，

$$L-\frac{l}{2}=vt'$$

これより，$y_2=v_yt'=at\cdot t'=\frac{eVl}{mdv}\cdot t'=\frac{eVl}{mdv^2}\left(L-\frac{l}{2}\right)$

(6)，(7) 磁束密度の強さをBとすると，電子が電場と磁場から受ける力のつりあい（右図）より，

eE
v
ローレンツ力
evB
⊗B

$$evB=\frac{eV}{d} \qquad \text{よって，} B=\frac{V}{dv}$$

また，その力の向きがy軸の負の向きであるから，フレミングの左手の法則より，磁場の向きは紙面の表から裏に向かう向きである。

(1) $\frac{V}{d}$ (2) $\frac{eV}{d}$ (3) $\frac{eV}{md}$ (4) $\frac{eVl^2}{2mdv^2}$ (5) $\frac{eVlL}{mdv^2}$

(6) $\frac{V}{dv}$ (7) 表から裏

実戦
基礎問
83 ホール効果 〈物理

電流が流れている金属や半導体などの試料に，電流に垂直な方向に磁場をかけると，電流を担う粒子に，電流と磁場の両方に垂直な方向にローレンツ力が働き，特定の面に電荷の蓄積が起こる。この電荷の片寄りにより電流と磁場に垂直な電場が生じる。これをホール効果という。この電場による力とローレンツ力がつりあい，電流の担い手は平均として電流の方向に直進する。いま図のように，各辺の長さがそれぞれ a〔m〕，b〔m〕，c〔m〕の直方体の半導体試料が，x 軸，y 軸，z 軸に接するように置かれている。z 軸の負の向きに磁束密度 B〔T〕(=〔Wb/m^2〕) の一様な磁場を加え，y 軸の正の向きに I〔A〕の電流を流したところ，$x=a$ の面と $x=0$ の面との間に V〔V〕の電位差が生じた。ただし，電気素量を e〔C〕とする。

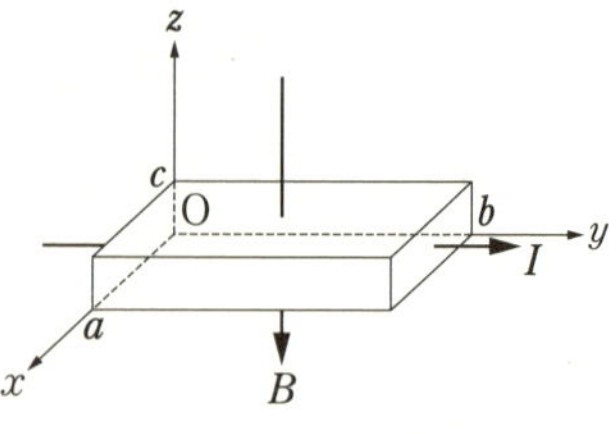

(1) x 軸方向の電場の強さはいくらか。

(2) $x=0$ の面の電位が $x=a$ の面の電位より高いとき，この試料内を流れる電流の主たる担い手の電荷について正しい記述はどれか。

ア．負の電荷をもっている。

イ．正の電荷をもつものと負の電荷をもつものがほぼ同じだけある。

ウ．電荷をもたない。

エ．この条件だけでは電荷の正負は決まらない。

オ．正の電荷をもっている。

(3) y 軸方向に直進する電流の担い手の平均の速さはいくらか。

(4) 電流の担い手は，1〔m^3〕あたり何個存在するか。

(5) この試料を同じ形状の金属に置きかえたとき，ホール効果によって生じる金属内の電場はどの軸のどの向きか。

（東海大）

精講 ●**ホール効果**　電流が流れている導体や半導体に磁場をかけると，キャリア (電流の担い手のことで，電子やホール (正孔) がある) にローレンツ力が働き，電流と磁場に垂直な方向に電位差を生じる現象。

●**キャリアの符号の決定**　次図のように，キャリアはローレンツ力 f を受けるが，電荷の正負によって側面に現れる電荷の符号が異なり，高電位となる側面が異なる。このことから，キャリアの符号を決めることができる。

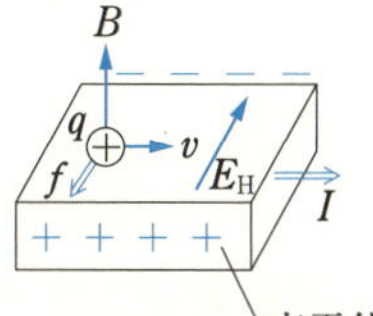

$q>0$ の場合

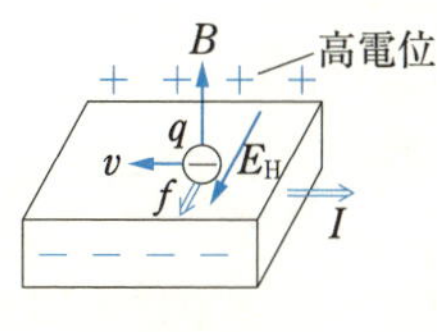

$q<0$ の場合

●**キャリア密度（単位体積あたりのキャリア数）n**　試料を流れる電流 I と側面の間の電位差 V を測定すれば，キャリアに働く力のつりあいと電流の式より，キャリア密度を求めることができる。

（例：右図の場合）　試料を流れる電流 I と側面の間の電位差 V を測定する。生じる電場の強さを E_H とすると，

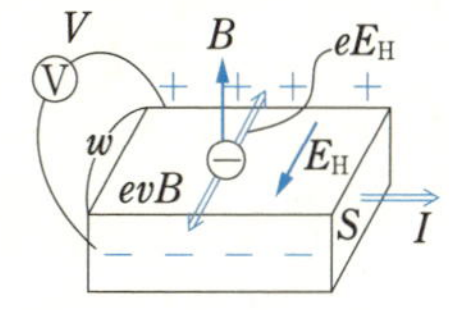

$$I=enSv,\quad evB=eE_H,\quad E_H=\frac{V}{w}$$

⇨ キャリア密度：$n=\dfrac{BI}{eSE_H}=\dfrac{wBI}{eSV}$

(1)　$x=0$ の面と $x=a$ の面は，間隔が a，電位差が V であるから，

x 軸方向の電場の強さ E は，$E=\dfrac{V}{a}$〔V/m〕（=〔N/C〕）

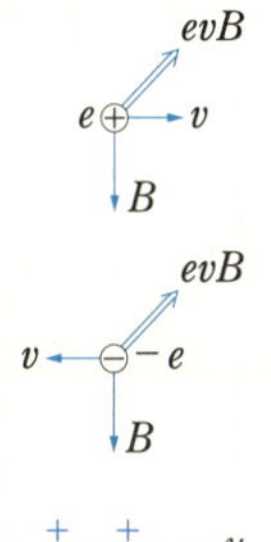

(2)　ローレンツ力の向きから，この試料内を流れる電流の担い手が，正の電荷をもつときは $x=0$ の面に正の電荷が蓄積され（$x=a$ の面には負の電荷が現れる），負の電荷をもつときは $x=0$ の面に負の電荷が蓄積される（$x=a$ の面には正の電荷が現れる）。$x=0$ の面の電位が $x=a$ の面の電位より高いとき，電場 E の向きは，x 軸の正の向きであり，$x=0$ の面には正の電荷が現れ，$x=a$ の面には負の電荷が現れるので，この試料内を流れる電流の担い手は正の電荷をもっていることがわかる。

(3)　y 軸方向に直進する正の電荷の電気量を e〔C〕，平均の速さを v〔m/s〕とすると，x 軸方向の力のつりあいより，

$$evB=eE\quad よって，\ v=\frac{E}{B}=\frac{V}{aB}〔m/s〕$$

(4)　電流の担い手の 1〔m^3〕あたりの個数を n とすると，試料の断面積が $S=ac$〔m^2〕なので，

$$I=enSv\quad よって，\ n=\frac{I}{eSv}=\frac{BI}{ecV}〔1/m^3〕$$

(5)　金属の場合，電流の担い手は負の電荷である自由電子である。そのため，$x=0$ の面には負の電荷が現れ，$x=a$ の面には正の電荷が現れる。よって，電場は x 軸の負の向きである。

(1)　$\dfrac{V}{a}$〔V/m〕　(2)　オ　(3)　$\dfrac{V}{aB}$〔m/s〕　(4)　$\dfrac{BI}{ecV}$〔1/m^3〕

(5)　x 軸の負の向き

実戦 基礎問

84 サイクロトロン

物理

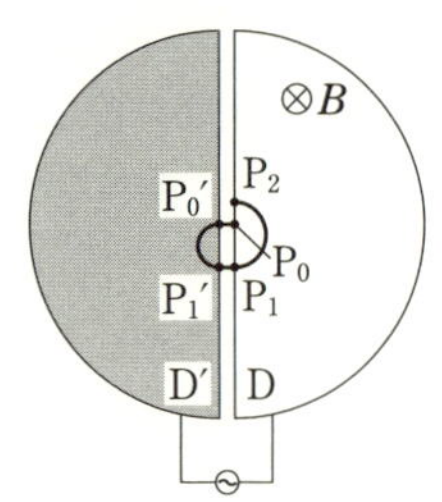

真空中に半円形の金属箱D，D′が図のようにわずかに離れて配置されている。DとD′には紙面に垂直に表から裏へ向かう一様な磁束密度Bの磁場が加えられ，DとD′の間には振幅V_0の高周波電圧が加えられている。DとD′の端面は互いに平行で，その間に磁場は存在しない。Dの端面上の点P_0にあった質量m，電荷qの正イオンを速度0から加速する。B，m，q，V_0，Rを用いて，以下の問いに答えよ。

(1) イオンはDとD′の間の電位差がV_0のときに加速され，点P_0'でD′に入る。DとD′の距離は十分小さいので，イオンが加速されている間，電位差V_0は一定であるとみなすことができる。D′内ではイオンは円軌道を描き，点P_1'でD′から出る。この円軌道の半径を求めよ。

(2) 点P_0'から点P_1'へ到達するまでの時間を求めよ。

(3) 点P_1'から出たイオンを再び電位差がV_0のときに加速するためには，DとD′の間に加える高周波電圧の周波数をいくらにすればよいか。最も低い周波数を求めよ。

(4) イオンは何回かDとD′の間を通過して加速され，円軌道の半径がRとなったときに磁場から脱出した。(a)加速回数と，(b)脱出したイオンの運動エネルギーをそれぞれ求めよ。

（横浜国大）

精講

●**サイクロトロン**　D字形の中央電極間に電圧を加え，電極間を複数回通過させて荷電粒子を加速する装置。荷電粒子を繰り返し電極間を通過させるために，D字形電極内に磁場を加えて，円軌道を半周させる。半周する時間が速度によらないので，半周する時間は電極間電圧の半周期の奇数倍にすればよい。

着眼点　極板間を1回通過 ⇨ 運動エネルギーがqV_0増加

［注意］　DとD′の間に出発点があるときは，はじめの運動エネルギーの増加はqV_0ではない。

発展　一般にイオンが加速され続けるためのD′に対するDの電位の条件は，イオンがP_0'からP_1'に達する時間（円運動の半周期）t_0が，D′の電位の半周期$\dfrac{1}{2f_0}$（f_0は高周波電圧の周波数）の$2k+1$倍（$k=0$，1，2，…）であればよ

いから，

$$t_0=(2k+1)\cdot\frac{1}{2f_0}$$

よって，$f_0=(2k+1)\cdot\dfrac{1}{2t_0}=(2k+1)\dfrac{qB}{2\pi m}$

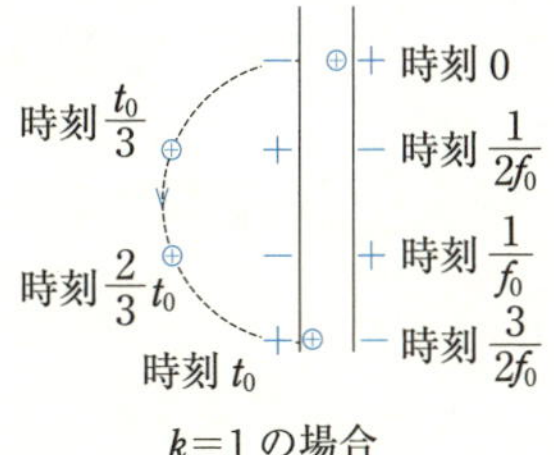

(1) P_0' に達したイオンの速さを v_0 とすると，エネルギー保存の法則より，

$$\frac{1}{2}m{v_0}^2=qV_0 \qquad よって，v_0=\sqrt{\frac{2qV_0}{m}}$$

イオンは D′ の中でローレンツ力 qv_0B を受けて等速円運動をするから，円軌道の半径を r_0 とすると，円運動の運動方程式より，

$$m\frac{{v_0}^2}{r_0}=qv_0B \qquad よって，r_0=\frac{mv_0}{qB}=\frac{1}{B}\sqrt{\frac{2mV_0}{q}}$$

(2) イオンが点 P_0' から点 P_1' に到達するのに要する時間を t_0 とすると，

$$t_0=\frac{\pi r_0}{v_0}=\frac{\pi m}{qB}$$

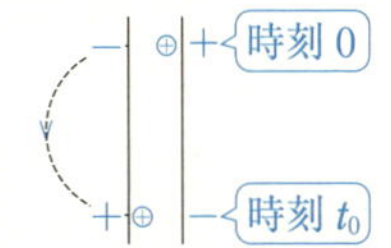

(3) イオンが P_0-P_0' で加速されるとき，D に対して D′ の電位は負で，その絶対値は最大である。時間 t_0 の後，イオンが P_1' に到達したとき，イオンが P_1'-P_1 で加速されるためには，D に対して D′ の電位は正で最大であればよい。最も低い周波数（最も長い周期）の場合，t_0 は高周波電圧の半周期であるから，この周波数を f_0 とすると，

$$t_0=\frac{1}{2f_0} \qquad よって，f_0=\frac{1}{2t_0}=\frac{qB}{2\pi m}$$

(4) イオンが加速された回数を n，イオンの速さを v_n とする。円運動の運動方程式より，

$$m\frac{{v_n}^2}{R}=qv_nB \qquad よって，v_n=\frac{qBR}{m}$$

ゆえに，運動エネルギーは，$\dfrac{1}{2}m{v_n}^2=\dfrac{(qBR)^2}{2m}$

エネルギー保存の法則より，

$$n\cdot qV_0=\frac{(qBR)^2}{2m} \qquad よって，n=\frac{q(BR)^2}{2mV_0}$$

(1) $\dfrac{1}{B}\sqrt{\dfrac{2mV_0}{q}}$　(2) $\dfrac{\pi m}{qB}$　(3) $\dfrac{qB}{2\pi m}$

(4) (a) $\dfrac{q(BR)^2}{2mV_0}$　(b) $\dfrac{(qBR)^2}{2m}$

第4章 電気と磁気

必修基礎問 85 磁場中を運動する導体棒 I

物理

図のように，間隔 d で平行な導線レールを水平面内に敷き，起電力 V_0 の電池と抵抗値 R の抵抗を2本のレールに接続する。そして，質量 m の金属棒PQをレールの上にレールと直角に置く。金属棒はレールの上を滑って移動できる。ここで，電池の内部抵抗や金属棒およびレールの電気抵抗は無視できる。鉛直上向きの磁場の磁束密度の大きさを B，金属棒とレールとの間の動摩擦係数を μ とし，重力加速度の大きさを g とする。

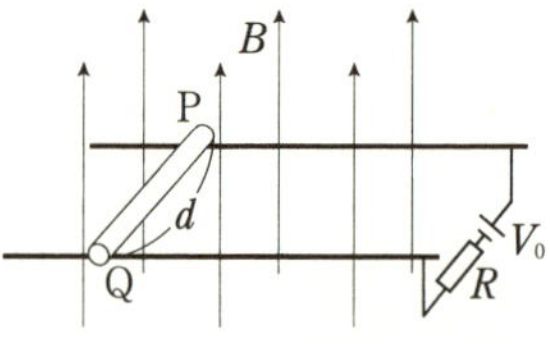

(1) 金属棒を静止させ，静かに放すと，金属棒は左向きに動き始めた。金属棒の速度が v になったとき，(ア) 金属棒に生じる誘導起電力の大きさを求めよ。(イ) P，Qのうち，電位が高いのはPか，Qか。(ウ) 金属棒を流れる電流の大きさを求めよ。

(2) やがて金属棒の速度は一定になった。速度が一定になったときに金属棒に流れる電流はいくらか。

(3) 金属棒の速度が一定になったときの速度の大きさを求めよ。　(金沢大)

精講

●**運動する金属棒の誘導起電力**　金属棒を磁場の中で運動させると，金属棒内部の自由電子にローレンツ力が働き，棒の両端に電荷が現れ，電位差が生じる。定常状態におけるこの電位差は誘導起電力の大きさに等しく，電位の高い側が起電力の正極となる。起電力の大きさは，速度や棒の長さとその方向によって異なる。

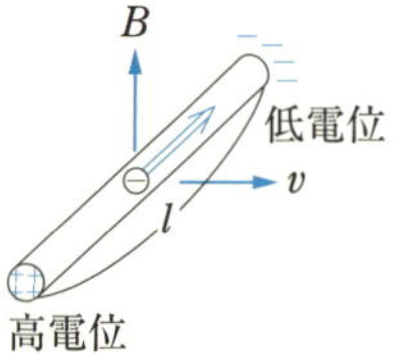

磁束密度の大きさを B，金属棒の速度の磁場に垂直な成分の大きさを $v_\perp$，磁場と速度に垂直な方向の棒の長さを $l_\perp$ とすると，

誘導起電力の大きさ：$V = v_\perp B l_\perp$

着眼点　磁場，金属棒の速度および棒の長さの，互いに垂直な成分の大きさを用いる。

●**レンツの法則**　誘導起電力の向きは，コイルを貫く磁束の変化を妨げる向きである。

着眼点　金属棒が横切った磁束 $\varDelta\Phi$ を打ち消す向きに誘導電流を流す。⇨ 右ねじの法則を用いる。

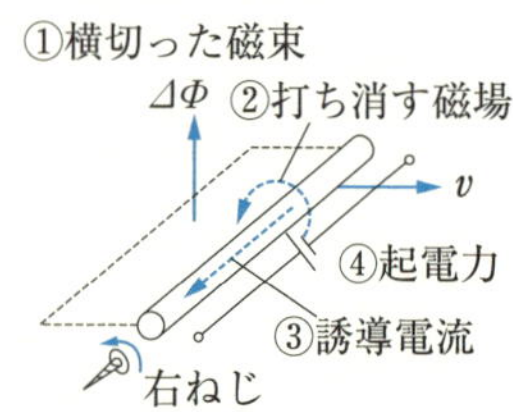

●**磁場中の金属棒の運動**（抵抗，電池などと閉回路をつくる場合）

磁場中を運動する金属棒には誘導起電力が生じる。
⇓
金属棒に電流が流れる。⇨ キルヒホッフの法則
⇓
金属棒は磁場から力を受ける。
⇓
金属棒の速度が変化する。 } ⇨ 運動の法則

着眼点 1．誘導起電力を電源とし，等価回路を考える。
⇨ キルヒホッフの法則を適用する。

2．運動の条件を読み取る。（例） 一定の速度 ⇨ 力のつりあい

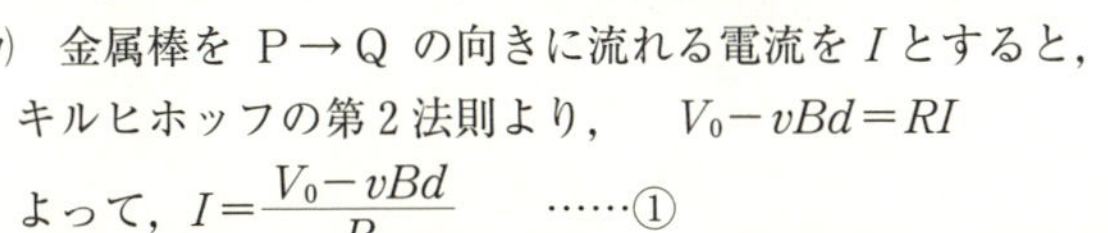

Point 47
磁場中を運動する金属棒では，力学の法則を活用せよ

解説 (1) (ア) 誘導起電力の公式より，vBd

(イ) レンツの法則より，誘導起電力の向きが Q→P であるから，P の方が電位が高い。

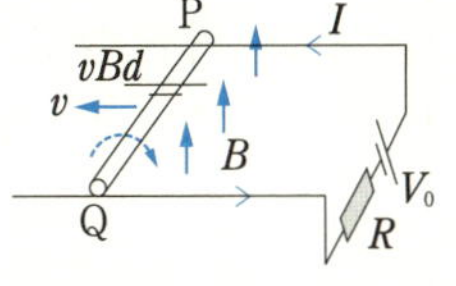

(ウ) 金属棒を P→Q の向きに流れる電流を I とすると，キルヒホッフの第 2 法則より， $V_0 - vBd = RI$

よって，$I = \dfrac{V_0 - vBd}{R}$ ……①

(2) 金属棒に働く力はつりあうから，金属棒を P→Q の向きに流れる電流を I_1 とすると， $I_1 Bd = \mu mg$ よって，$I_1 = \dfrac{\mu mg}{Bd}$

(3) 金属棒の一定の速さを v_1 とすると，①式で $v = v_1$ のとき $I = I_1$ だから，

$$\frac{\mu mg}{Bd} = \frac{V_0 - v_1 Bd}{R} \qquad \text{よって，} v_1 = \frac{BdV_0 - \mu mgR}{(Bd)^2}$$

発展 金属棒の加速度を a とすると，金属棒の運動方程式は，

$$ma = IBd - \mu mg = \frac{BdV_0 - \mu mgR}{R} - \frac{(Bd)^2}{R}v$$

これは速度に比例する抵抗力を受ける運動方程式だから，時間が十分に経過すると，$a \to 0$ となり，速度は終端速度 v_1 で一定となる。よって，金属棒の速度および電流の時間変化は右図となる。(→ 参照 p.22)

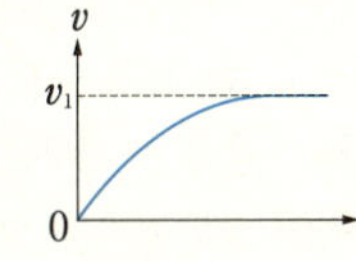

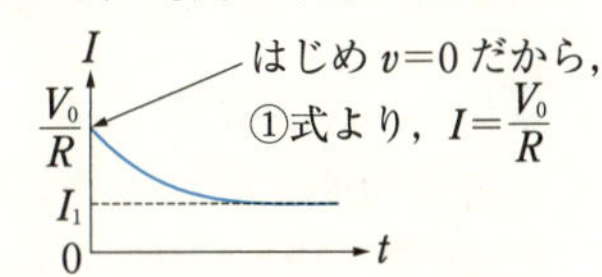

答 (1) (ア) vBd (イ) P (ウ) $\dfrac{V_0 - vBd}{R}$ (2) $\dfrac{\mu mg}{Bd}$ (3) $\dfrac{BdV_0 - \mu mgR}{(Bd)^2}$

第4章 電気と磁気

実戦基礎問 86 磁場中を運動する導体棒Ⅱ

物理

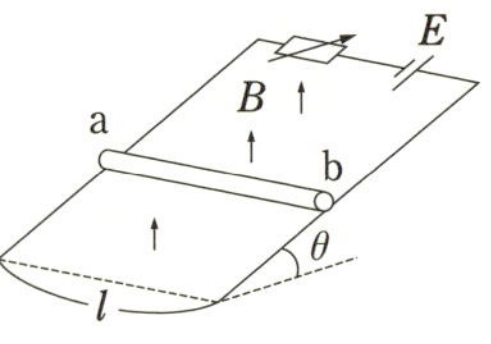

図のように，水平と角度θの傾角をもつ導体の平行レールが間隔lで固定されており，上端には起電力Eの電池Eと可変抵抗器がつないである。長さl，質量mの細い導体棒abをレールに直角にのせ，レールに沿って滑って移動できるようになっている。また，磁束密度Bの一様な磁場が鉛直上向きに加えられており，重力加速度の大きさはgとする。導体の電気抵抗や導体棒abとレールとの間の摩擦力は無視できるものとして，次の問いに答えよ。

Ⅰ．可変抵抗器の抵抗がある値のとき，導体棒abはレール上で静止した。abを流れている電流の大きさはいくらか。

Ⅱ．可変抵抗器の抵抗をある値にすると導体棒abはレールに沿って上昇し，しばらくすると一定の速さuになった。この等速運動について考える。

(1) 導体棒abに発生する誘導起電力はどの向きにいくらか。

(2) このときの可変抵抗器の抵抗値Rを求めよ。

(3) 次の物理量を求めよ。また，これらの間に成り立つ関係式をかけ。

(ア) 電池が供給する電力P_{E}

(イ) 抵抗で発生する単位時間あたりのジュール熱P

(ウ) 導体棒abを上昇させるための仕事率U （高知大）

●**電磁誘導とエネルギー保存の法則**　金属棒の運動による電磁誘導では，力学的なエネルギーと電気的エネルギーが相互に変換される。

力学的エネルギーの変化 ↔ 電磁誘導 ↔ 電池の仕事

外力の仕事 ↔ 電磁誘導 → 抵抗で消費されるエネルギー

電磁誘導 ↔ コンデンサー・コイルに蓄えられるエネルギー

着眼点　力学的なエネルギー ⇨ 金属棒やおもりの運動，外力でチェック。
電気的エネルギー ⇨ 閉回路に含まれる素子（電池など）でチェック。

発展　エネルギー保存の法則は電磁気系または力学系に分けて考えることもできる。

電磁気系：電池および誘導起電力の仕事の和で考える。

力学系　：金属棒が磁場から受ける力の仕事を加えて考える。

［注意］ 誘導起電力の仕事の大きさは，金属棒が磁場から受ける力の仕事の大きさに等しい。

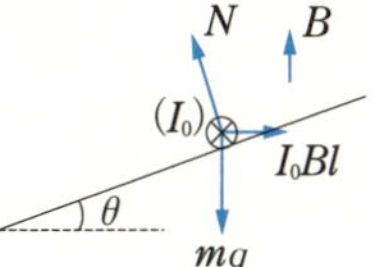

Ⅰ．導体棒 ab を流れる電流の大きさを I_0 とすると，ab に働く力の斜面方向のつりあいより，

$$I_0Bl\cos\theta=mg\sin\theta \qquad よって，\ I_0=\frac{mg\tan\theta}{Bl}$$

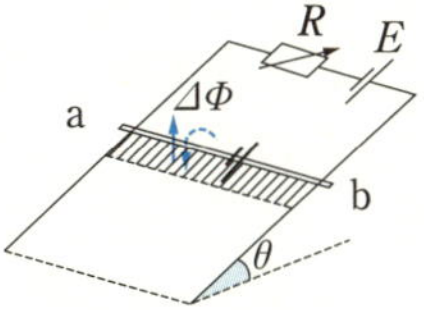

Ⅱ．(1) 磁束の変化 $\varDelta\Phi$ の向きは右図のようになるから，レンツの法則より，誘導起電力の向きは a→b の向きである。誘導起電力の大きさを V とすると，導体棒の速度の磁場に垂直な成分は $u\cos\theta$ であるから，

$$V=(u\cos\theta)Bl=uBl\cos\theta$$

(2) 導体棒 ab に働く力がつりあうから，ab を流れる電流は I_0 に等しい。図の閉回路について，キルヒホッフの法則の式を立てると，

$$E-uBl\cos\theta=R\left(\frac{mg\tan\theta}{Bl}\right) \qquad よって，\ R=\frac{Bl(E-uBl\cos\theta)}{mg\tan\theta}$$

(3) (ア) $P_{\mathrm{E}}=I_0E=\dfrac{Emg\tan\theta}{Bl}$

(イ) $P=I_0{}^2R=\dfrac{mg\tan\theta}{Bl}(E-uBl\cos\theta)$

(ウ) 導体棒 ab を上昇させるための仕事率は，ab の単位時間あたりの力学的エネルギー，すなわち，位置エネルギーの増加量に等しい。ab は単位時間に高さ $u\sin\theta$ 上昇することから，

$$U=mg(u\sin\theta)=mgu\sin\theta$$

以上の結果より，

$$P+U=\frac{mg\tan\theta}{Bl}(E-uBl\cos\theta)+mgu\sin\theta$$

$$=\frac{Emg\tan\theta}{Bl}=P_{\mathrm{E}}$$

よって，$P_{\mathrm{E}}=P+U$

【参考】 電池の供給したエネルギーの一部が導体棒の位置エネルギーの増加に使われ，残りは抵抗でジュール熱として失われた。

Ⅰ．$\dfrac{mg\tan\theta}{Bl}$ Ⅱ．(1) a→b の向きに $uBl\cos\theta$ (2) $R=\dfrac{Bl(E-uBl\cos\theta)}{mg\tan\theta}$

(3) (ア) $P_{\mathrm{E}}=\dfrac{Emg\tan\theta}{Bl}$ (イ) $P=\dfrac{mg\tan\theta}{Bl}(E-uBl\cos\theta)$

(ウ) $U=mgu\sin\theta$ 関係式：$P_{\mathrm{E}}=P+U$

必修
基礎問
87 電磁誘導の法則 〈物理

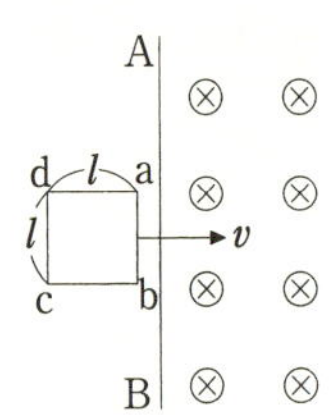

図のように，直線ABで区切られた右側領域を，磁束密度の大きさがBの一様な磁場が紙面の表から裏に向かって紙面に垂直に貫いている。紙面上を1辺の長さがlの正方形のコイルabcdが，図のように一定の速さvでこの領域へ進入する。直線ABと辺abは平行とする。また，コイルの抵抗はRとする。辺abが直線ABを通過する時刻を$t=0$として，以下の問いに答えよ。

(1) コイルを貫く磁束Φを，横軸を時刻tとしてグラフに示せ。ただし，磁束密度の向きを正の向きとする。

(2) コイルに流れる電流Iを，横軸を時刻tとしてグラフに示せ。ただし，a→b の向きを正とする。

(3) コイルの速度を一定に保つために加える外力Fを，横軸を時刻tとしてグラフに示せ。ただし，コイルの速度の向きを正とする。 (千葉大 改)

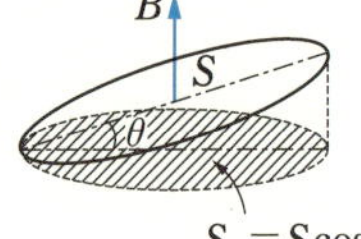

●**磁束** 磁束密度の大きさがBのとき，磁束密度に垂直な単位断面積あたりB本の磁束線が貫くとする。磁場に垂直な断面積$S_{\perp}$を貫く磁束線の数Φを磁束という。

磁束：$\Phi=BS_{\perp}$

●**ファラデーの電磁誘導の法則** コイルに生じる誘導起電力は，コイルを貫く磁束の変化の割合に比例し，コイルの巻数に比例する。

巻数Nのコイルを貫く磁束をΦとすると，コイルに生じる誘導起電力Vは，

$$V=-N\frac{\Delta\Phi}{\Delta t}$$

負号は，起電力の向きが磁束の変化を妨げる向きであることを意味する。

着眼点 1. 誘導起電力の具体的な向きは，磁束密度Bの変化ΔBをベクトルで表し，これを打ち消す向き（レンツの法則）からわかる。

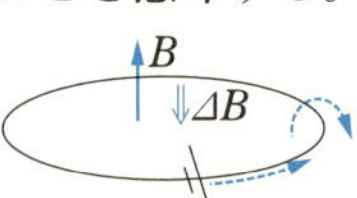

磁束（密度）が増加する場合　磁束（密度）が減少する場合

2. 誘導起電力の要因を，面積と磁束密度の2つに分解して考えよ。

$$V=-N\left(B\frac{\Delta S_{\perp}}{\Delta t}+S_{\perp}\frac{\Delta B}{\Delta t}\right)$$

発展　磁束を求めることが困難である場合，微小時間 $\varDelta t$ での磁束の変化量 $\varDelta\Phi$ を求める。

$$\varDelta\Phi=B\varDelta S_{\perp}+S_{\perp}\varDelta B$$

（例）　位置 x で決まる一定の磁束密度を垂直に横切る金属棒の場合

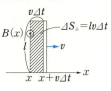

微小時間 $\varDelta t$ の間に金属棒が横切った面積は $\varDelta S_{\perp}=lv\varDelta t$ であり，これを貫く磁束密度は $B(x)$ と考えてよいから，

$$\varDelta\Phi=B(x)\cdot\varDelta S_{\perp}=B(x)lv\varDelta t$$

よって，　$\dfrac{\varDelta\Phi}{\varDelta t}=B(x)lv$

これより，一様でない磁場でも，棒の位置での磁束密度を用いて，誘導起電力を $V=vBl$ で求めることができる。

(1) (i)　コイル全体が磁場中に入るまでの時刻 $t\ \left(0<t\leqq\dfrac{l}{v}\right)$ のとき，磁場中にあるコイルの面積を $S(t)$ とすると，図1より，

$$S(t)=lvt \qquad \text{よって，} \Phi=BS(t)=Blvt$$

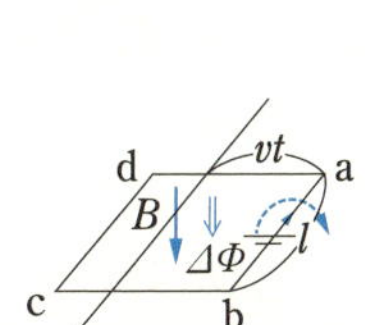

図1

(ii)　コイル全体が磁場中に入ると，　$\Phi=Bl^2$

よって，グラフは図2となる。

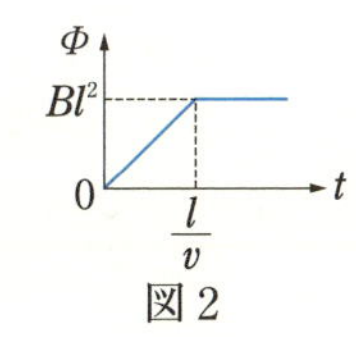

図2

(2)　ファラデーの電磁誘導の法則より，起電力の大きさ V は Φ-t グラフの傾きの大きさであるから，

$$V=\left|\frac{\varDelta\Phi}{\varDelta t}\right|=\frac{Bl^2}{l/v}=vBl$$

レンツの法則より，(i)のとき電流 I は b→a の向きに流れ，負であるから，　$I=-\dfrac{vBl}{R}$

また，(ii)のとき，　$I=0$

よって，I-t グラフは図3である。

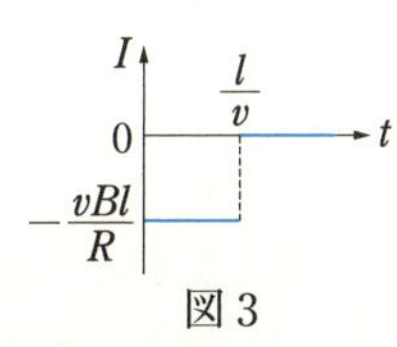

図3

[別解]　(2)　磁場中を運動する金属棒に生じる誘導起電力の公式から，$V=vBl$ を導くこともできる。

(3)　(i)のとき，辺 ab が磁場から受ける力は，負の向きに $|I|Bl$ で，外力 F はこれとつりあうから，

$$F=|I|Bl=\frac{v(Bl)^2}{R}$$

(ii)のとき，　$F=0$

よって，グラフは図4である。

図4

(1) 解説の図2　　(2)  解説の図3　　(3) 解説の図4

実戦
基礎問

88 磁場中で回転する金属棒

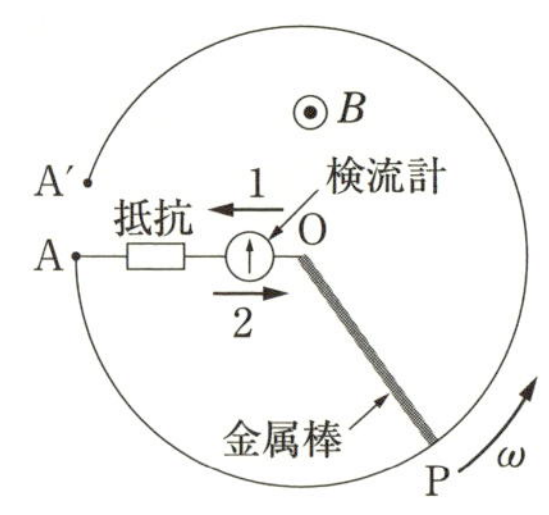

図のように，磁束密度Bの一様な紙面の裏から表向きの磁場中に，長さlの細い金属棒OPと半径lの円形導線が水平面内に置かれている。金属棒は点Pで円形導線に抵抗0で接し，円形導線の中心Oを支点として，図中の矢印の向きに一定の角速度ωで点Aから点A′まで回転する。点Aと点Oの間には，静止した導線を介して検流計および抵抗がつながれており，閉回路OAPOができている。円形導線の一部A′A間は切れている。金属棒および導線の抵抗，検流計の内部抵抗は無視できる。また，金属棒中の電子に働く遠心力，回路に流れる電流の作る磁場の影響は無視できるものとする。以下の問いに答えよ。

閉回路OAPOの起電力は，磁場中を運動する金属棒に生じている。このことを以下の考察から確かめてみよう。

(1) 点Oから距離rの位置にある金属棒中の自由電子（電荷$-e$）を考える。この電子は金属棒とともに回転するので，電子にはローレンツ力が働く。ローレンツ力の大きさFと向きを求めよ。

(2) (1)で求めたように，磁場中を運動する金属棒中の自由電子には，金属棒の一方の端から他方の端に移動させるような力が働く。自由電子がこの力を受けるのは，磁場中を運動する金属棒の中に電場が生じているためであると考えることができる。点Oから距離rの位置における電場の大きさを$E(r)$とし，$0 \leqq r \leqq l$の範囲で$E(r)$のグラフをかけ。

(3) 金属棒を微小な部分に分けて考えると，$r=r_1$から$r=r_1+\Delta r$の微小な長さΔrには，起電力$\Delta V=E(r_1)\Delta r$が生じている。このことから，OP間の起電力V_{OP}を求めよ。

(4) 検流計に流れる電流の向きは，図中の矢印1または2のいずれか。

（筑波大）

精講 **●回転する金属棒の誘導起電力**　本問のように，金属棒中の自由電子に働くローレンツ力から誘導起電力を導くこともできるが，磁束の変化量を用いて導いておこう。

磁束密度Bが一定であるから，磁束の変化量$\Delta\Phi$は，

$$\Delta\Phi = B\Delta S \quad (\Delta S：閉回路 \mathrm{OAPO} の面積の変化量)$$

微小時間 Δt の間に金属棒が回転する角度は $\Delta\theta=\omega\Delta t$ であり，ΔS（右図の斜線部分）は扇形であるから，

$$\Delta S=\frac{1}{2}l^2\Delta\theta=\frac{1}{2}l^2\omega\Delta t$$

よって，

$$\Delta\Phi=B\Delta S=\frac{1}{2}Bl^2\omega\Delta t$$

誘導起電力の大きさ V_{OP} は，ファラデーの電磁誘導の法則より，

$$V_{\mathrm{OP}}=\frac{\Delta\Phi}{\Delta t}=\frac{1}{2}Bl^2\omega$$

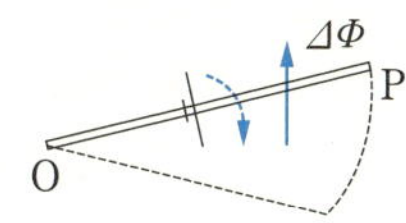

また，誘導起電力の向きは，レンツの法則より，O→P の向きである。

(1) 電子の速さは $r\omega$ で磁場に垂直だから，ローレンツ力の公式より，

$$F=er\omega B$$

図1より，力の向きは P→O の向きである。

図1

(2) 題意より，

$$F=eE(r) \qquad よって，E(r)=\frac{F}{e}=\omega Br$$

ゆえに，$E(r)$-r グラフは，原点を通る傾き一定の直線であり，図2となる。

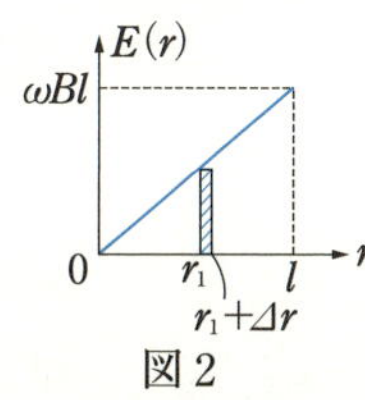

図2

(3) 題意より，$r=r_1$ から $r=r_1+\Delta r$ の微小な長さ Δr に生じている起電力 ΔV は，図2の斜線部分の面積であるから，図2の $E(r)$-r グラフの面積全体がOP間に生じた誘導起電力 V_{OP} に等しい。よって，

$$V_{\mathrm{OP}}=\frac{1}{2}\times l\times\omega Bl=\frac{1}{2}\omega Bl^2$$

(4) 図1より，電流は O→P の向きに流れるから，検流計を流れる電流の向きは2である。

(1) $F=er\omega B$，向き：P→O　(2) 解説の図2の直線のグラフ

(3) $V_{\mathrm{OP}}=\frac{1}{2}\omega Bl^2$　(4) 矢印2

必修
基礎問
89

自己誘導起電力

自己インダクタンス2〔H〕のソレノイドコイル，電流を制御できる電源，抵抗値10〔Ω〕の抵抗，内部抵抗が無視できる電流計およびスイッチを図1に示すようにつないで，回路をつくった。

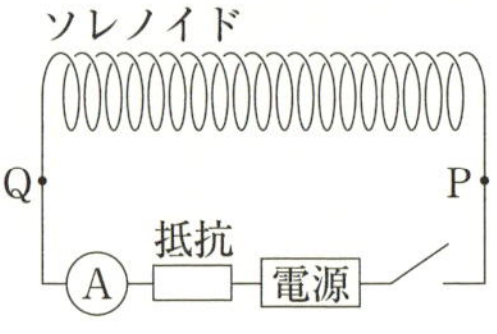

電源を制御して回路に流れる電流を，図2のように時間変化させた。ただし，電源から点Pに向かう電流を正とする。

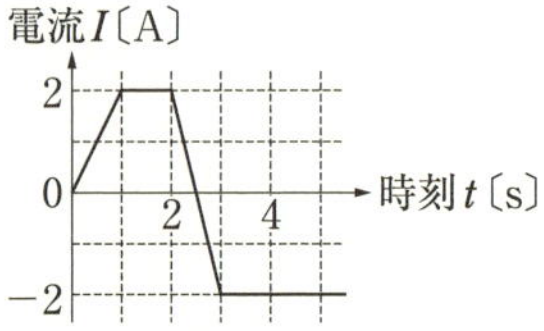

図1

図2

(1) 時刻 t $(0<t<1$〔s〕$)$ のとき，ソレノイドコイルに生じる誘導起電力の大きさを求めよ。

(2) 時刻 $t=0.5$〔s〕のときの電源の出力電圧(両端の電圧)を求めよ。

(3) ソレノイドコイルの誘導起電力の時間変化を，横軸を時刻 t として図示せよ。ただし，点Pに対して点Qの電位が高いときを正とする。

(東京電機大・広島大)

精講

●**自己誘導起電力** コイルに流れる電流が変化すると，コイルを貫く磁束が変化することにより，コイルに誘導起電力が発生する。これを自己誘導起電力といい，その大きさは電流の時間変化の割合 $\dfrac{\Delta I}{\Delta t}$ に比例し，その比例定数 L を自己インダクタンスという。

自己誘導起電力：$V=-L\dfrac{\Delta I}{\Delta t}$

着眼点 起電力の向き ⇨ 電流の変化を妨げる向き

●**相互誘導起電力** 電流が変化するコイル(1次コイル)の近くに別のコイル(2次コイル)があるとき，2次コイルを貫く磁束の変化により，2次コイルに発生する誘導起電力を相互誘導起電力という。誘導起電力の大きさは，1次コイルの電流の時間変化の割合 $\dfrac{\Delta I}{\Delta t}$ に比例し，その比例定数 M を相互インダクタンスという。

相互誘導起電力：$V=-M\dfrac{\Delta I}{\Delta t}$

発展 ソレノイドコイルの自己インダクタンス

ソレノイドコイルの長さを l，巻数を N，断面積を S，コイル内部の物質の透磁率を μ_0 とし，電流が I のときのコイル内部の磁束密度を B，コイルを貫く磁束を Φ とすると，

$$B=\mu_0\left(\frac{N}{l}I\right),\quad \Phi=BS=\frac{\mu_0 NS}{l}I$$

時間 Δt の間に電流が I から $I+\Delta I$ に変化した場合，ソレノイドコイルに発生する誘導起電力を V とすると，ファラデーの電磁誘導の法則より，

$$V=-N\frac{\Delta\Phi}{\Delta t}=-\frac{\mu_0 N^2 S}{l}\,\frac{\Delta I}{\Delta t}$$

これは自己誘導起電力であり，ソレノイドコイルの自己インダクタンスを L とすると，$V=-L\dfrac{\Delta I}{\Delta t}$ と表されるから，

$$L=\frac{\mu_0 N^2 S}{l}$$

(1)　$0<t<1$〔s〕における，電流の時間変化の割合は，図 2 のグラフより，$\dfrac{\Delta I}{\Delta t}=2$〔A/s〕である。よって，ソレノイドコイルに生じる誘導起電力の大きさを V とすると，自己誘導起電力の公式より，

$$V=2\left|\frac{\Delta I}{\Delta t}\right|=2\times2=4\text{〔V〕}$$

(2)　(1)の誘導起電力は，レンツの法則より，電流の増加を妨げる向き，すなわち，Q→P の向きに生じる。$t=0.5$〔s〕の瞬間において，回路を流れる電流は，図 2 より，1〔A〕である。このとき，電源の出力電圧を E とすると，図 1 の回路は図 a と等価であるから，キルヒホッフの法則より，

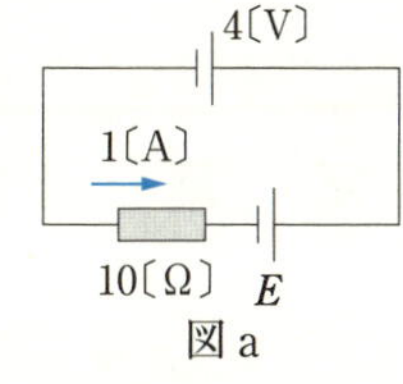

図 a

$E-4=10\times1$　　よって，$E=14$〔V〕

(3)　(1)，(2)の考察より，$0<t<1$〔s〕の電流が増加するとき，点 P に対する点 Q の電位が負となることから，誘導起電力 V は，$V=-2\dfrac{\Delta I}{\Delta t}$ と表される。各時間帯における，図 2 のグラフの傾きを代入して，

(i)　$0<t<1$〔s〕のとき，　$V=-2\times2=-4$〔V〕
(ii)　$1\leqq t<2$，$3\leqq t$〔s〕のとき，　$V=-2\times0=0$〔V〕
(iii)　$2\leqq t<3$〔s〕のとき，　$V=-2\times(-4)=8$〔V〕

よって，誘導起電力の時間変化のグラフは図 b となる。

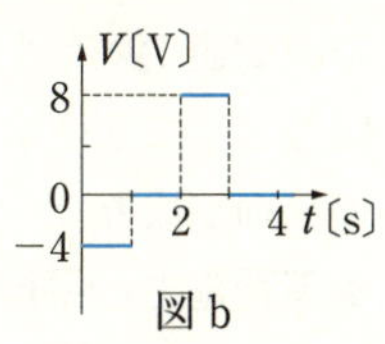

図 b

(1)　4〔V〕　　(2)　14〔V〕　　(3)　解説 の図 b

必修基礎問 13. 交流，電気振動

90 交流の発生，実効値と消費電力

物理

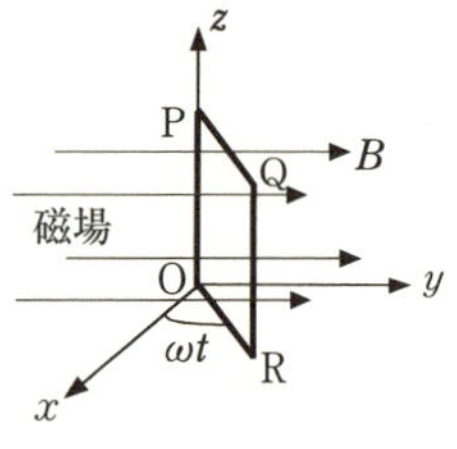

O を原点とする直交座標系 xyz において，y 方向に向けた磁束密度の大きさ B の一様な磁場（磁界）がある。この磁場中に，正方形 OPQR の一巻きコイルが，その一辺 OP が z 軸に重なるように置かれている。コイルの一辺の長さを a とする。コイルの辺 PQRO は抵抗のない導線で，辺 PO は抵抗値 r の抵抗線である。ただし，コイルの自己インダクタンスは無視できるとする。以下の文章中の □ に B, a, r, ω, t, T を用いた適当な数式を記入せよ。

時刻 $t=0$ のとき，面 OPQR を磁場と垂直にして，このコイルを OP のまわりに一定の角速度 ω で回転させる。時間 t の間に，コイルは図のように ωt の角度だけ回転するので，時刻 t のときコイルを貫く磁束 Φ は $\Phi=$ [(1)] となる。よって，このコイルに発生する誘導起電力は $Ba^2\omega\sin\omega t$ となる。したがって，このコイルに発生する誘導起電力の実効値は [(2)] となる。また，コイルを流れる電流は [(3)] となり，抵抗による消費電力は [(4)] $\times\sin^2\omega t$ となる。この式より，消費電力の平均値は [(5)] となる。 （九州工大）

精講

●**実効値**　交流の電流，電圧の最大値の $\dfrac{1}{\sqrt{2}}$ 倍を実効値という。

実効値の間では，直流と同じオームの法則や電力（平均消費電力）の公式が成り立つ。

$$(\text{電流，電圧の実効値})=\frac{(\text{電流，電圧の最大値})}{\sqrt{2}}$$

着眼点　日常使われる交流電流，電圧の値は実効値である。

●**瞬間値（瞬時値）**　各瞬間における交流の電流，電圧の値のことで，時刻 t の関数として表されることが多い。電流，電圧の瞬間値の間では，キルヒホッフの法則が成り立つ。

●**消費電力と平均消費電力**　電力（消費電力）の瞬間値は，電流，電圧の瞬間値 $i(t)$, $v(t)$ の積で表される。

消費電力（瞬間値）：$P(t)=i(t)v(t)$

消費電力の１周期の平均値を平均消費電力といい，抵抗Rにおける平均消費電力 $\overline{P_R}$ は，電流と電圧の実効値 I_e, V_e の積で表される。

$\overline{P_R}=I_eV_e$

［注意］ コイル，コンデンサーでの平均消費電力はともに 0 である。

発 展 抵抗の平均消費電力

抵抗の抵抗値を R，電圧を $v(t)=V_0\sin\omega t$ とすると，抵抗を流れる電流 $i(t)$ は，オームの法則より，$i(t)=\dfrac{v(t)}{R}=\dfrac{V_0}{R}\sin\omega t$ である。平均消費電力 $\overline{P_R}$ は，sin，cos の 1 周期の平均値が 0 であること ($\overline{\sin\alpha t}=0$, $\overline{\cos\alpha t}=0$) を用いて，

$$\overline{P_R}=\overline{i(t)v(t)}=\frac{{V_0}^2}{R}\overline{\sin^2\omega t}=\frac{{V_0}^2}{R}\cdot\frac{1-\overline{\cos 2\omega t}}{2}=\frac{{V_0}^2}{2R}$$

電流および電圧の実効値はそれぞれ $I_e=\dfrac{V_0}{\sqrt{2}R}$，$V_e=\dfrac{V_0}{\sqrt{2}}$ だから，$\overline{P_R}=I_eV_e$ となることがわかる。

(1) コイルの磁場に垂直な正射影の面積を $S(t)$ とすると，

$$S(t)=a\times a\cos\omega t=a^2\cos\omega t$$

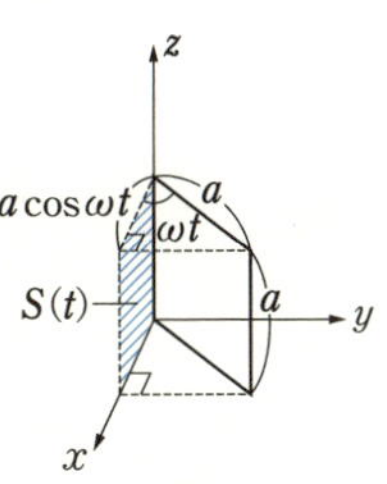

よって，

$$\Phi=BS(t)=Ba^2\cos\omega t$$

(2) 題意より，誘導起電力の最大値は $Ba^2\omega$ であるから，その実効値 V_e は，

$$V_e=\frac{Ba^2\omega}{\sqrt{2}}$$

(3) コイルを流れる電流を i，誘導起電力を $v=Ba^2\omega\sin\omega t$ とすると，キルヒホッフの法則より，

$$v=ri \qquad よって，\ i=\frac{v}{r}=\frac{Ba^2\omega}{r}\sin\omega t$$

(4) 抵抗の消費電力 (瞬間値) を P とすると，

$$P=iv=\frac{(Ba^2\omega)^2}{r}\sin^2\omega t$$

(5) 抵抗を流れる電流の実効値 I_e は，(3)の式より，$I_e=\dfrac{Ba^2\omega}{\sqrt{2}r}$ であるから，抵抗での平均消費電力を $\overline{P}$ とすると，

$$\overline{P}=I_eV_e=\frac{(Ba^2\omega)^2}{2r}$$

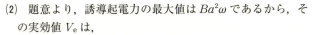

(1) $Ba^2\cos\omega t$　(2) $\dfrac{Ba^2\omega}{\sqrt{2}}$　(3) $\dfrac{Ba^2\omega}{r}\sin\omega t$　(4) $\dfrac{(Ba^2\omega)^2}{r}$

(5) $\dfrac{(Ba^2\omega)^2}{2r}$

第4章 電気と磁気

91 交流回路（LC 並列回路）

物理

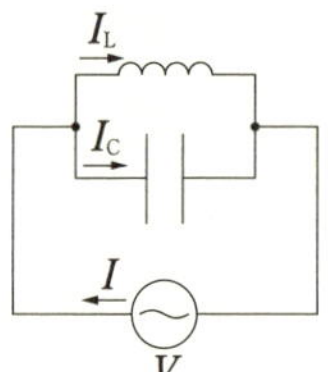

電気容量 C〔F〕のコンデンサーCと，自己インダクタンス L〔H〕のコイルLが並列で電圧 $V=V_0\sin\omega t$〔V〕の交流電源に接続されている回路を考えてみよう。ここで電源電圧の角周波数 ω〔rad/s〕は可変であるとする。

(1) コンデンサー，コイル，電源を流れる電流の瞬時値を考える。それぞれ I_C, I_L, I〔A〕としたとき，これらを ω, L, C で表す式を求めよ。

(2) 回路に電源電圧 V ($V_0 \neq 0$)〔V〕をかけているにもかかわらず，ω を変化させることで電源に流れる電流 I〔A〕を 0 とすることができる。このときの角周波数 ω_0〔rad/s〕を求めよ。 (北見工大)

精講

●**リアクタンス**　コンデンサーおよびコイルの交流に対する抵抗の働きを表す量（次表を参照）。電流，電圧の実効値 I_e, V_e について，オームの法則と同様の関係 $V_e=XI_e$ (X：リアクタンス）が成り立つ。

着眼点　1. リアクタンスと電流，電圧の最大値 I_0, V_0 との間にも，オームの法則と同様の関係 $V_0=XI_0$ が成り立つ。

2. リアクタンスと電流，電圧の瞬間値との間には，オームの法則と同様の関係は成り立たない。⇨ 位相のずれがある。

3. 抵抗では，実効値，最大値，瞬間値ともにオームの法則が成り立つ。

●**電圧と電流の位相の関係**　コンデンサーを流れる電流は，コンデンサーに加えた電圧に対して位相が $\dfrac{\pi}{2}$〔rad〕進む。また，コイルを流れる電流は，コイルに加えた電圧に対して位相が $\dfrac{\pi}{2}$〔rad〕遅れる。

Point 48

位相の関係 ⟹ 瞬間値（瞬時値）で扱う

素子	抵抗値［リアクタンス］	電圧に対する電流の位相のずれ	電流（交流電圧 v が $v=V_0\sin\omega t$ のとき）
抵抗R	R	0	$i_R=\frac{V_0}{R}\sin\omega t$
コイルL	$[\omega L]$	$\frac{\pi}{2}$ 遅れる	$i_L=\frac{V_0}{\omega L}\sin\left(\omega t-\frac{\pi}{2}\right)$
コンデンサーC	$\left[\frac{1}{\omega C}\right]$	$\frac{\pi}{2}$ 進む	$i_C=\omega CV_0\sin\left(\omega t+\frac{\pi}{2}\right)$

着眼点 並列回路では，各素子の電圧が等しい。⇨ 交流電源の電流 i は，キルヒホッフの第1法則より，

$$i=i_R+i_L+i_C$$

(1) コンデンサーのリアクタンスは $\frac{1}{\omega C}$ であるから，コンデンサーの電流の最大値は，オームの法則と同様の関係より，

$\frac{V_0}{1/\omega C}=\omega CV_0$ である。電流の位相は電圧の位相に対して $\frac{\pi}{2}$ 進むことから，

$$I_C=\omega CV_0\sin\left(\omega t+\frac{\pi}{2}\right)=\omega CV_0\cos\omega t$$

コイルのリアクタンスは ωL であるから，コイルの電流の最大値は $\frac{V_0}{\omega L}$ である。電流の位相は電圧の位相に対して $\frac{\pi}{2}$ 遅れることから，

$$I_L=\frac{V_0}{\omega L}\sin\left(\omega t-\frac{\pi}{2}\right)=-\frac{V_0}{\omega L}\cos\omega t$$

また，コンデンサーとコイルは並列だから，キルヒホッフの第1法則より，

$$I=I_C+I_L=\left(\omega C-\frac{1}{\omega L}\right)V_0\cos\omega t \quad \cdots\cdots①$$

(2) このとき，①式より， $\omega_0 C-\frac{1}{\omega_0 L}=0$ よって，$\omega_0=\frac{1}{\sqrt{LC}}$〔rad/s〕

【参考】 この状態を並列共振という。

発 展 電流，電圧の瞬間値はキルヒホッフの法則に従う。

キルヒホッフの第1法則 $I=I_C+I_L$

キルヒホッフの第2法則 コンデンサーの電気量を Q とすると，

$$\text{コンデンサー}：V-\frac{Q}{C}=0,\quad \text{コイル}：V-L\frac{\Delta I_L}{\Delta t}=0$$

(1) $I_C=\omega CV_0\cos\omega t$〔A〕，$I_L=-\frac{V_0}{\omega L}\cos\omega t$〔A〕，

$I=\left(\omega C-\frac{1}{\omega L}\right)V_0\cos\omega t$〔A〕 (2) $\omega_0=\frac{1}{\sqrt{LC}}$〔rad/s〕

第4章 電気と磁気

実戦 基礎問

92 交流回路(RLC 直列回路)

物理

図のように，抵抗値 R の抵抗R，自己インダクタンス L のコイルL，電気容量 C のコンデンサーCが交流電源Eに接続されている。この交流電源は出力の角周波数，電流の振幅あるいは電圧の振幅を自由に設定できるものである。以下の問いに答えよ。

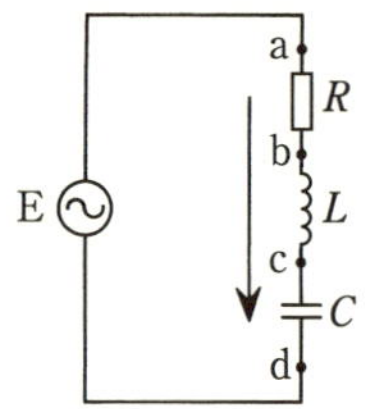

まず，時刻 t における矢印の向きの電流の瞬間値が式 $I_0\sin\omega t$ で与えられるとする。ここで，I_0 は電流の振幅，ω は角周波数である。このとき，時刻 t における，d点に対するa点の電位 v_{ad} は次式で与えられる。

$$v_{ad}=RI_0\sin\omega t+\left(\omega L-\frac{1}{\omega C}\right)I_0\cos\omega t$$

(1) 時刻 t における，b点に対するa点の電位はどのように表されるか。

(2) 時刻 t における，c点に対するb点の電位はどのように表されるか。

(3) 時刻 t における，d点に対するc点の電位はどのように表されるか。

(4) bd間の電圧が常に0になるのは ω がいくらのときか。 (福岡大)

●**RLC 直列回路** 抵抗R，コイルL，コンデンサーCを直列に接続し，交流電源につないだ回路。

素子	電流に対する電圧の位相のずれ	電圧(交流電流 i が $i=I_0\sin\omega t$ のとき)
抵抗R	0	$v_R=RI_0\sin\omega t$
コイルL	$\frac{\pi}{2}$ 進む	$v_L=\omega LI_0\sin\left(\omega t+\frac{\pi}{2}\right)$
コンデンサーC	$\frac{\pi}{2}$ 遅れる	$v_C=\frac{1}{\omega C}I_0\sin\left(\omega t-\frac{\pi}{2}\right)$

着眼点 直列回路では，各素子の電流が等しい。⇨ 交流電源の電圧 v は，キルヒホッフの第2法則より，

$$v=v_R+v_L+v_C$$

Point 49

コイル，コンデンサーの平均消費電力は0

⟹ 回路の平均消費電力 ＝ 抵抗の平均消費電力

発 展　交流に対する合成抵抗の働きを表す量をインピーダンスという。

RLC 直列回路では，インピーダンスを Z，電流に対する電圧の位相のずれを ϕ とすると，

$$Z=\sqrt{R^2+\left(\omega L-\frac{1}{\omega C}\right)^2},\quad \tan\phi=\frac{\omega L-\frac{1}{\omega C}}{R}$$

これを用いると，組み合わせた素子全体の電圧を容易に求められる。

(1)　抵抗にかかる電圧の最大値は RI_0 で，電圧と電流は同位相だから，抵抗の電圧降下（b 点に対する a 点の電位）を v_R とすると，

$$v_R=RI_0\sin\omega t$$

(2)　コイルのリアクタンスは ωL だから，コイルにかかる電圧の最大値は ωLI_0 であり，電圧の位相は電流の位相より $\frac{\pi}{2}$ 進むので，コイルの電圧降下（c 点に対する b 点の電位）を v_L とすると，

$$v_L=\omega LI_0\sin\left(\omega t+\frac{\pi}{2}\right)=\omega LI_0\cos\omega t$$

(3)　コンデンサーのリアクタンスは $\frac{1}{\omega C}$ だから，コンデンサーにかかる電圧の最大値は $\frac{I_0}{\omega C}$ であり，電圧の位相は電流の位相より $\frac{\pi}{2}$ 遅れるので，コンデンサーの電圧降下（d 点に対する c 点の電位）を v_C とすると，

$$v_C=\frac{I_0}{\omega C}\sin\left(\omega t-\frac{\pi}{2}\right)=-\frac{I_0}{\omega C}\cos\omega t$$

(4)　bd 間の電圧（d 点に対する b 点の電位）を v_{bd} とすると，

$$v_{bd}=v_L+v_C=\left(\omega L-\frac{1}{\omega C}\right)I_0\cos\omega t$$

$v_{bd}=0$ より，　$\omega L-\frac{1}{\omega C}=0$　よって，$\omega=\frac{1}{\sqrt{LC}}$

【参考】　この状態を直列共振という。

着眼点　RLC を直列に接続し，交流電圧の振幅を一定に保ったまま（角）周波数を変化させると，周波数 $f_0=\frac{1}{2\pi\sqrt{LC}}$ $\left(\text{角周波数 } \omega_0=\frac{1}{\sqrt{LC}}\right)$ で回路を流れる電流が最大となる。この f_0 を共振周波数という。

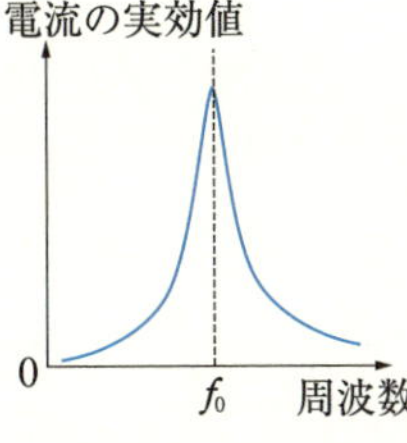

【参考】　電源電圧を v とすると，キルヒホッフの第 2 法則より，　$v=v_R+v_L+v_C$

(4)の条件では，$v_L+v_C=0$ より，$v=v_R$ となり，抵抗の電圧，電流が最大となる。

(1)　$RI_0\sin\omega t$　(2)　$\omega LI_0\cos\omega t$　(3)　$-\frac{I_0}{\omega C}\cos\omega t$　(4)　$\omega=\frac{1}{\sqrt{LC}}$

第4章　電気と磁気

実戦
基礎問

93 コンデンサー，コイルを含む直流回路

物理

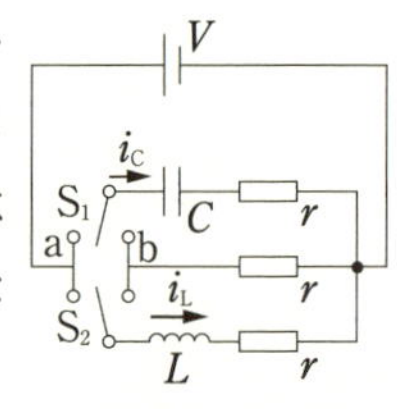

抵抗，コンデンサー，コイルの直流に対する振るまいを調べるため，図のような回路をつくった。コンデンサーCの電気容量をC，コイルLのインダクタンスをL，抵抗はすべて同じで抵抗値をr，電池の起電力をVとする。ただし，コイル，電池および導線の抵抗は無視できるものとする。次の(1)または(2)の操作における電流i_Cまたはi_Lの時間変化のグラフを，横軸を時刻tとして図示せよ。ただし，図の矢印の向きを電流の正の向きとする。なお，各操作のはじめでは，スイッチS_1，S_2は端子a，bのいずれにもつながれておらず，S_1またはS_2をはじめて端子につないだ時刻を0，十分に時間が経過した後，別の端子に切り替えた時刻をt_1とする。

(1) スイッチS_2を開いたまま，スイッチS_1を端子aにつなぎ，次に，すばやく端子bにつないだ。ただし，はじめコンデンサーは電荷を蓄えていないものとする。

(2) スイッチS_1を開いたまま，スイッチS_2を端子aにつなぎ，次に，すばやく端子bにつないだ。

(北大)

●コイルを含む直流回路 コイルでは，電流が変化すると，電流の変化を妨げる向きに自己誘導起電力が発生するから，

スイッチ切替直後 ⇨ 直前の電流が流れる

時間が十分に経過 ⇨ 誘導起電力0および電流変化0

着眼点 コイルの電流，電圧は，コイルの性質とキルヒホッフの法則を用いて求められる。

発展 時刻t $(0 \leqq t < t_1)$における，(1)のコンデンサーのスイッチS_1側の極板電荷をq，回路を流れる電流をi_Cとし，また，(2)のコイルを流れる電流をi_Lとすると，キルヒホッフの第2法則より，

$$V-\frac{q}{C}=ri_C,\quad V-L\frac{\Delta i_L}{\Delta t}=ri_L$$

ここで，$i_C=\dfrac{\Delta q}{\Delta t}$であるから，2式はそれぞれ次式のようになる。

$$r\frac{\Delta q}{\Delta t}=V-\frac{1}{C}q,\quad L\frac{\Delta i_L}{\Delta t}=V-ri_L$$

これらはいずれも空気抵抗を受ける物体の運動方程式(→ 参照 p. 22)

$$m\frac{\Delta v}{\Delta t}=mg-kv \quad \left(加速度\ a=\frac{\Delta v}{\Delta t}\right)$$

に対応する。

(1) スイッチ S_1 を端子aにつなぐ直前のコンデンサーの電圧は0だから，直後の電圧も0である（→ 参照 p. 174）。流れる電流を i_0 とすると，キルヒホッフの第2法則より，

$$V+0=ri_0 \qquad よって，i_0=\frac{V}{r}$$

この後，時間が十分に経過すると，コンデンサーに流れ込む電流は0となり，コンデンサーの電圧は V となる。

次に，スイッチ S_1 を端子bにつなぐと，つないだ直後におけるコンデンサーの電圧は V である。流れる電流を i_1 とすると，キルヒホッフの第2法則より，

$$-V=ri_1+ri_1 \qquad よって，i_1=-\frac{V}{2r}$$

この後，時間が十分に経過すると，コンデンサーに流れ込む電流は0となる。よって，電流の時間変化のグラフは図1となる。

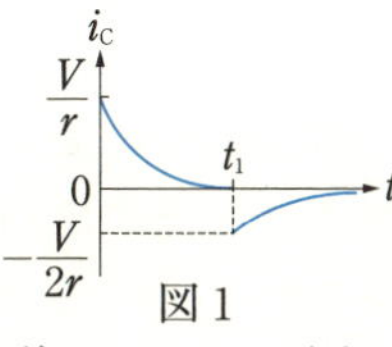

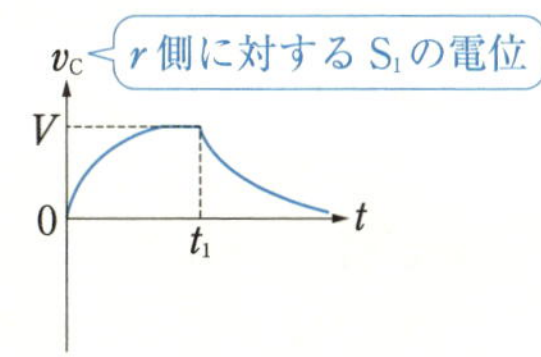

図1

(2) スイッチ S_2 を端子aにつなぐ直前のコイルの電流は0だから，直後の電流は0である。この後，時間が十分に経過するとコイルの起電力が0となるから，流れる電流を i_2 とすると，キルヒホッフの第2法則より，

$$V+0=ri_2 \qquad よって，i_2=\frac{V}{r}$$

次に，スイッチ S_2 を端子bにつないだ直後に流れる電流は，$i_2=\frac{V}{r}$ である。この後，時間が十分に経過すると，コイルの起電力が0となるから，コイルの電流は0となる。よって，コイルの電流の時間変化は図2となる。

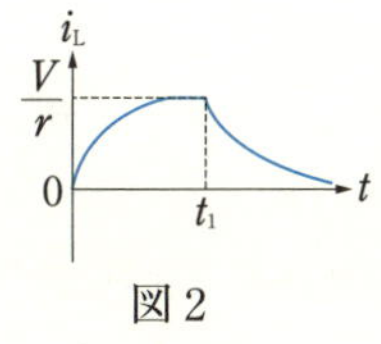

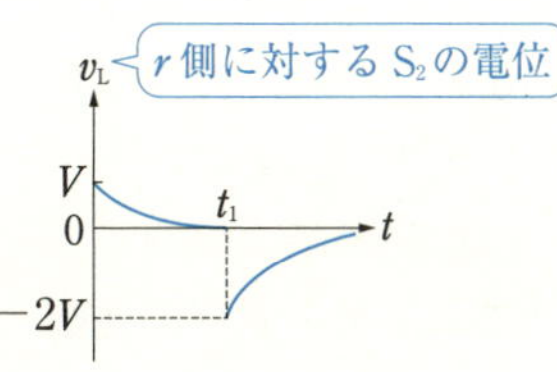

図2

(1)  の図1　(2) 解説 の図2

第4章 電気と磁気

必修
基礎問

94 電気振動

次の文の ＿＿ に適当な式を記入せよ。

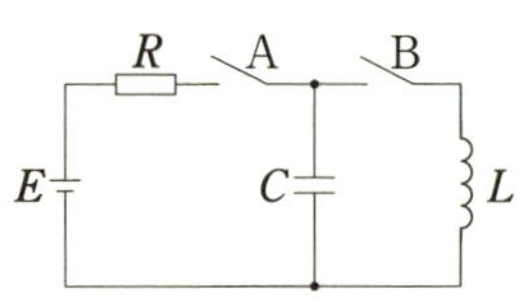

図のように，起電力 E の電池，抵抗値 R の抵抗，電気容量 C のコンデンサーC，自己インダクタンス L のコイルLと，スイッチA，Bを結線した回路がある。最初，スイッチA，Bは開いており，コンデンサーには電荷がないものとする。このとき，コンデンサーの極板間の電圧 V_C とコイルを流れる電流 I_L は，当然0である。

スイッチBを開いた状態で，スイッチAを閉じた瞬間，コンデンサーに流れ込む電流は [(1)] である。スイッチAを閉じてから十分な時間が過ぎると，コンデンサーに流れ込む電流は [(2)] であり，このときのコンデンサーの電荷は [(3)] である。

この状態でスイッチAを開き，その後スイッチBを閉じると，コイルに電流が流れ始める。この電流は一定の周期で方向が変わり，その周波数は [(4)] である。この現象を [(5)] という。回路に損失がないものとすれば，回路に蓄えられるエネルギーが保存され，その大きさは [(6)] で表される。この関係から I_L の最大値は [(7)] となることがわかる。　（中部大）

精講　**●電気振動**　コイルとコンデンサーをつないだ回路では，コイルの自己誘導起電力とコンデンサーの電圧によって，振動電流が流れ，コイルおよびコンデンサーの電圧も周期的に変化する。この現象を電気振動といい，その回路を振動回路という。

コイルのインダクタンスを L，コンデンサーの電気容量を C とすると，

電気振動の周期：$T=2\pi\sqrt{LC}$

●エネルギー保存の法則　振動回路に抵抗がないときは，電気振動のエネルギーは保存される。ある瞬間において，コイルに流れる電流を i，コンデンサーの電圧，電気量をそれぞれ v，q とすると，

コイルに蓄えられるエネルギー：$E_L=\dfrac{1}{2}Li^2$

エネルギー保存の法則：$\dfrac{1}{2}Li^2+\dfrac{1}{2}Cv^2\left(\text{または }\dfrac{q^2}{2C}\right)=$一定

(1)　スイッチAを閉じる直前のコンデンサーの電圧は0であるから，スイッチAを閉じた直後のコンデンサーの電圧は0である。抵抗を流れる電流をI_0とすると，

$$E=RI_0 \qquad よって，I_0=\frac{E}{R}$$

(2)　十分に時間が経過した後の電流は0である。

(3)　(2)より，コンデンサーの電圧はEとなるから，コンデンサーの電荷はCEである。

(4)　電気振動の周期は $T=2\pi\sqrt{LC}$ である。電気振動の周波数をfとすると，

$$f=\frac{1}{T}=\frac{1}{2\pi\sqrt{LC}}$$

(5)　この現象を電気振動という。

(6)　電気振動では，コイルおよびコンデンサーに蓄えられるエネルギーが保存される。ここでは，保存されるエネルギーの値は，はじめにコンデンサーに蓄えられたエネルギー $\frac{1}{2}CE^2$ である。

(7)　電気振動のエネルギーがすべてコイルに蓄えられるとき，コイルの電流が最大となるから，エネルギー保存の法則より，

$$\frac{1}{2}LI_L{}^2=\frac{1}{2}CE^2 \qquad よって，I_L=E\sqrt{\frac{C}{L}}$$

発 展　電圧と電流の時間変化のグラフ

コンデンサーおよびコイルの電圧（電池の負極に対するB側の電位）vは，スイッチBを閉じた直後を $t=0$ とすると，このときE（最大値）なので，電圧vの時間変化は図1となる。一方，$t=0$ のとき，コイルを流れる電流は0である。この後，Bからコイルに向かって電流が流れ始めるから，この向きの電流を正とすると，電流iの時間変化は図2となる。

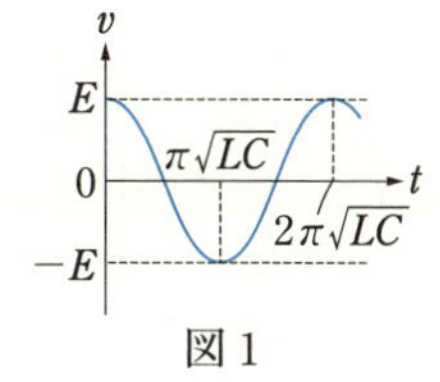

図1

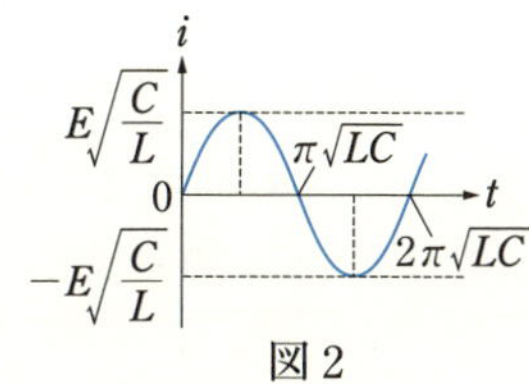

図2

(1) $\frac{E}{R}$　(2) 0　(3) CE　(4) $\frac{1}{2\pi\sqrt{LC}}$　(5) 電気振動

(6) $\frac{1}{2}CE^2$　(7) $E\sqrt{\frac{C}{L}}$

演習問題

⇨ 解答は277ページ

29 図のように，真空中で5.0〔m〕離れた2点A，Bにそれぞれ -4.5×10^{-9}〔C〕，8.0×10^{-9}〔C〕の電荷があり，Aから3.0〔m〕，Bから4.0〔m〕の距離に点Pがある。以下の問いに，有効数字2桁で答えよ。ただし，クーロンの法則の比例定数 k は 9.0×10^{9}〔$N\cdot m^2/C^2$〕とする。

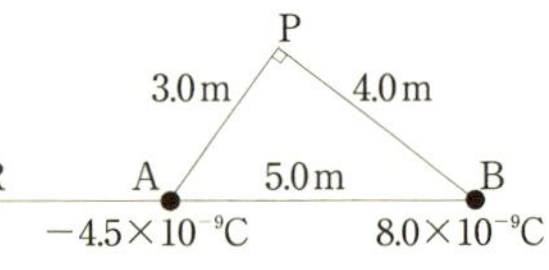

(1) 点Pの電位は何〔V〕か。ただし，無限遠点の電位を0とする。

(2) 点Pの電場の大きさは何〔N/C〕か。

(3) 点Pに 1.0×10^{-6}〔C〕の電荷を置いた場合，この電荷に働く力の大きさは何〔N〕か。

(4) 線分ABをAの方向に延長した軸上でかつ電場の大きさが0となる点をRとしたとき，AからRまでの距離は何〔m〕か。 **（岩手大）**

30 次の文章の［　　］に適する数式を記入せよ。ただし，(ウ)〜(カ)では Q_A を含まない形で答えよ。

厚さの無視できる面積 S の電極板A，D，Bが，図のように真空中に置かれている。これらの電極板は互いに平行であり，両端の電極板A，Bは固定されていて，その間隔は d である。また，電極板A，Bはどちらも接地されていて，この点の電位を0とする。電極板Dは電極板A，Bと平行なまま電極面と垂直な方向にのみ動くことができる。

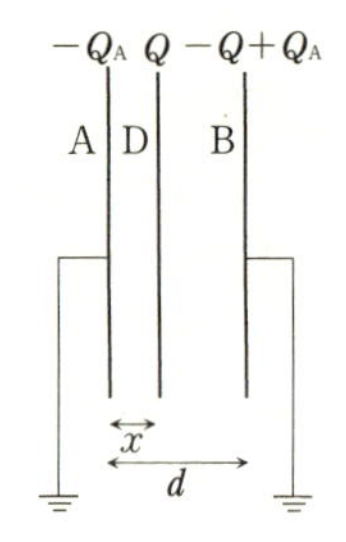

電極板Dに電荷 $Q(>0)$ を与え帯電させる。このとき，電極板Aに現れる電荷を $-Q_A$ とすると，電極板Bには電荷 $-Q+Q_A$ が現れる。電極板Dから出る電気力線の本数は $\frac{Q}{\varepsilon_0}$ であり，その電気力線の一部が電極板Aに，残りが電極板Bに向かう。ここで ε_0 は真空の誘電率である。電気力線に垂直な単位面積を貫く電気力線の本数が電場の強さを表すので，電極板A，D間の電場の強さは［(ア)］，電極板B，D間の電場の強さは［(イ)］である。ただし，電極板の端での電場の乱れは無視する。電極板A，Bはともに接地されているので，電極板A，D間の電場から求めた電極板Dの電位は，電極板B，D間の電場から求めたものに等しい。このことから，電極板A，D間の距離が x のとき，$Q_A=$［(ウ)］，電極板Dの電位は［(エ)］となる。電極板がこのように配置されたときに蓄えられた静電エネルギーは，電位差［(エ)］で電荷 Q を蓄えたコンデンサーの静電エネルギーと等しく，［(オ)］と表すことができる。この静電エネルギーは，$x=$［(カ)］で最大値をとる。

（慶大）

31 誘電率 ε〔F/m〕, 厚さ d〔m〕, 面積 S〔m^2〕の誘電体円板を，それと同じ面積をもつ2枚の金属円板ではさんだ平行板コンデンサーが真空中に置かれている。以下の問いに答えよ。ただし，真空の誘電率を ε_0〔F/m〕とせよ。厚さ d は円板の直径に比べきわめて小さいものとする。

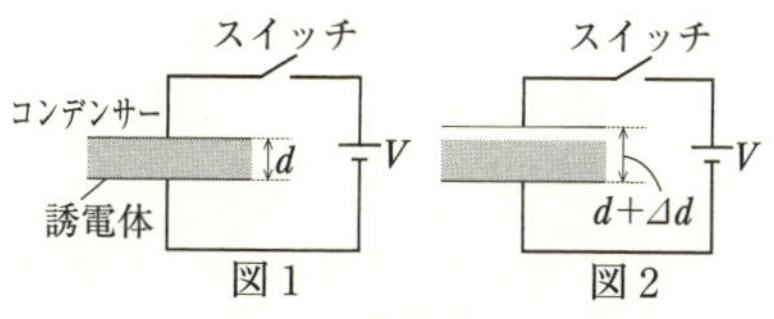

(1) この平行板コンデンサーの電気容量〔F〕を ε, d, S で表せ。

(2) この平行板コンデンサーを図1に示すように配線し，スイッチを閉じ，コンデンサーを起電力 V〔V〕の電池で充電した。十分に時間が経った後，コンデンサーに蓄えられている電荷〔C〕と静電エネルギー〔J〕を ε, d, S, V で表せ。

(3) (2)の状態でスイッチを開き，その後，図2に示すように，2枚の金属円板の間隔を Δd〔m〕だけ広げた。

(a) コンデンサーの電気容量〔F〕を ε, ε_0, d, Δd, S で表せ。また，コンデンサーに蓄えられている静電エネルギー〔J〕を ε, ε_0, d, Δd, S, V で表せ。

(b) 2枚の金属円板の間隔を Δd だけ広げるのに必要な仕事〔J〕を ε, ε_0, d, Δd, S, V で表せ。

(c) 2枚の金属円板が引き合う力の大きさ〔N〕を ε, ε_0, d, S, V で表せ。**(静岡大)**

32 以下の空欄 ______ に適切な式または数値をかき入れよ。

図のように，内部抵抗の無視できる直流電源と2つのコンデンサー，および抵抗が接続された回路がある。コンデンサー1と2の電気容量はそれぞれ C〔F〕と $2C$〔F〕，抵抗の抵抗値は R〔Ω〕，直流電源の起電力は V〔V〕である。スイッチははじめ端子aに接続されており，いずれのコンデンサーの電荷も0〔C〕であった。

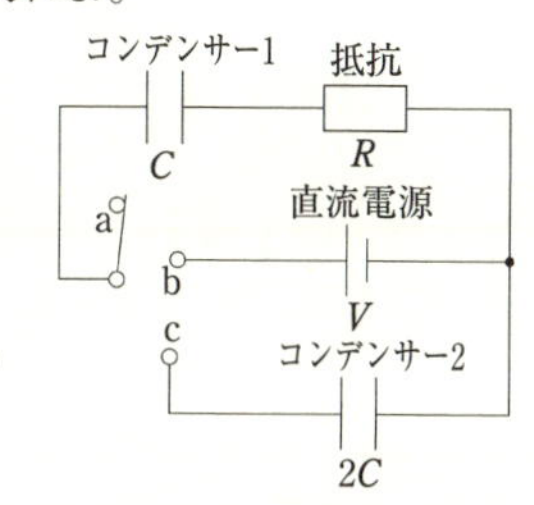

スイッチを端子bに接続した。その直後のコンデンサー1の電荷は [(ア)]〔C〕であるので，抵抗に流れる電流は [(イ)]〔A〕である。また，十分に時間が経った後に，抵抗に流れる電流は [(ウ)]〔A〕であり，コンデンサー1の電荷は [(エ)]〔C〕，コンデンサー1に蓄えられた静電エネルギーは [(オ)]〔J〕である。

次に，スイッチを端子cに接続した。十分に時間が経ったとき，コンデンサー1と2の両端の電位差はどちらも [(カ)]〔V〕となっており，このときのコンデンサー1の電荷は [(キ)]〔C〕，コンデンサー2の電荷 $Q_2^{(1)}$ は [(ク)]〔C〕である。このとき，コンデンサー1と2のもつ静電エネルギーの総和は [(ケ)]〔J〕であることから，スイッチを端子cにつなげた後に抵抗で発生したジュール熱は [(コ)]〔J〕であることがわかる。

さらに，スイッチを端子bと端子cに交互に接続した。スイッチを切り替える間隔は十分に長くとった。スイッチを n 回目に端子cに接続した後，十分に時間が経ったときのコンデンサー2の電荷 $Q_2^{(n)}$〔C〕を $Q_2^{(n-1)}$〔C〕を使って表すと，$Q_2^{(n)}=$ [(サ)] となる。スイッチをさらに何度も繰り返し切り替えるとやがてコンデンサー2の電荷は変化しなくなった。このときの電荷 $Q_2^{(\infty)}$ は [(シ)]〔C〕である。**(山口大)**

33 図のように，断面積が S，長さが L の金属の棒の両端に電位差 V を与えたときの金属内の自由電子の運動を考えよう。ただし，自由電子の質量を m，電気量を $-e$ とし，金属中単位体積あたりの自由電子の個数を n として，以下の問いに答えよ。

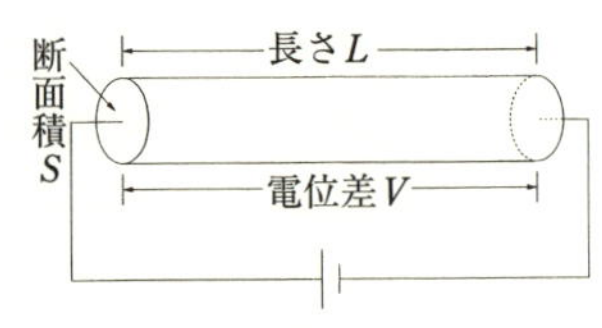

(1) 金属中に電場を加えると各自由電子は電場からの力を受け，全体として力の方向に移動する。1つの自由電子が電場から受ける力の大きさ F はいくらか。

次に自由電子の移動速度について詳しく考えてみよう。電子は電場からの力により加速されるが，熱振動している金属イオンと衝突し減速する。しかし，すぐに電場からの力で再び加速される。このように電子は実際には加速と減速を繰り返しながら金属中を進んでいるが，時間的に平均すれば一定の速さ v で進んでいるとみなせる。

(2) この v を用いると金属棒を流れる電流の大きさはどのように表されるか。

(3) 上で述べた加速と衝突が非常に短い時間 Δt ごとに繰り返され，衝突直後には電子の速さは0になると考える。衝突から次の衝突までの Δt 時間に電子が進む距離を(1)の F を用いて表せ。

(4) 自由電子の平均の速さ v を e，m，Δt，L，V を用いて表せ。

(5) 金属棒の抵抗値を e，m，Δt，n，S，L を用いて表せ。 （千葉大）

34 2種類の電熱線P，Qがあり，それぞれの両端に0〜140〔V〕の直流電圧を加えたときに流れる電流〔A〕を測定したところ，図1のような結果になった。この電熱線Pを1個，電熱線Qを2個，さらに抵抗値 R〔Ω〕を連続的に変えられる抵抗器と，起電力 E〔V〕を連続的に変えられる直流電圧源を用いて，図2のような回路を作った。直流電圧源の内部抵抗は無視でき，また各電熱線で消費された電力はすべて熱に変換されるものとして，以下の問いに答えよ。

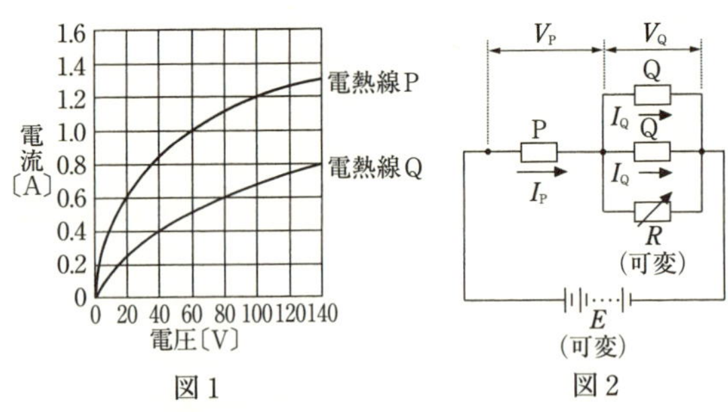

図1　図2

まず，E と R をある値に固定して電熱線Pでの発熱量を測定したところ，毎秒120〔J〕であった。

(1) 図1より電熱線Pの両端の電圧 V_P〔V〕，および流れている電流 I_P〔A〕の値を求めよ。

(2) 電熱線Qの両端の電圧を V_Q〔V〕，1個の電熱線Qを流れる電流を I_Q〔A〕とするとき，I_Q を V_Q と R で表せ。

(3) R が100〔Ω〕のとき，V_Q〔V〕と I_Q〔A〕の値を図1のグラフから求めよ。

(4) R が100〔Ω〕のとき，E〔V〕の値を求めよ。

次に，E と R の値を調整して，1個の電熱線Qでの単位時間あたりの発熱量は(3)の場合に発生する発熱量と同じにして，電熱線Pでの単位時間あたりの発熱量だけを毎秒60〔J〕にした。

(5) このとき，E〔V〕とR〔Ω〕の値を求めよ。 (熊本大)

35 以下の ［　　］ に適当な式を記入せよ。

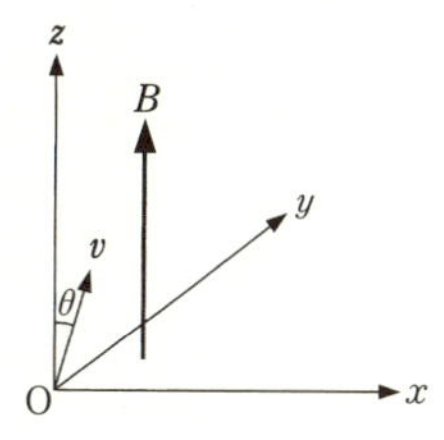

図のように，xyz 空間の原点Oから正の電荷 q を帯びた質量 m の粒子Aを zx 平面内で z 軸と θ だけ傾いた向きに速さ v で入射させる。

$z>0$ の領域において，z 軸の正の向きに磁束密度 B の一様な磁場がかけられているとき，粒子はらせん運動を行う。このとき粒子に働くローレンツ力の大きさは ［(ア)］ であり，この運動を xy 平面に投影すると周期 $T=$ ［(イ)］ の等速円運動になる。この軌道を1回転する間に粒子が z 方向に進んだ距離を l とすると，$l=$ ［(ウ)］ である。

次に，$z>0$ の領域に，磁束密度Bの一様な磁場と同時に，磁場と同じ向きに一様な電場Eをかけておき，この領域に粒子Aを図と同じ速度，同じ入射角でOから入射させる。このとき，粒子の入射直後の速度の z 成分は ［(エ)］ であり，粒子には z 方向に ［(オ)］ の大きさの加速度が生じる。粒子がOより入射してから軌道を1回転する間に z 方向に進んだ距離 l' は ［(カ)］ である。ただし，(エ)，(オ)，(カ)には E，l，m，q，T のうち必要なものを用いて表せ。 (芝浦工大)

36 文中の ［(ア)］，［(ウ)］ ～ ［(ケ)］ を数式で，［(イ)］ を語句で埋めよ。ただし，文中の物理量は国際単位系 (SI) とする。

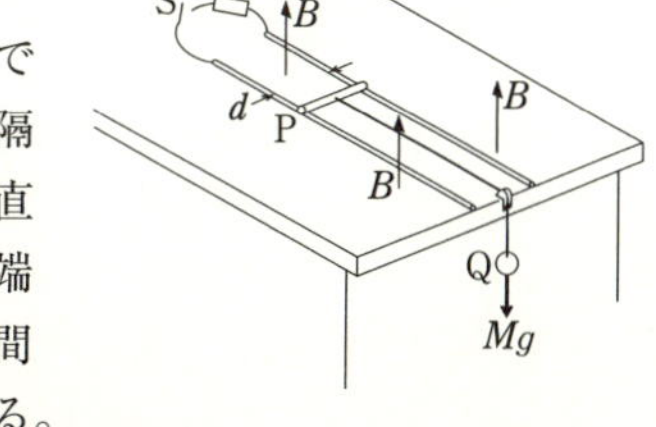

図に示すように，水平な机の上に，導体でできた十分に長い，まっすぐな2本の細いレールが間隔 dで置かれている。そして，レールの上に，それと直交するように長さd，質量 m の細い導体棒Pが，両端がレールと接触した状態で置かれている。レールの間にはスイッチSと抵抗値 R の抵抗Rが接続されている。机の面に垂直な方向には一様な磁束密度 B の磁場が存在する。

いま，Pの中央に伸び縮みしない軽い糸を結び，糸の他端には定滑車を通して質量Mの重りQを取り付けている。Pは常にレールと直交しながらレール上を運動することができ，運動中に糸はたるまないものとする。また，重力加速度の大きさを g とし，Pとレールの電気抵抗および各部の摩擦は無視できるものとする。最初P，Q が動かないようにPを支えている。

(1) まずSが開いている場合を考える。この状態でPの支えをはずすと，PとQは一定の加速度で静かに動き始めた。Pの速さがuのとき，P中に存在する電子 (電荷 $-e$，$e>0$) も速さ u でPの運動方向と同一方向に動く。このため，電子は，Pの長さの方向(Bの方向とPの運動方向の両方に垂直な方向)に大きさが [(ア)] の [(イ)] 力を受ける。その結果，Pの片側は電子が過剰になって負に帯電し，Pの両端には起電力Vが生じる。このとき，Pの内部の電場の大きさEは [(ウ)] であり，この電場から電子が受ける力の大きさは [(エ)] である。電場から電子が受ける力と電子に働く [(イ)] 力はつりあうと考えてよいので，$V=$ [(オ)] が得られる。

(2) 次にSが閉じている場合を考える。Pの支えをはずすと同時に，P，Qに初速度u_0を与えるようにQを鉛直方向に引きおろしたところ，Pがレールの端に達するまでの間，PとQは速さu_0の等速運動を行った。このときQが1秒間に失う位置エネルギーは [(カ)] である。また，この運動中，Rの両端の電位差は [(キ)] であり，1秒間にRで発生する熱量は [(ク)] となる。等速運動では，P，Qの運動エネルギーが変化しないことを考慮すると，u_0は [(ケ)] となることがわかる。 **(秋田大)**

37 図に示すように，電圧e〔V〕の交流電源，電圧E〔V〕の直流電源E，抵抗値がそれぞれR_1〔Ω〕，R_2〔Ω〕，R_3〔Ω〕の抵抗R_1，R_2，R_3，電気容量C〔F〕のコンデンサーC，鉄心に巻かれたコイル1とコイル2およびスイッチS_1，S_2，S_3，S_4で構成される回路がある。ここで，コイル1，コイル2および電源の抵抗は考えないものとする。また，コイル1の自己インダクタンスをL_1〔H〕，コイル1とコイル2の相互インダクタンスをM〔H〕($M>0$)とする。最初，コンデンサーには電荷がなく，すべてのスイッチは開いた状態にあるとして，以下の文章中の [　　] を埋めよ。なお，図中で電圧e，E，v_1，v_2と電流i_1，i_2，i_3の正方向はそれぞれに付けている矢印により定義する。電圧の矢印は矢の根元に対する矢の先端の電圧を表し，例えば図の電圧eは，a点の電位がb点の電位より高いと正である。電流は，矢印の方向に正電荷が移動している場合を正とする。

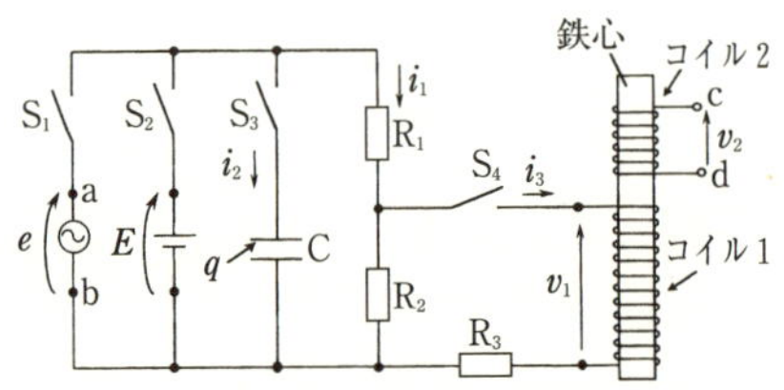

(1) スイッチS_1とS_3だけを同時に閉じた。このとき抵抗R_1に流れる電流i_1は，[(ア)]〔A〕である。コンデンサーのスイッチS_3側の極板の電荷をqとすると，qは [(イ)]〔C〕である。qが微小時間Δt〔s〕の間にΔq〔C〕だけ変化するとすれば，コンデンサーに流れる電流i_2はこれらを用いて，[(ウ)]〔A〕と表される。交流電源の電圧が，$e=E_0\sin\omega t$ で与えられるとき，i_2は [(エ)]〔A〕と求められる。ただし，E_0〔V〕およびω〔rad/s〕は定数，t〔s〕は時間である。交流電圧$E_0\sin\omega t$の実効値は [(オ)]〔V〕で，周波数が60〔Hz〕の電源の場合，ωは [(カ)]〔rad/s〕となる。

(2) 次に，スイッチS_1とS_3を開いてからスイッチS_2とS_4を同時に閉じたところ，コイル1に流れる電流i_3は徐々に増加し，しばらくすると一定の値になった。なお，コイル2の端子c，dには何も接続していない。電流i_3が微小時間Δt〔s〕の間にΔi_3〔A〕だけ変化したとき，コイル1の両端に生じる電圧v_1は，[(キ)]〔V〕で，図の電圧v_2は [(ク)]〔V〕である。このように，コイル1によってコイル2に電圧が

生じる現象は $\boxed{(ケ)}$ とよばれる。電流 i_3 が一定の定常状態では，電流 i_1 は $\boxed{(コ)}$〔A〕で，電流 i_3 は i_1 を用いると $\boxed{(サ)}$〔A〕である。また，このときの電圧 v_2 は $\boxed{(シ)}$〔V〕である。

その後，スイッチ S_4 は閉じたままスイッチ S_2 を開いたところ，電流 i_3 は徐々に減少した。この電流 i_3 の値が i_0〔A〕になったとき，電圧 v_1 は $\boxed{(ス)}$〔V〕，電圧 v_2 は $\boxed{(セ)}$〔V〕である。 **(長崎大)**

38 内部抵抗が無視できる電圧 E〔V〕の直流電源E，抵抗値 R〔Ω〕の抵抗R，自己インダクタンス L〔H〕のコイルL，電気容量が C〔F〕のコンデンサーCからなる図1の回路について，以下の問いに答えよ。ただし，初期状態では，スイッチSは中立の位置bにあり，コンデンサーは帯電していないものとする。

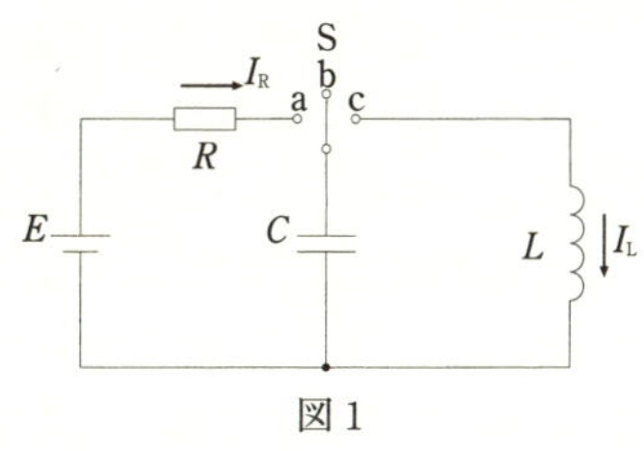

図1

また，抵抗に流れる電流 I_R〔A〕およびコイルに流れる電流 I_L〔A〕は，図1の矢印の向きを正の向きとする。

(1) 初期状態から，Sをaに接続した直後に，抵抗に流れる電流 I_R〔A〕を求めよ。

(2) コンデンサーの極板間の電圧 V〔V〕が $\dfrac{E}{3}$〔V〕になったときの電流 I_R〔A〕を求めよ。

(3) 十分に時間が経ったときの電流 I_R〔A〕を求めよ。

(4) 電流 I_R〔A〕と時間 t〔s〕の関係を表すグラフはどれか。図2の①～⑫のうちから正しいものを一つ選べ。ただし，Sをaに接続したときを $t=0$ とする。

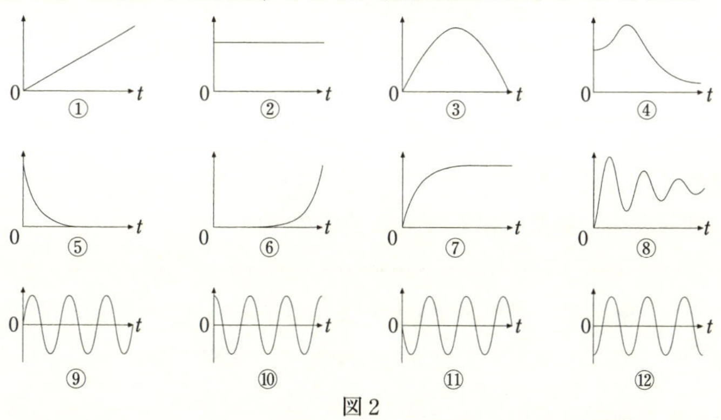

図2

(5) 十分に時間が経ったときのコンデンサーにたまっている電気量 Q〔C〕を求めよ。

(6) 十分に時間が経った後，Sをcに接続したとき，コイルに流れる電流 I_L と時間 t の関係を表すグラフはどれか。図2の①～⑫のうちから正しいものを一つ選べ。ただし，Sをcに接続したときを $t=0$ とする。

(7) (6)における電流 I_L〔A〕の最大値を求めよ。 **(福井大)**

第4章 電気と磁気

第5章 原子と原子核

必修基礎問 14. 粒子性・波動性と原子の構造

95 光電効果Ⅰ

物理

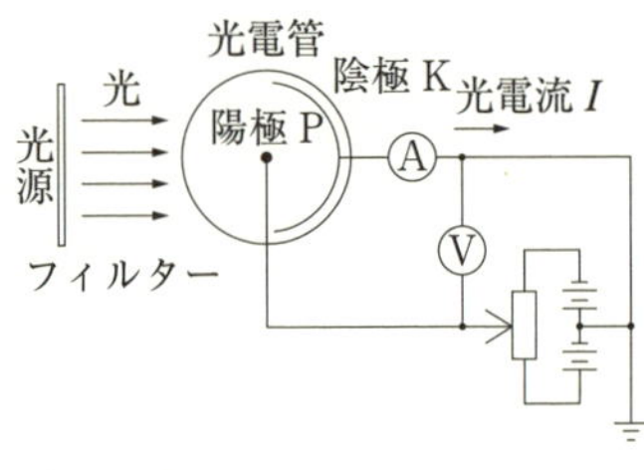

図1

図1は，光電効果の実験装置であり，光電管の陰極Kに外部から単色光を照射できるようになっている。図1中の直流電圧計と直流電流計を使い，陰極Kに対する陽極Pの電位 V〔V〕と光電流の大きさ I〔A〕を測定できる。光電管に光電流が流れている状態で，電位を下げていくとやがて $-V_0$〔V〕で電流が流れなくなった。逆に，電位を上げていくとある電位以上で光電流が I_0〔A〕となり変化しなくなった(図2)。次の問いに答えよ。ただし，プランク定数 h を 6.6×10^{-34}〔J·s〕，電気素量 e を 1.6×10^{-19}〔C〕とする。

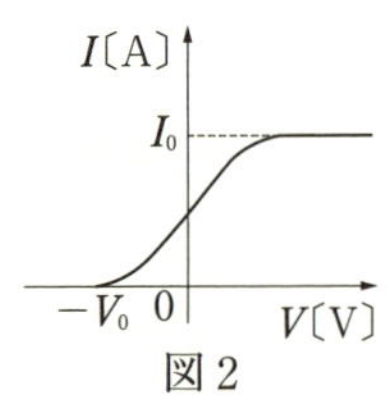

図2

振動数 $\nu=8.2\times10^{14}$〔Hz〕の光を陰極Kに照射したところ，図2のグラフで $V_0=1.5$〔V〕，$I_0=1.2$〔mA〕となった。

(1) 陰極Kに照射した光子1個のエネルギー E〔J〕の値は，いくらか。

(2) 陰極Kから飛び出した光電子の最大の運動エネルギー K_M〔J〕は，いくらか。

(3) 陰極Kの金属の仕事関数 W〔J〕は，いくらか。

(4) 陰極Kから毎秒飛び出した光電子の数 N は，いくらか。 (愛媛大)

●**光子**　光は光子(または光量子という)の集まりで，光子1個のエネルギー E は光の振動数 ν に比例する。

光子のエネルギー：$E=h\nu=\dfrac{hc}{\lambda}$

(h：プランク定数，c：光の速さ，λ：光の波長)

●**光電効果**　波長の短い光を金属(物質)に照射すると，金属から電子が飛び出す現象(この電子をとくに光電子という)。

●光電効果の実験結果 I

(i) 光の振動数を一定に保って，光の強さを増加させると，飛び出す光電子の数は光の強さに比例して増加する(→ 参照 p. 217 図(a))。光電流が飽和電流 I_0 のとき，

単位時間あたりの飛び出す光電子の数：$N=\dfrac{I_0}{e}$　(e：電気素量)

(ii) 光電子の運動エネルギーの最大値 K_M は，光の振動数 ν だけで決まり，振動数が増加するとともに直線的に増加する(→ 参照 p. 217 図(b))。

光電子の運動エネルギーの最大値：$K_M=eV_0=h\nu-W$

(V_0：阻止電圧，h：プランク定数，W：仕事関数)

Point 50

光電子の運動エネルギーの最大値　$K_M=eV_0=h\nu-W$

着眼点　1. 光電効果では，電子は光子を1個だけ吸収する。

2. 阻止電圧とは最大の運動エネルギーをもつ光電子がちょうど陽極に到達しなくなる電圧である。

3. 仕事関数とは金属中の電子を金属外に取り出すのに必要なエネルギーの最小値で，金属固有の値をもつ。

(iii) 光の振動数がある値 ν_0 (限界振動数という) 以上で光電効果が起こり，ν_0 より小さいとき，光電効果は起こらない(→ 参照 p. 217 図(b))。

仕事関数と限界振動数の関係：$W=h\nu_0$

(iv) 金属に光を照射すると，光電子は瞬間的に飛び出す。

(1) 光子のエネルギーの公式より，

$$E=h\nu=6.6\times10^{-34}\times8.2\times10^{14}\fallingdotseq5.4\times10^{-19}\text{〔J〕}$$

(2) $K_M=eV_0=1.6\times10^{-19}\times1.5=2.4\times10^{-19}$〔J〕

(3) 光電効果の公式より，

$$K_M=E-W$$

よって，$W=E-K_M=5.4\times10^{-19}-2.4\times10^{-19}=3.0\times10^{-19}$〔J〕

(4) 飽和電流 I_0 と光電子の数の関係より，

$$N=\frac{I_0}{e}=\frac{1.2\times10^{-3}}{1.6\times10^{-19}}=7.5\times10^{15}\text{〔個/s〕}$$

(1) $E=5.4\times10^{-19}$〔J〕　(2) $K_M=2.4\times10^{-19}$〔J〕　(3) $W=3.0\times10^{-19}$〔J〕

(4) $N=7.5\times10^{15}$〔個/s〕

必修
基礎問
96 光電効果Ⅱ

図1の装置は金属板陰極K，および陽極Pからなる光電管と，電池B，可変抵抗R，電圧計Ⓥ，および電流計Ⓐからなる回路とで構成されている。この装置において，いろいろな波長の単色光を照射しながら，陰極Kに対する陽極Pの電位(陽極電位)Vを変化させたときに，電流計Ⓐに流れる電流(光電流)Iを測定した。ある波長の光を照射したとき，電位Vと電流Iの関係は図2のようになった。また，光の振動数νと光電子の運動エネルギーの最大値K_Mの関係は図3のようになった。次の問いに答えよ。ただし，電気素量を $e=1.6\times10^{-19}$〔C〕，光速を $c=3.0\times10^8$〔m/s〕，1〔eV〕$=1.6\times10^{-19}$〔J〕とする。また数値は有効数字2桁で求めよ。

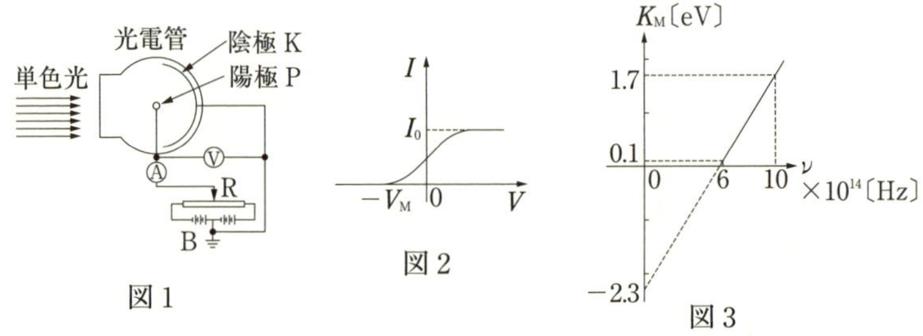

図1　図2　図3

(1) 波長を一定に保ち，光の強さを2倍にしたとき，陽極電位Vと光電流Iの関係は，図2の状態からどのように変わるか。概略を図2に実線で描き加えよ。

(2) 光の強さを一定に保ち，波長を少し短くしたとき，陽極電位Vと光電流Iの関係は，図2の状態からどのように変わるか。概略を図2に破線で描き加えよ。

(3) 図3より，プランク定数h〔J･s〕と陰極Kの仕事関数W〔J〕の値を求めよ。

(兵庫県大)

精講

●光電効果の実験結果Ⅱ(グラフ)

(i) 陰極Kに光を照射したときに光電管を流れる電流Iは，陰極Kに対する陽極Pの電位Vを変化させると，図(a)のように変化する。

着眼点　I-Vグラフでは，阻止電圧V_0と飽和電流I_0に着目する。

⇨光の振動数を変化させずに，光の強さ(明るさ)を2倍にすると，阻止電圧は変化せずに，飽和電流は2倍になる。

(ii) 光電子の運動エネルギーの最大値 $K_M=eV_0$ (e：電気素量) は，照射した光の振動数 ν を変化させると，図(b)のように変化する。

図(b)より，振動数 ν_0 以上の光でないと，光電効果が起こらないことがわかる。この振動数 ν_0 を限界振動数という。

限界振動数と仕事関数 W の関係：$h\nu_0=W$

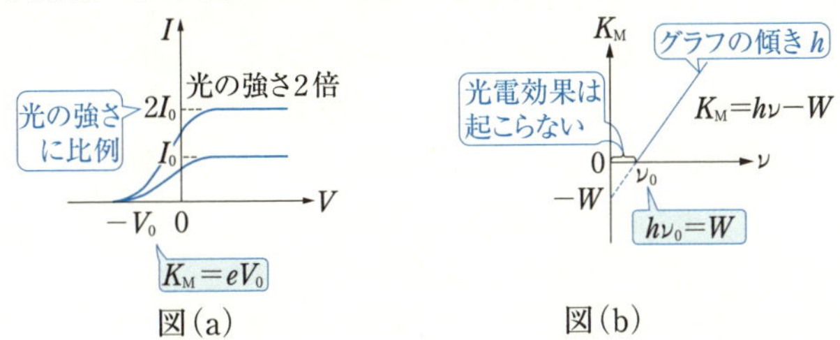

図(a)　　図(b)

●**電子ボルト〔eV〕**　電子 (電荷 $-e$) を 1〔V〕で加速したエネルギー $e\times1$〔J〕を 1〔eV〕とするエネルギーの単位。

(1) 阻止電圧 V_M は変化せず，飽和電流が 2 倍になるから，陽極電位 V と光電流 I の関係は右図 a の実線(1)である。

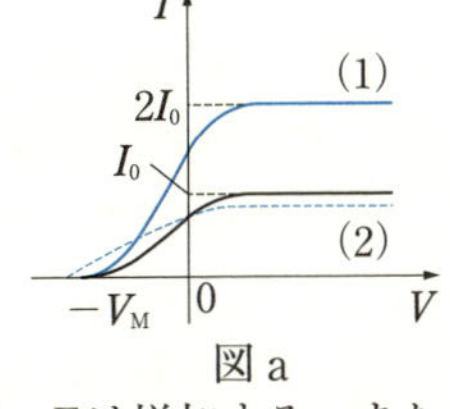

図 a

(2) 光の波長を λ とすると，光子 1 個のエネルギー E は，

$$E=h\nu=\frac{hc}{\lambda}$$

であり，光の波長 λ を少し短くすると，光子 1 個のエネルギー E は増加する。また，阻止電圧 V_M は，

$$V_M=\frac{K_M}{e}=\frac{E-W}{e}$$

であり，光子 1 個のエネルギー E が増加すると，阻止電圧 V_M は増加 ($-V_M$ は減少) する。さらに，光の強さが一定ということは，単位時間あたりの光子のエネルギーの合計が一定であることを意味し，光子 1 個のエネルギーが増加するので，光子の数は減少する。よって，光電子の数も減少するから，飽和電流は減少し，陽極電位 V と光電流 I の関係は，図 a の破線(2)である。

(3) プランク定数 h は，図 3 の直線の傾きだから，

$$h=\frac{(1.7-0.1)\times1.6\times10^{-19}}{(10-6)\times10^{14}}=6.4\times10^{-34}\,〔\mathrm{J\cdot s}〕$$

仕事関数 W は，図 3 の直線の延長線と K_M 軸との交点の値の絶対値だから，

$$W=2.3\,〔\mathrm{eV}〕=2.3\times1.6\times10^{-19}=3.68\times10^{-19}\fallingdotseq3.7\times10^{-19}\,〔\mathrm{J}〕$$

(1) 解説 図 a の実線(1)　(2) 解説 図 a の破線(2)

(3) $h=6.4\times10^{-34}$〔J・s〕，$W=3.7\times10^{-19}$〔J〕

必修
基礎問
97 コンプトン効果

物理

図のように，波長 λ のX線を静止した電子に照射したところ，X線の入射方向と角度 θ をなす方向で，λ より長い波長 λ' の散乱X線が観測された。X線との散乱によって，電子はX線の入射方向と角度 ϕ をなす方向に速さ v ではね飛ばされた。この現象はコンプトン効果と呼ばれ，X線を波動と考えたのでは説明がつかない。X線を，エネルギーと運動量をもつ粒子と考え，以下の問いに答えよ。ただし，光の速さを c，電子の質量を m，プランク定数を h とする。

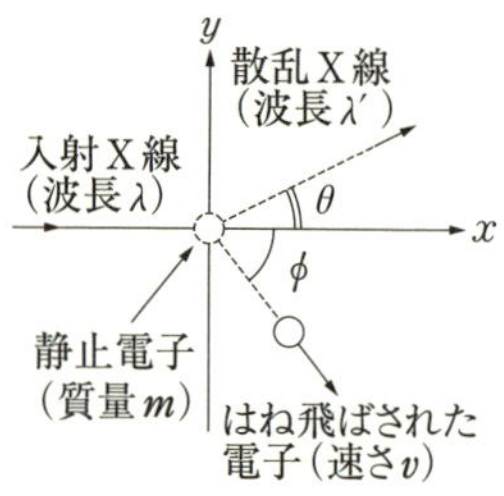

(1) 入射X線のエネルギーと運動量はそれぞれどのように表されるか。

(2) 散乱前後のエネルギー保存の法則はどのような式で表されるか。

(3) X線の入射方向（x 軸方向）およびこれに垂直な方向（y 軸方向）での運動量保存の法則はどのような式で表されるか。

(4) (3)の結果より ϕ を消去して，$(mv)^2$ を求めよ。ただし，$(\lambda'-\lambda)^2$ は無視できるものとする。

(5) (2)と(4)の結果より，$\lambda'-\lambda$ を求めよ。（筑波大）

精講

●**コンプトン効果**　X線が物質中の電子に散乱されると，散乱されたX線の中に，入射X線の波長 λ より長い波長 λ' の散乱X線が観測される現象。この現象は，振動数 ν のX線を，エネルギー $h\nu$，運動量 $\dfrac{h\nu}{c}$ のX線光子と考え，光子と電子の2次元衝突として説明できる。

●**実験装置とスペクトル**

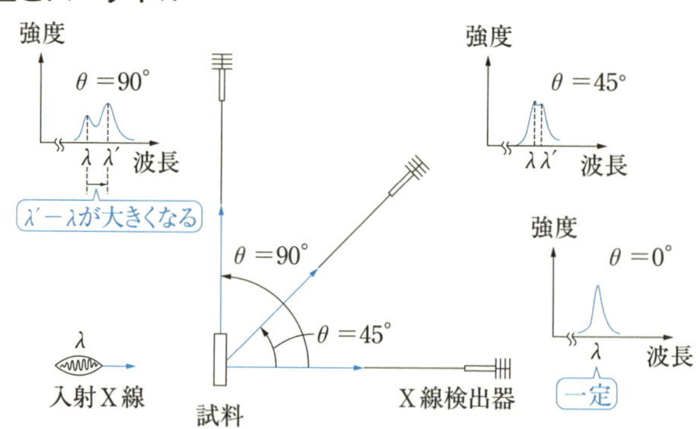

Point 51

光子の $\begin{cases} \text{エネルギー} & E=h\nu=\dfrac{hc}{\lambda} \\ \text{運動量} & p=\dfrac{h\nu}{c}=\dfrac{h}{\lambda} \end{cases}$

（h：プランク定数，ν：光の振動数，c：光の速さ，λ：光の波長）

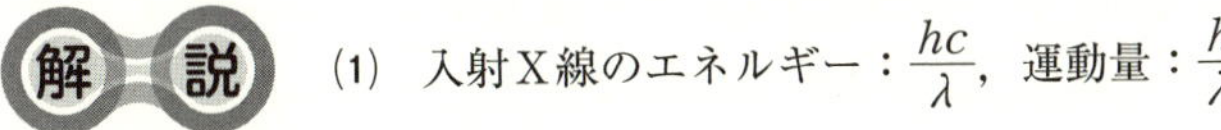

解説 (1) 入射X線のエネルギー：$\dfrac{hc}{\lambda}$，運動量：$\dfrac{h}{\lambda}$

(2) $\dfrac{hc}{\lambda}=\dfrac{hc}{\lambda'}+\dfrac{1}{2}mv^2$ ……①

(3) x 軸方向：$\dfrac{h}{\lambda}=\dfrac{h}{\lambda'}\cos\theta+mv\cos\phi$ ……②

y 軸方向：$0=\dfrac{h}{\lambda'}\sin\theta-mv\sin\phi$ ……③

(4) ②，③式より，$\cos^2\phi+\sin^2\phi=1$ を用いて ϕ を消去して，

$$(mv)^2=\left(\frac{h}{\lambda}-\frac{h}{\lambda'}\cos\theta\right)^2+\left(\frac{h}{\lambda'}\sin\theta\right)^2$$

$$=\frac{h^2}{\lambda^2}+\frac{h^2}{\lambda'^2}-\frac{2h^2}{\lambda\lambda'}\cos\theta$$

$$=h^2\left\{\frac{(\lambda-\lambda')^2}{\lambda^2\lambda'^2}+\frac{2}{\lambda\lambda'}(1-\cos\theta)\right\}$$

$$\fallingdotseq\frac{2h^2}{\lambda\lambda'}(1-\cos\theta) \quad ……④$$

(5) ①式より，

$$(mv)^2=\frac{2mhc}{\lambda\lambda'}(\lambda'-\lambda)$$

これと④式より，

$$\frac{2mhc}{\lambda\lambda'}(\lambda'-\lambda)\fallingdotseq\frac{2h^2}{\lambda\lambda'}(1-\cos\theta)$$

よって，$\lambda'-\lambda\fallingdotseq\dfrac{h}{mc}(1-\cos\theta)$

答

(1) エネルギー：$\dfrac{hc}{\lambda}$，運動量：$\dfrac{h}{\lambda}$ (2) $\dfrac{hc}{\lambda}=\dfrac{hc}{\lambda'}+\dfrac{1}{2}mv^2$

(3) x 軸方向：$\dfrac{h}{\lambda}=\dfrac{h}{\lambda'}\cos\theta+mv\cos\phi$，$y$ 軸方向：$0=\dfrac{h}{\lambda'}\sin\theta-mv\sin\phi$

(4) $(mv)^2=\dfrac{2h^2}{\lambda\lambda'}(1-\cos\theta)$ (5) $\lambda'-\lambda=\dfrac{h}{mc}(1-\cos\theta)$

実戦 基礎問 98 光子の及ぼす力

物理

次の文章中の［　　］に適する式を記入せよ。ただし，プランク定数を h，光速を c とする。

図に示す面積 S の固定された鏡が光から受ける力を計算しよう。光は鏡面に垂直に入射し完全に反射されるものとする。また，図の右方向を正の向きとする。光の振動数を ν とすると，入射する 1 個の光子がもつ運動量は［(1)］である。鏡に衝突した光子は鏡によって反対方向に反射される。このとき，光の振動数 ν は反射によって変化しない。そのため，1 個の光子が鏡に与える力積は［(2)］である。よって，単位時間・単位面積あたりに入射する光子の数を n とすると，鏡全体が受ける力は［(3)］となる。また，鏡のかわりに，鏡と同じ面積の，光を完全に吸収する板を置くと，1 個の光子が板に与える力積は［(4)］となるので，板全体が受ける力は［(3)］の［(5)］倍となる。

（京大）

●光子が物体に及ぼす力　波長 λ，振動数 ν の光は，運動量 $p=\dfrac{h}{\lambda}=\dfrac{h\nu}{c}$（$c$：光の速さ）の光子の集まりであるから，物体が光を反射したり，物体が光を吸収するときに，物体が光子から力積，すなわち，力を受ける。

光子の及ぼす力と圧力の考え方

(i)　**物体が受ける力積 $I=-$(光子の運動量の変化量)**

(ii)　**物体が受ける力 $F=$物体が単位時間に受ける力積**

(iii)　**物体が受ける圧力 $P=\dfrac{F}{S}$**　(S：光が当たる部分の面積)

(→参照 p. 96　気体分子の運動の考え方)

(例)　運動量 p の光子が，角度 θ で入射し，鏡で単位時間に N 個反射される場合。

力積 $I=-\{(-p\cos\theta)-p\cos\theta\}$

$=2p\cos\theta$

力　$F=NI=2Np\cos\theta$

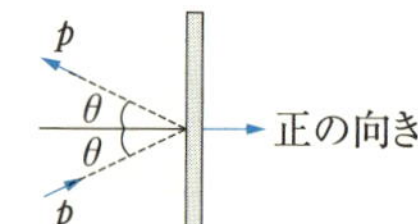

Point 52

（物体が光子から受ける力）
＝（光子の運動量変化の大きさ）×（単位時間あたりの光子の数）

発展　単位時間あたりの光子の数 N

1．光が面積 S の平面に垂直に入射する場合

$$N=kcS$$

（k：単位体積あたりの光子の数，c：光の速さ）

2．光が面積 S の平面に角度 θ で入射する場合

右図より，光に垂直な断面積は $S\sin\theta$ だから，

$$N=kcS\sin\theta$$

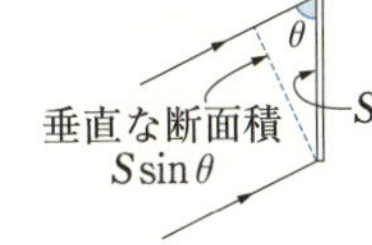

(1)　光子の運動量の公式より，運動量 p は，

$$p=\frac{h\nu}{c}$$

(2)　光子が鏡から受ける力積 I_p は，光子の運動量の変化に等しいから，

$$I_p=\left(-\frac{h\nu}{c}\right)-\frac{h\nu}{c}=-\frac{2h\nu}{c}$$

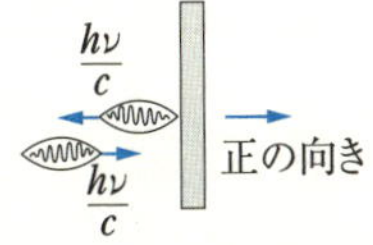

鏡が光子から受ける力積 I_M は，作用・反作用の法則より，

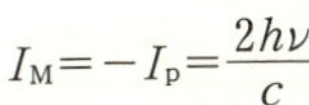

$$I_M=-I_p=\frac{2h\nu}{c}$$

(3)　題意より，単位時間に鏡に衝突する光子の数は nS である。鏡が光子から受ける力 F は，単位時間に受ける力積に等しいから，

$$F=nS\cdot I_M=\frac{2nSh\nu}{c}$$

(4)　(2)と同様に考えると，板が受ける力積 I_B は，光子が受ける力積 I_p' より，

$$I_B=-I_p'=-\left(0-\frac{h\nu}{c}\right)=\frac{h\nu}{c}$$

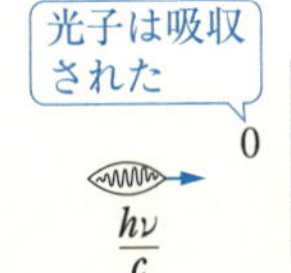

(5)　$I_B=\frac{I_M}{2}$ より，板が光子から受ける力は，鏡の場合の $\frac{1}{2}$ 倍である。

(1) $\frac{h\nu}{c}$　(2) $\frac{2h\nu}{c}$　(3) $\frac{2nSh\nu}{c}$　(4) $\frac{h\nu}{c}$　(5) $\frac{1}{2}$

必修基礎問 99 X線の発生，X線回折 〈物理

次の各問いに答えよ。ただし，真空中の光速 $c=3.0\times10^{8}$〔m/s〕，プランク定数 $h=6.6\times10^{-34}$〔J·s〕，電気素量 $e=1.6\times10^{-19}$〔C〕とする。

(1) 電子を電圧 35〔kV〕で加速し，モリブデンのターゲットに当てX線を発生させたとき，右図のX線スペクトルを得た。

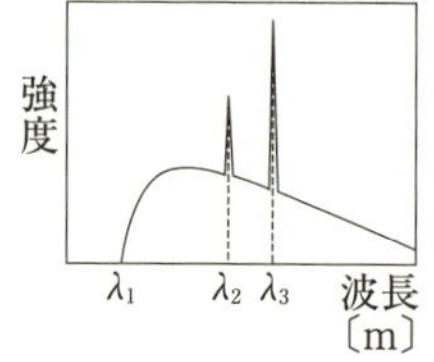

(i) λ_1 を最短波長とし連続的に分布するX線を何というか。

(ii) 波長 λ_2，λ_3 に強く現れるX線を何というか。

(2) 加速電圧を大きくした場合，λ_1，λ_2，λ_3 はどのように変化するか。

(3) 加速電圧を 12〔kV〕とした場合，波長 λ_1 の値はいくらか。

(4) ある格子面の間隔 d が 2.0×10^{-11}〔m〕の結晶に対して(3)の波長のX線を用いた場合，X線回折によりこの格子面の間隔を測定することが可能か否か答えよ。 （弘前大）

精講

●**連続X線** 高速の電子がターゲット(陽極)に衝突して，大きな加速度を受けると，その運動エネルギーの一部または全部が1個のX線光子として放出される。そのスペクトル(発生するX線の波長分布)は，加速電圧で決まる最短波長 λ_m 以上で連続的となる。

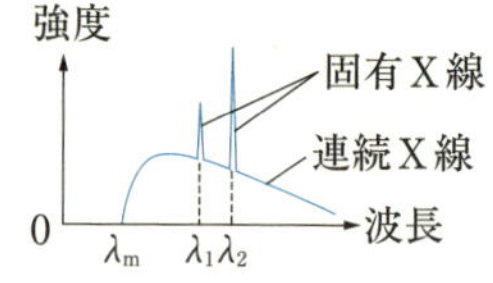

X線のスペクトル

加速電圧が V のときの最短波長 λ_m は，電子(電気量 $-e$)の運動エネルギーが eV だから，$eV=\dfrac{hc}{\lambda_m}$ より，

$$\lambda_m=\frac{hc}{eV}\ (h:\text{プランク定数},\ c:\text{光の速さ})$$

Point 53

最短波長のX線光子のエネルギー ＝ 電子の運動エネルギー

●**固有X線** 高速で入射させた電子がターゲット原子の内殻電子をたたき出し空席をつくると，外側の軌道を回る電子がこの空席に移る。その際に原子固有

の波長のX線光子を放出する。この波長は原子模型の振動数条件(→ 参照 p. 229)に従い，加速電圧によって変化しない。

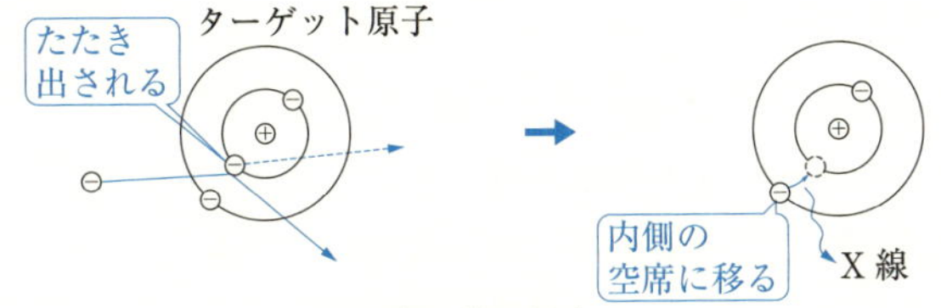

固有X線の発生

●**ブラッグの条件(X 線回折)**　結晶の間隔 d の平面に，平面となす角 θ で波長 λ のX線を入射させたとき，反射X線の経路差が $2d\sin\theta$ となるから，反射X線が強め合う条件は，

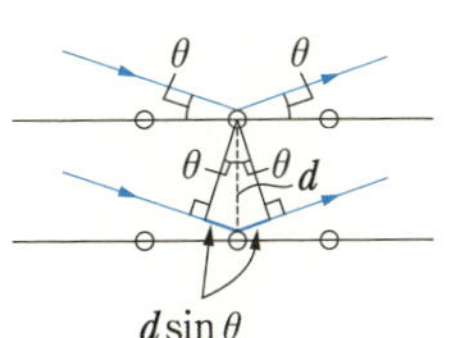

$$2d\sin\theta=n\lambda \quad (n=1,\ 2,\ 3,\ \cdots)$$

(1)　(i)　スペクトルが連続的に分布するX線を連続X線という。

(ii)　波長 λ_2，λ_3 はターゲット原子に固有で，これを固有X線(または特性X線)という。

(2)　電子の初速は無視できる。最短波長 λ_1 のX線は電子の運動エネルギー eV (Vは加速電圧) 全部が1個のX線光子として放射されたものであるから，

$$eV=\frac{hc}{\lambda_1} \qquad よって，\lambda_1=\frac{hc}{eV} \quad \cdots\cdots①$$

これより，加速電圧 Vを大きくすると最短波長 λ_1 は短くなることがわかる。また，固有X線の波長 λ_2，λ_3 はターゲット原子に固有なので，加速電圧を大きくしても変化しない。

(3)　①式に与えられた数値を代入して，

$$\lambda_1=\frac{6.6\times10^{-34}\times3.0\times10^{8}}{1.6\times10^{-19}\times12\times10^{3}}≒1.0\times10^{-10}〔\mathrm{m}〕$$

(4)　結晶表面に対して角 θ で入射させたときのブラッグの条件より，

$$2d\sin\theta=n\lambda_1 \quad (n=1,\ 2,\ 3,\ \cdots)$$

よって，$n=\dfrac{2d\sin\theta}{\lambda_1}=\dfrac{2\times2.0\times10^{-11}\sin\theta}{1.0\times10^{-10}}=0.4\sin\theta$

$0.4\sin\theta<1$ であるから，波長 λ_1 のX線では，ブラッグの条件を満たさないことがわかる。よって，波長 λ_1 のX線を用いた回折では，この格子面間隔は測定できない。

(1)　(i)　連続X線　　(ii)　固有X線(または特性X線)

(2)　λ_1 は短くなり，λ_2，λ_3 は変化しない。　(3)　$\lambda_1=1.0\times10^{-10}〔\mathrm{m}〕$

(4)　否(測定できない)

必修基礎問

100 電子線回折

物理

次の文章中の□に適当な式を記入せよ。

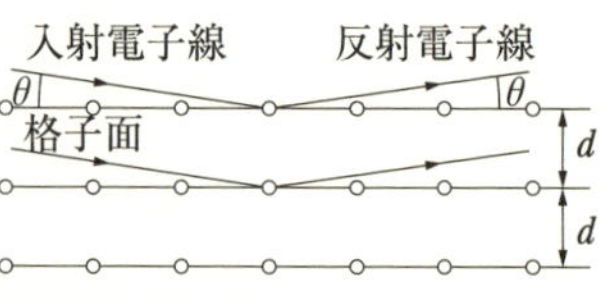

電子線を結晶に当てると回折が起こる。これは電子の波動性で説明できる。電子波の波長 λ は，質量を m，速さを v，プランク定数を h とすると，$\lambda=$ (1) と表される。

静止状態の電子を電位差 V で加速したときの電子の運動量 mv は，m，V，電気素量 e を用いて，$mv=$ (2) であるから，電子線の波長 λ は $\lambda=$ (3) である。図のように，結晶内の等間隔な距離 d の格子面に波長 λ の電子線を当て，図のように反射したとする。入射電子線の進行方向と格子面とのなす角を θ とすると，(4) $=n\lambda$ ($n=1, 2, 3, \cdots$) のとき反射電子線の強度は極大になる。

いま，入射電子線および反射電子線の進行方向と格子面とのなす角 θ を一定にし，電位差 V を変化させたとき，反射電子線の強度の入射電子線の強度に対する割合が極大になる電位差 V_M は $V_M=$ (5) で与えられる。

(岩手大)

精講

●波動と粒子の二重性　光やX線は波動性を示すが，光電効果，コンプトン効果で見たように粒子性も示す。このように，波動性と粒子性という相反するふるまいをすることを二重性という。また，電子は粒子性を示すが，電子回折で見たように波動性も示す。電子のような粒子が波動としてふるまうときの波を物質波（またはド・ブロイ波）という。

波長 λ の光 ⟹ 運動量 $p=\dfrac{h}{\lambda}$ をもつ光子
↑粒子性

同一の関係（対応）

物質波の波長 $\lambda=\dfrac{h}{p}=\dfrac{h}{mv}$ ⟸ 運動量 $p=mv$ の粒子
↑波動性

(m：粒子の質量，v：粒子の速さ，h：プランク定数)

●電子線回折　電子の波長 λ と同程度の格子面間隔 d をもつ結晶に電子線を当てると，X線と同じ条件で回折が起こる。電子線と格子面のなす角を θ とすると，

ブラッグの条件：$2d\sin\theta=n\lambda$　($n=1, 2, 3, \cdots$)

(1) 物質波の波長の公式より，

$$\lambda=\frac{h}{mv} \quad \cdots\cdots①$$

(2) エネルギー保存の法則より，

$$\frac{1}{2}mv^2=eV \qquad よって，v=\sqrt{\frac{2eV}{m}}$$

これより，運動量は，

$$mv=\sqrt{2meV} \quad \cdots\cdots②$$

(3) ②式を①式に代入して，

$$\lambda=\frac{h}{\sqrt{2meV}} \quad \cdots\cdots③$$

(4) 右図より，隣り合う格子面で反射された電子線の経路差は，$2d\sin\theta$ である。この経路差が電子線の波長 λ の n 倍となるとき，反射電子線の強度が極大となるから，

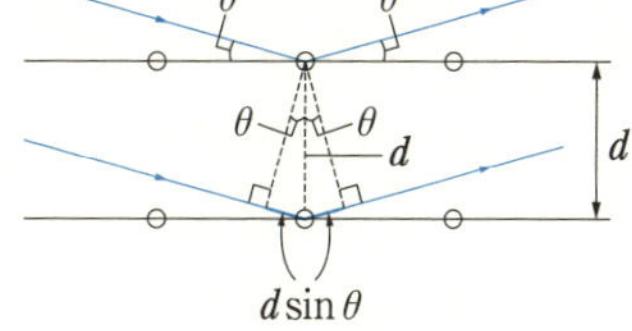

$$2d\sin\theta=n\lambda \quad \cdots\cdots④$$

(5) ③式を④式に代入して，

$$2d\sin\theta=n\cdot\frac{h}{\sqrt{2meV_M}} \qquad よって，V_M=\frac{n^2h^2}{8med^2\sin^2\theta}$$

発展 電子線は結晶の内部電位 V_0 によって，表面に垂直な方向に加速され屈折する（右図）。

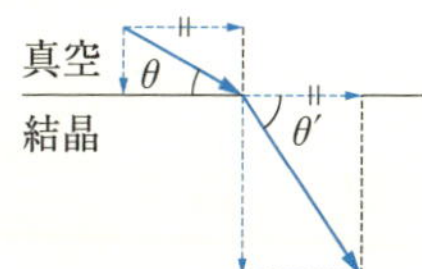

入射電子の質量を m，入射電子の運動エネルギーを $\frac{1}{2}mv^2=eV$ とすると，結晶中の電子の運動エネルギーは $\frac{1}{2}mv'^2=e(V+V_0)$ となる。表面に平行な方向の運動量が保存することより，

$$\sqrt{2me(V+V_0)}\cos\theta'=\sqrt{2meV}\cos\theta$$

屈折率 $\mu=\frac{\cos\theta}{\cos\theta'}=\sqrt{\frac{V+V_0}{V}}$ を用いると，反射電子線の強度が極大となるのは，

ブラッグの条件：$2\mu d\sin\theta=n\lambda$

(1) $\frac{h}{mv}$ (2) $\sqrt{2meV}$ (3) $\frac{h}{\sqrt{2meV}}$ (4) $2d\sin\theta$

(5) $\frac{n^2h^2}{8med^2\sin^2\theta}$

第5章 原子と原子核

必修
基礎問
101 原子模型

物理

次の文章中の[　　]に適当な式を記入せよ。

水素原子は陽子（電気量 e）を原子核として，そのまわりを電子（質量 m，電気量 $-e$）が回っている。電子の円軌道の半径を r，速さを v，クーロンの法則の比例定数を k とすると，静電気力と遠心力のつりあいは[(1)]と表される。また，静電気力による電子の位置エネルギーは，無限遠を基準として[(2)]となる。電子のエネルギーは，この位置エネルギーと運動エネルギーから[(3)]と求められる。さらに[(1)]の関係を使って v を消去すると電子のエネルギーは[(4)]と表される。

定常状態の電子の円軌道は，円周の長さが物質波の波長の自然数倍のとき電子の運動は安定化することから，$2\pi r=$[(5)] という条件を満足する。ただし，h はプランク定数，n は自然数とする。これを量子条件といい，n を量子数という。この関係と[(1)]の関係から v を消去すると，n 番目の定常状態において，半径 $r=$[(6)] となり，エネルギー $E_n=$[(7)] となる。

（北見工大）

精講

●**ラザフォードの原子模型**　正電荷を帯び，質量が集中した原子核と，そのまわりを回る軽い負電荷を帯びた電子で構成されている原子模型のこと。ただし，事実に反する次の問題点がある。

(i) 電子は電磁波を放射してエネルギーを失うため，原子は不安定。

(ii) 原子が放射する電磁波の波長が連続的になる。

原子核

ラザフォードの原子模型

この問題点を解決するために，ボーアは2つの仮説を提唱した。

●**ボーアの原子模型**　電子は原子核から受ける静電気力で等速円運動を行い，次の条件を満足する。

●**ボーアの仮説Ⅰ**（量子条件）　電子の物質波が定常波となる円軌道上でのみ電子は安定に存在し，電磁波を放射しない。

$$2\pi r=n\cdot\frac{h}{mv}$$

（m：電子の質量，v：電子の速さ，r：軌道半径，h：プランク定数，n：自然数）

この条件を満足する状態を定常状態といい，原子内の電子は量子数 n で定まるとびとびの軌道半径，とびとびのエネルギー（これを**エネルギー準位**と呼ぶ）をもつ。

Point 54

円運動の運動方程式
量子条件
} ⟹ 半径を量子数 n で表す

(1) 電子に働く遠心力と静電気力（右図）のつりあいより，

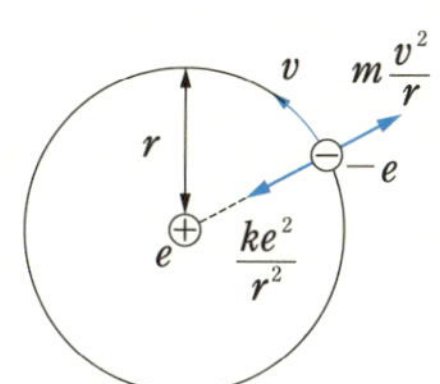

$$m\frac{v^2}{r}=\frac{ke^2}{r^2} \quad \cdots\cdots①$$

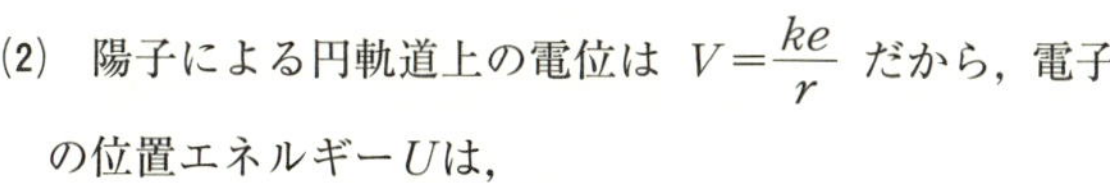

(2) 陽子による円軌道上の電位は $V=\frac{ke}{r}$ だから，電子の位置エネルギー U は，

$$U=(-e)V=-\frac{ke^2}{r}$$

(3) 電子のエネルギー E は，

$$E=\frac{1}{2}mv^2-\frac{ke^2}{r} \quad \cdots\cdots②$$

(4) ①式より，$mv^2=\frac{ke^2}{r}$ であるから，これを②式に代入して，

$$E=\frac{ke^2}{2r}-\frac{ke^2}{r}=-\frac{ke^2}{2r} \quad \cdots\cdots③$$

(5) 電子の物質波の波長は $\lambda=\frac{h}{mv}$ だから，$2\pi r=n\lambda$ より，

$$2\pi r=\frac{nh}{mv} \quad \cdots\cdots④$$

(6) ①，④式より v を消去して，

$$m\left(\frac{nh}{2\pi mr}\right)^2=\frac{ke^2}{r}$$

よって，$r=\frac{n^2h^2}{4\pi^2mke^2}$ ……⑤

(7) ⑤式を③式に代入して，

$$E_n=-\frac{ke^2}{2}\cdot\frac{4\pi^2mke^2}{n^2h^2}=-\frac{2\pi^2mk^2e^4}{n^2h^2}$$

(1) $m\frac{v^2}{r}=\frac{ke^2}{r^2}$　(2) $-\frac{ke^2}{r}$　(3) $\frac{1}{2}mv^2-\frac{ke^2}{r}$　(4) $-\frac{ke^2}{2r}$

(5) $\frac{nh}{mv}$　(6) $\frac{n^2h^2}{4\pi^2mke^2}$　(7) $-\frac{2\pi^2mk^2e^4}{n^2h^2}$

実戦基礎問 102 水素原子のスペクトル 物理

次の文章中の[ ]に適当な自然数または数式を記入せよ。

水素原子から放出される光の線スペクトルの波長 λ は，

$$\frac{1}{\lambda}=R\left(\frac{1}{n^2}-\frac{1}{l^2}\right) \quad (n, l=1,\ 2,\ 3,\ \cdots,\ ただし，n<l) \quad \cdots\cdots①$$

に従う。ここで R はリュードベリ定数と呼ばれ，その値は 1.10×10^7〔m^{-1}〕である。線スペクトルの波長が①式のように表される理由をボーアの原子模型に従って考えてみよう。ボーアの仮説によると，量子数 n の定常状態におけるエネルギー E_n は，$E_n=-\dfrac{2\pi^2mk^2e^4}{n^2h^2}$ ……② と表される。ここで，m は電子の質量，k はクーロンの法則の比例定数，e は電気素量，h はプランク定数である。電子がエネルギー E_l の定常状態からエネルギー E_n の定常状態に移るときに放出される光の波長 λ は，E_l，E_n，h と，真空中の光速 c を用いて，$\lambda=$[(1)] ……③ と表せる。よって，①～③式より，R は，m，e，k，h，c を用いて，$R=$[(2)] であることがわかる。また，①式の線スペクトルは，n の値によって決まるいくつかの系列に分かれる。実際に，水素原子から，図のような線スペクトルが得られた。波長領域が 3×10^{-7}〔m〕から 7×10^{-7}〔m〕であるから，$n=$[(3)] である。また，図中の輝線bに対応する①式の l は，$l=$[(4)] である。

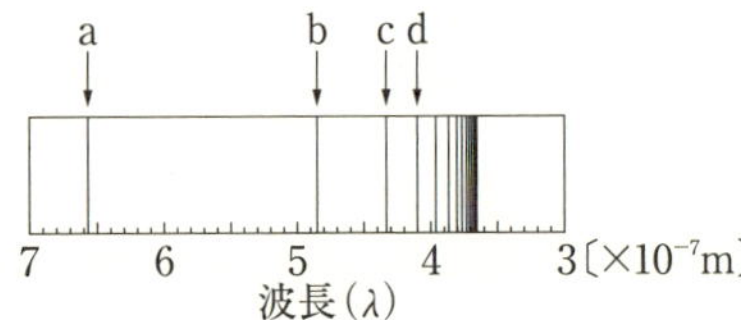

（名大）

●**スペクトル公式**　水素原子のスペクトルの波長 λ には，次の関係があることがバルマー等によって見出された。

$$\frac{1}{\lambda}=R\left(\frac{1}{n^2}-\frac{1}{l^2}\right)$$

（R：リュードベリ定数，n，l（$n<l$）は自然数）

着眼点　$n=1$（ライマン系列）⇨ 紫外線領域

$n=2$（バルマー系列）⇨ 可視光領域

$n=3$（パッシェン系列）⇨ 赤外線領域

Point 55

波長域は量子数 n でわかる

●**ボーアの仮説Ⅱ**（振動数条件）　電子が高いエネルギー E_l の定常状態から低いエネルギー E_n の定常状態に移るときに放出される電磁波の振動数 ν には，次の関係がある。

$$h\nu = E_l - E_n \quad (h：プランク定数)$$

また，これを波長 λ，光の速さ c で表すと，

$$\frac{hc}{\lambda} = E_l - E_n$$

着眼点　量子数 l は波長の大きさの順でわかる。
⇨エネルギー差が最小となる $l=n+1$ のとき，スペクトル系列中で最も長い波長になる。エネルギー差が最大となる $l\to\infty$ のとき，最も短い波長になる。

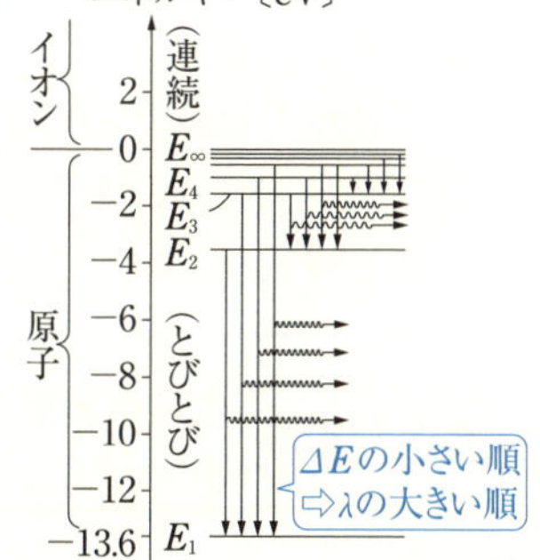

(1)　振動数条件より，

$$\frac{hc}{\lambda} = E_l - E_n$$

よって，$\lambda = \dfrac{hc}{E_l - E_n}$

(2)　②，③式より，

$$\frac{1}{\lambda} = \frac{E_l - E_n}{hc} = \frac{2\pi^2 mk^2 e^4}{h^3 c}\left(\frac{1}{n^2} - \frac{1}{l^2}\right)$$

①式と比較して，

$$R = \frac{2\pi^2 mk^2 e^4}{h^3 c}$$

(3)　可視光の波長域にスペクトルが広がっているので，この系列はバルマー系列で，その量子数 n は 2 である。

(4)　①式より，最も長い波長の輝線 a は，電子が $l=3$ の定常状態から $n=2$ の定常状態に移るときに放出された光である。よって，輝線 b は，電子が $l=4$ の定常状態から $n=2$ の定常状態に移るときに放出された光である。

(1) $\dfrac{hc}{E_l - E_n}$　(2) $\dfrac{2\pi^2 mk^2 e^4}{h^3 c}$　(3) 2　(4) 4

第5章　原子と原子核

必修基礎問 15. 原子核

103 原子核の崩壊

物理

次の文章中 (1) ～ (9) に適する数字または語句を記入し，(10)，(11) には図の中から適する番号を選び，記入せよ。

放射性元素の α 崩壊は (1) が放出される現象であり，β 崩壊は原子核内の (2) が (3) に変換する際に，高エネルギーの (4) が放出される現象である。したがって，放射性元素 ${}^{238}_{92}\mathrm{U}$ は (5) 回の α 崩壊と (6) 回の β 崩壊を繰り返した後，安定な ${}^{206}_{82}\mathrm{Pb}$ になる。この ${}^{206}_{82}\mathrm{Pb}$ 原子核には 124 個の (7) が含まれている。また，α 崩壊や β 崩壊の後の原子核は不安定であることが多く，さらに γ 崩壊をして (8) を放出して安定になる。(8) はX線より波長が (9) い電磁波である。

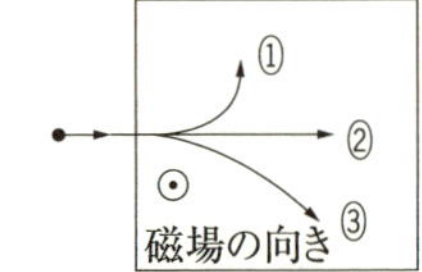

これら 3 種類の放射線を磁場（磁界）中に入射させると，それらの運動の様子を表す番号は，(1) が (10)，(4) が (11) である。

（同志社大，センター試験）

●**原子と原子核**　原子は原子の質量がほとんど集中する正電荷を帯びた原子核と，そのまわりを回る電子で構成されている。原子核はほぼ等しい質量の，正電荷 e（電気素量）を帯びた陽子と電気的に中性な中性子から構成されている。原子核中の陽子の数を原子番号 (Z) といい，陽子の数と中性子の数の和を質量数 (A) という。

原子核の記号：${}^{A}_{Z}\mathrm{X}$　（X：元素記号）

着眼点　原子番号 Z＝陽子数，質量数 A＝陽子数＋中性子数

⇨ 中性子数＝$A-Z$

●**放射線と原子核の変換**

放射性崩壊（放射線）	正体	質量数変化 $\varDelta A$	原子番号変化 $\varDelta Z$	電離作用	透過性
α崩壊（α線）	ヘリウム原子核 ${}^{4}_{2}\mathrm{He}$	-4	-2	大 ↑	小 ↓
β崩壊（β線）	高速の電子 e^-	0	$+1$		
γ崩壊（γ線）	電磁波	0	0	小	大

Point 56

原子核の崩壊・核反応 ⟹ {質量数保存の法則 / 電荷保存の法則} が成り立つ

着眼点　α 崩壊の回数を n_α，β 崩壊の回数を n_β，変化前，変化後の原子核の原子番号をそれぞれ Z，Z' とすると，電荷保存の法則より，

$$Z' = Z - 2n_\alpha + n_\beta$$

解説　(1)　α 崩壊では，原子核から陽子 2 個と中性子 2 個が結合した質量数が 4 のヘリウム原子核 ${}^4_2\mathrm{He}$ が放出される。

(2)～(4)　β 崩壊では，原子核内の中性子が高エネルギーの電子を放出して陽子に変換する。

(5)　質量数は α 崩壊でのみ 4 だけ減少する。よって，${}^{238}_{92}\mathrm{U}$ が ${}^{206}_{82}\mathrm{Pb}$ に変化するまでの α 崩壊の回数 n_α は，

$$n_\alpha = \frac{238-206}{4} = 8 \text{〔回〕}$$

(6)　原子番号は α 崩壊で 2 だけ減少し，β 崩壊では 1 だけ増加する。よって，${}^{238}_{92}\mathrm{U}$ が ${}^{206}_{82}\mathrm{Pb}$ に変化するまでの β 崩壊の回数を n_β とすると，

$$92 - 2\times 8 + n_\beta = 82 \qquad \text{よって，} n_\beta = 6 \text{〔回〕}$$

(7)　${}^{206}_{82}\mathrm{Pb}$ 原子核において，質量数 $A=206$，原子番号 $Z=82$ であるから，陽子数は $Z=82$〔個〕，中性子数は $A-Z=206-82=124$〔個〕である。

(8)，(9)　γ 崩壊では，不安定な原子核が γ 線を放出して安定になる。γ 線はX線より波長が短い電磁波である。

(10)，(11)　α 線は正の電気を帯びた粒子（ヘリウム原子核）の流れだから，磁場（磁界）中に入射すると，フレミングの左手の法則に従うローレンツ力が働くので，α 線は③の方向に曲がる。β 線は負の電気を帯びた粒子（電子）の流れだから，α 線と逆向きの①の方向に曲がる。なお，γ 線は電磁波であるから，磁場中でも直進する。

α粒子　⊙磁場の向き
速度
ローレンツ力
進む向き

(1)　ヘリウム原子核 ${}^4_2\mathrm{He}$　(2)　中性子　(3)　陽子　(4)　電子　(5)　8
(6)　6　(7)　中性子　(8)　γ 線　(9)　短　(10)　③　(11)　①

104 半減期と α 崩壊

物理

次の文章中の[　　]に適する数値または式を入れよ。

一般に，半減期 T の放射性原子核Xがはじめ N_0 個あるとき，時間 t 後に残っている原子核Xの数 N は，$N=$ [(1)] と表される。この関係を用いると，放射性同位元素 $^{210}_{82}Pb$ の半減期は22年なので，$^{210}_{82}Pb$ が最初の量の $\frac{1}{16}$ になるには [(2)] 年かかる。

この放射性崩壊の系列の最後の過程では原子核は α 崩壊をする。この崩壊前の原子核は静止しているとし，崩壊直後の α 粒子の運動エネルギーを K，α 粒子と安定な $^{206}_{82}Pb$ の質量をそれぞれ m，M とすると，崩壊直後の $^{206}_{82}Pb$ の運動エネルギー K_A は m，M，K を用いて $K_A=$ [(3)] と表される。$K=8.5\times10^{-13}$〔J〕であるので K_A の値は [(4)] $\times10^{-14}$〔J〕となる。

（千葉工大）

精講

●半減期　放射性原子核は一定の確率で崩壊して減少する。その半減期を T，放射性原子核Xのはじめの数を N_0，時間 t 後に残っているXの数を N とすると，次の関係式が成り立つ。

$$N=N_0\left(\frac{1}{2}\right)^{\frac{t}{T}}\quad\cdots\cdots(*)$$

［注意］　崩壊した放射性原子核の数は $N_0-N=N_0\left\{1-\left(\frac{1}{2}\right)^{\frac{t}{T}}\right\}$

発展　単位時間に放射性原子核が1個崩壊するときの放射能の強さを，1 Bq（ベクレル）という。よって，放射能の強さ I は，$(*)$ 式より，

$$I=\left|\frac{\Delta N}{\Delta t}\right|=\frac{N}{T}\log_e 2\propto\frac{N}{T}$$

すなわち，放射能の強さ I は，残っている放射性原子核の数 N に比例し，半減期 T に反比例する（$\propto$ は比例することを表す記号）。

Point 57

原子核の崩壊・核反応 ⟹ 運動量保存の法則が成り立つ

(1) 半減期の公式より，$N=N_0\left(\frac{1}{2}\right)^{\frac{t}{T}}$ ……①

(2) 題意より，$\frac{N}{N_0}=\frac{1}{16}$ だから，①式より，

$$\frac{N}{N_0}=\frac{1}{16}=\left(\frac{1}{2}\right)^4=\left(\frac{1}{2}\right)^{\frac{t}{22}}$$

指数を比較して，

$$4=\frac{t}{22} \qquad \text{よって，} t=88〔年〕$$

(3) α 粒子の速さを v，${}^{206}_{82}\mathrm{Pb}$ の速さを V とすると，運動量保存の法則より，

分裂前（静止）

v m @ M ${}^{206}_{82}\mathrm{Pb}$ V

分裂後

$$MV-mv=0$$

よって，$V=\frac{m}{M}v$ ……②

題意より，$K=\frac{1}{2}mv^2$ であることと，②式より，

$$K_\mathrm{A}=\frac{1}{2}MV^2=\frac{1}{2}M\left(\frac{m}{M}v\right)^2=\frac{m}{M}K \quad ……③$$

(4) 質量の比は質量数の比で近似できる。${}^{206}_{82}\mathrm{Pb}$ の質量数は 206，α 粒子は ${}^{4}_{2}\mathrm{He}$ であり，質量数は 4，さらに，与えられた K の値を③式に代入して，

$$K_\mathrm{A}=\frac{4}{206}\times8.5\times10^{-13}\fallingdotseq1.7\times10^{-14}〔\mathrm{J}〕$$

発展　静止した原子核が 2 つの原子核に分裂した場合，核分裂で発生したエネルギー Q は，2 つの原子核それぞれに分配され，そのエネルギーの比は原子核の質量の逆比となる。

②式より，

$$\frac{1}{2}mv^2 : \frac{1}{2}MV^2=M : m$$

また，エネルギーの保存 $Q=\frac{1}{2}mv^2+\frac{1}{2}MV^2$ を考慮すると，運動エネルギーは，それぞれ次式で求めることができる。

$$\frac{1}{2}mv^2=\frac{M}{M+m}Q$$

$$\frac{1}{2}MV^2=\frac{m}{M+m}Q$$

(1) $N_0\left(\frac{1}{2}\right)^{\frac{t}{T}}$　(2) 88　(3) $\frac{m}{M}K$　(4) 1.7

実戦基礎問 105 原子核反応

物理

陽子pを運動エネルギーが1.10×10^6〔eV〕になるまで加速し，静止したリチウム原子核$^7_3$Liに当てたところ，核反応

$$p + {}^7_3\mathrm{Li} \longrightarrow {}^4_2\mathrm{He} + {}^4_2\mathrm{He}$$

により2個のα粒子$^4_2$Heが発生した。この核反応について以下の問いに有効数字2桁で答えよ。

(1) 核反応によって減少した質量〔kg〕を計算せよ。ただし，陽子，リチウム原子核，α粒子の質量をそれぞれ1.67×10^{-27}〔kg〕，11.65×10^{-27}〔kg〕，6.65×10^{-27}〔kg〕とする。

(2) 減少した質量をエネルギー〔J〕に換算せよ。真空中の光速を3.00×10^8〔m/s〕とする。

(3) 核反応後2個のα粒子が等しい運動エネルギーをもったとする。このときのα粒子の速さ〔m/s〕を求めよ。1〔eV〕$=1.60\times10^{-19}$〔J〕とする。

(4) リチウム1〔g〕がこの核反応によりすべてα粒子に変わるとき発生するエネルギー〔J〕(陽子に与えたエネルギーは除く)を求めよ。 (宇都宮大)

精講

●質量とエネルギーの等価性　アインシュタインは特殊相対性理論から，質量とエネルギーは同等であり，静止している物体のエネルギーEと質量mの間には，次の関係があることを示した。

$E=mc^2$ (c：真空中での光の速さ)

このエネルギーを静止エネルギーという。

●質量欠損　バラバラの陽子，中性子(総称して核子という)が結合して原子核をつくるとき，その質量が減少する。その質量の減少量を質量欠損Δmという。この質量欠損に相当するエネルギーを結合エネルギーE_Bという。

(例)　^A_ZXの質量欠損Δmおよび結合エネルギーE_Bは，陽子，中性子および原子核Xの質量をそれぞれm_p，m_n，Mとすると，

質量欠損：$\Delta m=\{Zm_p+(A-Z)m_n\}-M$

結合エネルギー：$E_B=\Delta m\cdot c^2$

なお，核子1個あたりの結合エネルギー$\dfrac{\Delta m\cdot c^2}{A}$は原子核の安定性の目安で，これが大きいほど安定と考えてよい。

●核エネルギー　原子核の反応においても，質量が変化する。その質量の減少量ΔMに相当するエネルギーQが放出される。これを核エネルギーという。

（例）　原子核 A, B から原子核 C, D が生成する反応を考える。A, B, C, D の質量をそれぞれ M_A, M_B, M_C, M_D とすると，質量の減少量 $\varDelta M$ と放出される核エネルギー Q は，

質量の減少量：$\varDelta M=(M_A+M_B)-(M_C+M_D)$

核エネルギー：$Q=\varDelta M\cdot c^2$

［注意］　質量が増加する場合，その質量に相当するエネルギーが吸収される。

●エネルギー保存の法則　核反応の前後において，粒子の質量エネルギーおよび力学的エネルギー，さらに光子のエネルギーの和が保存される。

（例）　静止している原子核 A(質量 m_A) に，速さ v で原子核 B(質量 m_B) を衝突させたとき，振動数 ν の光子と速さ V で運動する原子核（質量 M）が生成されたとすると，

$$(m_Ac^2+0)+\left(m_Bc^2+\frac{1}{2}m_Bv^2\right)=h\nu+\left(Mc^2+\frac{1}{2}MV^2\right)$$

ここで，$\varDelta M\cdot c^2=\{(m_A+m_B)-M\}c^2$ を用いると，

$$0+\frac{1}{2}m_Bv^2+\varDelta M\cdot c^2=h\nu+\frac{1}{2}MV^2$$

(1)　質量の減少量 $\varDelta m$〔kg〕は，

$$\varDelta m=(1.67+11.65-6.65\times 2)\times 10^{-27}=2.0\times 10^{-29}\text{〔kg〕}$$

(2)　光の速さを c〔m/s〕とすると，質量 $\varDelta m$ とエネルギー E〔J〕の等価性より，

$$E=\varDelta m\cdot c^2=2.00\times 10^{-29}\times(3.00\times 10^8)^2=1.8\times 10^{-12}\text{〔J〕}$$

(3)　陽子がはじめにもっていた運動エネルギーと核反応で発生したエネルギー E の和が，2 個の α 粒子の等しい運動エネルギー K〔J〕となるから，

$$K=\frac{(1.10\times 10^6\times 1.60\times 10^{-19})+1.80\times 10^{-12}}{2}=9.88\times 10^{-13}\text{〔J〕}$$

α 粒子の質量を m〔kg〕，速さを v〔m/s〕とすると，$K=\frac{1}{2}mv^2$ より，

$$v=\sqrt{\frac{2K}{m}}=\sqrt{\frac{2\times 9.88\times 10^{-13}}{6.65\times 10^{-27}}}\fallingdotseq 1.7\times 10^7\text{〔m/s〕}$$

(4)　リチウム原子核の数 N は，

$$N=\frac{1\times 10^{-3}}{11.65\times 10^{-27}}\fallingdotseq 8.58\times 10^{22}\text{〔個〕}$$

よって，この反応で発生するエネルギー ε〔J〕は，

$$\varepsilon=NE\fallingdotseq 8.58\times 10^{22}\times 1.80\times 10^{-12}\fallingdotseq 1.5\times 10^{11}\text{〔J〕}$$

(1)　2.0×10^{-29}〔kg〕　(2)　1.8×10^{-12}〔J〕　(3)　1.7×10^7〔m/s〕
(4)　1.5×10^{11}〔J〕

第5章　原子と原子核

演習問題

⇨ 解答は284ページ

39 光の粒子性を示す現象として，光電効果が知られている。

図1は，光電効果を調べる実験装置の概略図である。図の左方から入射した光は，光電管中の金属板Kに当たり，電子を放出させる。電極Pと金属板Kの間には電位差 V の電圧がかけられており，放出された電子はPに集まる。PK 間の電位差は変化させることができ，その値は電圧計によって測ることができる。このようにして生じた光電流の強さ I は，図中の電流計によって測られる。

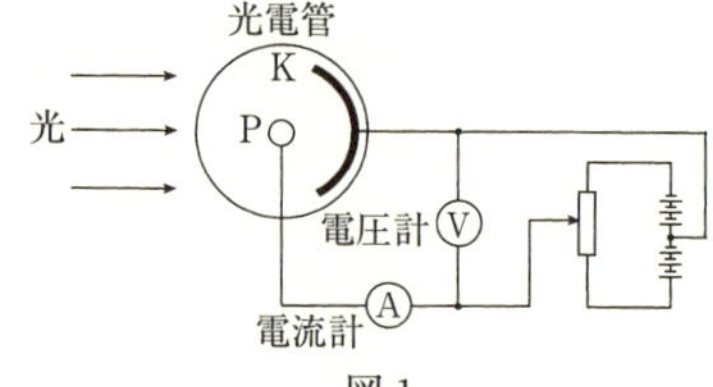

図 1

図2は，入射光の強さと振動数を一定にして，電位差 V を変化させたとき，光電流の強さ I が変化する様子を示している。Pの電位を正にして，V を大きくしていくと，電流の強さは一定値 I_m に近づく。逆に，PK 間の電位差を $-V_0$ にすると光電流は流れなくなる。

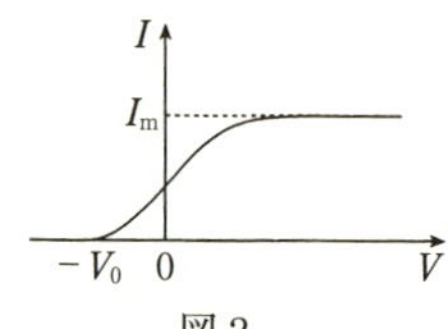

図 2

図3は，図2の実験における入射光の振動数 ν を変化させたときの V_0 の大きさの変化を示している。ν が小さくなり，ある値に達すると V_0 はゼロになる。図中のグラフは $V_0=a\nu-b$（a，b は正の定数）という式で表される直線である。

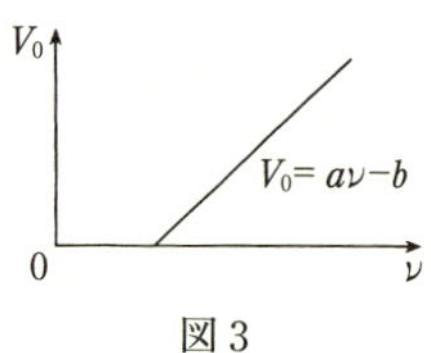

図 3

電子の電荷を $-e$ として，以下の問いに答えよ。

(1) 図2の実験結果から得られる量 I_m と V_0，および e のうちのいくつかを用いて次の量を表せ。

(a) 1秒間あたり，放出される電子の個数

(b) 放出された電子1個の運動エネルギーの最大値

(2) 図3の実験結果から得られる量 a と b，および e のうちのいくつかを用いて次の量を表せ。

(a) 金属板Kの仕事関数

(b) プランク定数

(3) ある振動数の光を入射させて光電効果を生じさせたとき，その入射光子1個のエネルギーはどれだけか。I_m，V_0，a，b および e のうちのいくつかを用いて表せ。

（名城大）

40 図1はX線管を表したものである。陰極のフィラメントを加熱するための電圧は，電子を加速するための電圧 V〔V〕に比べて十分小さい。光の速さを c〔m/s〕，電気素量を e〔C〕，電子の質量を m〔kg〕，プランク定数を h〔J･s〕として，以下の問いに答えよ。ただし，電子が陰極を出た直後の速さ(初速)は無視できるものとする。

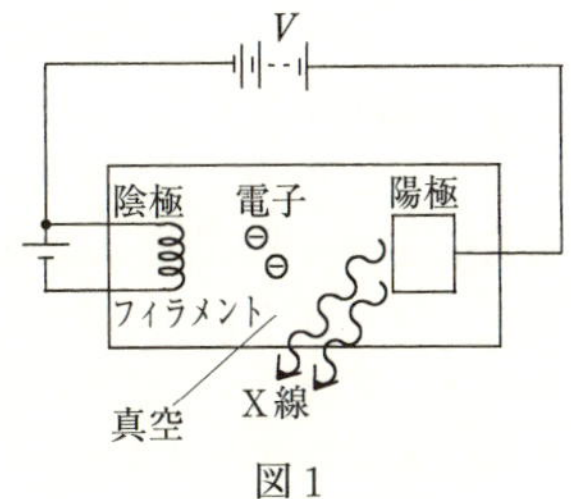

図1

(1) 陰極を出た電子が陽極に到達したときの電子の運動エネルギーは何〔J〕か。

(2) 電子が陽極に衝突すると，いろいろなエネルギーのX線が発生する。加速電圧を $V=30$〔kV〕とした場合，最大のエネルギーをもつX線の波長 λ_0〔m〕を有効数字2桁で求めよ。ただし $c=3.0\times10^8$〔m/s〕，$e=1.6\times10^{-19}$〔C〕，$h=6.6\times10^{-34}$〔J･s〕である。

(3) 発生したX線が図2のように静止していた質量 m〔kg〕の自由電子と衝突してコンプトン散乱を起こした。入射X線の波長を λ〔m〕，散乱されたX線の波長を λ'〔m〕，散乱されたX線の進行方向が入射X線の進行方向に対してなす角を θ〔rad〕，跳ね飛ばされた電子の速さを v_e〔m/s〕，跳ね飛ばされた電子の進行方向が入射X線の進行方向に対してなす角を α〔rad〕とする。エネルギー保存および入射X線の進行方向とそれに垂直な方向の運動量保存を表す式を書け。

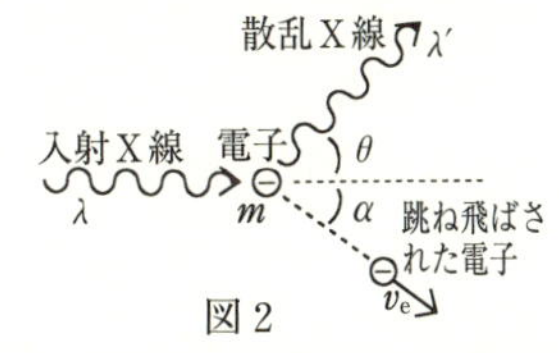

図2

(4) (3)において，X線が後方($\theta=\pi$〔rad〕)に散乱された場合について，跳ね飛ばされた電子の速さ v_e〔m/s〕を λ'〔m〕を含まない式で表せ。

(新潟大)

41 電子の波動性について考える。静止している電子を電位差 V で加速して得られた電子線を，図のように結晶表面に垂直に照射して，散乱される電子を観測する。光の速さを c，電子の質量を m，電子の電荷を $-e$，プランク定数を h として，以下の問いに答えよ。

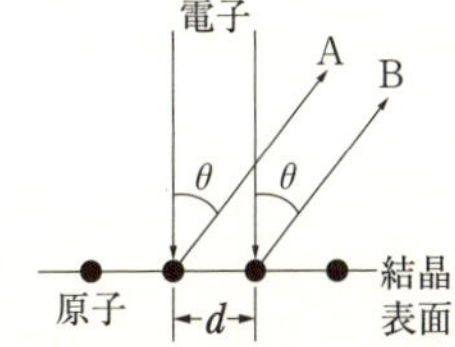

(1) 照射される電子1個がもつエネルギーはいくらか。

(2) 照射される電子波の波長 λ_e はいくらか。

(3) 電子は結晶表面でのみ散乱されるとする。図は，隣り合う原子によって角度 θ の方向に散乱される電子波を示している。このとき，電子波の経路AとBの経路差を求めよ。ただし，隣り合う原子の間隔を d とせよ。

(4) 散乱される電子波が干渉して強め合うときの角度 θ と d，λ_e の関係を n (=1, 2, 3, …) を用いて表せ。

(5) $d=2.2\times10^{-10}$〔m〕の結晶において，角度 $\theta=45°$ に $n=1$ の強め合った電子波が観測されるためには，電位差 V を何〔V〕にすればよいか。ただし，$h=6.6\times10^{-34}$〔J･s〕，$m=9.1\times10^{-31}$〔kg〕，$e=1.6\times10^{-19}$〔C〕とせよ。

(富山大)

42 以下の文章を読み，［(ア)］〜［(キ)］に適切な式を入れよ。クーロンの法則の比例定数をk，プランク定数をh，光の速さをcとする。

水素原子は，通常正の電荷をもつ陽子1個からなる原子核(電荷 $+e$)と負の電荷をもつ電子(質量m，電荷 $-e$)1個で構成されている。電子は原子核との間に働くクーロン力により，静止した原子核を中心とする等速円運動をしているとして，水素原子の構造について考えてみよう。

電子が運動量の大きさp，半径rで円運動するとき，クーロン力が向心力の働きをするから，［(ア)］$=\dfrac{ke^2}{r^2}$ ……① という関係が成り立つ。この電子の運動エネルギーはpを用いて［(イ)］と表される。また，無限遠をクーロン力の位置エネルギーの基準点(位置エネルギーが0になる点)にとると，電子のエネルギーEは，

$E=$［(イ)］$-$［(ウ)］ ……② である。

電子は粒子としての性質だけではなく，波としての性質ももつ。電子が波動としてふるまうときの波を電子波という。電子の運動量の大きさがpのとき，電子波の波長は$\dfrac{h}{p}$である。電子の軌道の円周の長さが，電子波の波長の整数倍のときだけ電子波は定常波となり，電子は定常状態を保って軌道運動を続けることができる。このとき，

$\dfrac{2\pi rp}{h}=n$ ($n=1, 2, 3, \cdots$) ……③ という関係が成立している。この整数nを量子数という。

①，③式からpを消去して，電子の軌道半径rは， $r=$［(エ)］ ……④ と表される。①，②式からpを消去し，④式を用いてrをおき換えると，エネルギーEは，

$E=$［(オ)］ と表される。電子はこのようなとびとびの軌道半径，エネルギーの値(エネルギー準位)をとる。$n=1$ のとき，水素原子はエネルギーが最も低い安定した状態にあり，この状態を基底状態という。

原子内の電子が異なるエネルギー準位の状態間を遷移するとき，決まった波長の電磁波を放出したり，吸収したりする。高いエネルギー準位の状態から基底状態へ遷移するときに，水素原子から放出される電磁波の波長のうち，最も長いものは［(カ)］である。また，基底状態にある電子を，電磁波を当てて原子核から無限遠まで引き離すために必要な電磁波の波長の最大値は［(キ)］である。

(岩手大)

43 考古学，人類学，文化財科学，地震学などの研究では年代測定が重要であり，いくつかの科学的方法が使われている。その中でも有名なものが放射性炭素法である。下記の測定原理と測定例を読んで，以下の問いに答えよ。

測定原理：米国の W.F.Libby は1940年代後半に放射性炭素 $^{14}_{6}\mathrm{C}$ を用いる年代測定法を開発した。大気中の $^{14}_{6}\mathrm{C}$ は宇宙線によって作られた中性子と大気中の窒素 $^{14}_{7}\mathrm{N}$ とが大気上層部で核反応 ($^{14}_{7}\mathrm{N} + ^{1}_{0}\mathrm{n} \longrightarrow ^{14}_{6}\mathrm{C} + ^{1}_{1}\mathrm{H}$) をすることによって作られる。その後，放射性炭素は酸素と反応して二酸化炭素になる。この二酸化炭素は，炭素

の同位体 $^{12}_{6}$C からなる二酸化炭素と大気中で混合し，光合成や食物連鎖により生物にとり込まれる。$^{14}_{6}$C は β 崩壊を起こし，それによる半減期は 5.7×10^3 年である。生物が死んで新しい炭素の吸収がなくなれば，その生物中の $^{14}_{6}$C の数は β 崩壊にともない減少する。大気中の二酸化炭素では，$^{12}_{6}$C に対する $^{14}_{6}$C の数の割合はおよそ 1×10^{-12} で常に一定である。生物が生きていたときの生物組織内の $^{14}_{6}$C と $^{12}_{6}$C の割合もこの値とすると，放射能の強さは $^{14}_{6}$C の数に比例するため，試料の放射能の強さを測定することによって，生物が死んでからの年代を推定することができる。
測定例：遺跡Aから出土した炭から採った一定量の炭素の放射能の強さは，現在生きている植物から採った同量の炭素の放射能の強さに比べて $\dfrac{1}{3}$ に減少していた。同様に，遺跡Bから得られた動物の牙から検出された炭素の放射能の強さは，現在のものと比べて $\dfrac{3}{5}$ に減少していた。

(1) $^{14}_{6}$C の原子核は β 崩壊によって，どのような元素の原子核に変わるか。元素名，原子核中の陽子と中性子の数を答えよ。

(2) 生物が死んだ後，炭素の放射能の強さが半分に減少するのに何年かかるか。また，半減期の 3 倍の時間が経つと炭素の放射能の強さは最初の何％にまで減少するか。

(3) 遺跡A，遺跡Bから出土したものはそれぞれ何年前のものか推定せよ。必要であれば $\log_2 3=1.58$，$\log_2 5=2.32$ を用いよ。

（熊本大）

44 原子核 $^{A}_{Z}$X の質量は，それを構成する陽子と中性子の質量の総和より小さいことが知られている。これは原子核を陽子と中性子にばらばらにするには，エネルギーが必要であることを示している。このエネルギーを結合エネルギーという。次の問いに答えよ。

(1) 原子核 $^{A}_{Z}$X，陽子と中性子の質量をそれぞれ M，m_p，m_n とするとき，結合エネルギーはどのように表されるか。M，m_p，m_n および真空中の光速 c を用いて表せ。

(2) $^{235}_{92}$U は自然には核分裂しにくいが，中性子を衝突させると，例えば次のような核分裂を起こす。

$$^{235}_{92}\mathrm{U} + ^{1}_{0}\mathrm{n} \longrightarrow ^{141}_{56}\mathrm{Ba} + ^{92}_{36}\mathrm{Kr} + 3^{1}_{0}\mathrm{n}$$

この核分裂により解放される核エネルギーは何〔J〕か。ただし，$^{235}_{92}$U，$^{141}_{56}$Ba，$^{92}_{36}$Kr および中性子の質量は，それぞれ 390.215×10^{-27}〔kg〕，233.943×10^{-27}〔kg〕，152.614×10^{-27}〔kg〕および 1.675×10^{-27}〔kg〕である。また，真空中の光速の値は，$c=3.0\times10^8$〔m/s〕である。

(3) 1.0〔g〕の $^{235}_{92}$U がすべて(2)の核分裂をしたとき，この放出されたエネルギーは石炭何〔kg〕が燃焼したときに放出するエネルギーと同じか。ただし，アボガドロ定数は 6.0×10^{23}〔1/mol〕で，石炭 1.0〔kg〕が燃焼したときに放出するエネルギーは 3.0×10^7〔J〕である。

（新潟大）

第6章 実験・考察問題

⇨ 解答は288ページ

1 宇宙空間に人や荷物を運ぶ手段として，宇宙エレベーターを建造する構想がある。宇宙エレベーターでは，宇宙空間と地上を結んだケーブルを，クライマーという乗り物が昇降する。クライマーが昇降するようすを調べるため，図1のような装置で，一連の実験を室内で行った。実験では，ヘリウム入り気球から垂らしたテープをケーブルに見立て，模型のクライマー(以下，簡単に「クライマー」という)を昇降させた。クライマーは，テープをはさんだ車輪をモーターで回転させることで，テープに沿って昇降する。モーターは，遠隔装置で操作し，クライマーに搭載した電池で駆動する。テープは質量があり，伸び縮みしない。次の問いに答えよ。

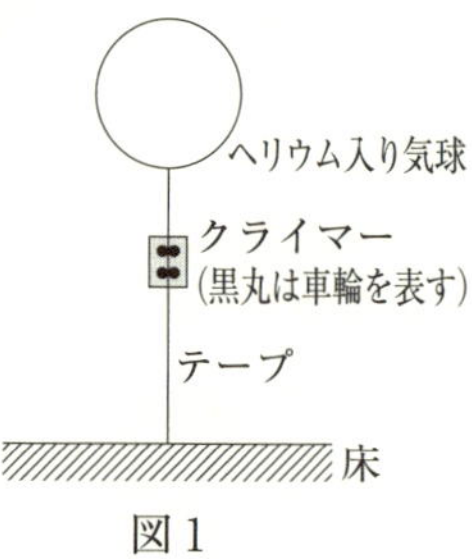

図1

(1) テープの端を床に固定し，気球にヘリウムを注入したところ，気球は浮き上がり，テープはピンと張った。このときの力のようすを描いた図2に関する記述として正しいものを，次の①～④のうちから一つ選べ。[1]

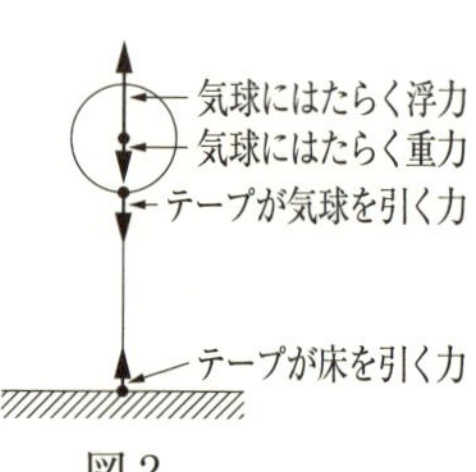

図2

① テープが気球を引く力は，気球にはたらく重力の反作用である。

② テープが気球を引く力は，テープが床を引く力の反作用である。

③ テープが気球を引く力は，気球にはたらく浮力とつりあっている。

④ テープが気球を引く力は，気球にはたらく重力と気球にはたらく浮力の合力とつりあっている。

(2) まず，クライマーを付けずに，気球のふるまいを調べた。図3(b)のように，テープがたるまず，しかも，テープが床を引く力がゼロになるよう，テープにおもりを付けて調節した。おもりの質量として正しいものを，次の①～④のうちから一つ選べ。ただし，重力加速度の大きさを g，おもりを付ける前の状態(図3(a))で，テープが床を引く力の大きさを F，気球にはたらく浮力の大きさを f とする。[2]

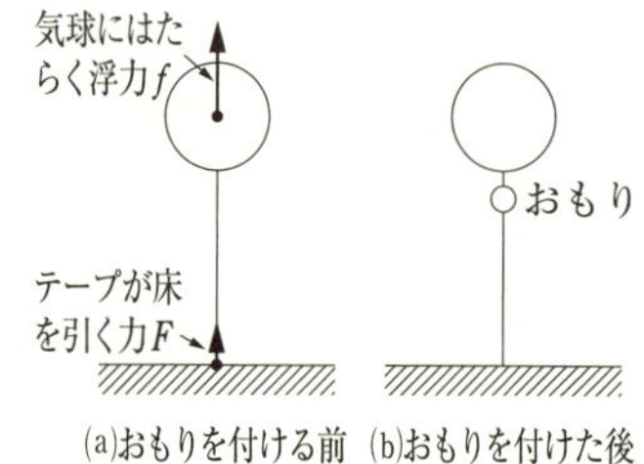

図3

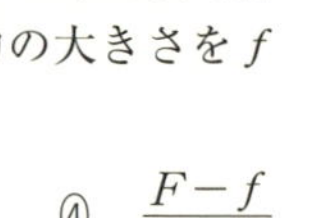

① $\dfrac{f}{g}$　② $\dfrac{F}{g}$　③ $\dfrac{F+f}{g}$　④ $\dfrac{F-f}{g}$

(3) テープにクライマーを取り付けたところ，図4(a)のように，クライマーより下のテープがたるんでクライマーは床に付き，その分だけ気球は下がった。そこで，図4(b)のように，クライマーを取り付けた状態でもテープがたるまず，テープが床を引く力がゼロになるよう，おもりの質量を再調節した。その上で，遠隔操作によってモーターを回転させたところ，クライマーはテープを上昇し，気球は下がった。気球が下がった理由に関する記述として正しいものを，次の①～④のうちから一つ選べ。[3]

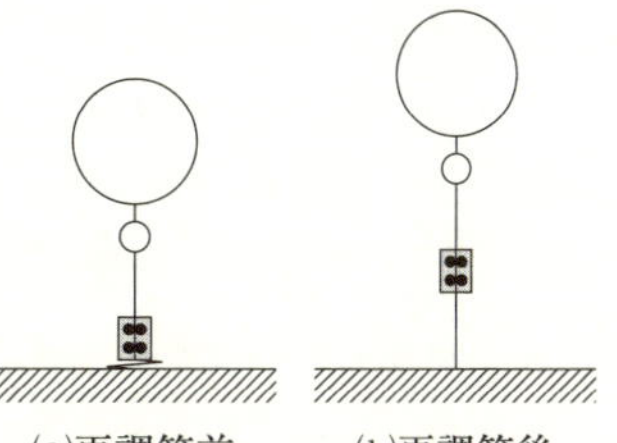

図4

① テープはクライマーから上向きの力を受けるが，その反作用によって気球が下がった。

② テープはクライマーから上向きの力を受けるが，クライマーにはたらく重力によって気球が下がった。

③ テープはクライマーから下向きの力を受け，その力が気球を引くことによって気球が下がった。

④ テープはクライマーから下向きの力を受け，床がテープを引く力によって気球が下がった。

(4) 次に，クライマーのふるまいを調べた。気球にヘリウムを追加して浮力を増し，クライマーが昇降してもテープがたるむことのないようにした。その状態で，クライマーのエネルギー効率を調べるため，クライマーを一定の速さで上昇させた。クライマーがテープを上昇しているとき，モーターや車輪，テープは発熱していた。このときの仕事とエネルギーに関する次の文章中の空欄[ア]に入る語句として最も適当なものを，下の①～④のうちから一つ選べ。[4]

クライマーが一定の速さで上昇したことから，クライマーには重力と同じ大きさの上向きの力がはたらいていたことがわかる。その力がした仕事は，[ア]と等しい。一方，モーターや車輪，テープが発熱していたことから，そのほかに，エネルギー損失もあったことがわかる。

① 電池の化学エネルギーの減少量　② モーターの発熱量

③ クライマーの位置エネルギーの増加量

④ 車輪の発熱量とテープの発熱量の和

(5) 質量が10〔kg〕で，モーターの出力が500〔W〕のクライマーに荷物を載せ，10〔m〕の高さを5.0〔s〕間で上昇させたい。このクライマーが持ち上げることのできる荷物の質量の最大値は，エネルギー損失がないと仮定して見積もることができる。その最大値として最も適当なものを，次の①～⑤のうちから一つ選べ。ただし，重力加速度の大きさを10〔m/s^2〕とする。[5]〔kg〕

① 5.0　② 15　③ 25　④ 35　⑤ 45

(6) クライマーの車輪とテープの間にはたらく全摩擦力を大きくするには，どのようにすればよいか。次の文章Ⅰ・Ⅱについて，その正誤の組合せとして正しいものを，右の①～④のうちから一つ選べ。 6

	Ⅰ	Ⅱ
①	正	正
②	正	誤
③	誤	正
④	誤	誤

Ⅰ　車輪とテープが接触する面積を一定にしたまま，車輪がテープをはさむ力を大きくする。

Ⅱ　それぞれの車輪がテープをはさむ力を一定にしたまま，テープをはさむ車輪の数を増やす。

2 遊園地の乗り物の運動に関する次の文章（A・B）を読み，下の問いに答えよ。

A　フリーフォールという乗り物の運動を図1のようにモデル化して考えてみた。

物体がA点から初めの速さ0で落下し，レールにそった下向きの運動からB点以降は水平な運動に移る。B点から先の水平部分では一定の摩擦力を受けて減速し，C点で停止する。ただし，このときの摩擦力は物体の質量に比例し，空気の抵抗やAB間を運動中の摩擦は無視できるものとする。

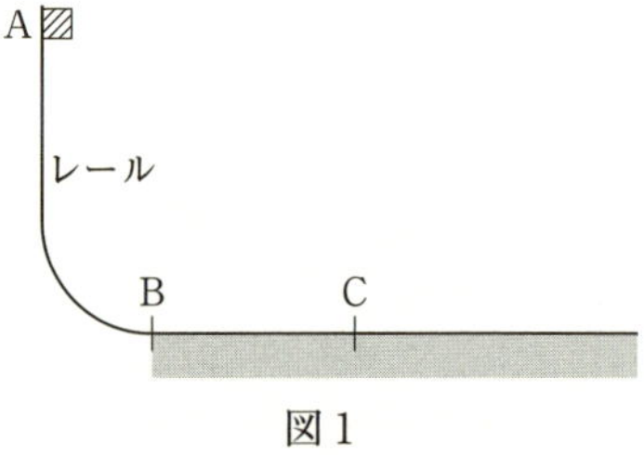

図1

(1) この運動で，横軸を物体のレール上の走行距離，縦軸を物体の運動エネルギーとした場合のグラフとして最も適当なものを，次の①～④のうちから一つ選べ。

1

①
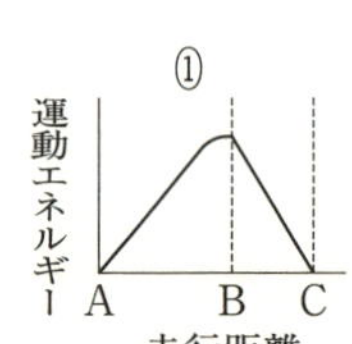

②
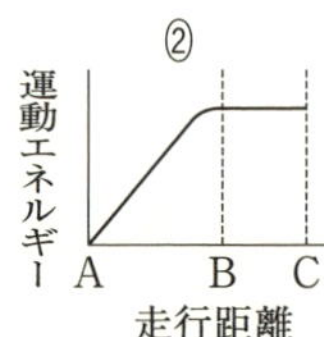

③
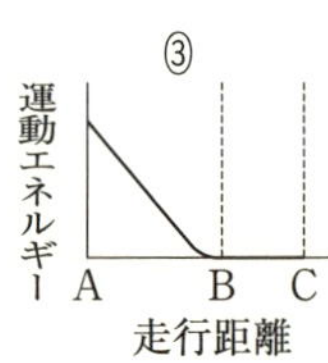

④
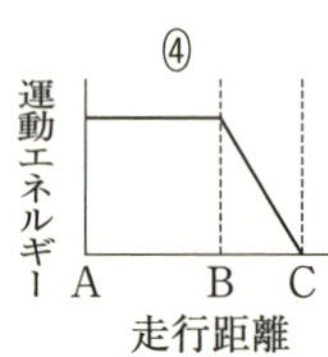

(2) 図1のBC間で物体が失った力学的エネルギーと同じ大きさのエネルギーとして**適当でないもの**を，次の①～④のうちから一つ選べ。ただし，C点での位置エネルギーを0とする。 2

①　A点での位置エネルギー　　②　A点での力学的エネルギー

③　B点での位置エネルギー　　④　B点での力学的エネルギー

(3) 物体の質量が2倍になった場合，B点から物体が止まる地点までの距離は何倍になるか。最も適当なものを，次の①～⑤のうちから一つ選べ。 3 倍

①　$\frac{1}{2}$　　②　1　　③　$\sqrt{2}$　　④　2　　⑤　4

B　あるジェットコースターについて，出発点からの走行距離と，車体の速さをグラフにあらわすと，図2のようになる。ただし，空気の抵抗や運動中の摩擦は無視できるものとし，重力加速度の大きさを10〔m/s²〕とする。

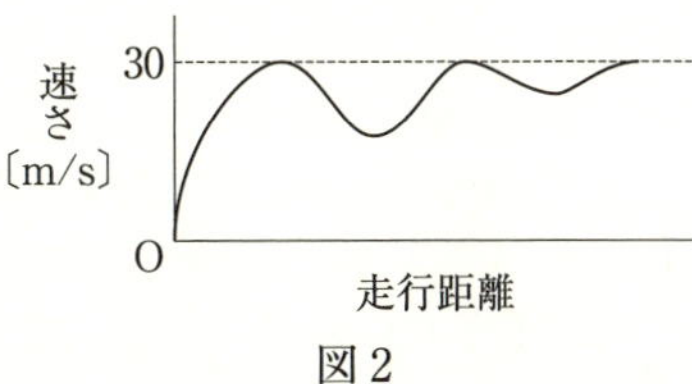

図2

(4)　ジェットコースターの出発点の高さは，レールの最も低い地点を基準として何〔m〕の高さといえるか。最も適当なものを，次の①～⑤のうちから一つ選べ。［4］〔m〕

①　17　　②　24　　③　30　　④　45　　⑤　90

(5)　図2から推測できるジェットコースターの軌道の形として最も適当なものを，次の①～⑤のうちから一つ選べ。［5］

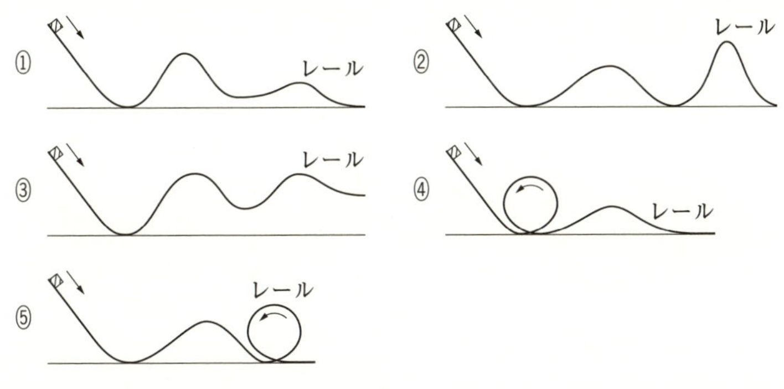

3 バンジージャンプとは，伸縮するロープを体にくくりつけた人が高い塔や橋の上から飛び降り，地面や水面近くまで落下することを楽しむスポーツである。バンジージャンプに関する次の問いに答えよ。

(1) バンジージャンプ用のロープに引っ張る力を加えると，力がはたらかない場合の長さ（自然長）の何倍も伸び，力を加えるのをやめると元の長さに戻る。

このロープの性質に関する次の文章を読み，空欄 ア ・ イ に入るものの組合せとして最も適当なものを，下の①～④のうちから一つ選べ。 1

ロープの弾性による張力Fがロープの自然長からの伸びxに比例するとき$F=kx$となり，比例定数kをばね定数と呼ぶ。

2種類のロープA・Bに力を加えて，自然長からの伸びを調べて横軸をF，縦軸をxとして描いて図1を得た。ばね定数が大きいロープは ア であり，そのロープは同じ力を加えたもう一方のロープより イ ことがわかる。

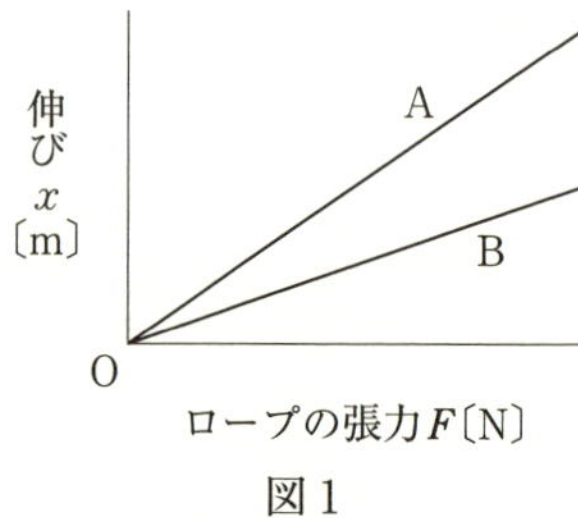

図1

	ア	イ
①	A	伸びやすい
②	A	伸びにくい
③	B	伸びやすい
④	B	伸びにくい

(2) 図2は，橋の上からバンジージャンプをする人の位置の時間経過を模式的に表したものである。ただし，状態間の時間間隔は等しくない。いま，人が状態(a)から真下に，はずみをつけずに落下するとする。状態(c)の前までは，人には下向きに重力だけがはたらくが，状態(c)の後では，人には重力のほかにロープの弾性による上向きの張力もはたらく。ここで，重力の大きさをW，張力の大きさをTとすると，状態(d)から状態(f)までのWとTの大小関係は，(d) $W>T$，(e) $W=T$，(f) $W<T$であった。ただし，ここではロープの質量と空気抵抗を無視する。

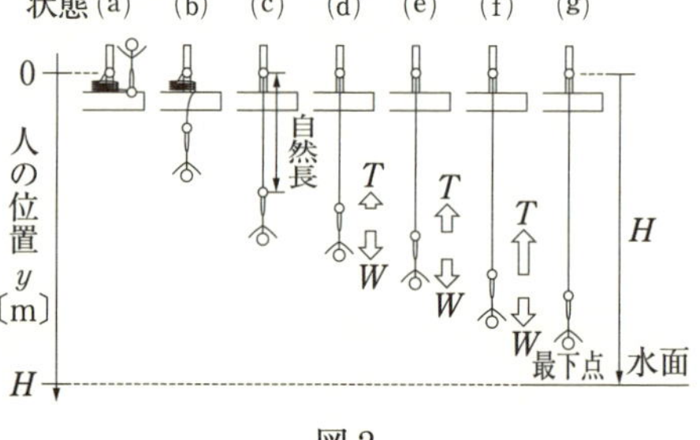

図2

図2において，人の落下の速さが増加から減少に変わる時点は状態(b)～(f)のうちのどれか。最も適当なものを，次の①～⑤のうちから一つ選べ。 2

① (b)　② (c)　③ (d)　④ (e)　⑤ (f)

(3) 図3は，人の位置yが変化するときのさまざまなエネルギーの変化を表したものである。ここで，人の位置yは，図2に示したように橋の上のロープの支点を0，水面をHとし，下向きを正としている。次の問い（**a**・**b**）に答えよ。

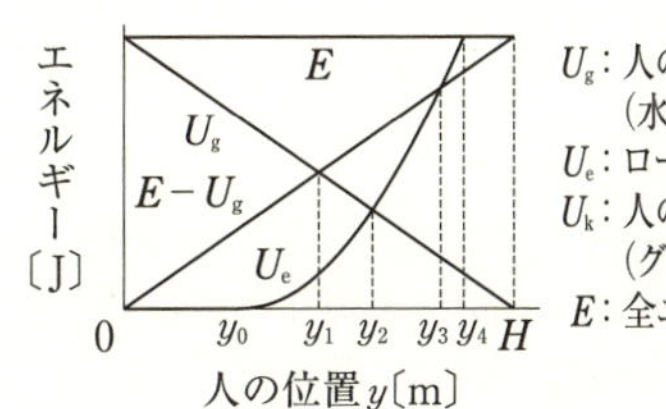

図 3

また，図 2 の状態(a)～(g)における各エネルギーの間には，次の関係がある。

状態(a)：	飛び降りる前は，$U_e=U_k=0$ であるため，$U_g=E$ である。
状態(b)・(c)：	ロープの長さが自然長になるまでは，$U_e=0$ であるため，$U_k=E-U_g$ である。
状態(d)～(f)：	ロープの長さが自然長より長く，最下点に達するまでは，$U_g+U_e+U_k=E$ であるため，$U_k=(E-U_g)-U_e$ である。
状態(g)：	最下点では，$U_k=0$ であるため，$U_e=E-U_g$ である。

a　人が達する最下点の位置は，図 3 の y_0 ～ y_4 のどれか。最も適当なものを，次の①～⑤のうちから一つ選べ。 3

①　y_0　　②　y_1　　③　y_2　　④　y_3　　⑤　y_4

b　人の運動エネルギーの変化を表すグラフとして最も適当なものを，次の①～④のうちから一つ選べ。 4

①
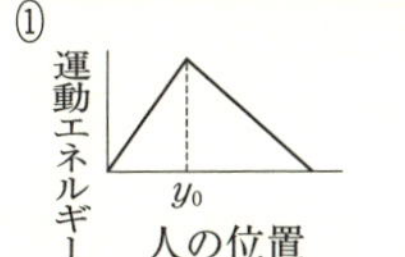

②
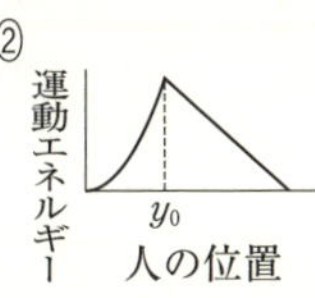

③
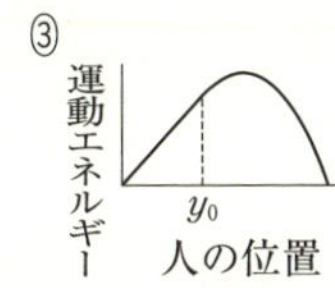

④
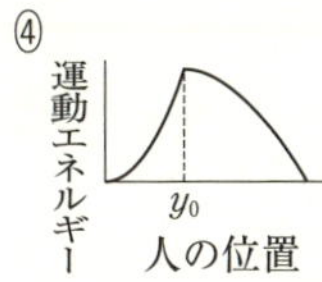

(4)　実際のバンジージャンプでは，最下点に達した後，再び上昇し，しばらく上下運動をくり返し，最終的には静止する。次の問い（**a**・**b**）に答えよ。

a　人の最終的な静止位置は，図 2 の状態(a)～(g)のうちのどれか。最も適当なものを，次の①～⑦のうちから一つ選べ。 5

①　(a)　　②　(b)　　③　(c)　　④　(d)　　⑤　(e)　　⑥　(f)　　⑦　(g)

b　ロープの自然長を 10〔m〕，ばね定数を 100〔N/m〕，人の質量を 50〔kg〕，重力加速度の大きさを 10〔m/s²〕とする。人が最終的に静止した場合のロープの長さとして最も適当なものを，次の①～④のうちから一つ選べ。ただし，ロープの質量は無視する。 6 〔m〕

①　5　　②　10　　③　15　　④　26

第 6 章　実験・考察問題

4 スポーツに関する次の文章（A・B）を読み，下の問いに答えよ。

A　アーチェリーは，図1のように，弓の弾性エネルギーを利用したスポーツである。弾性エネルギーとは，ばねやゴムなどの弾性をもつ物体が外力によって変形したときにもつエネルギーのことである。人が弓を引くときにはたらく弾性力は，弓を引いた距離に応じて変化する。ある弓について，弓を引いた距離と人が弓にした仕事との関係を調べたところ，図2のようになった。

図1

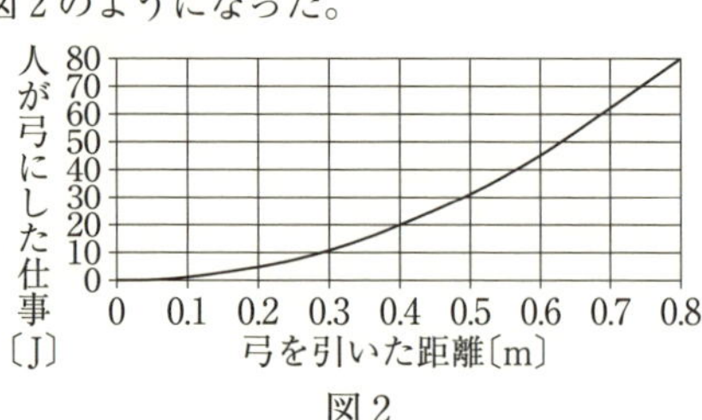

図2

このときに人が弓にした仕事は，弓の弾性エネルギーの増加分として蓄えられ，矢を放つときに矢の運動エネルギーに変わる。次の(1)～(3)では，人が弓にした仕事がすべて矢の運動エネルギーに変わるものとし，空気抵抗は無視する。

(1)　この弓を使って，質量 20〔g〕の矢を速さ 50〔m/s〕で放ちたい。弓を引く距離として最も適当なものを，次の①～⑥のうちから一つ選べ。［ 1 ］〔m〕

①　0.25　　②　0.30　　③　0.40　　④　0.45　　⑤　0.50　　⑥　0.63

(2)　次の文章中の空欄［ ア ］・［ イ ］に入る語句の組合せとして最も適当なものを，右の①～⑧のうちから一つ選べ。［ 2 ］

　この弓を斜め上に向けて遠方に矢を放った。矢が最高点に達したとき，矢の運動エネルギーは［ ア ］であり，矢には力が［ イ ］。

	ア	イ
①	最　大	はたらいていない
②	最　大	水平方向にはたらいている
③	最　大	鉛直下向きにはたらいている
④	最　大	斜め下向きにはたらいている
⑤	最　小	はたらいていない
⑥	最　小	水平方向にはたらいている
⑦	最　小	鉛直下向きにはたらいている
⑧	最　小	斜め下向きにはたらいている

(3)　図3のように，この弓を 0.40〔m〕引いて質量 20〔g〕の矢を放ち，的に当てたところ，矢の先が 0.20〔m〕だけ中に突き刺さって止まった。矢が的に突き刺さり始めてから止まるまでの間にはたらいた抵抗力の大きさとして最も適当なものを，下の①～⑥のうちから一つ選べ。ただし，はたらいた抵抗力の大きさは一定と仮定する。また，的は射る人のすぐ近くに固定されていて動かないものとし，重力の影響は無視する。［ 3 ］〔N〕

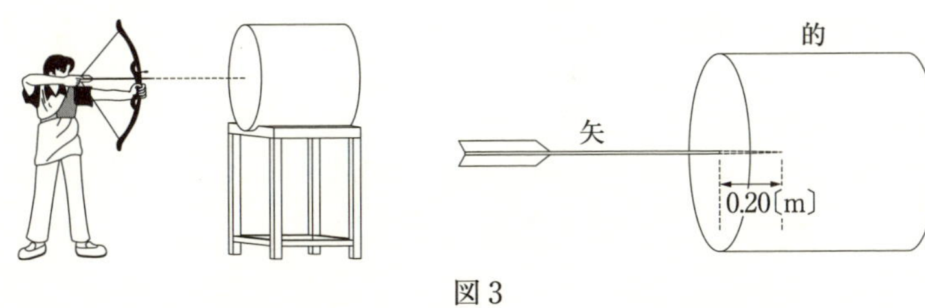

図 3

① 8　　② 16　　③ 20　　④ 40　　⑤ 80　　⑥ 100

B　棒高跳びも，弾性エネルギーを利用したスポーツである。

(4)　図 4 は，棒高跳びの各段階(a)〜(f)の様子を模式的に表したものである。選手は(a)から加速しながら助走し，(b)で棒の先をボックスに当てる。(c)で棒が最も大きく曲がり，その後，(d)と(e)で棒の曲がりが元に戻っていく。そして(f)で選手は最高点に達する。(a)〜(f)の一連の運動において，(b)および(d)のときの力学的エネルギーに関する記述として最も適当なものを，下の①〜⑥のうちからそれぞれ一つずつ選べ。ただし，棒の質量は無視できるものとする。(b) 4　(d) 5

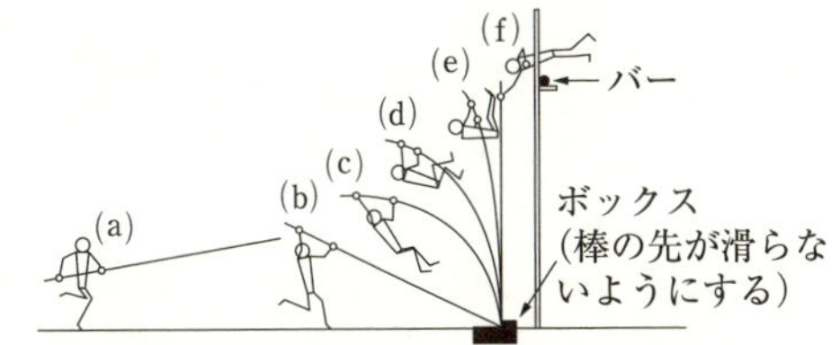

図 4　棒高跳びの各段階の様子

① 選手の「重力による位置エネルギー」が最大になっている。
② 選手の「運動エネルギー」が最大になっている。
③ 棒の「弾性エネルギー」が最大になっている。
④ 選手の「重力による位置エネルギー」が棒の「弾性エネルギー」に変わりつつある。
⑤ 選手の「運動エネルギー」が棒の「弾性エネルギー」に変わりつつある。
⑥ 棒の「弾性エネルギー」が選手の「重力による位置エネルギー」に変わりつつある。

(5)　図 4 の(b)において，質量 50〔kg〕の選手の速さが 10〔m/s〕であった。助走時の選手の運動エネルギーのすべてが選手の位置エネルギーに変化したと仮定して，この選手が到達できる高さを求めたい。地面から選手の重心までの最大の高さとして最も適当なものを，次の①〜⑨のうちから一つ選べ。ただし，重力加速度の大きさを 10〔m/s^2〕とし，(b)での選手の重心は地面から 1〔m〕のところにあるものとする。

6 〔m〕

① 3　　② 4　　③ 5　　④ 6　　⑤ 7
⑥ 8　　⑦ 9　　⑧ 10　　⑨ 11

(6) 実際の棒高跳びの記録では，(5)の方法で求めた高さにはならない。次の要因**ウ**～**オ**は，選手が到達できる最大の高さをより高くする(＋で表す)か，低くする(－で表す)か。これらの答えの組合せとして最も適当なものを，右の①～⑧のうちから一つ選べ。 7

	ウ	エ	オ
①	＋	＋	＋
②	＋	＋	－
③	＋	－	＋
④	＋	－	－
⑤	－	＋	＋
⑥	－	＋	－
⑦	－	－	＋
⑧	－	－	－

要　因

ウ　図4の段階(b)～(e)の間で選手が筋力を使って体を持ち上げる。

エ　空気の抵抗がある。

オ　選手がバーを飛び越えるときに，速さが0ではない。

5

ピラミッドに関する次の問いに答えよ。

(1) 古代エジプト人は，ピラミッドを造る岩石を運ぶのに斜面を利用したと考えられる。まず，斜面に沿って岩石を引き上げる力の大きさを考えよう。図1に示すように，質量 m の岩石を摩擦のない斜面に沿って，一定の大きさの力 F で距離 s だけゆっくり引っ張りつづけ，地面から高さ h まで引き上げたとする。力 F のした仕事と岩石の得た重力による位置エネルギーとが等しいとすると，このときの力 F の大きさはいくらか。最も適当なものを，次の①～⑤のうちから一つ選べ。ただし，重力加速度の大きさを g とし，滑車の摩擦は無視できるものとする。 1

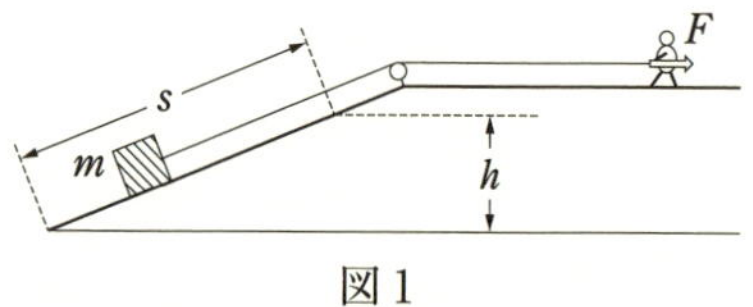

図1

① mg　② mgh　③ mgs　④ $\dfrac{mgh}{s}$　⑤ $\dfrac{mgs}{h}$

(2) 斜面に沿って岩石を引き上げているときに，引っ張っていたロープが切れた。図2の高さ z の点Aから岩石は滑り落ち始めたとする。高さ z' の点Bでの岩石の運動エネルギーはいくらになるか。最も適当なものを，次の①～⑥のうちから一つ選べ。ただし，岩石の質量を m，重力加速度の大きさを g とし，斜面および水平面の摩擦は無視できるものとする。 2

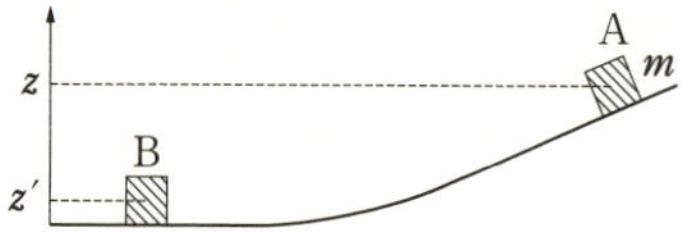

図2

① gz　② $g(z-z')$　③ $2g(z-z')$

④ mgz　⑤ $mg(z-z')$　⑥ $2mg(z-z')$

(3) ピラミッドを造るとき，個々の岩石を地面からある高さhの平面まで持ち上げ，その平面に敷き詰めるとする（図3）。敷き詰めた層の上に次の層を積むという作業のくり返しによって，ピラミッドを完成させるものとする。

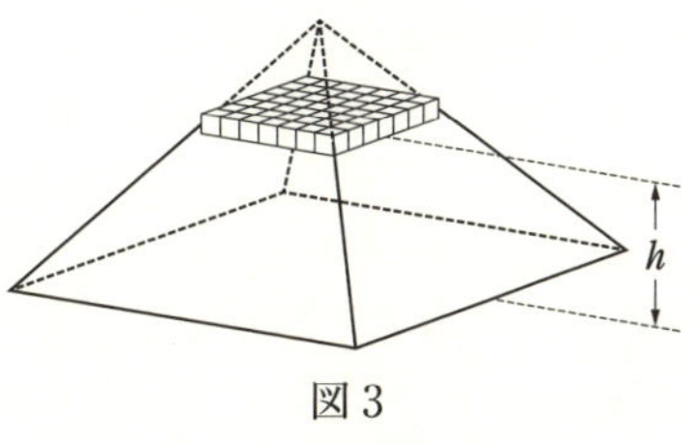

図3

岩石の形と大きさ，質量がすべて同じであり，摩擦は無視するものとする。それぞれの層の岩石の数は，その層の面積に比例するから，高さhが高くなるほど少なくなる。また，個々の岩石を引き上げる仕事は，高さとともに大きくなる。このように考えると，高さhの平面に岩石を敷き詰めるのに必要な仕事は，層の高さに応じてどのように変化するか。20層のピラミッドを造る場合のグラフとして，最も適当なものを，次の①～⑤のうちから一つ選べ。ただし，グラフの横軸は積む層の数である。 3

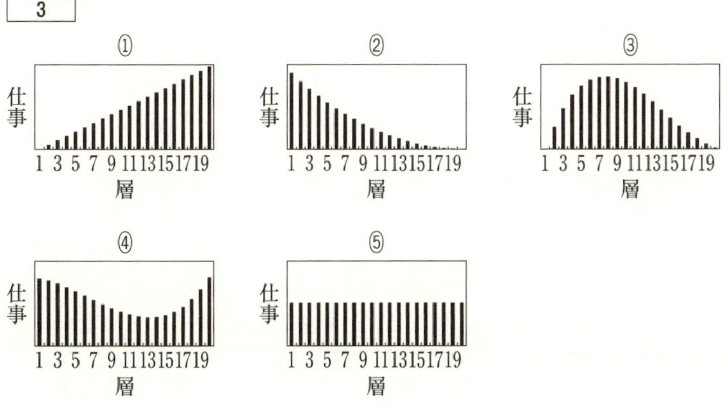

(4) ピラミッドを完成させるのに必要な仕事を考えよう。エジプトのクフ王のピラミッドの大きさは，高さ約136〔m〕，体積約2.4×10^{6}〔m^3〕である。頂上まで岩石を積み上げるのに必要な仕事は，ピラミッドに使われたすべての岩石をピラミッドの重心と呼ばれる点の高さ$\left(\text{ピラミッドの高さの}\ \frac{1}{4}\right)$約34〔m〕まで持ち上げる仕事と同じになる。

岩石の密度を2.5×10^{3}〔kg/m^3〕とすると，クフ王のピラミッドを完成させるために必要な仕事は何〔J〕か。最も適当なものを，次の①～⑤のうちから一つ選べ。ただし，重力加速度の大きさを10〔m/s^2〕とする。 4 〔J〕

① 2×10^{7}　② 8×10^{7}　③ 2×10^{8}　④ 8×10^{8}　⑤ 2×10^{12}

(5) ピラミッドなどの遺跡の調査には，光ファイバーを利用し，内部を観察する装置が用いられている。光ファイバーに関する記述として**適当でないもの**を，次の①～④のうちから一つ選べ。 5

① 光ファイバーは，全反射を利用して，光を伝達している。

② 光ファイバーには，なるべく固く，曲がりにくい性質が求められる。

③　透明度の高いガラスは，光ファイバーの原料の一つである。

④　高速，大容量の通信に，光ファイバーが使用されている。

6　水道水などの生活に利用される水に関する次の問いに答えよ。

(1)　単位時間に一定量の水が流れ出る水道の蛇口がある。この蛇口から出る水流に関する次の文章を読み，下の問い（**a**～**c**）に答えよ。ただし，水流の断面は円形と仮定し，空気などの混入はないものとする。

単位時間あたりに流れる水の体積は一定である。よって，水流の断面積と，この面を垂直に通り抜ける水の速さの積はどこでも一定となり，水の速さと水流の断面積は反比例する。

a　水道の蛇口に取り付けたホースを図１のように斜め上に向けて，水を放出した。水の速さの変化を考えると，空中での水流の太さ（断面積）の変化がわかる。空中での水流の太さの変化を述べた文として最も適当なものを，次の①～⑤のうちから一つ選べ。［ 1 ］

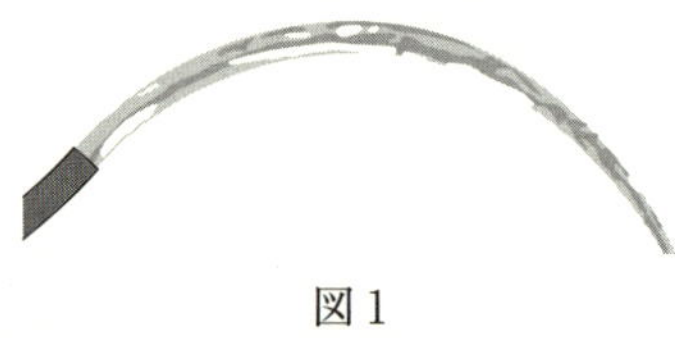
図１

①　水流は，上昇するとき細くなっていき，下降するとき太くなっていく。

②　水流は，上昇するとき細くなっていき，下降するとき，さらに細くなっていく。

③　水流は，上昇するときも，下降するときも，太さが変わらない。

④　水流は，上昇するとき太くなっていき，下降するとき，さらに太くなっていく。

⑤　水流は，上昇するとき太くなっていき，下降するとき細くなっていく。

b　水道の蛇口から出た直後の水の速さを求めたい。蛇口から出た直後の水流の断面積はわかっているとする。流出する水の体積をメスシリンダーで測ることにしたとき，これ以外に必要な計測器として最も適当なものを，次の①～⑤のうちから一つ選べ。［ 2 ］

①　ストップウォッチ　　②　ものさし　　③　台はかり

④　電流計　　⑤　温度計

c　重力による位置エネルギーの減少量が運動エネルギーの増加量に等しいことを使って，水道の蛇口から出た直後の位置P（図２）での水の速さvを求めよう。水流の断面積がPでの断面積の半分になる位置Qまでの距離を測ったところ，0.15〔m〕であった。水流の断面積と速さの関係より，Qでの水の速さは$2v$となる。このとき，vは何〔m/s〕か。最も適当なものを，次の①～⑤のうちから一つ選べ。ただし，重力加速度の大きさを10〔m/s^2〕とし，水は蛇口から真下に出ているものとする。［ 3 ］〔m/s〕

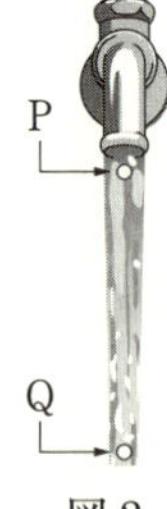

図２

①　0.7　　②　0.8　　③　1.0　　④　1.7　　⑤　3.0

(2) 水道水をガラスのコップに入れ，氷を加えてかき混ぜて氷水(こおりみず)を作り，暖かい室内でしばらく放置したところ，コップの側面に水滴がついた。この現象の説明に関する次の文章中の空欄[ア]～[ウ]に入る語句の組合せとして最も適当なものを，下の①～⑧のうちから一つ選べ。[4]

空気の温度に比べて，氷水の温度が低いので，熱は[ア]に伝わる。コップの側面についた水滴は，コップが氷水により冷やされて温度が低くなり，[イ]生じたものである。この水滴は，水滴になる過程で熱を[ウ]する。

	ア	イ	ウ
①	氷水から空気	氷水がコップからしみ出て	放　出
②	氷水から空気	氷水がコップからしみ出て	吸　収
③	氷水から空気	空気中の水蒸気が凝縮して	放　出
④	氷水から空気	空気中の水蒸気が凝縮して	吸　収
⑤	空気から氷水	氷水がコップからしみ出て	放　出
⑥	空気から氷水	氷水がコップからしみ出て	吸　収
⑦	空気から氷水	空気中の水蒸気が凝縮して	放　出
⑧	空気から氷水	空気中の水蒸気が凝縮して	吸　収

(3) 井戸水をくみ上げる場合には，ポンプによる仕事が必要である。ポンプを10〔s〕間動かして，2〔kg〕の水を井戸の水面から5〔m〕の高さまでくみ上げた。このとき，ポンプが水をくみ上げるために，重力に逆らって行った仕事の仕事率は何〔W〕か。最も適当なものを，次の①～⑤のうちから一つ選べ。ただし，重力加速度の大きさを10〔m/s^2〕とする。[5]〔W〕

① 1　② 10　③ 40　④ 100　⑤ 1000

(4) 夏の晴れた日に，ためておいた雨水を利用して，町内の路地に打ち水をしたところ，地面と空気の温度が下がって涼しくなった。600〔kg〕の空気の温度が0.8〔K〕下がるとすると，空気から奪われた熱量は何〔J〕か。最も適当なものを次の①～⑤のうちから一つ選べ。ただし，空気の比熱を1.0〔J/(g･K)〕とする。[6]〔J〕

① 0.75　② 480　③ 750　④ 480000　⑤ 750000

第6章 実験・考察問題

7 次の文章を読み，下の問いに答えよ。

ケーキ生地に電流を流し，発生するジュール熱でケーキを焼く実験をすることになった。図1のように，容器の内側に，2枚の鉄板を向かいあわせに立てて電極とし，ケーキ焼き器を作った。鉄板に，電流計，電圧計，電源装置を接続した。ケーキ生地を容器の半分程度まで入れ，温度計を差し込んだ。ケーキ生地には，小麦粉に少量の食塩と炭酸水素ナトリウムを加え，水でといたものを使用した。電源装置のスイッチを入れてケーキ生地に交流電流を流し，電流，電圧，温度を測定した。

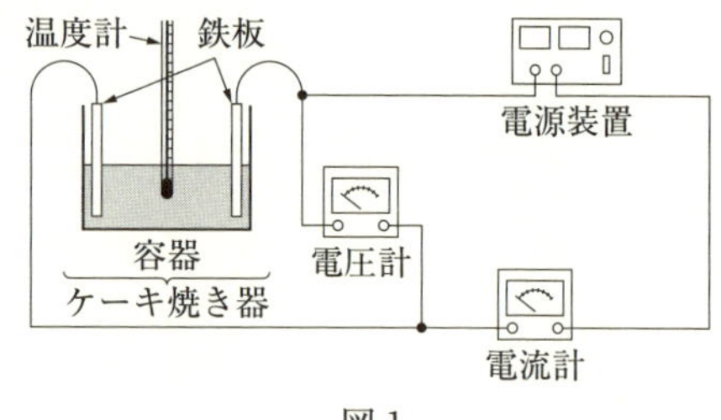

図1

図2に電流計の示した値を，図3に温度計の示した値を，いずれもスイッチを入れて測定を開始してからの経過時間を横軸にとって表した。なお，測定中，電圧計はつねに100〔V〕を示していた。

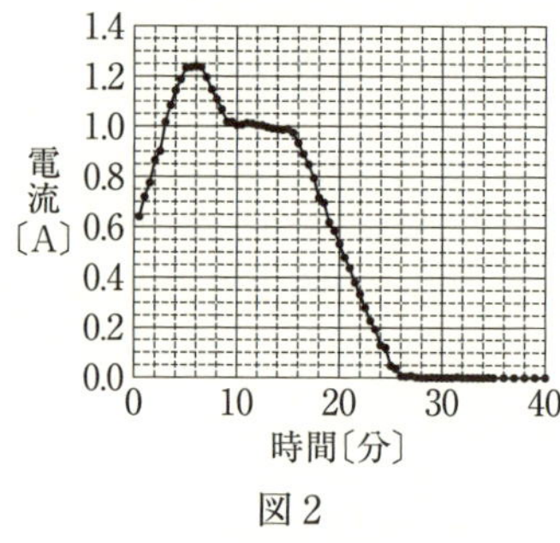

図2

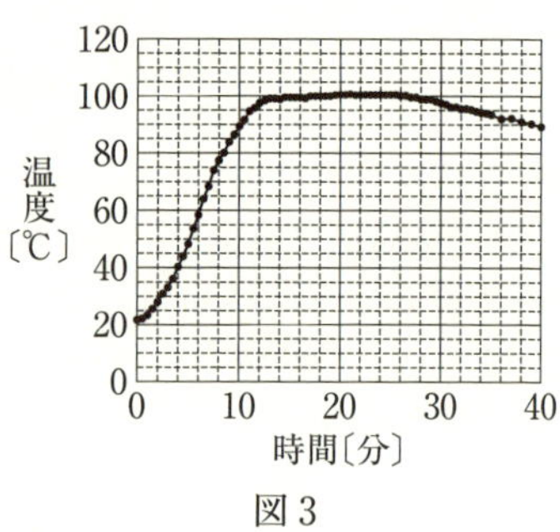

図3

(1) 電流は時間の経過にともない図2のように変化した。したがって，ケーキ生地を一つの抵抗器とみなすと，その抵抗値は時間の経過にともない変化したと考えられる。測定開始後6〔分〕での抵抗値は何〔Ω〕か。最も適当なものを，次の①～⑤のうちから一つ選べ。［ 1 ］〔Ω〕

① 0.0125　② 1.25　③ 80　④ 100　⑤ 125

(2) 測定開始後10〔分〕から15〔分〕までの間に，ケーキ生地で消費された電力量はおよそ何〔J〕か。最も適当なものを，次の①～⑤のうちから一つ選べ。［ 2 ］〔J〕

① 5　② 100　③ 500　④ 30000　⑤ 50000

(3) 測定開始後15〔分〕から25〔分〕までの間では，図2および図3から，ケーキ生地に流れる電流はしだいに減少し，ケーキ生地の温度は100〔°C〕を大きく超えずほぼ一定であったことがわかる。このとき，ケーキ生地は容器いっぱいにふくらみ，ケーキ生地から出る湯気の量は時間の経過にともない減少していった。ケーキ生地の温度が100〔°C〕を大きく超えなかった理由として最も適当なものを，次の①～④の

うちから一つ選べ。［ 3 ］

① ケーキ生地にかかる電圧が変化せず，消費電力が一定であったため。

② ケーキ生地の中の水分が沸点に達し，発生するジュール熱が水の蒸発に使われたため。

③ ケーキ生地の中で単位時間あたりに発生するジュール熱が一定であったため。

④ ケーキ生地から単位時間あたりに放出される熱量が一定であったため。

8 次の文章を読み，下の問いに答えよ。
サトルくんとリエさんは，電球型蛍光灯に関心をもち，話をしています。

サトル：同じ明るさの光を出す 60〔W〕の白熱電球と 13〔W〕の電球型蛍光灯がお店で売られているよね。僕がもらったカタログには，表 1 のように書いてあるよ。電球型蛍光灯は同じ明るさの白熱電球に比べて，およそ $\frac{1}{4}$ 以下の消費電力なんて本当だろうか。

リ　エ：それを確かめるなら，点灯時の電流を測定して比較すればいいでしょう。

サトル：そうだね。同じ電圧で点灯しているので，電流が大きい方が消費電力は［ ア ］。つまり，同じ消費電力で比較すると，白熱電球の方が電球型蛍光灯よりも［ イ ］ことになるね。

リ　エ：手を近づけてみると，白熱電球の方が電球型蛍光灯よりも熱く感じるわ。白熱電球は同じ明るさの電球型蛍光灯よりも多くの熱を出しているようね。

サトル：電気エネルギーもいろいろなエネルギーに変化するね。60〔W〕というのはどのくらいの仕事率なのか，体感してみたいな。また，それぞれを使うための費用についても比べてみようかな。

	白熱電球	電球型蛍光灯
電源	交流 100〔V〕	交流 100〔V〕
消費電力	60〔W〕	13〔W〕
平均耐用時間	1000〔時間〕	10000〔時間〕
1 個の購入価格	180〔円〕	2000〔円〕

表 1

(1) リエさんは白熱電球の消費電力を測定するための配線を考えた。白熱電球に流れる電流を正しく測定できる回路として最も適当なものを，次の①～④のうちから一つ選べ。[1]

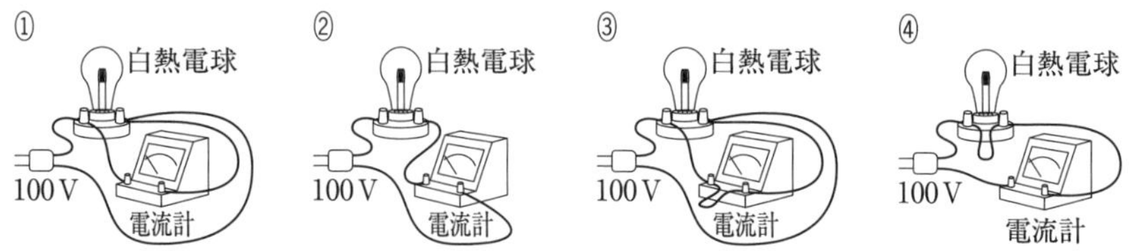

(2) サトルくんの発言の空欄[ア]・[イ]に入る語の組合せとして最も適当なものを，次の①～④のうちから一つ選べ。[2]

	ア	イ
①	小さい	明るい
②	小さい	暗　い
③	大きい	明るい
④	大きい	暗　い

(3) リエさんが電球型蛍光灯のエネルギー変換効率についてメーカーに問い合わせたところ，13〔W〕の電球型蛍光灯では，使われた電気エネルギーの25〔%〕が可視光線の光エネルギーに変換されることがわかった。放出される可視光線の光エネルギーは，13〔W〕の電球型蛍光灯と60〔W〕の白熱電球とでは等しいと仮定する。60〔W〕の白熱電球では，使われた電気エネルギーの何〔%〕が可視光線の光エネルギーに変換されると考えられるか。最も適当なものを，次の①～⑤のうちから一つ選べ。[3]〔%〕

① 1.1　② 5.4　③ 13　④ 18　⑤ 25

(4) サトルくんは，60〔W〕の仕事率を体感するために，図1のように質量10〔kg〕のタイヤをロープで水平に引っ張りながら移動して仕事をすることにした。人がタイヤにする仕事率が60〔W〕となるためには，1〔s〕間あたり何〔m〕ずつ移動すればよいか。最も適当なものを，次の①～⑤のうちから一つ選べ。ただし，摩擦力に抗してタイヤを水平に引く力を50〔N〕とする。[4]〔m〕

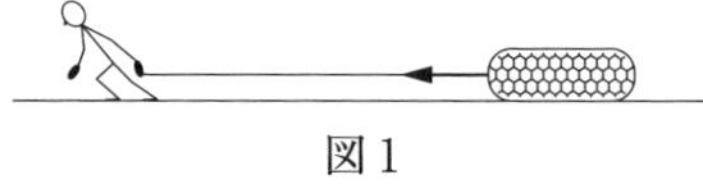
図1

① 0.17　② 0.83　③ 1.2　④ 5.0　⑤ 6.0

(5) サトルくんは，白熱電球と電球型蛍光灯を使うための費用（購入価格と電力量料金の合計）を比較するために，まず白熱電球を使用した場合の使用時間に対する費用を図2のグラフに表した。ただし，電力量料金は，1〔kWh〕あたり20〔円〕とし，白熱電球を1000〔時間〕ごとに買い換えるものとした。使用時間がある時間を超えると，10000〔時間〕まで買い換えずに使える電球型蛍光灯の方が費用が安くなるが，その時間はどの程度か。最も近いものを，次の①～⑤のうちから一つ選べ。 5 〔時間〕

① 2000　② 4000　③ 6000

④ 8000　⑤ 10000

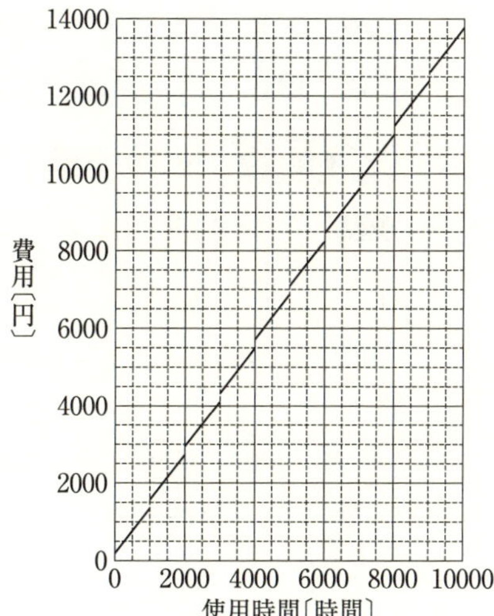

図2　白熱電球を使うための費用

第6章　実験・考察問題

演習問題解答

第1章　物体の運動

1

答　(1) $t=T-\dfrac{3v}{a}$〔s〕，$l=v\left(T-\dfrac{3v}{a}\right)$〔m〕　(2) $L=v\left(T-\dfrac{3v}{2a}\right)$〔m〕

(3) $v=\dfrac{1}{6}aT$〔m/s〕

解説　(1)　加速度 a〔m/s^2〕の等加速度運動を行っていた時間を t_1〔s〕とすると，

$$v=0+at_1 \qquad \text{よって，} t_1=\frac{v}{a}$$

最初の加速度の半分の大きさで減速していた時間を t_2〔s〕とすると，

$$0=v+\left(-\frac{1}{2}a\right)t_2 \qquad \text{よって，} t_2=\frac{2v}{a}$$

したがって，等速度運動を行っていた時間 t〔s〕は，$T=t_1+t+t_2$ より，

$$t=T-t_1-t_2=T-\frac{3v}{a}\text{〔s〕}$$

また，その間の走行距離 l〔m〕は，

$$l=vt=v\left(T-\frac{3v}{a}\right)\text{〔m〕}$$

(2)　加速中の走行距離を l_1〔m〕とすると，

$$v^2-0^2=2al_1 \qquad \text{よって，} l_1=\frac{v^2}{2a}$$

減速中の走行距離を l_2〔m〕とすると，

$$0^2-v^2=2\left(-\frac{1}{2}a\right)l_2 \qquad \text{よって，} l_2=\frac{v^2}{a}$$

したがって，全走行距離 L〔m〕は，

$$L=l_1+l+l_2=v\left(T-\frac{3v}{2a}\right)\text{〔m〕}$$

［別解］　この自動車の運動の v-t グラフは，右図のようになる。全走行距離 L〔m〕は，斜線部分の面積より，

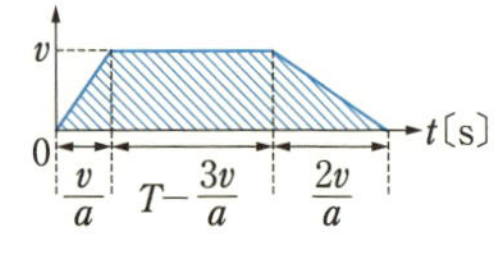

$$L=\frac{1}{2}\cdot\frac{v}{a}\cdot v+\left(T-\frac{3v}{a}\right)\cdot v+\frac{1}{2}\cdot\frac{2v}{a}\cdot v$$

$$=v\left(T-\frac{3v}{2a}\right)\text{〔m〕}$$

(3)　$t=\dfrac{1}{2}T$ より，$T-\dfrac{3v}{a}=\dfrac{1}{2}T$　　よって，$v=\dfrac{1}{6}aT$〔m/s〕

2

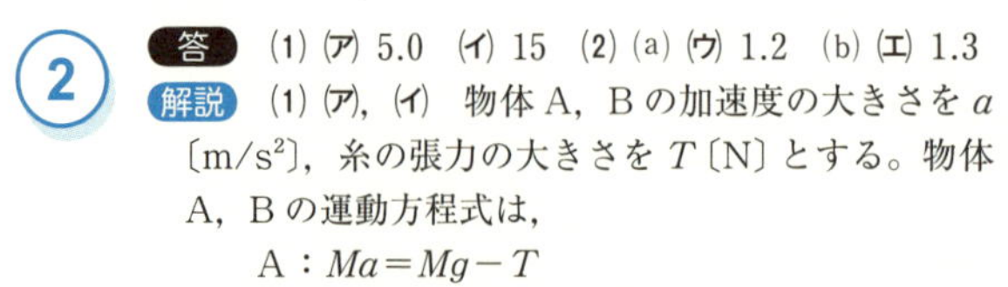

答　(1) (ア) 5.0　(イ) 15　(2) (a) (ウ) 1.2　(b) (エ) 1.3

解説　(1) (ア)，(イ)　物体 A，B の加速度の大きさを a〔m/s^2〕，糸の張力の大きさを T〔N〕とする。物体 A，B の運動方程式は，

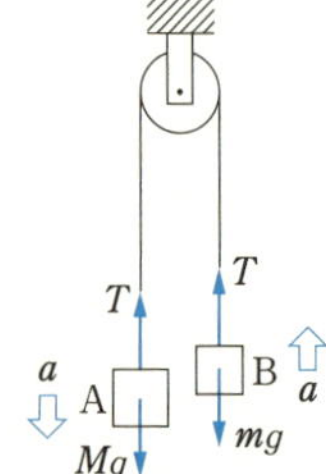

A：$Ma=Mg-T$

B：$ma=T-mg$

以上 2 式より，T を消去すると，

$$a=\frac{M-m}{M+m}g=\frac{3-1}{3+1}\times 10=\mathbf{5.0}\ \text{〔m/s}^2\text{〕}$$

また，a を消去すると，

$$T=\frac{2Mmg}{M+m}=\frac{2\times 3\times 1\times 10}{3+1}=\mathbf{15}\ \text{〔N〕}$$

(2) (a) (ウ) 糸の張力の大きさを T_1〔N〕とする。物体 A，B の斜面に平行な方向の力のつりあいより，

A：$Mg\sin\theta_1=\mu Mg\cos\theta_1+T_1$

B：$T_1=mg\cos\theta_1+\mu mg\sin\theta_1$

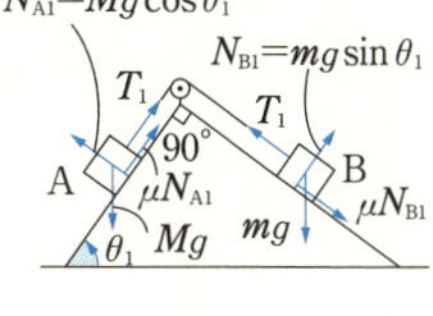

以上 2 式より，T_1 を消去すると，

$$\tan\theta_1=\frac{\sin\theta_1}{\cos\theta_1}=\frac{\mu M+m}{M-\mu m}=\frac{0.6\times 3+1}{3-0.6\times 1}\fallingdotseq\mathbf{1.2}$$

(b) (エ) 物体 A，B の加速度の大きさを a_2〔m/s²〕，糸の張力の大きさを T_2〔N〕とする。物体 A，B の斜面に平行な方向の運動方程式は，

A：$Ma_2=Mg\sin\theta_2-\mu' Mg\cos\theta_2-T_2$

B：$ma_2=T_2-mg\cos\theta_2-\mu' mg\sin\theta_2$

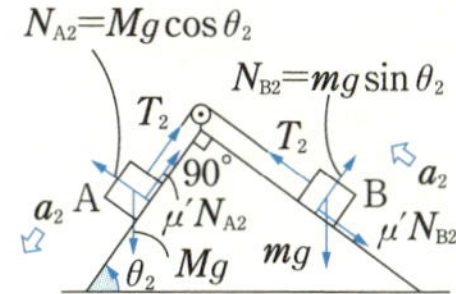

以上 2 式より，T_2 を消去すると，

$$a_2=\frac{(M-\mu' m)\sin\theta_2-(\mu' M+m)\cos\theta_2}{M+m}g$$

$\tan\theta_2=\frac{4}{3}$ のとき，$\sin\theta_2=\frac{4}{5}=0.8$，$\cos\theta_2=\frac{3}{5}=0.6$ なので，

$$a_2=\frac{(3-0.5\times 1)\times 0.8-(0.5\times 3+1)\times 0.6}{3+1}\times 10$$

$$=1.25$$

$$\fallingdotseq\mathbf{1.3}\ \text{〔m/s}^2\text{〕}$$

3

答 (ア) $\frac{M}{2}$ (イ) $\frac{x}{2}$ (ウ) $\left(\frac{M}{2}+m\right)a=\left(\frac{M}{2}+m\right)g-T$ (エ) $M\frac{a}{2}=2T-Mg$

(オ) $\frac{4mg}{3M+4m}$ (カ) $\frac{3}{4}M$ (キ) $2\sqrt{\frac{2h}{3g}}$

解説 (ア) Q の質量を M_Q，ひもの張力を T_0 とする。力のつりあいより，

Q：$M_Qg=T_0$

P：$2T_0=Mg$

T_0 T_0 T_0 P Q Mg M_Qg

以上 2 式より，T_0 を消去すると，

$$M_Q=\mathbf{\frac{M}{2}}$$

(イ) S が下方へ x だけ変位するとき，P は上方へ $\mathbf{\frac{x}{2}}$ だけ変位する。また，S が下向きの速度 v で運動するとき，P は上向きの速度 $\frac{v}{2}$ で運動し，さらに，S が下向きの加速度 a で運動するとき，P は上向きの加速度 $\frac{a}{2}$ で運動する。

(ウ)　Sの運動方程式は,

$$\mathrm{S}: \left(\frac{M}{2}+m\right)a=\left(\frac{M}{2}+m\right)g-T \quad \cdots\cdots ①$$

(エ)　Pの運動方程式は,

$$\mathrm{P}: M\frac{a}{2}=2T-Mg \quad \cdots\cdots ②$$

(オ)　①，②式より，T を消去すると,

$$a=\frac{4mg}{3M+4m}$$

(カ)　$a=\dfrac{g}{2}$ のとき,

$$\frac{4mg}{3M+4m}=\frac{g}{2} \qquad よって，m=\frac{3}{4}M$$

(キ)　運動を開始してからPとSが同じ高さとなるまでに，Sは下方へ $\dfrac{2}{3}h$ だけ変位し，Pは上方へ $\dfrac{1}{3}h$ だけ変位する。Sの運動に着目すると,

$$\frac{2}{3}h=\frac{1}{2}at^2 \qquad よって，t=2\sqrt{\frac{h}{3a}}=2\sqrt{\frac{h}{3\cdot\frac{g}{2}}}=2\sqrt{\frac{2h}{3g}}$$

4

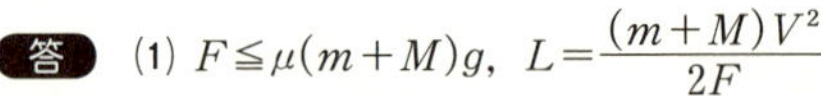

答　(1) $F \leqq \mu(m+M)g$，$L=\dfrac{(m+M)V^2}{2F}$

(2) $T=\dfrac{MV}{F-\mu' mg}$，$d_1=\dfrac{F-\mu'(m+M)g}{2M}\left(\dfrac{MV}{F-\mu' mg}\right)^2$

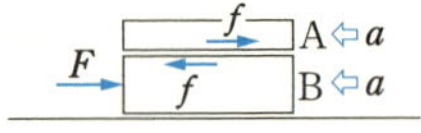

解説　(1)　物体AとBとの間の静止摩擦力の大きさを f，物体A，Bの加速度を運動の向きを正として a とする。物体A，Bの運動方程式は,

$$\mathrm{A}: ma=-f$$
$$\mathrm{B}: Ma=f-F$$

以上2式より,

$$\begin{cases} a=-\dfrac{F}{m+M} \\ f=\dfrac{mF}{m+M} \end{cases}$$

物体AとBがずれることなく一体として運動するためには，$f \leqq \mu mg$ より,

$$\frac{mF}{m+M} \leqq \mu mg \qquad よって，F \leqq \mu(m+M)g$$

また,

$$0^2-V^2=2aL \qquad よって，L=-\frac{V^2}{2a}=\frac{(m+M)V^2}{2F}$$

(2)　物体A，Bの加速度を運動の向きを正としてそれぞれ a_A，a_B とする。物体A，Bの運動方程式は,

$$\mathrm{A}: ma_A=-\mu' mg$$
$$\mathrm{B}: Ma_B=\mu' mg-F$$

以上2式より,

$$\begin{cases} a_A = -\mu' g \\ a_B = -\dfrac{F-\mu' mg}{M} \end{cases}$$

したがって，

$$0 = V + a_B T \qquad よって，T = -\frac{V}{a_B} = \boldsymbol{\frac{MV}{F-\mu' mg}}$$

また，

$$d_1 = \left(VT + \frac{1}{2}a_A T^2\right) - \left(VT + \frac{1}{2}a_B T^2\right)$$

$$= \boldsymbol{\frac{F-\mu'(m+M)g}{2M}\left(\frac{MV}{F-\mu' mg}\right)^2}$$

5

答 (1) 力のつりあいの式 (水平方向)：$\frac{1}{2}T = F$，(鉛直方向)：$\frac{\sqrt{3}}{2}T = Mg$

力のモーメントのつりあいの式：$\frac{1}{2}Ta = \frac{1}{2}Fb$

(2) $F = \frac{\sqrt{3}}{3}Mg$〔N〕，$T = \frac{2\sqrt{3}}{3}Mg$〔N〕，$\frac{b}{a} = 2$

解説 (1) 棒ABに働く力は右図のようになる。棒ABに働く力のつりあいの式は，水平方向について，

$$T\cos 60° = F \qquad よって，\boldsymbol{\frac{1}{2}T = F} \qquad \cdots\cdots①$$

鉛直方向について，

$$T\sin 60° = Mg \qquad よって，\boldsymbol{\frac{\sqrt{3}}{2}T = Mg} \qquad \cdots\cdots②$$

また，棒の重心のまわりの力のモーメントのつりあいの式は，

$$T\cos 60° \cdot a = F\cos 60° \cdot b \qquad よって，\boldsymbol{\frac{1}{2}Ta = \frac{1}{2}Fb} \qquad \cdots\cdots③$$

(2) ②式より，

$$T = \boldsymbol{\frac{2\sqrt{3}}{3}Mg}〔N〕$$

これを①式に代入すると，

$$F = \boldsymbol{\frac{\sqrt{3}}{3}Mg}〔N〕$$

また，これらを③式に代入すると，

$$\frac{b}{a} = \boldsymbol{2}$$

 (1) (a) $mg=N+kx$ (b) $\dfrac{mg}{k}$ (c) $\dfrac{m^2g^2}{2k}$

(2) (d) 運動エネルギー：$\dfrac{1}{2}mv^2$，重力による位置エネルギー：$-mgx$，

弾性力による位置エネルギー：$\dfrac{1}{2}kx^2$ (e) $\dfrac{2mg}{k}$

解説 (1) (a) おもりに働く力のつりあいより，

$$mg=N+kx$$

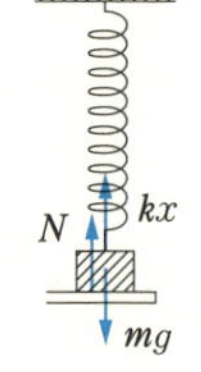

(b) (a)の式より，

$$N=-kx+mg \quad \cdots\cdots①$$

板がおもりから離れるときのばねの伸びを x_1 とすると，このとき $N=0$ となるので，

$$0=-kx_1+mg \qquad よって，x_1=\frac{mg}{k}$$

(c) ①式をグラフにすると，右図のようになる。よって，板がおもりに対してした仕事の大きさ W_N は，斜線部分の面積より，

$$W_N=\frac{1}{2}\cdot\frac{mg}{k}\cdot mg=\frac{m^2g^2}{2k}$$

(2) (e) ばねの伸びの最大値を x_2 とする。力学的エネルギー保存の法則より，

$$0+0+0=0-mgx_2+\frac{1}{2}kx_2{}^2 \qquad よって，x_2=0,\ \frac{2mg}{k}$$

$x_2=0$ は不適なので，

$$x_2=\frac{2mg}{k}$$

(注) おもりは，$x=x_1=\dfrac{mg}{k}$ を中心に，振幅 $A=x_1-0=\dfrac{mg}{k}$，周期 $T=2\pi\sqrt{\dfrac{m}{k}}$ の単振動をする。これより，ばねの伸びの最大値 x_2 は，

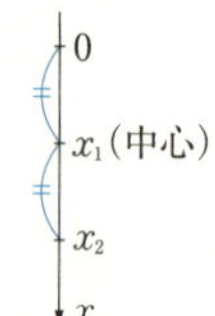

$$x_2=2A=\frac{2mg}{k}$$

となることが容易にわかる。

答 (1) $v_1=\dfrac{(1+e)Mv_0}{M+m}$〔m/s〕 (2) $v_2=\sqrt{v_1{}^2-2gh}$〔m/s〕 (3) $v_{2x}=\dfrac{\sqrt{3}}{2}v_2$〔m/s〕，$v_{2y}=\dfrac{1}{2}v_2$〔m/s〕 (4) $\dfrac{v_2}{2g}$〔s〕 (5) $h+\dfrac{v_2{}^2}{8g}$〔m〕 (6) $\mathrm{EF}=\dfrac{\sqrt{3}\,v_2{}^2}{4g}$〔m〕

解説 (1) 衝突直後の小球Pの速度を右向きを正として v_1'〔m/s〕とする。運動量保存の法則より，

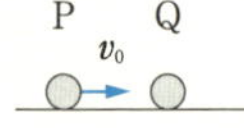

$$Mv_0+0=Mv_1'+mv_1$$

反発係数（はね返り係数）が e より，

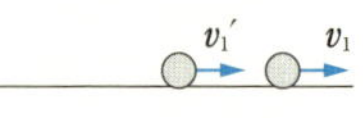

$$e=-\frac{v_1-v_1'}{0-v_0}$$

以上2式より，v_1' を消去すると，

$$v_1 = \frac{(1+e)Mv_0}{M+m} \text{〔m/s〕}$$

(2) 力学的エネルギー保存の法則より，

$$\frac{1}{2}mv_1{}^2 + 0 = \frac{1}{2}mv_2{}^2 + mgh \qquad よって，\ v_2 = \sqrt{v_1{}^2 - 2gh} \text{〔m/s〕}$$

(4) 端点Dから最高点に至るまでにかかった時間を T〔s〕とすると，鉛直方向の運動に着目して，

$$0 = \frac{1}{2}v_2 + (-g)T \qquad よって，\ T = \frac{v_2}{2g} \text{〔s〕}$$

(5) 最高点に達したときの水平面からの高さを H〔m〕とすると，鉛直方向の運動に着目して，

$$0^2 - \left(\frac{1}{2}v_2\right)^2 = 2(-g)(H-h) \qquad よって，\ H = h + \frac{v_2{}^2}{8g} \text{〔m〕}$$

(6) 水平方向の運動に着目して，

$$\text{EF} = \left(\frac{\sqrt{3}}{2}v_2\right)T \qquad よって，\ \text{EF} = \frac{\sqrt{3}\,v_2{}^2}{4g} \text{〔m〕}$$

8

答 (1) $h_P = \dfrac{v^2}{2g}$ (2) $\dfrac{mv^2}{r} - mg(2-3\cos\theta)$ (3) (ア) ② (イ) ③

(4) $V = \dfrac{m}{m+M}v$ (5) $\dfrac{M}{m+M}$ 倍

解説 (1) 力学的エネルギー保存の法則より，

$$\frac{1}{2}mv^2 + 0 = 0 + mgh_P \qquad よって，\ h_P = \frac{v^2}{2g}$$

(2) 点Rを通過しているとき，小物体の速さを v_R，小物体が板から受ける垂直抗力を N_R とする。力学的エネルギー保存の法則より，

$$\frac{1}{2}mv^2 + 0 = \frac{1}{2}mv_R{}^2 + mgr(1-\cos\theta)$$

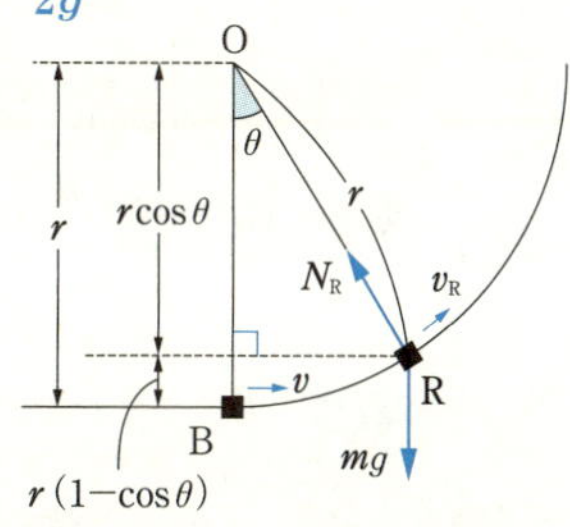

よって，$v_R = \sqrt{v^2 - 2gr(1-\cos\theta)}$

円運動の運動方程式は（もしくは，遠心力を含めた半径方向の力のつりあいより），

$$m\frac{v_R{}^2}{r} = N_R - mg\cos\theta \qquad よって，\ N_R = \frac{mv^2}{r} - mg(2-3\cos\theta)$$

(4) 運動量保存の法則より，

$$mv + 0 = (m+M)V \qquad よって，\ V = \frac{m}{m+M}v$$

(5) 力学的エネルギー保存の法則より，

$$\frac{1}{2}mv^2 + 0 = \frac{1}{2}(m+M)V^2 + mgh_Q \qquad よって，\ h_Q = \frac{Mv^2}{2g(m+M)}$$

ゆえに，$\dfrac{h_Q}{h_P} = \dfrac{M}{m+M}$ 倍

9 **答** (1) $F=\dfrac{1-\cos\theta}{\cos\theta}kL$ (2) $\omega=\sqrt{\dfrac{(1-\cos\theta)k}{m}}$ (3) $\omega_m=\sqrt{\dfrac{g}{L}}$

(4) $k>\dfrac{mg(L+x_m)}{Lx_m}$

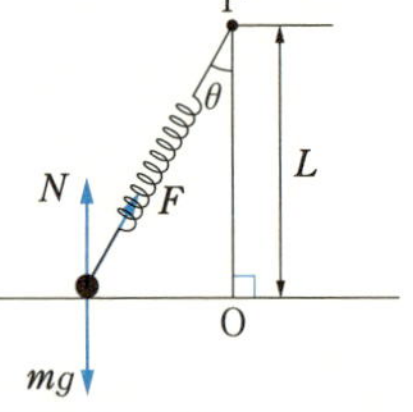

解説 (1) ばねの長さが $\dfrac{L}{\cos\theta}$ なので,

$$F=k\left(\frac{L}{\cos\theta}-L\right)=\frac{1-\cos\theta}{\cos\theta}kL$$

(2) 円運動の運動方程式は(もしくは, 遠心力を含めた水平方向の力のつりあいより), 等速円運動の半径が $L\tan\theta$ なので,

$$m(L\tan\theta)\omega^2=F\sin\theta \qquad \text{よって,}\ \omega=\sqrt{\frac{F\cos\theta}{mL}}=\sqrt{\frac{(1-\cos\theta)k}{m}}$$

(3) 球体が机上から受ける垂直抗力の大きさをNとする。鉛直方向の力のつりあいより,

$$N+F\cos\theta=mg \qquad \text{よって,}\ N=mg-F\cos\theta=mg-(1-\cos\theta)kL$$

$\omega=\omega_m$ のとき $N=0$ となるが, このとき $\theta=\theta_m$ とすると,

$$0=mg-(1-\cos\theta_m)kL \qquad \text{よって,}\ \cos\theta_m=1-\frac{mg}{kL}$$

したがって, (2)より, $\omega_m=\sqrt{\dfrac{(1-\cos\theta_m)k}{m}}=\sqrt{\dfrac{g}{L}}$

(4) 球体が机上を離れるときのばねの伸びは $\dfrac{L}{\cos\theta_m}-L$ なので,

$$\frac{L}{\cos\theta_m}-L<x_m \qquad \text{よって,}\ k>\frac{mg(L+x_m)}{Lx_m}$$

(1) $v=l\sqrt{\dfrac{k}{m}}$ 〔m/s〕 (2) $F=\dfrac{kl^2}{2s}$ 〔N〕

(3) (a) $V=\sqrt{2gr(1-\cos\theta)}$ 〔m/s〕 (b) $R=mg(3\cos\theta-2)$ 〔N〕 (c) $\cos\theta_0=\dfrac{2}{3}$

解説 (1) 物体Pはばねが自然長となる位置で板から離れる。力学的エネルギー保存の法則より,

$$0+\frac{1}{2}kl^2=\frac{1}{2}mv^2+0 \qquad \text{よって,}\ v=l\sqrt{\frac{k}{m}}\ \text{〔m/s〕}$$

(2) 運動エネルギーと仕事の関係(エネルギーの原理)より,

$$0-\frac{1}{2}mv^2=-Fs \quad \text{よって,}\ F=\frac{mv^2}{2s}=\frac{kl^2}{2s}\ \text{〔N〕}$$

[別解] 物体PのBC間での加速度をB→Cの向きを正として a〔m/s^2〕とすると, 運動方程式は,

$$ma=-F \qquad \text{よって,}\ a=-\frac{F}{m}$$

これより,

$$0^2-v^2=2\left(-\frac{F}{m}\right)s \qquad \text{よって,}\ F=\frac{mv^2}{2s}=\frac{kl^2}{2s}\ \text{〔N〕}$$

(3) (a)　力学的エネルギー保存の法則より，

$$0+mgr(1-\cos\theta)=\frac{1}{2}mV^2+0$$

よって，$V=\sqrt{2gr(1-\cos\theta)}$〔m/s〕

(b)　円運動の運動方程式は（もしくは，遠心力を含めた半径方向の力のつりあいより），

$$m\frac{V^2}{r}=mg\cos\theta-R$$

よって，$R=mg\cos\theta-m\frac{V^2}{r}=mg(3\cos\theta-2)$〔N〕

(c)　点Eでは，$R=0$ より，

$$0=mg(3\cos\theta_0-2)\qquad よって，\cos\theta_0=\frac{2}{3}$$

答　(1) $\cos\theta=1-\frac{v^2}{2gl}$　(2) $m\left(g+\frac{v^2}{l}\right)$　(3) Aの速さ：v，Bの速さ：0

(4) $v\sqrt{\frac{m}{k}}$　(5) $\pi\left(\sqrt{\frac{m}{k}}+\sqrt{\frac{l}{g}}\right)$

解説　(1)　力学的エネルギー保存の法則より，

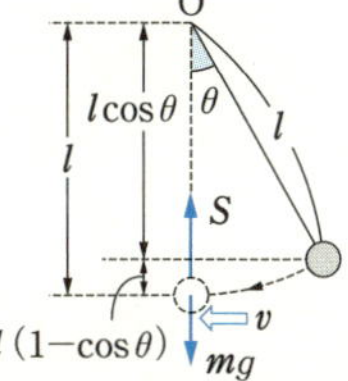

$$0+mgl(1-\cos\theta)=\frac{1}{2}mv^2+0$$

よって，$\cos\theta=1-\frac{v^2}{2gl}$

(2)　糸の張力をSとする。円運動の運動方程式は（もしくは，遠心力を含めた半径方向の力のつりあいより），

$$m\frac{v^2}{l}=S-mg\qquad よって，S=m\left(g+\frac{v^2}{l}\right)$$

(3)　衝突直後の物体A，Bの速度を左向きを正としてそれぞれv_A，v_Bとする。運動量保存の法則より，

$$0+mv=mv_A+mv_B$$

完全弾性衝突とは，反発係数（はね返り係数）が1の衝突なので，

$$1=-\frac{v_A-v_B}{0-v}$$

以上2式より，

$$\begin{cases} v_A=v \\ v_B=0 \end{cases}$$

(4)　ばねの縮みの最大値をAとする。力学的エネルギー保存の法則より，

$$\frac{1}{2}mv_A{}^2+0=0+\frac{1}{2}kA^2\qquad よって，A=v_A\sqrt{\frac{m}{k}}=v\sqrt{\frac{m}{k}}$$

(5)　この場合の繰り返し周期をTとする。物体Bの単振り子の周期は $T_B=2\pi\sqrt{\frac{l}{g}}$，物体Aのばね振り子の周期は $T_A=2\pi\sqrt{\frac{m}{k}}$ なので，

$$T=\frac{1}{4}T_B+\frac{1}{2}T_A+\frac{1}{4}T_B$$
$$=\frac{1}{2}(T_A+T_B)$$
$$=\pi\left(\sqrt{\frac{m}{k}}+\sqrt{\frac{l}{g}}\right)$$

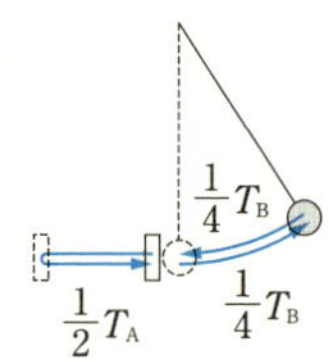

12

答 (1) $V_0=\sqrt{2gL\sin\theta}$ (2) $V_A=\frac{1}{2}\sqrt{2gL\sin\theta}$, $V_B=\frac{1}{2}\sqrt{2gL\sin\theta}$

(3) $T_A=2\pi\sqrt{\frac{3M}{k}}$ (4) $T_B=\frac{1}{2}\sqrt{\frac{2L}{g\sin\theta}}$ (5) $L=\frac{3\pi^2 Mg\sin\theta}{2k}$

解説 (1) 物体Bの加速度の大きさをaとすると，運動方程式は，

$$Ma=Mg\sin\theta \qquad \text{よって，} a=g\sin\theta$$

これより，

$$V_0{}^2-0^2=2(g\sin\theta)L \qquad \text{よって，} V_0=\sqrt{2gL\sin\theta}$$

［別解］ 力学的エネルギー保存の法則より，

$$0+MgL\sin\theta=\frac{1}{2}MV_0{}^2+0 \qquad \text{よって，} V_0=\sqrt{2gL\sin\theta}$$

(2) 運動量保存の法則より，

$$0+MV_0=3MV_A+M(-V_B)$$

完全弾性衝突とは，反発係数（はね返り係数）が1の衝突なので，

$$1=-\frac{V_A-(-V_B)}{0-V_0}$$

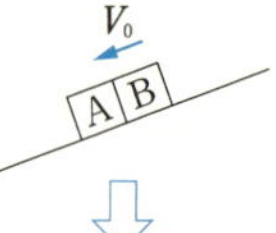

以上2式より，

$$\begin{cases} V_A=\frac{1}{2}V_0=\frac{1}{2}\sqrt{2gL\sin\theta} \\ V_B=\frac{1}{2}V_0=\frac{1}{2}\sqrt{2gL\sin\theta} \end{cases}$$

(4) (1)と同様に，

$$0=V_B+(-g\sin\theta)T_B \qquad \text{よって，} T_B=\frac{V_B}{g\sin\theta}=\frac{1}{2}\sqrt{\frac{2L}{g\sin\theta}}$$

(5) $\frac{1}{2}T_A=2T_B$ であればよいので，

$$\pi\sqrt{\frac{3M}{k}}=\sqrt{\frac{2L}{g\sin\theta}} \qquad \text{よって，} L=\frac{3\pi^2 Mg\sin\theta}{2k}$$

第2章 熱と物質の状態

答 (1) 78.0〔J/K〕 (2) 36.8〔°C〕 (3) 25.6〔°C〕

解説 (1) 銅製容器の熱容量 C〔J/K〕は，

$$C=200\times0.390=78.0〔\text{J/K}〕$$

(2) かき混ぜた後の水温を t〔°C〕とする。200〔g〕の水が放出した熱量 Q_1〔J〕は，

$$Q_1=200\times4.20\times(80.0-t)$$

銅製容器が吸収した熱量 Q_2〔J〕は，

$$Q_2=200\times0.390\times\{t-(-20.0)\}$$

60.0〔g〕の氷が吸収した熱量 Q_3〔J〕は，

$$Q_3=60.0\times2.10\times\{0-(-20.0)\}+60.0\times3.35\times10^2+60.0\times4.20\times(t-0)$$

熱量の保存より，

$$Q_1=Q_2+Q_3 \qquad よって，t \fallingdotseq \mathbf{36.8}〔°C〕$$

(3) 水温の上昇を Δt〔°C〕とする。底面ヒーターから供給された熱量が 500×60〔J〕なので，熱量の保存より，

$$500\times60=200\times0.390\times\Delta t+(200+60.0)\times4.20\times\Delta t \qquad よって，\Delta t \fallingdotseq \mathbf{25.6}〔°C〕$$

14

答 (1) $V=\dfrac{RT_1}{P_1}$〔m³〕 (2) $\Delta n=1-\dfrac{T_1}{T_2}$〔mol〕 (3) $P_3=\dfrac{T_1}{T_2}P_1$〔Pa〕

(4) $F=\left(1-\dfrac{T_1}{T_2}\right)P_1S$〔N〕

解説 (1) 状態 1 の気体の状態方程式は，

$$P_1V=1\cdot RT_1 \qquad よって，V=\frac{RT_1}{P_1}〔m^3〕$$

(2) 状態 2 の気体の状態方程式は，

$$P_1V=(1-\Delta n)RT_2 \qquad よって，\Delta n=1-\frac{P_1V}{RT_2}=1-\frac{T_1}{T_2}〔mol〕$$

(3) 状態 3 の気体の状態方程式は，

$$P_3V=(1-\Delta n)RT_1 \qquad よって，P_3=\frac{(1-\Delta n)RT_1}{V}=\frac{T_1}{T_2}P_1〔Pa〕$$

［別解］ ボイル・シャルルの法則より，

$$\frac{P_1V}{T_2}=\frac{P_3V}{T_1} \qquad よって，P_3=\frac{T_1}{T_2}P_1〔Pa〕$$

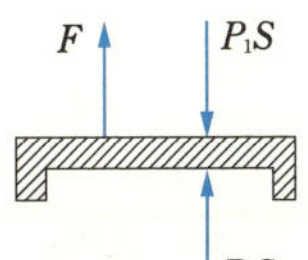

(4) フタについての力のつりあいより，

$$F+P_3S=P_1S \quad よって，F=(P_1-P_3)S=\left(1-\frac{T_1}{T_2}\right)P_1S〔N〕$$

15

答 (1) $2mv\cos\theta$ (2) $\dfrac{v}{2a\cos\theta}$ (3) $P=\dfrac{Nmv^2}{3V}$ (4) $PV=NkT$ (5) 2.9×10^2〔K〕

解説 (1) この分子の運動量の変化を半径方向外向きを正として i とすると，

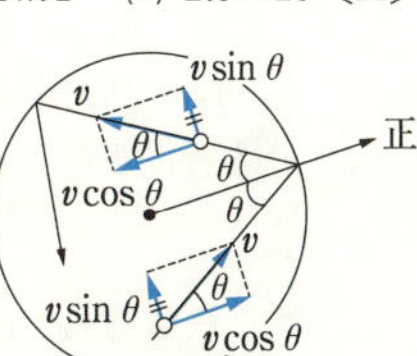

$$i=m(-v\cos\theta)-mv\cos\theta=-2mv\cos\theta$$

よって，運動量の変化の大きさは，

$$|i|=2mv\cos\theta$$

(2) (1)で考えた分子が単位時間あたりに壁と衝突する回数を ν とする。この分子は距離 $2a\cos\theta$ 進むごとに壁に 1 回衝突するので，

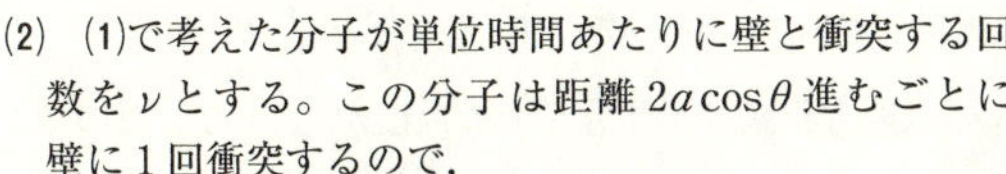

$$\nu=\frac{v}{2a\cos\theta}$$

(3) この分子が壁に 1 回衝突するごとに，壁はこの分子から力積 $i'=-i=2mv\cos\theta$ を受ける。よって，壁が全分子から受ける単位時間あたりの力積，すなわち，力 F は，

$$F=Ni'\nu=\frac{Nmv^2}{a}$$

したがって，気体の圧力Pは，容器の内壁の面積 $S=4\pi a^2$，体積 $V=\frac{4}{3}\pi a^3$ より，

$$P=\frac{F}{S}=\frac{Nmv^2}{4\pi a^3}=\frac{Nmv^2}{3V} \quad \cdots\cdots①$$

(4) 与えられた関係式より， $v^2=\frac{3kT}{m}$

これと①式より，

$$P=\frac{Nm}{3V}\cdot\frac{3kT}{m} \quad よって，PV=NkT \quad \cdots\cdots②$$

(注) ボルツマン定数kはアボガドロ定数N_Aと気体定数Rを用いて $k=\frac{R}{N_A}$ とかけ，また，気体の物質量nは $n=\frac{N}{N_A}$ なので，(4)で求めた理想気体の状態方程式は，

$$PV=N\cdot\frac{R}{N_A}\cdot T \quad よって，PV=nRT$$

となり，よく知られた形と一致する。

(5) He ガスの密度を $\rho=0.18$〔kg/m^3〕，He の分子量を $M=4$〔g/mol〕とすると，分子の総数Nは，

$$N=\frac{\rho V}{M\times10^{-3}}N_A$$

よって，②式より，

$$T=\frac{PV}{Nk}=\frac{PM\times10^{-3}}{\rho kN_A}=\frac{1.1\times10^5\times4\times10^{-3}}{0.18\times1.38\times10^{-23}\times6.02\times10^{23}}\fallingdotseq 2.9\times10^2 \text{〔K〕}$$

16

答 (1) (a) C → A　(b) C → A　(c) $Q=\varDelta U+W$　(2) $T_B=\frac{1}{2}T_A$

(3) (a) $Q_{AB}=-\frac{5}{4}RT_A$　(b) $Q_{BC}=\frac{3}{4}RT_A$　(4) $V_D=2^{-\frac{2}{5}}V_1$，$T_D=2^{-\frac{2}{5}}T_A$

解説 (1) (a) $\varDelta U=0$ の過程は，温度が変化しない過程なので，C → A。

(b) $W>0$ の過程は，体積が増加する過程なので，C → A。

(c) 熱力学第1法則より， $Q=\varDelta U+W$

(2) 状態Aの気体の状態方程式は，

$$P_1V_1=1\cdot RT_A \quad よって，T_A=\frac{P_1V_1}{R}$$

状態Bの気体の状態方程式は，

$$P_1\cdot\frac{1}{2}V_1=1\cdot RT_B \quad よって，T_B=\frac{P_1V_1}{2R}=\frac{1}{2}T_A$$

また，状態Cの気体の状態方程式は，状態Cでの温度が $T_C=T_A$ なので，

$$P_2\cdot\frac{1}{2}V_1=1\cdot RT_A \quad よって，P_2=\frac{2RT_A}{V_1}=2P_1$$

［別解］ ボイル・シャルルの法則より，

$$\frac{P_1V_1}{T_A}=\frac{P_1\cdot\frac{1}{2}V_1}{T_B}=\frac{P_2\cdot\frac{1}{2}V_1}{T_A} \quad よって，T_B=\frac{1}{2}T_A，P_2=2P_1$$

(3) (a) 気体が外部にする仕事 W_{AB} は,

$$W_{AB}=P_1\left(\frac{1}{2}V_1-V_1\right)=-\frac{1}{2}P_1V_1=-\frac{1}{2}RT_A$$

熱力学第1法則より,

$$Q_{AB}=\frac{3}{2}\cdot1\cdot R\left(\frac{1}{2}T_A-T_A\right)+W_{AB} \qquad \text{よって,} \quad Q_{AB}=-\frac{5}{4}RT_A$$

[別解] 単原子分子からなる理想気体の定圧モル比熱は $C_p=\frac{5}{2}R$ なので,

$$Q_{AB}=1\cdot C_p\left(\frac{1}{2}T_A-T_A\right) \qquad \text{よって,} \quad Q_{AB}=-\frac{5}{4}RT_A$$

(b) 定積変化なので,気体が外部にする仕事は $W_{BC}=0$ である。熱力学第1法則より,

$$Q_{BC}=\frac{3}{2}\cdot1\cdot R\left(T_A-\frac{1}{2}T_A\right) \qquad \text{よって,} \quad Q_{BC}=\frac{3}{4}RT_A$$

[別解] 単原子分子からなる理想気体の定積モル比熱は $C_V=\frac{3}{2}R$ なので,

$$Q_{BC}=1\cdot C_V\left(T_A-\frac{1}{2}T_A\right) \qquad \text{よって,} \quad Q_{BC}=\frac{3}{4}RT_A$$

(4) 与えられた関係式より,

$$2P_1\left(\frac{1}{2}V_1\right)^{\frac{5}{3}}=P_1V_D^{\frac{5}{3}} \qquad \text{よって,} \quad V_D=2^{-\frac{2}{5}}V_1$$

また,状態Dの気体の状態方程式は,

$$P_1\cdot2^{-\frac{2}{5}}V_1=1\cdot RT_D \qquad \text{よって,} \quad T_D=\frac{2^{-\frac{2}{5}}P_1V_1}{R}=2^{-\frac{2}{5}}T_A$$

[別解] ボイル・シャルルの法則より,

$$\frac{P_1V_1}{T_A}=\frac{P_1\cdot2^{-\frac{2}{5}}V_1}{T_D} \qquad \text{よって,} \quad T_D=2^{-\frac{2}{5}}T_A$$

答 (ア) $\frac{4RT_0}{V_0}$ (イ) $2T_0$ (ウ) $4RT_0$ (エ) $\frac{9}{2}RT_0$ (オ) $10RT_0$ (カ) 21

解説 (ア) 状態Cにおける圧力を P_C とする。状態Cの温度 T_C は,点Cが直線OBの延長線上にあるので,

$$T_C=8T_0$$

状態Cの気体の状態方程式は,

$$P_C\cdot2V_0=1\cdot R\cdot8T_0 \qquad \text{よって,} \quad P_C=\frac{4RT_0}{V_0}$$

(イ) 状態Dの温度 T_D は,点Dが直線OAの延長線上にあるので, $T_D=2T_0$

(注) B→C, D→A の状態変化は,気体の体積 V と温度 T が比例するので,定圧変化である。

(ウ) B→C の状態変化の間に,気体が外部にした仕事 W_{BC} は,

$$W_{BC}=\frac{4RT_0}{V_0}(2V_0-V_0)=4RT_0$$

(エ) A→B の状態変化は定積変化なので,この間に,気体が外部にした仕事は $W_{AB}=0$ である。気体が吸収した熱量を Q_{AB} とすると,熱力学第1法則より,

$$Q_{AB}=\frac{3}{2}\cdot1\cdot R(4T_0-T_0) \qquad \text{よって,} \quad Q_{AB}=\frac{9}{2}RT_0$$

(オ) B → C の状態変化の間に，気体が吸収した熱量を Q_{BC} とすると，熱力学第 1 法則より，

$$Q_{BC}=\frac{3}{2}\cdot1\cdot R(8T_0-4T_0)+W_{BC} \qquad \text{よって，} Q_{BC}=\boldsymbol{10RT_0}$$

(カ) 状態Aの圧力を P_A とすると，状態Aの気体の状態方程式は，

$$P_AV_0=1\cdot RT_0 \qquad \text{よって，} P_A=\frac{RT_0}{V_0}$$

D → A の状態変化の間に，気体が外部にした仕事 W_{DA} は，

$$W_{DA}=\frac{RT_0}{V_0}(V_0-2V_0)=-RT_0$$

また，C → D の状態変化は定積変化なので，この間に，気体が外部にした仕事は $W_{CD}=0$ である。A → B → C → D → A の 1 サイクルにおける熱効率 e は，気体が実際に熱量を吸収したのは A → B，B → C の状態変化なので，

$$e=\frac{W_{AB}+W_{BC}+W_{CD}+W_{DA}}{Q_{AB}+Q_{BC}}=\frac{4RT_0-RT_0}{\frac{9}{2}RT_0+10RT_0}=\frac{6}{29}\fallingdotseq0.21$$

ゆえに，熱効率は **21**〔%〕である。

（注） 本問の気体の状態変化を横軸に気体の体積 V，縦軸に気体の圧力 P をとって表すと，右図のようになる。これより，気体が A → B → C → D → A の 1 サイクルで外部にした正味の仕事 $W(=W_{BC}+W_{DA})$ は，斜線部分の面積から，

$$W=V_0\cdot\frac{3RT_0}{V_0}=3RT_0$$

と求めることができる。

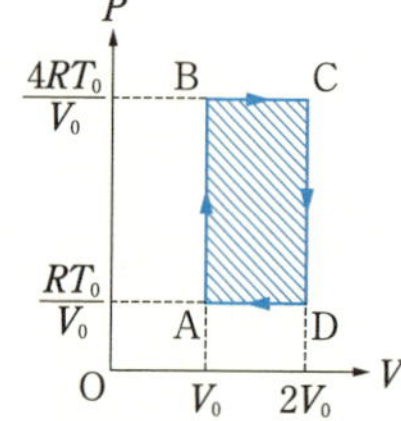

答 (1) $P_0V_0=RT_0$ (2) (a) $2T_0$〔K〕 (b) $2T_0$〔K〕

(3) (a) $\frac{3}{2}RT_0$〔J〕 (b) $\frac{3}{2}RT_0$〔J〕 (c) $-\frac{5}{2}RT_0$〔J〕

(4) $T=-\frac{T_0}{V_0^2}\left(V-\frac{3}{2}V_0\right)^2+\frac{9}{4}T_0$，右図

解説 (1) 状態Aにおける気体の状態方程式は，

$$P_0V_0=1\cdot RT_0 \qquad \text{よって，} \boldsymbol{P_0V_0=RT_0}$$

(2) (a) 状態Bにおける気体の温度を T_B〔K〕とすると，気体の状態方程式は，

$$2P_0\cdot V_0=1\cdot RT_B \qquad \text{よって，} T_B=\frac{2P_0V_0}{R}=\boldsymbol{2T_0}\text{〔K〕}$$

(b) 状態Cにおける気体の温度を T_C〔K〕とすると，気体の状態方程式は，

$$P_0\cdot2V_0=1\cdot RT_C \qquad \text{よって，} T_C=\frac{2P_0V_0}{R}=\boldsymbol{2T_0}\text{〔K〕}$$

(3) (a) A → B の状態変化の過程で気体が外部から得た熱量を Q_{AB}〔J〕とする。熱力学第 1 法則より，

$$Q_{AB}=\frac{3}{2}\cdot1\cdot R(2T_0-T_0) \qquad \text{よって，} Q_{AB}=\boldsymbol{\frac{3}{2}RT_0}\text{〔J〕}$$

(b)　B → C の状態変化の過程で気体が外部から得た熱量を Q_{BC}〔J〕とする。気体が外部にした仕事 W_{BC}〔J〕は，右図の斜線部分の面積より，

$$W_{BC}=\frac{2P_0+P_0}{2}(2V_0-V_0)=\frac{3}{2}P_0V_0=\frac{3}{2}RT_0$$

熱力学第 1 法則より，

$$Q_{BC}=\frac{3}{2}\cdot1\cdot R(2T_0-2T_0)+W_{BC}$$

よって，$Q_{BC}=\boldsymbol{\frac{3}{2}RT_0}$〔J〕

(c)　C → A の状態変化の過程で気体が外部から得た熱量を Q_{CA}〔J〕とする。気体が外部にした仕事 W_{CA}〔J〕は，

$$W_{CA}=P_0(V_0-2V_0)=-P_0V_0=-RT_0$$

熱力学第 1 法則より，

$$Q_{CA}=\frac{3}{2}\cdot1\cdot R(T_0-2T_0)+W_{CA}$$　　よって，$Q_{CA}=\boldsymbol{-\frac{5}{2}RT_0}$〔J〕

(4)　B → C の状態変化の P-V グラフの式は，

$$P=-\frac{P_0}{V_0}V+3P_0$$

気体の状態方程式は，

$$PV=1\cdot RT$$

以上 2 式より，P を消去すると，

$$T=\frac{PV}{R}=\left(-\frac{P_0}{V_0}V+3P_0\right)V\cdot\frac{T_0}{P_0V_0}$$

よって，　$\boldsymbol{T=-\frac{T_0}{{V_0}^2}\left(V-\frac{3}{2}V_0\right)^2+\frac{9}{4}T_0}$

また，この式を図示すると 答 のようになる。

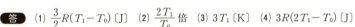

 (1) $\frac{3}{2}R(T_1-T_0)$〔J〕　(2) $\frac{2T_1}{T_0}$ 倍　(3) $3T_1$〔K〕　(4) $3R(2T_1-T_0)$〔J〕

解説　(1)　A内の気体が受けた仕事を W〔J〕とする。熱力学第 1 法則より，

$$0=\frac{3}{2}\cdot1\cdot R(T_1-T_0)-W$$　　よって，$W=\boldsymbol{\frac{3}{2}R(T_1-T_0)}$〔J〕

(2)　はじめの A，B 内の気体の圧力を P_0〔N/m²〕，体積を V_0〔m³〕とすると，気体の状態方程式は，

$$P_0V_0=1\cdot RT_0$$　　よって，$P_0=\frac{RT_0}{V_0}$

変化後のA内の気体の圧力を P_1〔N/m²〕とすると，気体の状態方程式は，

$$P_1\cdot\frac{1}{2}V_0=1\cdot RT_1$$　　よって，$P_1=\frac{2RT_1}{V_0}$

ゆえに，

$$\frac{P_1}{P_0}=\boldsymbol{\frac{2T_1}{T_0}}$$ 倍

(3)　変化後のB内の気体の温度を T_2〔K〕とすると，気体の状態方程式は，B 内の気体の圧力がA内の気体の圧力 P_1〔N/m²〕に等しいことに注意して，

$$\frac{2RT_1}{V_0}\cdot\frac{3}{2}V_0=1\cdot RT_2 \qquad よって，T_2=\mathbf{3T_1}〔\mathrm{K}〕$$

(4)　B内の気体が外部から吸収した熱量を Q〔J〕とする。B内の気体がした仕事がA内の気体が受けた仕事 W〔J〕に等しいことに注意して，熱力学第1法則より，

$$Q=\frac{3}{2}\cdot1\cdot R(3T_1-T_0)+\frac{3}{2}R(T_1-T_0)$$

よって，$Q=\mathbf{3R(2T_1-T_0)}$〔J〕

答　(A) (1) $\frac{3}{2}p_1V_1$　(2) $\frac{V_2}{S}$　(3) $-p_1V_2$　(B) (4) $\frac{2p_1V_2}{5nR}$　(5) $\frac{3V_2}{5S}$

解説　(A) (1)　はじめの気体の温度を T_1 とすると，気体の状態方程式は，

$$p_1V_1=nRT_1 \qquad よって，T_1=\frac{p_1V_1}{nR}$$

したがって，平衡状態での気体の内部エネルギー U_A は，温度が T_1 なので，

$$U_A=\frac{3}{2}nRT_1=\mathbf{\frac{3}{2}p_1V_1}$$

(2)　ピストンが下向きに移動した距離を x_A とする。気体の圧力と温度が一定なので，体積は変わらないから，

$$V_2=Sx_A \qquad よって，x_A=\mathbf{\frac{V_2}{S}}$$

［別解］　ピストンが下向きに移動した距離を x_A とする。気体の状態方程式は，

$$p_1(V_1+V_2-Sx_A)=nRT_1 \qquad よって，x_A=\frac{1}{S}\left(V_1+V_2-\frac{nRT_1}{p_1}\right)=\mathbf{\frac{V_2}{S}}$$

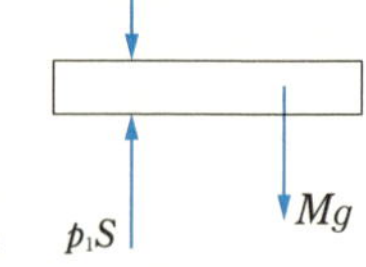

(注)　ピストンはなめらかに動くことができるので，ピストンが静止もしくはゆっくりと移動するとき，力のつりあいより，

$$p_1S=p_0S+Mg \qquad よって，p_1=p_0+\frac{Mg}{S}$$

ここで，p_0 は大気圧（外部の圧力），M はピストンの質量，g は重力加速度の大きさである。本問では大気圧は一定なので，容器1内の気体の圧力は p_1 のまま変化しないことがわかる。

(3)　外から流入した熱量を Q_A とする。熱力学第1法則より，

$$Q_A=0-p_1Sx_A \qquad よって，Q_A=-p_1Sx_A=\mathbf{-p_1V_2}$$

(B) (4)，(5)　気体の温度変化を ΔT_B，ピストンが下向きに移動した距離を x_B とする。気体の状態方程式は，

$$p_1(V_1+V_2-Sx_B)=nR(T_1+\Delta T_B)$$

熱力学第1法則より，

$$0=\frac{3}{2}nR\Delta T_B-p_1Sx_B$$

以上2式より，x_B を消去すると，

$$\Delta T_B=\mathbf{\frac{2p_1V_2}{5nR}}$$

また，ΔT_B を消去すると，

$$x_B=\mathbf{\frac{3V_2}{5S}}$$

第3章　波　　動

21

答　(1) 振幅：0.005〔m〕，波長：0.02〔m〕，周期：0.04〔s〕，振動数：25〔Hz〕
(2) 0.5〔m/s〕　(3) 負の向き　(4) (ア) 0.005　(イ) 100　(ウ) 50

解説　(1)　振幅 A〔m〕，波長 λ〔m〕は，図1より，

$$A=\mathbf{0.005}\text{〔m〕}$$

$$\lambda=\mathbf{0.02}\text{〔m〕}$$

周期 T〔s〕は，図2より，

$$T=\mathbf{0.04}\text{〔s〕}$$

これより，振動数 f〔Hz〕は，

$$f=\frac{1}{T}=\frac{1}{0.04}=\mathbf{25}\text{〔Hz〕}$$

(2)　速さ v〔m/s〕は，

$$v=f\lambda=25\times0.02=\mathbf{0.5}\text{〔m/s〕}$$

(3)　図1において，$x=0$〔m〕における変位は，時刻 $t=0$〔s〕で $y=0$〔m〕であり，その後，波が x 軸の正の向きへ進行するならば y は減少し，x 軸の負の向きへ進行するならば y は増加することがわかる。よって，図2は後者を満たしているので，波は x 軸の**負の向き**へ進行している。

(4)　$x=0$〔m〕における変位 y は，図2より，

$$y=A\sin\frac{2\pi}{T}t=0.005\sin50\pi t \quad \cdots\cdots①$$

時刻 t における位置座標 x の変位 y は，時刻 $t+\dfrac{x}{v}$ すなわち $t+\dfrac{x}{0.5}$ における $x=0$〔m〕の変位 y と等しいので，①式の t に $t+\dfrac{x}{0.5}$ を代入して，

$$y=0.005\sin50\pi\left(t+\frac{x}{0.5}\right)$$

よって，$y=\mathbf{0.005}\sin\{\pi(\mathbf{100}x+\mathbf{50}t)\}$

22

答　(ア) $\dfrac{1}{2}$　(イ) $\dfrac{1}{2}$　(ウ) 1.5×10^2

解説　(ア)　弦の張力を T〔N〕とすると，

$$v_1=\sqrt{\frac{T}{\rho}} \quad \cdots\cdots①$$

$$v_2=\sqrt{\frac{T}{4\rho}} \quad \cdots\cdots②$$

よって，

$$\frac{v_2}{v_1}=\mathbf{\frac{1}{2}}$$

(イ)　弦には右図のような定常波が生じている。弦 AB，BC を伝わる波の波長をそれぞれ λ_1，λ_2〔m〕とすると，

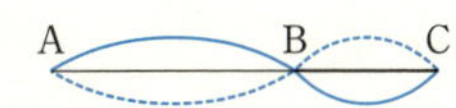

$$L_1=\frac{1}{2}\lambda_1=\frac{v_1}{2f} \quad \cdots\cdots③$$

$$L_2=\frac{1}{2}\lambda_2=\frac{v_2}{2f} \quad \cdots\cdots④$$

よって，

$$\frac{L_2}{L_1}=\frac{v_2}{v_1}=\frac{1}{2} \qquad \cdots\cdots⑤$$

(ウ)　⑤式と与えられた式 $L_1+L_2=0.50$ より，

$$L_1=\frac{1}{3}$$

よって，①，③式より，

$$f=\frac{v_1}{2L_1}=\frac{1}{2L_1}\sqrt{\frac{T}{\rho}}=\frac{1}{2\times\frac{1}{3}}\sqrt{\frac{0.50\times9.8}{4.9\times10^{-4}}}=1.5\times10^2\,[\text{Hz}]$$

［別解］　⑤式と与えられた式 $L_1+L_2=0.50$ より，

$$L_2=\frac{1}{6}$$

よって，②，④式より，

$$f=\frac{v_2}{2L_2}=\frac{1}{4L_2}\sqrt{\frac{T}{\rho}}=\frac{1}{4\times\frac{1}{6}}\sqrt{\frac{0.50\times9.8}{4.9\times10^{-4}}}=1.5\times10^2\,[\text{Hz}]$$

23

答　(1) $2(l_2-l_1)$　(2) $2f(l_2-l_1)$　(3) $2l_2-l_1$　(4) l_1，l_2　(5) $3f$

解説　(1)　2回目の共鳴が起こったとき，ガラス管の中には右図のような定常波が作られる。波長をλとすると，開口端補正があることに注意して，

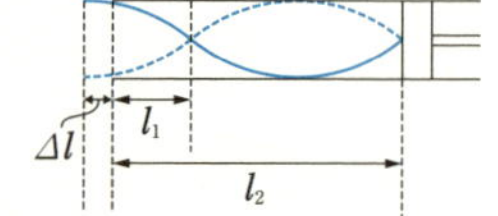

$$l_2-l_1=\frac{1}{2}\lambda \qquad よって，\lambda=2(l_2-l_1)$$

ちなみに，開口端補正Δlは，

$$\Delta l=\frac{1}{4}\lambda-l_1=\frac{1}{2}(l_2-3l_1)$$

(2)　音速vは，

$$v=f\lambda=2f(l_2-l_1)$$

(3)　3回目の共鳴が起こる栓の位置は，管口から距離 $l_2+\frac{1}{2}\lambda=2l_2-l_1$ の所である。

(4)　空気の密度の時間的変化が最も大きいのは，密や疎を繰り返す定常波の節の位置であり，管口から距離 l_1 と l_2 の所である。

(5)　このとき，ガラス管の中には右図のような定常波が作られる。波長をλ'とすると，

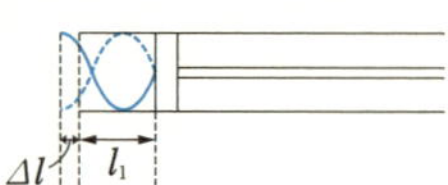

$$\Delta l+l_1=\frac{3}{4}\lambda'$$

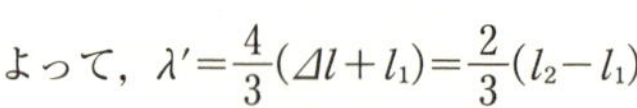

よって，$\lambda'=\frac{4}{3}(\Delta l+l_1)=\frac{2}{3}(l_2-l_1)$

したがって，振動数f'は，

$$f'=\frac{v}{\lambda'}=3f$$

24

答 (1) 最も高い振動数：F，最も低い振動数：B，
ブザーが静止しているときと同じ振動数：A と D

(2) $v=34$〔m/s〕，$f_0=990$〔Hz〕 (3) $\frac{4}{3}\pi$〔rad〕 (4) $\mathrm{OP}=\frac{68}{\omega}$〔m〕

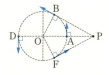

解説 (1) 最も高い振動数に聞こえるのは，視線速度（ブザーの速度の点Pに向かう向きの成分）が最大となる点**F**で発した音である。

最も低い振動数に聞こえるのは，視線速度が最小（負の向きに最大）となる点**B**で発した音である。

ブザーが静止しているときと同じ振動数に聞こえるのは，視線速度が0となる点**A**と**D**で発した音である。

(2) 与えられた条件より，

$$\begin{cases} 900=\dfrac{340}{340+v}f_0 \\ 1100=\dfrac{340}{340-v}f_0 \end{cases}$$

以上2式より，

$$\begin{cases} v=\mathbf{34}\text{〔m/s〕} \\ f_0=\mathbf{990}\text{〔Hz〕} \end{cases}$$

(3) 音が点Bから点Pまで伝わるのに要する時間と点Fから点Pまで伝わるのに要する時間は等しいので，ブザーが点Bから点Fまで移動するのに要する時間が $\frac{4\pi}{3\omega}$〔s〕であったとわかる。この間に，点Oから見てブザーが回転した角度 θ〔rad〕は，

$$\theta=\omega\cdot\frac{4\pi}{3\omega}=\frac{4}{3}\pi\text{〔rad〕}$$

(4) 円軌道の半径を r〔m〕とすると，

$$v=r\omega \qquad \text{よって，} r=\frac{v}{\omega}=\frac{34}{\omega}$$

また，$\angle\mathrm{POB}=\frac{1}{2}(2\pi-\theta)=\frac{\pi}{3}$〔rad〕なので，$\triangle\mathrm{POB}$ に着目して，

$$\mathrm{OP}=\frac{r}{\cos\frac{\pi}{3}}=\frac{68}{\omega}\text{〔m〕}$$

(1) $H_{\mathrm{I}}=5.0$〔m〕，$H_{\mathrm{II}}=0.80$〔m〕 (2) 2.5

解説 (1) 領域Ⅰ，Ⅱでの波の速さをそれぞれ V_{I}，V_{II}〔m/s〕とすると，

$$V_{\mathrm{I}}=\frac{35}{5.0}=7.0\text{〔m/s〕}$$

$$V_{\mathrm{II}}=\frac{14}{5.0}=2.8\text{〔m/s〕}$$

よって，与えられた関係式 $V=\sqrt{gH}$ より $H=\dfrac{V^2}{g}$ なので，

$$H_{\rm I}=\frac{7.0^2}{9.8}=5.0\,\text{〔m〕}$$

$$H_{\rm II}=\frac{2.8^2}{9.8}=0.80\,\text{〔m〕}$$

(2) 波が領域Ⅰから領域Ⅱへ入射したときの屈折率すなわち領域Ⅰに対する領域Ⅱの相対屈折率 $n_{\rm III}$ は，

$$n_{\rm III}=\frac{V_{\rm I}}{V_{\rm II}}=\frac{7.0}{2.8}=2.5$$

26

答 (1) (ア) OB′ (イ) b (ウ) A′B′ (エ) $b-f$ (オ) $\dfrac{b-f}{f}$ (カ) $\dfrac{1}{a}+\dfrac{1}{b}=\dfrac{1}{f}$

(キ) $\dfrac{b}{a}$ (2) (a) レンズの左 50〔cm〕の位置に 8〔cm〕の大きさの像 (b) 虚像

(3) (a) レンズ L_1 の右 120〔cm〕の位置に 12〔cm〕の大きさの実像

(b) レンズ L_2 の右 22.5〔cm〕の位置

解説 (1) (ア)，(イ) △ABO と △A′B′O は相似なので，

$$\frac{\rm A'B'}{\rm AB}=\frac{\rm OB'}{\rm OB}=\frac{b}{a} \quad \cdots\cdots①$$

(ウ)，(エ) △OPF と △B′A′F は相似なので，

$$\frac{\rm A'B'}{\rm OP}=\frac{\rm FB'}{\rm OF}=\frac{b-f}{f} \quad \cdots\cdots②$$

(オ)，(カ) AB=OP なので，①，②式より，

$$\frac{b}{a}=\frac{b-f}{f} \qquad よって，\frac{1}{a}+\frac{1}{b}=\frac{1}{f}$$

(キ) 物体の大きさに対する結像の倍率 m は，

$$m=\frac{\rm A'B'}{\rm AB}=\frac{b}{a}$$

(注) 以下では，$b<0$ となる虚像ができる場合も扱うので，結像の倍率 m は，

$m=\left|\dfrac{b}{a}\right|$ として計算する。

(2) (a) レンズの公式より，

$$\frac{1}{25}+\frac{1}{b}=\frac{1}{50} \qquad よって，b=-50$$

ゆえに，像 A′B′ は，レンズの左 50〔cm〕の位置に

$\mathrm{A'B'}=\left|\dfrac{b}{a}\right|\mathrm{AB}=\left|\dfrac{-50}{25}\right|\times4=8$〔cm〕の大きさとなる。

(b) $b<0$ より，この像は虚像である。

(3) (a) 像 A′B′ がレンズ L_1 の右，距離 b_1 の点にできたとする。レンズの公式より，

$$\frac{1}{40}+\frac{1}{b_1}=\frac{1}{30} \qquad よって，b_1=120$$

ゆえに，像 A′B′ は，レンズ L_1 の右 120〔cm〕の位置に $\mathrm{A'B'}=\left|\dfrac{120}{40}\right|\times4=12$〔cm〕の大きさとなる。また，$b_1>0$ より，この像は実像である。

(b) 像 A″B″ がレンズ L_2 の右，距離 b_2 の点にできたとする。レンズの公式より，

$$\frac{1}{-(b_1-30)}+\frac{1}{b_2}=\frac{1}{30} \qquad \text{よって，} b_2=22.5$$

ゆえに，像 A″B″ は，**レンズ L_2 の右 22.5〔cm〕の位置**にできる。

【参考】 (3)の状況を作図すると，次図のようになる。

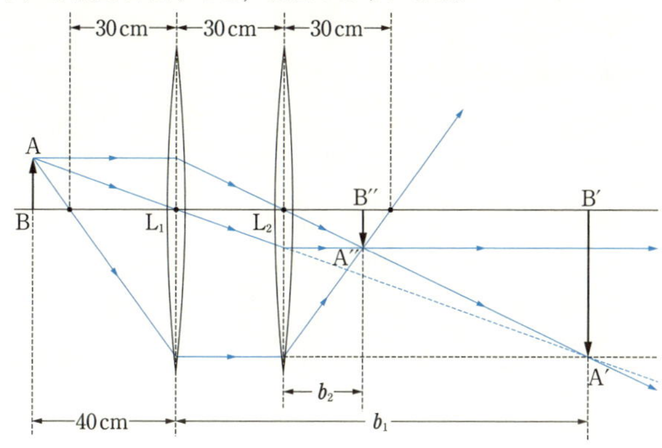

27

答 (1) $d\sin\theta=m\lambda$ (2) $\lambda=5.0\times10^{-7}$〔m〕 (3) $d\sin\theta_1=m\dfrac{\lambda}{n}$ (4) $\sin\theta_1<\dfrac{1}{n}$

解説 (1) 右図より，隣り合うスリットからの光の経路差は $d\sin\theta$ とわかる。したがって，光が互いに強め合って明るい光が観測される条件は，

$$\boldsymbol{d\sin\theta=m\lambda}$$

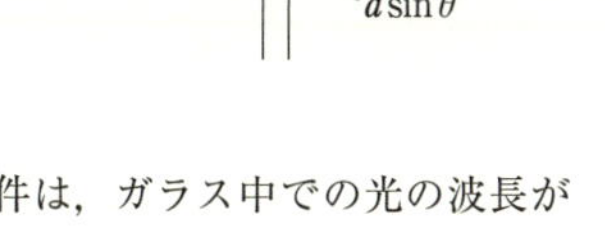

(2) $\theta=30°$ のとき $m=1$ となるので，

$$d\sin 30°=1\cdot\lambda$$

よって，$\lambda=\frac{1}{2}d=\frac{1}{2}\times1.0\times10^{-6}=$ **5.0×10^{-7}〔m〕**

(3) 光が互いに強め合って明るい光が観測される条件は，ガラス中での光の波長が $\dfrac{\lambda}{n}$ になるので，

$$\boldsymbol{d\sin\theta_1=m\frac{\lambda}{n}}$$

(4) 屈折の法則より，

$$n=\frac{\sin\theta_2}{\sin\theta_1} \qquad \text{よって，} \sin\theta_2=n\sin\theta_1$$

回折光が面 PQ から後方へ出るために θ_1 が満たすべき条件は，θ_2 が存在することより，

$$n\sin\theta_1<1 \qquad \text{よって，} \boldsymbol{\sin\theta_1<\frac{1}{n}}$$

28

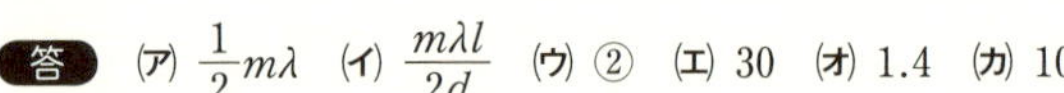
答 (ア) $\frac{1}{2}m\lambda$　(イ) $\frac{m\lambda l}{2d}$　(ウ) ②　(エ) 30　(オ) 1.4　(カ) 10

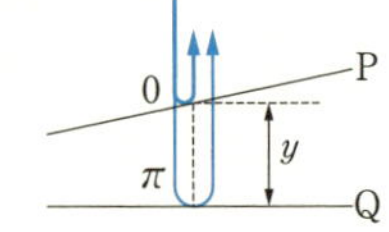

解説 (ア)　2つの反射光の経路差は $2y$ で，反射による位相差は π なので，2つの反射光が弱め合い暗線ができる条件は，

$$2y=m\lambda \qquad よって，y=\frac{1}{2}m\lambda \qquad \cdots\cdots(\mathrm{i})$$

(イ)　$x:y=l:d$ より $y=\frac{dx}{l}$ なので，(i)式は，

$$\frac{dx}{l}=\frac{1}{2}m\lambda \qquad よって，x=\frac{m\lambda l}{2d} \qquad \cdots\cdots(\mathrm{ii})$$

(ウ)　(ii)式より，暗線と暗線の間隔 Δx は，

$$\Delta x=\frac{\lambda l}{2d} \qquad \cdots\cdots(\mathrm{iii})$$

よって，Δx は波長 λ に比例するので，波長の短い青い光より波長の長い赤い光を用いた方が縞の間隔は大きくなる。

(エ)　(iii)式より，

$$d=\frac{\lambda l}{2\Delta x}=\frac{600\times10^{-9}\times5.0\times10^{-2}}{2\times0.50\times10^{-3}}=3.0\times10^{-5}\,[\mathrm{m}]=30\,[\mu\mathrm{m}]$$

(オ)　この液体の屈折率を n とする。このときの暗線と暗線の間隔 $\Delta x'$ は，液体中での波長が $\frac{\lambda}{n}$ となるので，(iii)式と同様に，

$$\Delta x'=\frac{\frac{\lambda}{n}l}{2d}=\frac{1}{n}\Delta x \qquad \cdots\cdots(\mathrm{iv})$$

ところで，1 [cm] あたり 28 本の縞が見えたので，

$$\Delta x'=\frac{1\times10^{-2}}{28}$$

よって，(iv)式より，

$$n=\frac{\Delta x}{\Delta x'}=\frac{0.50\times10^{-3}}{\left(\frac{1\times10^{-2}}{28}\right)}=1.4$$

(カ)　ガラス板Qを下げることによって視野の中心位置の経路差が1波長分だけ増加すると，この位置の明るさは暗 → 明 → 暗と変化し，この位置を暗線 → 明線 → 暗線が通過したことになる。また，経路差が1波長分だけ増加するためには，ガラス板Qは $\frac{1}{2}$ 波長分の距離を下げる必要がある。よって，20番目の暗線が視野の中心にくるまでのガラス板Qの移動距離は，波長 λ の $\frac{1}{2}\times20=10$ 倍である。

第4章 電気と磁気

29

答 (1) 4.5〔V〕 (2) 6.3〔N/C〕 (3) 6.3×10^{-6}〔N〕 (4) 15〔m〕

解説 (1) 点A，Bの電荷による点Pの電位をそれぞれ V_{AP}，V_{BP}〔V〕とすると，

$$V_{AP}=\frac{9.0\times10^9\times(-4.5\times10^{-9})}{3.0}=-13.5\text{〔V〕}$$

$$V_{BP}=\frac{9.0\times10^9\times8.0\times10^{-9}}{4.0}=18.0\text{〔V〕}$$

よって，点Pの合成電位 V_P〔V〕は，

$$V_P=V_{AP}+V_{BP}=\mathbf{4.5}\text{〔V〕}$$

(2) 点A，Bの電荷による点Pの電場の大きさをそれぞれ E_{AP}，E_{BP}〔N/C〕とすると，

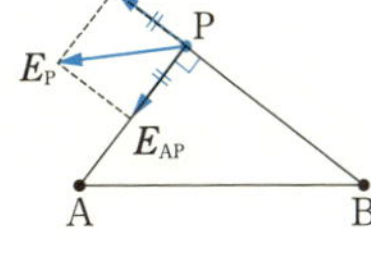

$$E_{AP}=\frac{9.0\times10^9\times4.5\times10^{-9}}{3.0^2}=4.5\text{〔N/C〕}$$

$$E_{BP}=\frac{9.0\times10^9\times8.0\times10^{-9}}{4.0^2}=4.5\text{〔N/C〕}$$

よって，点Pの合成電場の大きさ E_P〔N/C〕は，右図より，

$$E_P=\sqrt{E_{AP}{}^2+E_{BP}{}^2}=\sqrt{4.5^2+4.5^2}=4.5\sqrt{2}\fallingdotseq\mathbf{6.3}\text{〔N/C〕}$$

(3) この電荷に働く力の大きさ F_P〔N〕は，

$$F_P=1.0\times10^{-6}\times E_P=\mathbf{6.3\times10^{-6}}\text{〔N〕}$$

(4) AからRまでの距離を x〔m〕とする。点A，Bの電荷による点Rの電場の大きさをそれぞれ E_{AR}，E_{BR}〔N/C〕とすると，

$$E_{AR}=\frac{9.0\times10^9\times4.5\times10^{-9}}{x^2}$$

$$E_{BR}=\frac{9.0\times10^9\times8.0\times10^{-9}}{(x+5.0)^2}$$

よって，点Rでの電場が0となるためには，$E_{AR}=E_{BR}$ より，

$x=\mathbf{15}$〔m〕 ($x>0$ より)

答 (ア) $\dfrac{Q_A}{\varepsilon_0 S}$ (イ) $\dfrac{Q-Q_A}{\varepsilon_0 S}$ (ウ) $\dfrac{d-x}{d}Q$ (エ) $\dfrac{Qx(d-x)}{\varepsilon_0 Sd}$ (オ) $\dfrac{Q^2x(d-x)}{2\varepsilon_0 Sd}$ (カ) $\dfrac{d}{2}$

解説 (ア)，(イ) 電極板A，D間の電場の強さ E_A，電極板B，D間の電場の強さ E_B は，右図のように電気力線が分布するので，

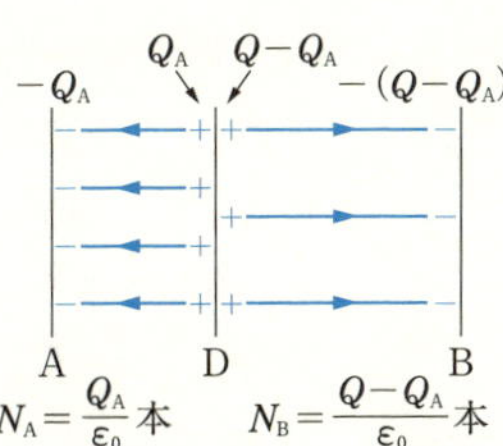

$$E_A=\frac{N_A}{S}=\mathbf{\frac{Q_A}{\varepsilon_0 S}}$$

$$E_B=\frac{N_B}{S}=\mathbf{\frac{Q-Q_A}{\varepsilon_0 S}}$$

(ウ)，(エ) 電極板Dの電位を V とすると，

$$V=E_Ax=\frac{Q_Ax}{\varepsilon_0 S}$$

$$V=E_B(d-x)=\frac{(Q-Q_A)(d-x)}{\varepsilon_0 S}$$

以上 2 式より，V を消去すると，

$$Q_A=\frac{d-x}{d}Q$$

また，Q_A を消去すると，

$$V=\frac{Qx(d-x)}{\varepsilon_0 Sd}$$

(オ)，(カ)　静電エネルギー U は，

$$U=\frac{1}{2}QV=\frac{Q^2x(d-x)}{2\varepsilon_0 Sd}=\frac{Q^2}{2\varepsilon_0 Sd}\left\{-\left(x-\frac{d}{2}\right)^2+\frac{d^2}{4}\right\}$$

よって，$x=\frac{d}{2}$ で最大値 $U=\frac{Q^2d}{8\varepsilon_0 S}$ をとることがわかる。

31

答　(1) $\frac{\varepsilon S}{d}$〔F〕　(2) 電荷：$\frac{\varepsilon SV}{d}$〔C〕，静電エネルギー：$\frac{\varepsilon SV^2}{2d}$〔J〕

(3) (a) 電気容量：$\frac{\varepsilon_0\varepsilon S}{\varepsilon_0 d+\varepsilon\varDelta d}$〔F〕，静電エネルギー：$\frac{(\varepsilon_0 d+\varepsilon\varDelta d)\varepsilon SV^2}{2\varepsilon_0 d^2}$〔J〕

(b) $\frac{\varepsilon^2SV^2\varDelta d}{2\varepsilon_0 d^2}$〔J〕　(c) $\frac{\varepsilon^2SV^2}{2\varepsilon_0 d^2}$〔N〕

解説　(1)　電気容量 C〔F〕は，

$$C=\frac{\varepsilon S}{d}\text{〔F〕}$$

(2)　電荷 Q〔C〕と静電エネルギー U〔J〕は，

$$Q=CV=\frac{\varepsilon SV}{d}\text{〔C〕}$$

$$U=\frac{1}{2}CV^2=\frac{\varepsilon SV^2}{2d}\text{〔J〕}$$

(3) (a)　電気容量を C'〔F〕とする。誘電体円板の部分のコンデンサーと真空部分のコンデンサーが直列接続になっているので，

$$\frac{1}{C'}=\frac{1}{\varepsilon\frac{S}{d}}+\frac{1}{\varepsilon_0\frac{S}{\varDelta d}}\qquad\text{よって，}C'=\frac{\varepsilon_0\varepsilon S}{\varepsilon_0 d+\varepsilon\varDelta d}\text{〔F〕}$$

また，静電エネルギー U'〔J〕は，スイッチを開いたので電荷が変化しないことに注意して，

$$U'=\frac{Q^2}{2C'}=\frac{(\varepsilon_0 d+\varepsilon\varDelta d)\varepsilon SV^2}{2\varepsilon_0 d^2}\text{〔J〕}$$

(b)　2 枚の金属円板の間隔を $\varDelta d$ だけ広げるのに必要な仕事 W〔J〕は，

$$W=U'-U=\frac{\varepsilon^2SV^2\varDelta d}{2\varepsilon_0 d^2}\text{〔J〕}$$

(c)　2 枚の金属円板が引き合う力の大きさを F〔N〕とする。これと 2 枚の金属円板の間隔をゆっくりと広げるのに必要な力の大きさは等しいので，$W=F\varDelta d$ より，

$$\frac{\varepsilon^2SV^2\varDelta d}{2\varepsilon_0 d^2}=F\varDelta d\qquad\text{よって，}F=\frac{\varepsilon^2SV^2}{2\varepsilon_0 d^2}\text{〔N〕}$$

32

答　(ア) 0　(イ) $\frac{V}{R}$　(ウ) 0　(エ) CV　(オ) $\frac{1}{2}CV^2$　(カ) $\frac{1}{3}V$　(キ) $\frac{1}{3}CV$

(ク) $\frac{2}{3}CV$　(ケ) $\frac{1}{6}CV^2$　(コ) $\frac{1}{3}CV^2$　(サ) $\frac{2}{3}(Q_2{}^{(n-1)}+CV)$　(シ) $2CV$

解説 (カ) コンデンサー1, 2の両端の電位差を $V^{(1)}$〔V〕とすると，電荷保存の法則より，

$$CV+0=CV^{(1)}+2CV^{(1)} \qquad \text{よって，} V^{(1)}=\frac{1}{3}V\text{〔V〕}$$

(キ) このときのコンデンサー1の電荷 $Q_1{}^{(1)}$〔C〕は，

$$Q_1{}^{(1)}=CV^{(1)}=\frac{1}{3}CV\text{〔C〕}$$

(ク) 同様に，

$$Q_2{}^{(1)}=2CV^{(1)}=\frac{2}{3}CV\text{〔C〕}$$

(ケ) コンデンサー1と2のもつ静電エネルギーの総和 $U^{(1)}$〔J〕は，

$$U^{(1)}=\frac{1}{2}CV^{(1)2}+\frac{1}{2}\cdot 2CV^{(1)2}=\frac{1}{6}CV^2\text{〔J〕}$$

(コ) スイッチを端子cにつなげた後に抵抗で発生したジュール熱 $E^{(1)}$〔J〕は，コンデンサー1と2のもつ静電エネルギーの総和の減少量に等しいので，

$$E^{(1)}=\left(\frac{1}{2}CV^2+0\right)-U^{(1)}=\frac{1}{3}CV^2\text{〔J〕}$$

(サ) コンデンサー1, 2の両端の電位差を $V^{(n)}$〔V〕とすると，電荷保存の法則より，

$$CV+Q_2{}^{(n-1)}=CV^{(n)}+2CV^{(n)} \qquad \text{よって，} V^{(n)}=\frac{Q_2{}^{(n-1)}+CV}{3C}$$

ゆえに，

$$Q_2{}^{(n)}=2CV^{(n)}=\frac{2}{3}(Q_2{}^{(n-1)}+CV)\text{〔C〕}$$

(シ) このとき，$Q_2{}^{(n)}=Q_2{}^{(n-1)}=Q_2{}^{(\infty)}$ となるので，

$$Q_2{}^{(\infty)}=\frac{2}{3}(Q_2{}^{(\infty)}+CV) \qquad \text{よって，} Q_2{}^{(\infty)}=2CV\text{〔C〕}$$

［別解］ このとき，スイッチを端子aに接続したときのコンデンサー1の両端の電位差 V〔V〕と，コンデンサー2の両端の電位差が等しくなっているので，

$$Q_2{}^{(\infty)}=2CV\text{〔C〕}$$

33

答 (1) $F=\dfrac{eV}{L}$ (2) $enSv$ (3) $\dfrac{F(\Delta t)^2}{2m}$ (4) $v=\dfrac{eV\Delta t}{2mL}$ (5) $\dfrac{2mL}{e^2nS\Delta t}$

解説 (1) 金属中の電場の大きさ E は，

$$E=\frac{V}{L}$$

よって，

$$F=eE=\frac{eV}{L}$$

(2) 金属棒を流れる電流の大きさ I は，

$$I=enSv \qquad \cdots\cdots①$$

(3) 加速中の電子の加速度の大きさを a とすると，運動方程式は，

$$ma=F \qquad \text{よって，} a=\frac{F}{m}$$

したがって，Δt 時間に電子が進む距離 x は，

$$x=\frac{1}{2}a(\Delta t)^2=\frac{F(\Delta t)^2}{2m}$$

(4) Δt 時間に電子は速さ 0 から $2v$ まで加速されるので,

$$2v=0+a\Delta t$$

よって, $v=\frac{1}{2}a\Delta t=\frac{F\Delta t}{2m}=\frac{eV\Delta t}{2mL}$ ……②

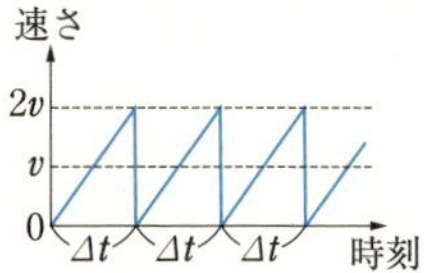

(5) ①, ②式より,

$$I=enS\cdot\frac{eV\Delta t}{2mL} \qquad \text{よって,}\ V=\frac{2mL}{e^2nS\Delta t}I$$

ゆえに, 金属棒の抵抗値 R は,

$$R=\frac{2mL}{e^2nS\Delta t}$$

(注) この金属の抵抗率 ρ は, $R=\rho\frac{L}{S}$ より,

$$\rho=\frac{2m}{e^2n\Delta t}$$

34

答 (1) $V_P=100$〔V〕, $I_P=1.2$〔A〕 (2) $I_Q=-\frac{V_Q}{2R}+0.6$
(3) $V_Q=40$〔V〕, $I_Q=0.4$〔A〕 (4) $E=140$〔V〕 (5) $E=100$〔V〕, $R=200$〔Ω〕

解説 (1) $I_PV_P=120$ と与えられた図 1 の電熱線Pのグラフより,

$$\begin{cases} V_P=100\ \text{〔V〕} \\ I_P=1.2\ \text{〔A〕} \end{cases}$$

(2) キルヒホッフの法則より, 抵抗器を流れる電流が $I_P-2I_Q=1.2-2I_Q$〔A〕なので,

$$V_Q=R(1.2-2I_Q) \qquad \text{よって,}\ I_Q=-\frac{V_Q}{2R}+0.6 \quad \text{……①}$$

(3) $R=100$〔Ω〕のとき, ①式は,

$$I_Q=-\frac{V_Q}{200}+0.6$$

この式の直線のグラフと与えられた図 1 の電熱線Qのグラフより, 交点を求めて (右図),

$$\begin{cases} V_Q=40\ \text{〔V〕} \\ I_Q=0.4\ \text{〔A〕} \end{cases}$$

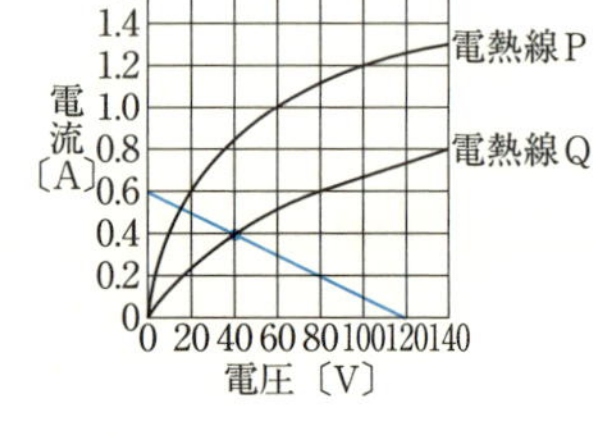

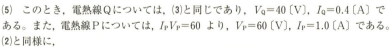

(4) キルヒホッフの法則より,

$$E=V_P+V_Q$$

よって, $E=140$〔V〕

(5) このとき, 電熱線Qについては, (3)と同じであり, $V_Q=40$〔V〕, $I_Q=0.4$〔A〕である。また, 電熱線Pについては, $I_PV_P=60$ より, $V_P=60$〔V〕, $I_P=1.0$〔A〕である。(2)と同様に,

$$40=R(1.0-2\times0.4) \qquad \text{よって,}\ R=200\ \text{〔Ω〕}$$

また, (4)と同様に,

$$E=60+40 \qquad \text{よって,}\ E=100\ \text{〔V〕}$$

35

答 (ア) $qvB\sin\theta$　(イ) $\dfrac{2\pi m}{qB}$　(ウ) $\dfrac{2\pi mv\cos\theta}{qB}$　(エ) $\dfrac{l}{T}$　(オ) $\dfrac{qE}{m}$

(カ) $l+\dfrac{qET^2}{2m}$

解説 (ア) ローレンツ力の大きさは，速度の磁場に垂直な成分の大きさが $v\sin\theta$ なので，

$$q(v\sin\theta)B=\boldsymbol{qvB\sin\theta}$$

(イ) このらせん運動の射影の半径を r とすると，円運動の運動方程式は，

$$m\frac{(v\sin\theta)^2}{r}=q(v\sin\theta)B \qquad よって，\ r=\frac{mv\sin\theta}{qB}$$

ゆえに，周期 T は，

$$T=\frac{2\pi r}{v\sin\theta}=\boldsymbol{\frac{2\pi m}{qB}}$$

(ウ) 1回転する間に粒子が z 方向に進んだ距離 l は，

$$l=v\cos\theta\cdot T=\boldsymbol{\frac{2\pi mv\cos\theta}{qB}}$$

(エ) 粒子の入射直後の速度の z 成分 v_{z0} は，(ウ)の式より，

$$v_{z0}=v\cos\theta=\boldsymbol{\frac{l}{T}}$$

(オ) z 方向の加速度の大きさを a_z とすると，運動方程式は，

$$ma_z=qE \qquad よって，\ a_z=\boldsymbol{\frac{qE}{m}}$$

(カ) このときも運動を xy 平面に投影すると，(ア)～(ウ)と同じ周期 T の等速円運動になるので，粒子がOより入射してから軌道を1回転する間に z 方向に進んだ距離 l' は，

$$l'=v_{z0}T+\frac{1}{2}a_zT^2=\boldsymbol{l+\frac{qET^2}{2m}}$$

36

答 (1) (ア) euB　(イ) ローレンツ　(ウ) $\dfrac{V}{d}$　(エ) $\dfrac{eV}{d}$　(オ) uBd

(2) (カ) Mgu_0　(キ) u_0Bd　(ク) $\dfrac{(u_0Bd)^2}{R}$　(ケ) $\dfrac{MgR}{(Bd)^2}$

解説 (1) (エ) 電場の大きさが $E=\dfrac{V}{d}$ なので，この電場から電子が受ける力の大きさ F は，

$$F=eE=\boldsymbol{\frac{eV}{d}}$$

(オ) 力のつりあいより，

$$euB=\frac{eV}{d} \qquad よって，\ V=\boldsymbol{uBd}$$

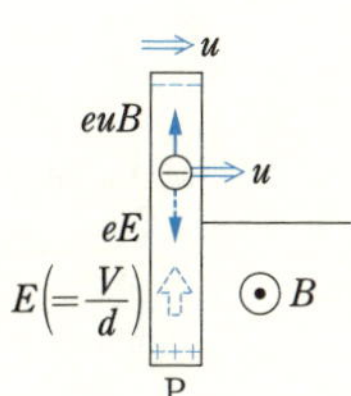

(2) (カ) Qが1秒間に失う位置エネルギー ΔU は，

$$\Delta U=\boldsymbol{Mgu_0}$$

(キ) Rの両端の電位差 V_0 は，(オ)の結果より，

$$V_0=\boldsymbol{u_0Bd}$$

(ク) 1秒間にRで発生する熱量 Q は，

$$Q=\frac{V_0^2}{R}=\frac{(u_0Bd)^2}{R}$$

(ケ) エネルギー保存の法則より，P，Q の運動エネルギーが変化しないことを考慮すると，$\Delta U=Q$ なので，

$$Mgu_0=\frac{(u_0Bd)^2}{R} \qquad \text{ゆえに，} u_0=\frac{MgR}{(Bd)^2}$$

［別解］ P を流れる電流の大きさを I_0 とする。キルヒホッフの第 2 法則より，

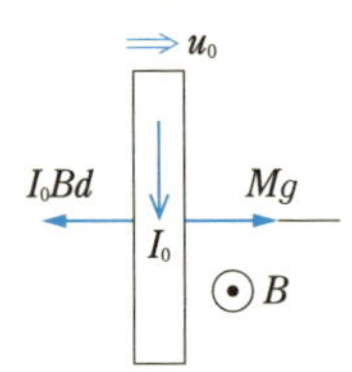

$$V_0=RI_0 \qquad \text{よって，} u_0Bd=RI_0 \quad \cdots\cdots①$$

P，Q は等速運動をするので，力のつりあいより，

$$I_0Bd=Mg \quad \cdots\cdots②$$

①，②式より，I_0 を消去すると，

$$u_0=\frac{MgR}{(Bd)^2}$$

答 (1) (ア) $\frac{e}{R_1+R_2}$ (イ) Ce (ウ) $\frac{\Delta q}{\Delta t}$ (エ) $\omega CE_0\cos\omega t$ (オ) $\frac{E_0}{\sqrt{2}}$ (カ) 3.8×10^2 (2) (キ) $L_1\frac{\Delta i_3}{\Delta t}$ (ク) $M\frac{\Delta i_3}{\Delta t}$ (ケ) 相互誘導 (コ) $\frac{(R_2+R_3)E}{R_1R_2+R_2R_3+R_3R_1}$ (サ) $\frac{R_2}{R_2+R_3}i_1$ (シ) 0 (ス) $-(R_2+R_3)i_0$ (セ) $-\frac{M}{L_1}(R_2+R_3)i_0$

解説 (1) (エ) コンデンサーはリアクタンスが $\frac{1}{\omega C}$ で，電流の位相は電圧の位相に対して $\frac{\pi}{2}$ 進むので，

$$i_2=\frac{E_0\sin\left(\omega t+\frac{\pi}{2}\right)}{\frac{1}{\omega C}}=\omega CE_0\cos\omega t \text{〔A〕}$$

(オ) 交流電圧 $e=E_0\sin\omega t$ の最大値は E_0 なので，実効値 e_e は，

$$e_e=\frac{E_0}{\sqrt{2}} \text{〔V〕}$$

(カ) 周波数 $f=60$〔Hz〕なので，角周波数 ω は，

$$\omega=2\pi f=2\times3.14\times60\fallingdotseq3.8\times10^2 \text{〔rad/s〕}$$

(2) (コ) 電流 i_3 が一定の定常状態では $v_1=0$〔V〕であることに注意して，キルヒホッフの第 2 法則より，E，R_1，L_1，R_3 を含む閉回路について，

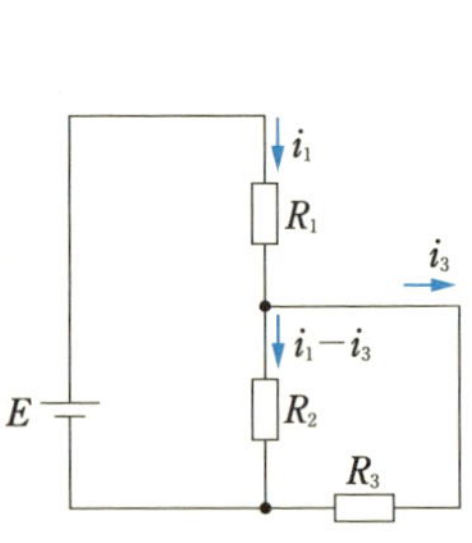

$$E=R_1i_1+R_3i_3 \quad \cdots\cdots①$$

R_2，L_1，R_3 を含む閉回路について，

$$0=-R_2(i_1-i_3)+R_3i_3 \quad \cdots\cdots②$$

①，②式より，i_3 を消去すると，

$$i_1=\frac{(R_2+R_3)E}{R_1R_2+R_2R_3+R_3R_1} \text{〔A〕}$$

(サ) ②式より，

$$i_3=\frac{R_2}{R_2+R_3}i_1 \text{〔A〕}$$

(シ) コイル1を流れる電流 i_3 が一定なので，コイル2を貫く磁束は変化しない。よって，

$$v_2 = \mathbf{0}\,〔\mathrm{V}〕$$

(ス) キルヒホッフの第2法則より，

$$-v_1 = R_2 i_0 + R_3 i_0$$

よって，$v_1 = \boldsymbol{-(R_2 + R_3) i_0}$〔V〕

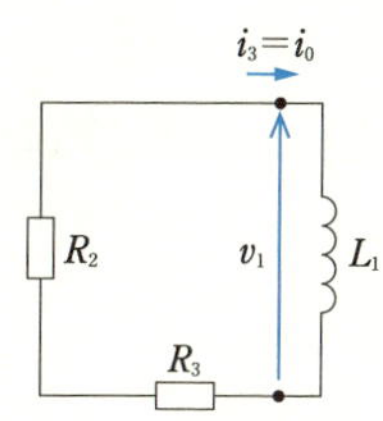

(セ) (キ)，(ク)の結果より，

$$\frac{v_2}{v_1} = \frac{M\dfrac{\Delta i_3}{\Delta t}}{L_1\dfrac{\Delta i_3}{\Delta t}} = \frac{M}{L_1}$$

よって，$v_2 = \dfrac{M}{L_1} v_1 = \boldsymbol{-\dfrac{M}{L_1}(R_2 + R_3) i_0}$〔V〕

38

答 (1) $I_R = \dfrac{E}{R}$〔A〕 (2) $I_R = \dfrac{2E}{3R}$〔A〕 (3) $I_R = 0$〔A〕 (4) ⑤ (5) $Q = CE$〔C〕 (6) ⑨ (7) $I_L = E\sqrt{\dfrac{C}{L}}$〔A〕

解説 (1) Sをaに接続した直後は，コンデンサーは帯電していないので極板間の電圧が0であることに注意して，キルヒホッフの第2法則より，

$$E = RI_R \qquad \text{よって，} I_R = \boldsymbol{\frac{E}{R}}\,〔\mathrm{A}〕$$

(2) このとき，キルヒホッフの第2法則より，

$$E - \frac{E}{3} = RI_R \qquad \text{よって，} I_R = \boldsymbol{\frac{2E}{3R}}\,〔\mathrm{A}〕$$

(3) 十分に時間が経ったとき，コンデンサーには電流が流れ込まないので，

$$I_R = \mathbf{0}\,〔\mathrm{A}〕$$

(5) 十分に時間が経ったときのコンデンサーの極板間の電圧は E〔V〕なので，

$$Q = \boldsymbol{CE}\,〔\mathrm{C}〕$$

(7) エネルギー保存の法則より，

$$\frac{1}{2}LI_L{}^2 = \frac{Q^2}{2C} \qquad \text{よって，} I_L = \frac{Q}{\sqrt{LC}} = \boldsymbol{E\sqrt{\frac{C}{L}}}\,〔\mathrm{A}〕$$

第5章 原子と原子核

39

答 (1) (a) $\frac{I_m}{e}$ (b) eV_0 (2) (a) eb (b) ea (3) $e(V_0+b)$

解説 (1) (a) 1秒あたり，放出される電子の個数Nは，飽和電流がI_mなので，

$$N=\frac{I_m}{e}$$

(b) 放出された電子1個の運動エネルギーの最大値K_Mは，阻止電圧がV_0なので，

$$K_M=eV_0$$

(2) (a), (b) 金属板Kの仕事関数をW，プランク定数をhとすると，光電効果の公式より，

$$eV_0=h\nu-W \quad よって，V_0=\frac{h}{e}\nu-\frac{W}{e}$$

この式と与えられた式 $V_0=a\nu-b$ を比較して，

$$\frac{h}{e}=a \quad よって，h=ea$$

$$\frac{W}{e}=b \quad よって，W=eb$$

(3) 入射光子1個のエネルギーをEとすると，光電効果の公式より，

$$eV_0=E-W \quad よって，E=eV_0+W=e(V_0+b)$$

40

答 (1) eV〔J〕 (2) $\lambda_0=4.1\times10^{-11}$〔m〕

(3) エネルギー保存を表す式：$\frac{hc}{\lambda}=\frac{hc}{\lambda'}+\frac{1}{2}mv_e^2$,

入射X線の進行方向の運動量保存を表す式：$\frac{h}{\lambda}=\frac{h}{\lambda'}\cos\theta+mv_e\cos\alpha$,

それに垂直な方向の運動量保存を表す式：$0=\frac{h}{\lambda'}\sin\theta-mv_e\sin\alpha$

(4) $v_e=-c+\sqrt{c^2+\frac{4hc}{m\lambda}}$〔m/s〕

解説 (2) 最大のエネルギーをもつX線（最短波長のX線）は，加速された電子の運動エネルギーの全てが1個のX線光子として放出されたものなので，

$$eV=\frac{hc}{\lambda_0}$$

よって，$\lambda_0=\frac{hc}{eV}=\frac{6.6\times10^{-34}\times3.0\times10^8}{1.6\times10^{-19}\times30\times10^3}\fallingdotseq4.1\times10^{-11}$〔m〕

(4) (3)のエネルギー保存を表す式は，

$$\frac{hc}{\lambda}=\frac{hc}{\lambda'}+\frac{1}{2}mv_e^2$$

入射X線の進行方向の運動量保存を表す式は，$\theta=\pi$ のとき $\alpha=0$ となるので，

$$\frac{h}{\lambda}=-\frac{h}{\lambda'}+mv_e$$

以上2式より，λ'を消去すると，

$$\frac{1}{2}mv_e^2+mcv_e-\frac{2hc}{\lambda}=0$$

これを解くと，$v_e>0$ より，

$$v_e = -c + \sqrt{c^2 + \frac{4hc}{m\lambda}} \text{ [m/s]}$$

41

答 (1) eV　(2) $\lambda_e = \frac{h}{\sqrt{2meV}}$　(3) $d\sin\theta$　(4) $d\sin\theta = n\lambda_e$　(5) $V = 62$〔V〕

解説 (2) 照射される電子の速さを v とすると，エネルギー保存則より，

$$eV = \frac{1}{2}mv^2 \qquad \text{よって，} v = \sqrt{\frac{2eV}{m}}$$

したがって，電子波（電子の物質波）の波長 λ_e は，

$$\lambda_e = \frac{h}{mv} = \frac{h}{\sqrt{2meV}}$$

(3) 経路AとBの経路差は，右図より，$d\sin\theta$ である。

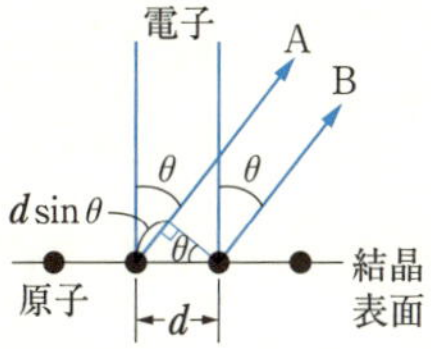

電子
A
B
θ
θ
$d\sin\theta$
θ
原子
d
結晶表面

(4) 散乱される電子波が干渉して強め合うとき，経路差が波長の整数倍となるので，

$$d\sin\theta = n\lambda_e$$

(5) (2)，(4)の結果の式より，

$$d\sin\theta = \frac{nh}{\sqrt{2meV}}$$

よって，$V = \frac{1}{2me}\left(\frac{nh}{d\sin\theta}\right)^2$

$\theta = 45°$ のときに $n = 1$ を満たすので，

$$V = \frac{1}{2\times9.1\times10^{-31}\times1.6\times10^{-19}}\left(\frac{1\times6.6\times10^{-34}}{2.2\times10^{-10}\times\sin45°}\right)^2 \fallingdotseq 62 \text{ [V]}$$

42

答 (ア) $\frac{p^2}{mr}$　(イ) $\frac{p^2}{2m}$　(ウ) $\frac{ke^2}{r}$　(エ) $\frac{n^2h^2}{4\pi^2kme^2}$　(オ) $-\frac{2\pi^2k^2me^4}{n^2h^2}$

(カ) $\frac{2ch^3}{3\pi^2k^2me^4}$　(キ) $\frac{ch^3}{2\pi^2k^2me^4}$

解説 (ア) 電子の速さを v とすると，クーロン力が向心力の働きをするという関係を表す式（円運動の運動方程式）は，

$$m\frac{v^2}{r} = \frac{ke^2}{r^2}$$

$p = mv$ より，$v = \frac{p}{m}$ なので，

$$\frac{p^2}{mr} = \frac{ke^2}{r^2} \qquad \cdots\cdots①$$

(イ) 電子の運動エネルギー K は，

$$K = \frac{1}{2}mv^2 = \frac{p^2}{2m}$$

(ウ) 電子のクーロン力の位置エネルギー U は，

$$U = -\frac{ke^2}{r}$$

よって，電子のエネルギー E は，

$$E = K + U = \frac{p^2}{2m} - \frac{ke^2}{r} \qquad \cdots\cdots②$$

(エ) 電子波の波長は $\lambda_e=\frac{h}{p}$ なので，電子が定常状態を保って軌道運動を続けることができるという関係を表す式（ボーアの量子条件）は，$2\pi r=n\lambda_e$ より，

$$2\pi r=n\cdot\frac{h}{p}$$

よって，$\frac{2\pi rp}{h}=n$ $(n=1,\ 2,\ 3,\ \cdots)$ ……③

①，③式より，p を消去すると，

$$r=\frac{n^2h^2}{4\pi^2kme^2} \quad \cdots\cdots④$$

(オ) ①，②式より，p を消去すると，

$$E=-\frac{ke^2}{2r}$$

これに④式を代入すると，

$$E=-\frac{2\pi^2k^2me^4}{n^2h^2} \quad (=E_n)$$

(カ) 電子が高いエネルギー準位の状態 $(n\geqq2)$ から基底状態 $(n=1)$ へ遷移するときに，放出される電磁波の波長のうち最も長いものを λ とすると，これは $n=2$ の状態から遷移するときに放出されるものなので，$E_2-E_1=\frac{hc}{\lambda}$ より，

$$\left(-\frac{2\pi^2k^2me^4}{2^2h^2}\right)-\left(-\frac{2\pi^2k^2me^4}{1^2h^2}\right)=\frac{hc}{\lambda} \qquad \text{よって，}\lambda=\frac{2ch^3}{3\pi^2k^2me^4}$$

(キ) 基底状態 $(n=1)$ にある電子を原子核から無限遠 $(n\to\infty)$ まで引き離すために必要な電磁波の波長の最大値を λ' とすると，$E_\infty-E_1=\frac{hc}{\lambda'}$ より，

$$0-\left(-\frac{2\pi^2k^2me^4}{1^2h^2}\right)=\frac{hc}{\lambda'} \qquad \text{よって，}\lambda'=\frac{ch^3}{2\pi^2k^2me^4}$$

答 (1) 窒素，陽子 7 個，中性子 7 個　(2) 5.7×10^3 年，12.5〔%〕
(3) 遺跡A：9.0×10^3 年前，遺跡B：4.2×10^3 年前

解説 (1) β 崩壊では原子番号が 1 だけ増加し，質量数は変わらないので，${}^{14}_{6}C$ の原子核は ${}^{14}_{7}N$ に変わる。よって，元素名は**窒素**，原子核中の陽子の数は **7** 個，中性子の数は **7** 個の原子核に変わる。

(2) 放射能の強さとは単位時間に放出される放射線の量を表すので，崩壊せずに残っている放射性元素の数に比例する。生物が死んだ後，炭素の放射能の強さが半分に減少するのには，半減期に等しい $\mathbf{5.7\times10^3}$ 年がかかる。

また，半減期の 3 倍の時間が経つと炭素の放射能の強さは最初の

$$\left(\frac{1}{2}\right)^3\times100=12.5\text{〔%〕}$$

にまで減少する。

(3) 遺跡Aから出土したものが t_A〔年前〕のものであったとすると，

$$\frac{1}{3}=\left(\frac{1}{2}\right)^{\frac{t_A}{5.7\times10^3}}$$

両辺，底が 2 の対数をとると，

$$\log_2\frac{1}{3}=\log_2\left(\frac{1}{2}\right)^{\frac{t_A}{5.7\times10^3}}$$

これより，

$$-\log_2 3=-\frac{t_A}{5.7\times10^3}$$

よって，

$$t_A=5.7\times10^3\times\log_2 3=5.7\times10^3\times1.58\fallingdotseq\mathbf{9.0\times10^3}\text{〔年前〕}$$

また，遺跡Bから出土したものが t_B〔年前〕のものであったとすると，

$$\frac{3}{5}=\left(\frac{1}{2}\right)^{\frac{t_B}{5.7\times10^3}}$$

両辺，底が 2 の対数をとると，

$$\log_2\frac{3}{5}=\log_2\left(\frac{1}{2}\right)^{\frac{t_B}{5.7\times10^3}}$$

これより，

$$\log_2 3-\log_2 5=-\frac{t_B}{5.7\times10^3}$$

よって，

$$t_B=5.7\times10^3\times(\log_2 5-\log_2 3)=5.7\times10^3\times(2.32-1.58)$$
$$\fallingdotseq\mathbf{4.2\times10^3}\text{〔年前〕}$$

(1) $\{Zm_p+(A-Z)m_n-M\}c^2$　(2) 2.8×10^{-11}〔J〕　(3) 2.4×10^3〔kg〕

解説 (1)　原子核 ^A_ZX は陽子 Z 個，中性子 $A-Z$ 個から構成されている。質量欠損 Δm_0 は，

$$\Delta m_0=Zm_p+(A-Z)m_n-M$$

よって，結合エネルギー E_B は，

$$E_B=\Delta m_0\cdot c^2=\boldsymbol{\{Zm_p+(A-Z)m_n-M\}c^2}$$

(2)　この核分裂による質量減少 Δm〔kg〕は，

$$\Delta m=(390.215\times10^{-27}+1.675\times10^{-27})$$
$$-(233.943\times10^{-27}+152.614\times10^{-27}+3\times1.675\times10^{-27})$$
$$=0.308\times10^{-27}$$

よって，解放される核エネルギー E〔J〕は，

$$E=\Delta m\cdot c^2=0.308\times10^{-27}\times(3.0\times10^8)^2$$
$$=2.772\times10^{-11}\fallingdotseq\mathbf{2.8\times10^{-11}}\text{〔J〕}$$

(3)　1.0〔g〕の $^{235}_{92}U$ がすべて(2)の核分裂をしたときに放出されたエネルギーは，原子核数が $\frac{1.0}{235}\times6.0\times10^{23}$ なので，$\frac{1.0}{235}\times6.0\times10^{23}\times2.77\times10^{-11}$〔J〕である。

この放出されたエネルギーと同じエネルギーが石炭 x〔kg〕の燃焼によって放出されたとすると，

$$\frac{1.0}{235}\times6.0\times10^{23}\times2.77\times10^{-11}=3.0\times10^7\times x$$

よって，$x\fallingdotseq\mathbf{2.4\times10^3}$〔kg〕

実験・考察問題解答

1

答 [1] ④ [2] ② [3] ③ [4] ③ [5] ② [6] ①

解説 (1) 気球にはたらく力は，浮力，重力，テープが引く力の3つであり，これらがつりあって気球は静止している。よって，**テープが気球を引く力は，気球にはたらく重力と気球にはたらく浮力の合力とつりあっている。**ちなみに，テープにはたらく力は，気球がテープを引く力（テープが気球を引く力の反作用），床がテープを引く力（テープが床を引く力の反作用），テープにはたらく重力の3つであり，これらがつりあっている。

(2) 気球の質量を m_1，テープの質量を m_2，おもりの質量を m_3 とする。おもりを付ける前について，気球とテープを1つの物体と考えた力のつりあいより，

$$f = m_1 g + m_2 g + F$$

おもりを付けた後について，気球とテープとおもりを1つの物体と考えた力のつりあいより，

$$f = m_1 g + m_2 g + m_3 g$$

以上2式より，

$$F = m_3 g \qquad \text{よって，} m_3 = \frac{F}{g}$$

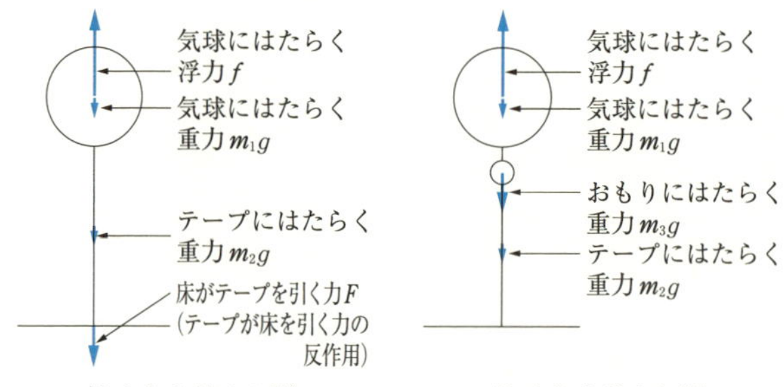

(3) クライマーが上昇したので，クライマーはテープから，クライマーにはたらく重力よりも大きい力を上向きに受ける。この反作用をテープはクライマーから受けるので，**テープはクライマーから下向きの力を受け，その力が気球を引くことによって気球が下がった。**

(4) クライマーの質量を m_4 とすると，クライマーにはたらく重力の大きさは $m_4 g$ なので，クライマーにはたらく上向きの力の大きさは $m_4 g$ である。クライマーの上昇した距離を h とすると，この上向きの力がした仕事は $m_4 gh$ である。これは，**クライマーの位置エネルギーの増加量**に等しい。

(5) 荷物の質量を M〔kg〕とすると，10〔m〕の高さを上昇させたときのクライマーと荷物の位置エネルギーの増加量 ΔU〔J〕は，

$$\Delta U = (10 + M) \times 10 \times 10$$

モーターの出力が500〔W〕なので，5.0〔s〕間にモーターから供給されるエネルギー E〔J〕は，

$$E = 500 \times 5.0$$

エネルギー損失がないと仮定すると，$\Delta U=E$ より，

$$(10+M)\times10\times10=500\times5.0 \qquad よって，M=15〔\mathrm{kg}〕$$

(6) クライマーの車輪とテープの間にはたらく全摩擦力は，クライマーの車輪がすべることなくテープを上昇できる最大摩擦力と考えて解答する。

Ⅰ　車輪がテープをはさむ力，すなわち車輪とテープの間にはたらく垂直抗力を大きくするので，全摩擦力（最大摩擦力）は大きくなる。よって，正。

Ⅱ　それぞれの車輪がテープをはさむ力を一定にしたままなので，車輪1つあたりの摩擦力（最大摩擦力）は一定であり，テープをはさむ車輪の数を増やすので，全摩擦力（最大摩擦力の和）は大きくなる。よって，正。

2

答　1 ①　2 ③　3 ②　4 ④　5 ④

解説　(1) 物体の質量を m，重力加速度の大きさを g，A点の水平部分（BC間）からの高さを h，B点から先の水平部分での物体とレールの間の動摩擦係数を μ' とする。まず，AB間の鉛直な運動に着目する。A点からの走行距離が x の点での物体の運動エネルギーを K とすると，力学的エネルギー保存の法則より，

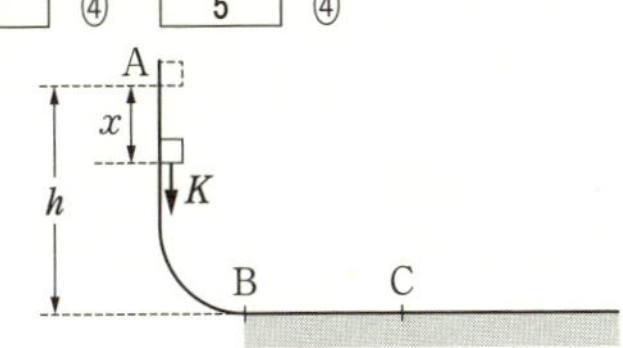

$$mgh=K+mg(h-x) \qquad よって，K=mgx$$

これより，選択肢のグラフ①，②が適当とわかる。

次に，BC間の水平な運動に着目する。B点からの走行距離が x' の点での物体の運動エネルギーを K' とすると，動摩擦力がした仕事が物体の力学的エネルギーの変化に等しいので，

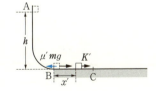

$$K'-mgh=-\mu'mgx'$$

よって，$K'=-\mu'mgx'+mgh$

これより，選択肢のグラフ①，④が適当とわかる。

以上より，最も適当なグラフは①である。

(2) AB間では力学的エネルギー保存の法則が成り立つので，A点での力学的エネルギーとB点での力学的エネルギーは等しい。さらに，A点での運動エネルギーは0なので，これらとA点での位置エネルギーは等しい。また，C点での力学的エネルギーは0なので，これらはBC間で物体が失った力学的エネルギーと等しい。よって，同じ大きさのエネルギーとして適当でないものは，B点での位置エネルギーである。ちなみに，B点での位置エネルギーは0である。

(3) BC間の距離を l とすると，動摩擦力がした仕事が物体の力学的エネルギーの変化に等しいので，

$$0-mgh=-\mu'mgl \qquad よって，l=\frac{h}{\mu'}$$

物体の質量 m が2倍になっても，B点から物体が止まる地点までの距離 l は変わらないから，1倍。

(4) ジェットコースターの出発点の高さを H〔m〕，ジェットコースターの車体の質量を M〔kg〕，重力加速度の大きさを $g=10$〔$\mathrm{m/s^2}$〕とする。レールの最も低い地点でジェットコースターの車体の速さは最大になるが，これが $v=30$〔m/s〕なの

で，力学的エネルギー保存の法則より，

$$MgH=\frac{1}{2}Mv^2 \qquad \text{よって，} H=\frac{v^2}{2g}=\frac{30^2}{2\times10}=45〔\mathrm{m}〕$$

(5) 図 2 の範囲で，速さが最大の 30〔m/s〕になるときが 3 箇所 (右図の A，B，C) あるが，このときにジェットコースターの車体はレールの最も低い地点を通過している。また，力学的エネルギー保存の法則より，軌道の高さが高いほどジェットコースターの車体の速さは遅くなるので (右上図の D と E では，D の方が高い)，軌道の形として最も適当なものは④である。

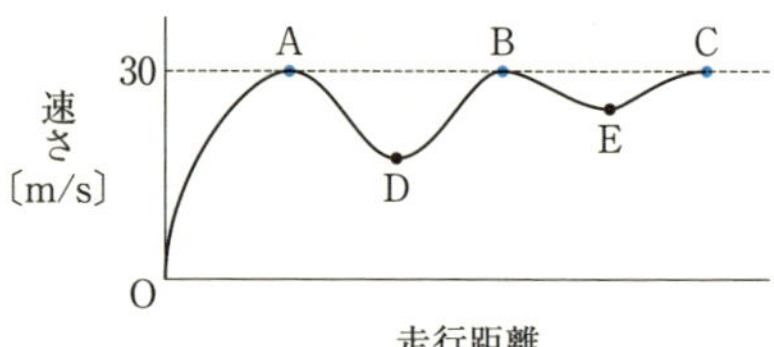

3

答　1 ④　2 ④　3 ④　4 ③　5 ⑤　6 ③

解説 (1) ア　伸び x が同じとき，張力 F が大きい方がばね定数 k は大きいので，ばね定数が大きいロープは B である。

イ　張力 F が同じとき，ロープ B の方が伸び x が小さいので，ロープ B の方が伸びにくいことがわかる。

(2) 重力と張力の合力が下向き，すなわち $W>T$ の状態 (d) のとき，下向きに加速度があり，人の落下の速さが増加する。また，重力と張力の合力が上向き，すなわち $W<T$ の状態 (f) のとき，上向きに加速度があり，人の落下の速さが減少する。よって，人の落下の速さが増加から減少に変わる時点は，$W=T$ となる状態 (e) である。

(3) **a**　人が達する最下点の位置は状態 (g) であり，このとき $U_e=E-U_g$ なので，図 3 の y_3 である。

b　人の質量を m，重力加速度の大きさを g，ロープのばね定数を k とする。ロープの自然長は y_0 である。人の位置が y のときの人の運動エネルギーを K とすると，力学的エネルギー保存の法則より，$0\leqq y\leqq y_0$ のとき，

$$0=K+mg(-y) \qquad \text{よって，} K=mgy$$

これより，グラフは傾きが正の直線とわかる。また，$y_0\leqq y\leqq y_3$ のとき，

$$0=K+mg(-y)+\frac{1}{2}k(y-y_0)^2$$

よって，$K=-\frac{1}{2}k\left\{y-\left(y_0+\frac{mg}{k}\right)\right\}^2+mgy_0+\frac{m^2g^2}{2k}$

これより，グラフは上に凸な放物線 (の一部) とわかる。以上より，人の運動エネルギーの変化を表すグラフとして最も適当なものは③である。

(4) **a**　人の最終的な静止位置は，重力と張力がつりあう位置であり，$W=T$ となる状態 (e) である。

b　人が最終的に静止したとき，$W=mg$ と $T=k(y-y_0)$ が等しいので，

$$mg=k(y-y_0)$$

よって，$y=y_0+\frac{mg}{k}=10+\frac{50\times10}{100}=15〔\mathrm{m}〕$

4

答　1 ④　2 ⑦　3 ⑥　4 ②　5 ⑥　6 ④　7 ④

解説 (1) 放たれた矢の運動エネルギーは,

$$\frac{1}{2}\times 20\times 10^{-3}\times 50^2=25\,〔\mathrm{J}〕$$

人が弓にした仕事がこの値に等しければよいので，図 2 より，弓を引く距離は 0.45〔m〕である。

(2) **ア** 矢は放物運動をすると考えて，最高点に達したとき速さは最小であり，矢の運動エネルギーは最小である。

イ 空気の影響を無視すると，矢には重力のみがはたらいているので，矢には力が鉛直下向きにはたらいている。

(3) 弓を 0.40〔m〕引くとき，図 2 より，人が弓にした仕事は 20〔J〕であり，これが放たれた矢の運動エネルギーに等しい。矢が的に突き刺さり始めてから止まるまでの間にはたらいていた抵抗力の大きさを F〔N〕とすると，抵抗力がした仕事が矢の運動エネルギーの変化に等しいので,

$$0-20=-F\times 0.20 \qquad \text{よって，}F=100\,〔\mathrm{N}〕$$

(4) (b) (a)→(b) では，選手の「重力による位置エネルギー」は変わらないが,「運動エネルギー」は増加するので，力学的エネルギーは増加する。(b)→(c) では，力学的エネルギーは保存するが，選手の「重力による位置エネルギー」と棒の「弾性エネルギー」の和は増加するので，選手の「運動エネルギー」は減少する。よって，(b) では，選手の「運動エネルギー」が最大になっている。

(d) 選手の「重力による位置エネルギー」が最大になっているのは，最高点に達した (f) である。棒の「弾性エネルギー」が最大になっているのは，棒が最も大きく曲がった (c) である。よって，(d) では，棒の「弾性エネルギー」が選手の「重力による位置エネルギー」に変わりつつある。

(5) この選手が到達できる高さを h〔m〕とする。助走時の選手の運動エネルギーのすべてが選手の位置エネルギーに変化したと仮定するので，力学的エネルギー保存の法則より，地面を重力による位置エネルギーの基準として,

$$\frac{1}{2}\times 50\times 10^2+50\times 10\times 1=50\times 10\times h \qquad \text{よって，}h=6\,〔\mathrm{m}〕$$

(6) **ウ** 選手が筋力を使って体を持ち上げると，力学的エネルギーは増加する。よって，選手の到達できる最大の高さはより高くなるので ＋。

エ 空気の抵抗があると，力学的エネルギーは減少する。よって，選手の到達できる最大の高さはより低くなるので －。

オ 選手がバーを飛び越えるときの速さが 0 ではない，すなわち運動エネルギーが 0 ではないと，このときの重力による位置エネルギーは，(5)で最高点に達したときの重力による位置エネルギーより小さくなる。よって，選手の到達できる最大の高さは低くなるので －。

5

答　1 ④　2 ⑤　3 ③　4 ⑤　5 ②

解説　(1)　力Fのした仕事はFsであり，岩石の得た重力による位置エネルギーはmghなので，

$$Fs=mgh \qquad \text{よって，} F=\frac{mgh}{s}$$

［別解］　ゆっくり引っ張りつづけたので，岩石にはたらく力はつねにつりあっている。斜面の傾きをθとすると，力のつりあいより，

$$F=mg\sin\theta$$

右図より，$\sin\theta=\frac{h}{s}$ なので，

$$F=\frac{mgh}{s}$$

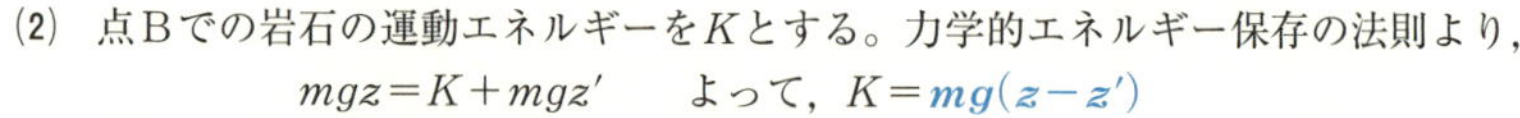

(2)　点Bでの岩石の運動エネルギーをKとする。力学的エネルギー保存の法則より，

$$mgz=K+mgz' \qquad \text{よって，} K=mg(z-z')$$

(3)　岩石1個の質量をm，高さをh_1，重力加速度の大きさをgとする。n層目$(1\leqq n\leqq 20)$の岩石を引き上げるのに必要な仕事をW_nとすると，岩石の得た重力による位置エネルギーより，

$$W_n=(21-n)^2m\times g\times(n-1)h_1$$

$n=1$ から $n=20$ まで代入すると，

$$W_1=20^2m\times g\times 0=0$$
$$W_2=19^2m\times g\times h_1=361mgh_1$$
$$\vdots$$
$$W_7=14^2m\times g\times 6h_1=1176mgh_1$$
$$W_8=13^2m\times g\times 7h_1=1183mgh_1$$
$$W_9=12^2m\times g\times 8h_1=1152mgh_1$$
$$\vdots$$
$$W_{19}=2^2m\times g\times 18h_1=72mgh_1$$
$$W_{20}=m\times g\times 19h_1=19mgh_1$$

よって，最も適当なグラフは③である。

(4)　このピラミッドの質量は$2.5\times10^3\times2.4\times10^6$〔kg〕なので，完成させるために必要な仕事は，

$$(2.5\times10^3\times2.4\times10^6)\times10\times34=2.04\times10^{12}\fallingdotseq 2\times10^{12}\text{〔J〕}$$

(5)　光ファイバーに関する記述として適当でないものは②である。光ファイバーは，内部構造に沿えるように，固くなく，ある程度の柔軟性が求められる。

6

答　1 ⑤　2 ①　3 ③　4 ⑦　5 ②　6 ④

解説 (1) **a**　小球を斜めに投げ上げたときの放物運動のように，ホースから斜め上に向けて放出された水も，高さが高くなると遅くなり，低くなると速くなる。よって，水の速さと水流の断面積は反比例するので，**水流は，上昇するとき太くなっていき，下降するとき細くなっていく。**

b　速さは，単位時間あたりの移動距離なので，これを求めるためには時間の計測が必要である。よって，必要な計測器として最も適当なものは，**ストップウォッチ**である。

c　重力による位置エネルギーの減少量が運動エネルギーの増加量に等しいので，力学的エネルギー保存の法則より，質量 m〔kg〕の水に着目して，

$$\frac{1}{2}\times m\times v^2+m\times 10\times 0.15=\frac{1}{2}\times m\times(2v)^2 \quad \text{よって，} v=1.0\,\text{〔m/s〕}$$

(2) **ア**　温度が異なる 2 物体を接触させると，高温の物体から低温の物体へ熱が移動する。よって，熱は**空気から氷水**に伝わる。

イ　コップの側面についた水滴は，空気中にある気体状態の水蒸気が液体状態の水に変化して生じたものであり，**空気中の水蒸気が凝縮して**生じたものである。

ウ　気体が液体に状態変化するとき，蒸発熱に相当する熱量が放出される。よって，この水滴は，水滴になる過程で熱を**放出**する。

(3) 重力に逆らって行った仕事 W〔J〕は，

$$W=2\times 10\times 5=100\,\text{〔J〕}$$

ポンプを動かした時間が $t=10$〔s〕なので，重力に逆らって行った仕事の仕事率 P〔W〕は，

$$P=\frac{W}{t}=\frac{100}{10}=10\,\text{〔W〕}$$

(4) 空気から奪われた熱量 Q〔J〕は，空気の比熱が 1.0〔J/(g･K)〕なので，

$$Q=(600\times 10^3)\times 1.0\times 0.8=480000\,\text{〔J〕}$$

7

答　1 ③　2 ④　3 ②

解説 (1) 測定開始後 6〔分〕のとき，図 2 より，電流は $I=1.25$〔A〕である。電圧はつねに $V=100$〔V〕なので，抵抗値 R〔Ω〕は，

$$R=\frac{V}{I}=\frac{100}{1.25}=80\,\text{〔Ω〕}$$

(2) 測定開始後 10〔分〕から 15〔分〕までの間，電流はほぼ一定で $I=1.0$〔A〕なので，消費電力 P〔W〕は，

$$P=VI=100\times 1.0=100\,\text{〔W〕}$$

測定開始後 10〔分〕から 15〔分〕までの間の 5〔分〕間は $t=5\times 60=300$〔s〕なので，この間に消費された電力量 W〔J〕は，

$$W=Pt=100\times 300=30000\,\text{〔J〕}$$

(3) 100〔°C〕の温度は水の沸点なので，測定開始後 15〔分〕から 25〔分〕までの間，ケーキ生地の温度が 100〔°C〕を大きく超えなかったのは，「**ケーキ生地の中の水分が沸点に達し，発生するジュール熱が水の蒸発に使われたため。**」と考えられる。

8

答 1 ② 2 ④ 3 ② 4 ③ 5 ①

解説 (1) 電流計は電流を測定する箇所に直列につなぐので，白熱電球に流れる電流を正しく測定できる回路は，選択肢の②である。

(2) **ア** 電圧を V〔V〕，電流を I〔A〕とすると，消費電力 P〔W〕は，

$$P=VI$$

よって，同じ電圧で点灯しているので，電流が大きい方が消費電力は**大きい**。

イ 電球型蛍光灯は，同じ明るさの白熱電球に比べて消費電力が小さい。ということは，同じ消費電力で比較する，すなわち電球型蛍光灯と同じ消費電力になるように白熱電球の電流を調整すると，白熱電球の電流は小さくなり，白熱電球の方が電球型蛍光灯よりも**暗い**ことになる。

(3) 白熱電球では，使われた電気エネルギーの x〔%〕が可視光線の光エネルギーに変換されたとする。13〔W〕の電球型蛍光灯と 60〔W〕の白熱電球とでは，放出される可視光線の光エネルギーが等しいと仮定するので，

$$13\times\frac{25}{100}=60\times\frac{x}{100} \qquad \text{よって，} x=5.41\cdots\fallingdotseq 5.4〔\%〕$$

(**注**) 近年は，より変換効率のよい LED（発光ダイオード）電球が使われている。同じ明るさの白熱電球に比べて，およそ $\frac{1}{5}$ の消費電力である。

(4) 1〔s〕間あたりの移動距離を s〔m〕とする。摩擦力に抗してタイヤを水平に引く力の大きさが 50〔N〕であり，この力の仕事率が 60〔W〕になればよいので，

$$50\times s=60 \qquad \text{よって，} s=1.2〔\text{m}〕$$

(5) 電球型蛍光灯は 13〔W〕なので，10000〔時間〕使ったときの電力量は $13\times10000=130000$〔Wh〕，すなわち $\frac{130000}{1000}=130$〔kWh〕である（1〔Wh〕の電力量は，1〔W〕の電力で 1〔時間〕に行う仕事のこと）。電力量料金は，1〔kWh〕あたり 20〔円〕なので，電球型蛍光灯を 10000〔時間〕使うと $130\times20=2600$〔円〕である。電球型蛍光灯 1 個の購入価格は 2000〔円〕なので，10000〔時間〕使うための費用は $2000+2600=4600$〔円〕である。これより，電球型蛍光灯を使うための費用を図 2 に描き込むと，上図のようになり，およそ **2000**〔時間〕を超えると電球型蛍光灯の方が費用が安くなることがわかる。

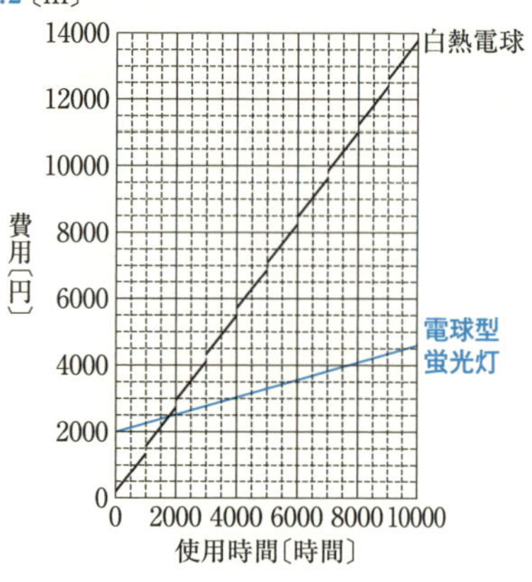

〔物理［物理基礎・物理］ 基礎問題精講(四訂版)〕大川保博・宇都史訓 S1k289